普通高等教育土木工程专业新形态教材

土木工程材料

（第2版）

宋高嵩　贾福根　林　莉　主　编
李振国　刘红宇　于　冰　副主编

清华大学出版社
北京

内 容 简 介

本书共10章，主要介绍土木工程材料的基本知识、木材、墙体材料、钢材、石膏与石灰、水泥与砂浆、水泥混凝土、沥青及沥青混合料、装饰材料、土木工程材料技能训练等内容。

本书可作为普通高等学校土木工程专业的土木工程材料教科书，也可供港口与海岸工程、机场工程、农田水利工程、道路桥梁与渡河工程等专业师生学习与参考。

版权所有，侵权必究。举报：010-62782989，beiqinquan@tup.tsinghua.edu.cn。

图书在版编目(CIP)数据

土木工程材料/宋高嵩，贾福根，林莉主编. —2版. —北京：清华大学出版社，2023.8(2025.5重印)
普通高等教育土木工程专业新形态教材
ISBN 978-7-302-62959-7

Ⅰ. ①土… Ⅱ. ①宋… ②贾… ③林… Ⅲ. ①土木工程－建筑材料－高等学校－教材 Ⅳ. ①TU5

中国国家版本馆CIP数据核字(2023)第038521号

责任编辑：秦　娜　赵从棉
封面设计：陈国熙
责任校对：薄军霞
责任印制：沈　露

出版发行：清华大学出版社
网　　址：https://www.tup.com.cn, https://www.wqxuetang.com
地　　址：北京清华大学学研大厦A座　　邮　编：100084
社 总 机：010-83470000　　邮　购：010-62786544
投稿与读者服务：010-62776969, c-service@tup.tsinghua.edu.cn
质量反馈：010-62772015, zhiliang@tup.tsinghua.edu.cn
印 装 者：三河市天利华印刷装订有限公司
经　　销：全国新华书店
开　　本：185mm×260mm　　印　张：19.75　　字　数：477千字
版　　次：2016年2月第1版　2023年8月第2版　　印　次：2025年5月第2次印刷
定　　价：59.80元

产品编号：100176-01

前 言
PREFACE

本书是普通高等学校土木工程专业的土木工程材料课程教材，亦可作为港口与海岸工程、农田水利工程、机场工程、道路桥梁与渡河工程以及桥梁与隧道工程等专业的教材。本书根据《高等学校土木工程本科指导性专业规范》，按照大土木学科背景、教材内容精练化的编写原则，围绕专业规范要求的材料科学基础知识领域的核心知识单元和知识点，按照土木工程材料种类编排章节，以各类材料的技术性质为中心内容，同时结合土木工程材料研究新成果和国家及行业新标准（规范），力求语言简练、图文并茂、重点突出（排版突出基本概念和知识重点），以满足专业规范设定的课程教学要求。

本书共 10 章，其中第 1 章主要介绍土木工程材料的组成与结构、材料的物理性质、材料的力学性质、材料的化学性质和耐久性等。从第 2 章开始，按照土木工程材料的认识规律，主要介绍木材，墙体材料中的砖、砌块、石材，钢材，石膏与石灰，水泥与砂浆，水泥混凝土的组成材料、主要技术性质和普通混凝土的配合比设计，沥青材料的基本组成和结构特点、工程性质及测定方法和沥青混合料的配合比设计，建筑塑料及其制品、建筑涂料、建筑胶黏剂、土工合成材料、建筑功能材料。第 10 章主要介绍土木工程材料技能训练，包括砂、石材料的检验（包括表观密度、堆积密度、颗粒级配，粗细程度及石子的最大粒径的测定，砂的细度模数、级配曲线的确定，含水量、含泥量的测定），钢筋试验，水泥试验，水泥混凝土试验，沥青试验，沥青混合料试验等。

本书按照《高等学校土木工程本科指导性专业规范》和"十四五"发展规划的要求进行编写，具有以下特点：①面对多数院校，紧扣培养目标，使用对象是非研究型大学的土木工程专业学生，侧重满足应用型人才需求，结合工程实际并使用最新规范；②第 1~9 章每章前有学习要点，提出本章的思政教育等内容；③第 1~9 章每章后有习题，书后附有答案。

本书由哈尔滨理工大学宋高嵩、贾福根、林莉主编，李振国、刘红宇、于冰任副主编。编写分工为：哈尔滨理工大学林莉编写第 1、2 章，李振国编写第 3、4 章，宋高嵩编写第 5、6、8 章；山西大学刘红宇编写第 7 章；哈尔滨石油学院于冰编写第 9 章；太原理工大学贾福根编写第 10 章。全书由宋高嵩统稿。

本书的特色是增加了思政教育的内容，以培养学生正确的人生价值观和爱国意识。另外，加强了土木工程材料对工程的影响以及处理对策的理论和知识，注重启发学生的独立思考和动手能力。

在本书的编写过程中得到许多同行教师的关心与支持，他们提出了许多宝贵的意见和建议，在此表示衷心感谢！限于编者水平，本书难免有欠妥和错误之处，恳请读者不吝指正。

编 者
2023 年 8 月

目 录
CONTENTS

第1章 土木工程材料概述 ··· 1
  1.1 土木工程材料分类 ··· 1
  1.2 土木工程材料的组成 ·· 3
  1.3 土木工程材料的性质 ·· 5
    1.3.1 材料的密度、表观密度、堆积密度 ··· 5
    1.3.2 材料的密实度与孔隙率 ·· 6
    1.3.3 材料的填充率与空隙率 ·· 7
    1.3.4 材料与水有关的性质 ··· 7
    1.3.5 材料与热有关的性质 ·· 10
    1.3.6 材料与声学有关的性质 ··· 13
    1.3.7 材料的力学性质 ·· 13
    1.3.8 材料的化学性质和耐久性 ··· 17
  1.4 土木工程材料的学习要求 ··· 17
  习题 ·· 19

第2章 木材 ·· 20
  2.1 木材的分类与构造 ··· 20
    2.1.1 木材的分类 ·· 20
    2.1.2 木材的构造 ·· 21
  2.2 木材的性能 ·· 22
  2.3 木材的用途 ·· 25
  2.4 木材的储存 ·· 27
    2.4.1 木材的干燥 ·· 27
    2.4.2 木材的防腐 ·· 28
    2.4.3 木材的防火 ·· 28
  习题 ·· 29

第3章 墙体材料 ·· 30
  3.1 砖 ··· 30
    3.1.1 砖的分类 ··· 30

3.1.2 烧结普通砖 ………………………………………………………… 31
3.1.3 烧结空心砖 ………………………………………………………… 33
3.1.4 烧结多孔砖 ………………………………………………………… 33
3.1.5 非烧结的蒸压灰砂砖 ……………………………………………… 34
3.1.6 非烧结的蒸压粉煤灰砖 …………………………………………… 35
3.2 砌块 …………………………………………………………………………… 35
3.2.1 砌块的类型 ………………………………………………………… 36
3.2.2 蒸压加气混凝土砌块 ……………………………………………… 36
3.2.3 普通混凝土小型砌块 ……………………………………………… 38
3.2.4 轻集料混凝土小型空心砌块 ……………………………………… 38
3.3 石材 …………………………………………………………………………… 39
3.3.1 石材的类型 ………………………………………………………… 39
3.3.2 石材的性质 ………………………………………………………… 40
3.3.3 石材的规格尺寸 …………………………………………………… 42
3.3.4 常用的岩浆岩类石材 ……………………………………………… 43
3.3.5 常用的沉积岩类石材 ……………………………………………… 44
3.3.6 常用的变质岩类石材 ……………………………………………… 44
习题 ………………………………………………………………………………… 45

第 4 章 钢材 …………………………………………………………………………… 46

4.1 钢材的分类 …………………………………………………………………… 46
4.1.1 钢材按照冶炼方法分类 …………………………………………… 46
4.1.2 钢材按照化学成分分类 …………………………………………… 47
4.1.3 钢材按照冶炼时脱氧程度分类 …………………………………… 47
4.1.4 钢材按照质量品质分类 …………………………………………… 48
4.1.5 钢材按照用途分类 ………………………………………………… 48
4.2 钢材的性能 …………………………………………………………………… 48
4.2.1 钢材的抗拉性能 …………………………………………………… 48
4.2.2 钢材的冲击韧性 …………………………………………………… 50
4.2.3 钢材的耐疲劳性能 ………………………………………………… 51
4.2.4 钢材的冷弯性能 …………………………………………………… 51
4.2.5 钢材的化学成分对其性能的影响 ………………………………… 52
4.3 钢材的强化与防护 …………………………………………………………… 53
4.3.1 钢材的冷加工强化处理 …………………………………………… 53
4.3.2 钢材的时效处理 …………………………………………………… 54
4.3.3 钢材的热处理 ……………………………………………………… 54
4.3.4 钢材的焊接处理 …………………………………………………… 55
4.3.5 钢材的腐蚀 ………………………………………………………… 55
4.3.6 钢材的防护 ………………………………………………………… 56

4.4 钢材的选用	57
4.4.1 建筑钢材的主要钢种	57
4.4.2 混凝土结构用钢	59
4.4.3 钢结构用钢	61
4.4.4 钢材的选用原则	62
习题	62

第5章 石膏与石灰

5.1 建筑石膏	64
5.1.1 石膏胶凝材料的生产	65
5.1.2 建筑石膏的水化与硬化	65
5.1.3 建筑石膏的技术性质与技术要求	66
5.1.4 建筑石膏的应用	67
5.2 石灰	68
5.2.1 石灰的生产及分类	68
5.2.2 石灰的熟化与硬化	68
5.2.3 石灰的技术性质与技术要求	69
5.2.4 石灰的应用	72
5.2.5 石灰的储存	73
5.3 其他胶凝材料水玻璃	73
5.3.1 水玻璃的组成	73
5.3.2 水玻璃的硬化	73
5.3.3 水玻璃的性质	74
5.3.4 水玻璃的应用	74
习题	75

第6章 水泥与砂浆

6.1 水泥的分类	76
6.1.1 通用硅酸盐水泥的定义和类别	76
6.1.2 通用硅酸盐水泥的水化、凝结和硬化	78
6.1.3 水泥石的腐蚀与防腐	82
6.2 水泥的特性	85
6.2.1 通用硅酸盐水泥的性能与选用	85
6.2.2 通用硅酸盐水泥的技术要求	89
6.2.3 通用水泥的验收与储运	93
6.2.4 特性水泥和专用水泥	95
6.3 砂浆的组成与性质	103
6.3.1 砂浆的组成材料	103
6.3.2 砂浆的技术性质	104

6.4 砌筑砂浆 ·· 106
6.4.1 砌筑砂浆的技术条件 ··· 106
6.4.2 砌筑砂浆配合比设计 ··· 107
6.5 抹面砂浆 ·· 111
6.5.1 普通抹面砂浆 ·· 111
6.5.2 防水砂浆 ·· 112
6.5.3 装饰砂浆 ·· 112
6.6 其他砂浆 ·· 114
习题 ·· 116

第7章 水泥混凝土 ··· 119
7.1 水泥混凝土的分类与特点 ·· 119
7.2 水泥混凝土的组成材料要求 ·· 122
7.2.1 对水泥的要求 ·· 122
7.2.2 对骨料的要求 ·· 123
7.2.3 对水的要求 ·· 130
7.2.4 对矿物掺合料的要求 ··· 130
7.2.5 对外加剂的要求 ·· 134
7.3 水泥混凝土的性质 ·· 139
7.3.1 混凝土拌合物的和易性 ··· 139
7.3.2 混凝土的强度 ·· 145
7.3.3 混凝土的变形性能 ··· 154
7.3.4 混凝土的耐久性 ·· 157
7.4 水泥混凝土的质量评定 ·· 162
7.4.1 水泥混凝土质量的波动与控制 ································· 162
7.4.2 混凝土强度波动规律——正态分布 ························· 163
7.4.3 混凝土质量评定的数理统计方法 ····························· 164
7.4.4 混凝土配制强度 ·· 165
7.4.5 混凝土强度的合格性判定 ··· 165
7.5 水泥混凝土的配合比设计 ·· 167
7.5.1 混凝土配合比设计的基本要求和主要参数 ············· 167
7.5.2 混凝土配合比设计的步骤 ··· 168
7.5.3 混凝土配合比设计实例 ··· 174
7.6 其他类型的混凝土 ·· 177
7.6.1 高性能混凝土 ·· 177
7.6.2 高强混凝土 ·· 179
7.6.3 轻混凝土 ·· 180
7.6.4 纤维混凝土 ·· 182
7.6.5 聚合物混凝土 ·· 182

习题 ……………………………………………………………………………………… 183

第8章 沥青及沥青混合料 …………………………………………………………… 186

8.1 沥青的类型 ………………………………………………………………………… 186
8.1.1 石油沥青的组成和结构 ……………………………………………………… 186
8.1.2 沥青的掺配 …………………………………………………………………… 188
8.1.3 其他沥青 ……………………………………………………………………… 189

8.2 石油沥青的性质 …………………………………………………………………… 192
8.2.1 石油沥青的物理指标 ………………………………………………………… 192
8.2.2 黏滞性 ………………………………………………………………………… 193
8.2.3 塑性(延性) …………………………………………………………………… 194
8.2.4 温度敏感性(温度稳定性) …………………………………………………… 194
8.2.5 耐久性 ………………………………………………………………………… 197
8.2.6 黏附性 ………………………………………………………………………… 198
8.2.7 施工安全性 …………………………………………………………………… 198
8.2.8 石油沥青的技术标准和选用 ………………………………………………… 199

8.3 沥青混合料的类型 ………………………………………………………………… 203
8.3.1 沥青混合料的分类 …………………………………………………………… 203
8.3.2 沥青混合料的组成结构 ……………………………………………………… 204
8.3.3 沥青混合料的强度理论 ……………………………………………………… 205

8.4 沥青混合料的性质 ………………………………………………………………… 206
8.4.1 高温稳定性 …………………………………………………………………… 207
8.4.2 低温抗裂性 …………………………………………………………………… 207
8.4.3 耐久性 ………………………………………………………………………… 208
8.4.4 抗滑性 ………………………………………………………………………… 208
8.4.5 施工和易性 …………………………………………………………………… 208
8.4.6 沥青混合料的技术标准 ……………………………………………………… 209

8.5 沥青混合料的配合比设计 ………………………………………………………… 210
8.5.1 沥青混合料组成材料的技术要求 …………………………………………… 210
8.5.2 沥青混合料配合比设计要求 ………………………………………………… 213

习题 ……………………………………………………………………………………… 219

第9章 装饰材料 ………………………………………………………………………… 221

9.1 建筑塑料 …………………………………………………………………………… 221
9.1.1 合成高分子材料 ……………………………………………………………… 221
9.1.2 建筑塑料及其制品 …………………………………………………………… 222

9.2 建筑涂料 …………………………………………………………………………… 227

9.3 建筑胶黏剂 ………………………………………………………………………… 229

9.4 土工合成材料 ……………………………………………………………………… 231

9.4.1 土工合成材料的类型 ……………………………………………………… 231
  9.4.2 土工合成材料的作用 ……………………………………………………… 232
 9.5 建筑功能材料 ………………………………………………………………………… 233
  9.5.1 防水材料 …………………………………………………………………… 233
  9.5.2 防水涂料 …………………………………………………………………… 236
  9.5.3 建筑密封材料 ……………………………………………………………… 237
  9.5.4 建筑灌浆材料 ……………………………………………………………… 237
  9.5.5 建筑绝热材料 ……………………………………………………………… 238
  9.5.6 建筑防火材料 ……………………………………………………………… 244
  9.5.7 建筑吸声材料与隔声材料 ………………………………………………… 245
 9.6 建筑装饰材料 ………………………………………………………………………… 249
  9.6.1 建筑装饰材料的基本要求及选用 ………………………………………… 250
  9.6.2 建筑装饰材料分类 ………………………………………………………… 251
  9.6.3 常用建筑装饰材料 ………………………………………………………… 251
 习题 ……………………………………………………………………………………………… 257

第 10 章 土木工程材料技能训练 …………………………………………………………… 259

 10.1 砂、石材料的检验 …………………………………………………………………… 259
  10.1.1 取样方法及数量 …………………………………………………………… 259
  10.1.2 砂、石的筛分析试验 ……………………………………………………… 260
  10.1.3 砂、石的表观密度试验 …………………………………………………… 262
  10.1.4 砂、石的堆积密度试验 …………………………………………………… 264
  10.1.5 砂、石的含水率试验 ……………………………………………………… 266
 10.2 钢筋试验 ……………………………………………………………………………… 267
  10.2.1 取样方法 …………………………………………………………………… 267
  10.2.2 拉伸试验 …………………………………………………………………… 267
  10.2.3 冷弯试验 …………………………………………………………………… 269
 10.3 水泥试验 ……………………………………………………………………………… 270
  10.3.1 一般规定 …………………………………………………………………… 270
  10.3.2 水泥的细度试验 …………………………………………………………… 270
  10.3.3 水泥的标准稠度用水量试验 ……………………………………………… 271
  10.3.4 水泥的凝结时间试验 ……………………………………………………… 273
  10.3.5 水泥的安定性试验 ………………………………………………………… 273
  10.3.6 水泥胶砂强度试验 ………………………………………………………… 275
 10.4 水泥混凝土试验 ……………………………………………………………………… 278
  10.4.1 混凝土拌合物试样制备 …………………………………………………… 278
  10.4.2 拌合物稠度试验 …………………………………………………………… 279
  10.4.3 拌合物表观密度试验 ……………………………………………………… 280
  10.4.4 水泥混凝土的立方体抗压强度试验 ……………………………………… 281

  10.4.5 水泥混凝土劈裂强度试验 ·················· 283
10.5 沥青试验 ······································· 284
  10.5.1 针入度试验 ·································· 284
  10.5.2 延度试验 ···································· 286
  10.5.3 软化点测定 ·································· 287
10.6 沥青混合料试验 ································· 288
  10.6.1 沥青混合料试件制作方法（击实法） ·················· 289
  10.6.2 沥青混合料物理指标测定 ·························· 291
  10.6.3 沥青混合料马歇尔稳定度试验 ······················ 294

习题答案 ··· 297

参考文献 ··· 302

第1章 土木工程材料概述

学习要点：本章主要介绍土木工程材料的含义和分类，土木工程材料的物理性质、力学性质和耐久性等；难点是材料的组成对材料性质的影响。要求通过本章的学习，掌握土木工程材料基本性质的概念和参数的计算方法，了解材料的组成与性能之间的关系。

不忘初心：安得广厦千万间，大庇天下寒士俱欢颜。

牢记使命：九层之台，起于累土。

1.1 土木工程材料分类

土木工程材料可分为广义的土木工程材料和狭义的土木工程材料，广义的土木工程材料是指用于土木建筑工程中的所有材料，包括三个部分：一是构成建筑物、构筑物的材料，如石灰、水泥、混凝土、钢材、防水材料、墙体与屋面材料、装饰材料等；二是施工过程中需要的辅助材料，如脚手架、模板等；三是各种建筑器材，如消防设备、给水排水设备、网络通信设备等。狭义的土木工程材料是指直接构成土木工程实体的材料。本书所介绍的土木工程材料是指狭义的土木工程材料。

材料是构成土木工程建（构）筑物的物质基础，当然也是其质量基础。在土木工程中，从材料的生产、选择、使用和检验评定，到材料的储存、保管，任何环节的失误都可能造成工程的质量缺陷，甚至导致重大质量事故。因此，合格的土木工程技术人员必须准确、熟练地掌握有关材料的知识。

为了确保土木工程的质量，必须实行土木工程材料的标准化，即由专门机构制定和发布相应的"技术标准"，对土木工程材料的规格、分类、技术要求、检验方法、验收规则、包装、标志、运输、储存和应用等内容作出统一规定，作为有关材料研究、生产、检验、使用和管理部门共同遵循的工作依据。土木工程材料的标准是企业生产的产品质量是否合格的技术依据，也是供需双方对产品质量进行验收的依据。

我国的土木工程及材料类标准按照发布部门来分有六大类：一是国家标准，包括强制性标准（代号 GB）和推荐性标准（代号 GB/T）；二是行业标准，如建工行业标准（代号 JG）、建材行业标准（代号 JC）、交通行业标准（代号 JT）等；三是地方标准（代号 DB）；四是企业标准（代号 QB）；五是中国工程建设标准化协会标准（代号 CECS）；六是中国土木工程学会标准（代号 CCES）。

对强制性国家标准，任何技术（或产品）不得低于其规定的要求；推荐性国家标准表示也可执行其他标准的要求；地方标准或企业标准所制定的技术要求应高于国家标准。

近年来，涉外土建工程和国际合作项目越来越多，工程技术人员和土建类大学生也应对国外的相关技术标准有所了解，如世界范围统一使用的 ISO 国际标准、美国材料试验协会标准（ASTM）、日本工业标准（JIS）、英国工业标准（BS）、德国工业标准（DIN）等。

在一般土木建筑工程的总造价中，与材料有关的费用占 50% 以上，而在实际工程中，材料的选择、使用及管理对工程成本影响很大。学习并准确、熟练地掌握土木建筑工程材料知识，可以优化选择和正确使用材料，充分利用材料的各种功能，在提高工程质量的同时显著降低工程成本。因此，从土木建筑工程经济的角度来看，学好本课程也十分重要。

在土木建筑工程建设过程中，工程的设计方法、施工方法都与材料密切相关。从根本上说，材料是基础，是决定土木建筑工程结构设计形式和施工方法的主要因素。因此，材料性能的改进、材料应用技术的进步都会直接促进土木建筑工程技术的进步，例如钢材及水泥的大量应用和性能改进，使得钢筋混凝土结构取代了过去的砖、石、土木结构，已占据土木工程结构材料的主导地位。现代玻璃、陶瓷、塑料、涂料等新型材料的大量应用，又把许多建筑物装扮得绚丽多彩。

"土木工程材料"是材料学科和土木工程学科的交叉学科，未来的土木工程材料将按照可持续发展战略，以材料科学为指导，结合土木工程行业的要求进行发展，从而更好地促进土木工程技术的发展。概括起来，今后土木工程材料将向以下几方面发展。

（1）高性能化。利用高温、高压等合成生产新技术研制出轻质、高强、高耐久、高抗渗、高保温及具有优良装饰性的新材料，如高性能混凝土、高性能水泥、高性能防水材料等。

（2）复合化和多功能化。利用表面新技术、复合新技术研制出具有多种功能的新材料，如智能混凝土、植被混凝土、透光混凝土、防水兼保温隔热的屋面材料、防潮保温兼吸臭抗菌的内墙涂料等。

（3）绿色化。根据 1988 年第一届国际材料联合会对绿色材料的定义，材料的绿色化即材料的生产和应用应尽量减少对环境的负荷和有利于人类的健康。因此，土木工程材料的生产和应用应努力做到合理利用地方资源和工业废渣、节能降耗、减少环境污染、保护自然资源与环境、维护生态平衡和保护人类健康，实现建筑材料的可持续发展，研制节能、环保、保健型的绿色土木工程材料。

（4）工业化。材料的生产必须满足现代化和工业化，规格尺寸应标准化，同时生产出的材料应适应机械化施工，产品应尽量预制化和商品化，以保证材料和施工质量、提高施工效率。

（5）"菜单"化。材料的生产将实现"功能"化和"菜单"化，即为了满足土木工程各项技术和经济指标的要求，材料的各项技术性能指标和经济指标将在材料生产和应用工程中按照指定要求得到充分保证。

土木工程材料种类繁多，可按不同方法分类。按照材料来源，可分为天然材料和人工材料；按照工程性质，可分为建筑工程材料、道路桥梁工程材料、水利工程材料、铁道工程材料和岩土工程材料等；按照使用部位，可分为结构材料、屋面材料、墙体材料和地面材料等。通常还按照以下方法进行分类。

1. 按化学组成分类

根据组成物质的化学成分分类是最基本的分类方法，按这种方法可将土木工程材料分为无机材料、有机材料和复合材料三大类,各大类又可细分为许多小类。具体分类见表 1-1。

表 1-1 土木工程材料按化学组成分类

无机材料	金属材料	黑色金属:铁、碳素钢、合金钢等
		有色金属:铝、铜等及其合金等
	非金属材料	天然石材:石板、碎石、砂等
		烧结制品:陶瓷、砖、瓦等
		玻璃及熔融制品:玻璃、玻璃棉、矿棉等
		胶凝材料:石灰、石膏、水泥等
有机材料	植物质材料	木材、竹材、植物纤维及其制品等
	高分子材料	有机涂料、橡胶、胶黏剂、塑料等
	沥青材料	石油沥青、煤沥青、沥青制品等
复合材料	金属-无机非金属材料	钢纤维混凝土、钢筋混凝土等
	金属-有机材料	轻质金属夹芯板等
	无机非金属-有机材料	玻璃纤维增强塑料、聚合物混凝土、沥青混凝土等

2. 按使用功能分类

土木工程材料按使用功能通常分为承重结构材料、非承重结构材料及功能材料三大类。

(1) 承重结构材料主要指梁、板、基础、墙体和其他受力构件所用的建筑材料。最常用的有钢材、混凝土、砖、砌块等。

(2) 非承重结构材料主要包括框架结构的填充墙、内隔墙和其他围护材料等。

(3) 功能材料主要有防水材料、防火材料、装饰材料、节能与绝热材料、吸声隔声材料等。

土木工程材料的基本性质是指材料处在不同的使用条件和使用环境下,通常必须考虑的最基本的、共有的性质。土木工程材料所处的工程部位、周围环境、使用功能要求和作用不同,对材料性质的要求也就不同。例如,用于结构的材料应具有所需要的力学性质;用于地面的材料应具有耐磨性能;屋面材料应具有保温隔热、防雨水渗透性能;对于长期暴露在大气环境中的材料,要求具有良好的耐久性。可见土木工程材料在实际工程中所受的作用是复杂的。

1.2 土木工程材料的组成

材料的组成不仅影响材料的化学性质,而且也是决定材料物理、力学性质的重要因素。

1. 土木工程材料的化学组成

化学组成是指构成材料的化学元素及化合物的种类和数量。当材料与周围环境及外界各类物质相接触时,它们之间必然按化学规律发生作用。如水泥的化学组成(质量分数)为:$CaO\ 62\%\sim67\%$,$SiO_2\ 20\%\sim24\%$,$Al_2O_3\ 4\%\sim7\%$,$MgO<5\%$,$Fe_2O_3\ 2.5\%\sim6.0\%$;当水泥接触到酸、碱、盐等物质时会发生腐蚀,这是由水泥的化学组成所决定的。

2. 土木工程材料的矿物组成

将无机非金属材料中具有特定的晶体结构、特定的物理力学性能的物质称为矿物。矿物组成是指构成材料的矿物的种类和数量。矿物成分是决定材料性质的主要因素。如水泥熟料的矿物组成为：$3CaO·SiO_2$ 36%～60%，$2CaO·SiO_2$ 15%～37%，$3CaO·Al_2O_3$ 7%～15%，$4CaO·Al_2O·Fe_2O_3$ 10%～18%。当硅酸三钙（$3CaO·SiO_2$）含量高时，水泥的凝结硬化速度较快，强度较高。

3. 土木工程材料的相组成

材料中结构相近、物理和化学性质相同的均匀部分称为相。自然界中的物质可分为气相、液相和固相。材料中的同种化学物质，由于加工工艺的不同，温度和压力等条件的不同，可形成不同的相。材料中大多数是多相固体。由两相或两相以上物质组成的材料称为复合材料。复合材料的性质与其组成材料的相组成和界面特性有密切的关系。例如，混凝土可认为是集料颗粒（集料相）分散在水泥浆体（基相）中所组成的两相复合材料。

4. 土木工程材料的体积组成

绝大多数土木工程材料的表面和内部均含有孔隙。根据材料孔隙与外界是否连通的特性，将材料孔隙分为与外界连通的开口孔隙和与外界隔绝的闭口孔隙；按照孔隙尺寸的大小，将材料孔隙分为大孔隙、毛细孔隙和纳米孔隙。

材料中孔隙的多少和孔隙特征对材料性质影响很大。当材料的孔隙为开口孔隙，孔隙较大时，水分和溶液易于渗入，但不容易被充满；纳米孔隙中水分和溶液易于渗入，但不容易在其中流动；毛细孔隙则介于两者之间，水分和溶液既容易渗入，孔隙又易于被充满，故对材料的抗渗性、抗冻性和抗侵蚀性等有不利影响。当材料的孔隙为闭口孔隙时，水分和溶液不容易渗入，故对材料的抗渗性、抗冻性和抗侵蚀性等无不利影响，反而具有改善材料保温性和耐久性等作用。

材料中不包括材料内部孔隙的固体物质的体积用 V 表示；材料中的孔隙体积用 V_p 表示，开口孔隙体积用 V_k 表示，闭口孔隙的体积用 V_B 表示，有 $V_p = V_k + V_B$。

材料在自然状态下的体积是指材料绝对密实体积与材料所含全部孔隙体积之和，用 V_0 表示，$V_0 = V + V_p$。

材料堆积体积是指散粒状材料在堆积状态下颗粒体积和颗粒之间的间隙体积之和，用 V_0' 表示，颗粒之间的间隙体积用 V_s 表示，有 $V_0' = V_0 + V_s = V + V_p + V_s$。

材料的体积组成如图 1-1 所示。

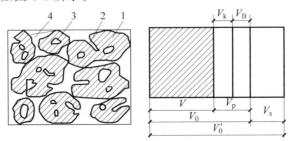

1—固体物质；2—开口孔隙；3—闭口孔隙；4—颗粒间的空隙。

图 1-1 材料的体积组成示意图

1.3 土木工程材料的性质

1.3.1 材料的密度、表观密度、堆积密度

1. 密度

密度是指材料在绝对密实状态下单位体积的质量,按式(1-1)计算:

$$\rho = \frac{m}{V} \tag{1-1}$$

式中,ρ——材料的密度,g/cm^3;

m——材料在干燥状态下的质量,g;

V——干燥材料在绝对密实状态下的体积,cm^3。

材料在自然状态下并非绝对密实,所以绝对密实体积一般难以直接测定,对钢材、玻璃等密实的材料可近似地直接测定。在测定有孔隙的材料密度时,需把材料磨成细粉或采用排液置换法测量其体积,材料磨得越细,测得的密度值越精确。

2. 表观密度

表观密度是指材料在自然状态下单位体积的质量,按式(1-2)计算:

$$\rho_0 = \frac{m}{V_0} \tag{1-2}$$

式中,ρ_0——材料的表观密度,g/cm^3 或 kg/m^3;

m——材料的质量,g 或 kg;

V_0——材料在自然状态下的体积,或称表观体积,cm^3 或 m^3。

材料的表观体积是指包括内部孔隙的外观体积。对于外形规则材料的体积,可通过直接测量尺寸后计算求得;对于外形不规则材料的体积,采用排水法测定,在材料的表面涂蜡,防止水分渗入材料内部。

材料的表观密度除与材料的密度有关外,还与材料内部孔隙的体积有关,材料的孔隙率越大,则材料的表观密度越小。当材料孔隙体积内含有水分时,其质量和体积均有所变化,故测定表观密度时需同时测定其含水率。一般情况下,表观密度是指材料在气干状态下的表观密度,在烘干状态下的表观密度称为干表观密度。

3. 堆积密度

堆积密度是指散粒状材料在堆积状态下单位体积的质量,按式(1-3)计算:

$$\rho_0' = \frac{m}{V_0'} \tag{1-3}$$

式中,ρ_0'——材料的堆积密度,kg/m^3;

m——材料的质量,kg;

V_0'——材料的堆积体积,m^3。

材料的堆积体积是指散粒状材料在堆积状态下的总体外观体积。散粒状材料的堆积体

积既包括材料颗粒内部的孔隙,也包括颗粒之间的空隙,除了颗粒内孔隙的多少及其含水量多少外,颗粒间空隙的大小也影响堆积体积的大小。因此,材料的堆积密度与散粒状材料自然堆积时的颗粒间空隙、颗粒内部结构、含水状态、颗粒间被压实的程度有关。

材料的堆积状态不同,同一材料表现的体积大小可能不同,松散堆积状态下的体积较大,密实堆积状态下的体积较小。材料的堆积体积可用已标定容积的容器来测量。

常用土木工程材料的密度、表观密度、堆积密度见表1-2。

表 1-2　建筑常用材料的密度、表观密度、堆积密度

材料名称	密度/(g·cm^{-3})	表观密度/(kg·m^{-3})	堆积密度/(kg·m^{-3})
石灰岩	2.60	1800~2600	—
花岗岩	2.80	2500~2900	—
碎石(石灰岩)	2.60	—	1400~1700
砂	2.60	—	1450~1650
水泥	3.10	—	1200~1300
普通混凝土	—	2100~2600	—
普通黏土砖	2.50	1600~1800	—
空心黏土砖	2.50	1000~1400	—
钢材	7.85	7850	—
木材	1.55	400~800	—
泡沫塑料	—	20~50	—
玻璃	2.55	2560	—
炉渣	—	—	850
页岩陶粒	—	—	300~900

1.3.2　材料的密实度与孔隙率

1. 密实度

密实度是指材料体积被固体物质所充实的程度,用符号 D 表示,按式(1-4)计算:

$$D = \frac{V}{V_0} \times 100\% = \frac{\rho_0}{\rho} \times 100\% \tag{1-4}$$

2. 孔隙率

孔隙率是指材料中孔隙体积占整个体积的百分率,用符号 P 表示,按式(1-5)计算:

$$P = \frac{V_0 - V}{V_0} \times 100\% = \left(1 - \frac{V}{V_0}\right) \times 100\% = \left(1 - \frac{\rho_0}{\rho}\right) \times 100\% = (1-D) \times 100\% \tag{1-5}$$

孔隙率与密实度是相对应的概念,对于材料性质的影响正好与密实度的影响相反。有
$$P + D = 1$$

材料孔隙率的大小直接反映了材料的密实程度。孔隙率越大,材料的表观密度和强度越小,耐磨性、抗冻性、抗渗性、耐腐蚀性、耐水性等耐久性越差,而保温性、吸声性、吸水性与吸湿性越强。材料的性质不仅与材料的孔隙率大小有关,还与孔隙特征(如开口孔隙、闭口孔隙、孔隙尺寸的大小和在材料内部的分布均匀程度等)有关。

1.3.3 材料的填充率与空隙率

对于松散颗粒状态材料,如砂、碎石等,可用填充率和空隙率表示其互相填充的疏松致密的程度。

1. 填充率

填充率是指散粒状材料在堆积体积内被颗粒所填充的程度,用符号 D' 表示,按式(1-6)计算:

$$D' = \frac{V_0}{V'_0} \times 100\% = \frac{\rho'_0}{\rho_0} \times 100\% \tag{1-6}$$

2. 空隙率

空隙率是指散粒状材料在堆积体积中,颗粒之间空隙体积所占总体积的百分率,用符号 P' 表示,按式(1-7)计算:

$$P' = \frac{V'_0 - V_0}{V'_0} \times 100\% = \left(1 - \frac{V_0}{V'_0}\right) \times 100\% = \left(1 - \frac{\rho'_0}{\rho_0}\right) \times 100\% = (1 - D') \times 100\% \tag{1-7}$$

空隙率与填充率的关系为

$$P' + D' = 1$$

空隙率的大小反映了散粒材料的颗粒之间相互填充的密实程度。配制混凝土时,砂和石子的空隙率可作为控制混凝土骨料级配与计算砂率时的重要依据。

1.3.4 材料与水有关的性质

1. 材料的亲水性与憎水性

材料与水接触时,有些材料易被水润湿,即具有亲水性;有些材料则不能被水润湿,即具有憎水性。

当材料与水接触时,在材料、水、空气三相的交点处,沿水滴表面的切线与水和固体接触面所成的夹角 θ 称为"润湿角",如图 1-2 所示。当润湿角 $\theta \leq 90°$ 时,水分子之间的内聚力小于水分子与材料分子间的相互吸引力,材料称为亲水性材料[图 1-2(a)];当润湿角 $\theta > 90°$ 时,水分子之间的内聚力大于水分子与材料分子间的相互吸引力,材料称为憎水性材料[图 1-2(b)]。水在亲水性材料表面可以铺展开,且能通过毛细管作用自动将水吸入材料内部;水在憎水性材料表面不仅不能铺展开,而且水分不能渗入材料的毛细管中。

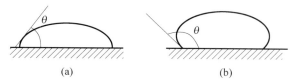

图 1-2 材料润湿示意图
(a)亲水性材料;(b)憎水性材料

土木工程材料中砂、石、混凝土、砖、木材等为亲水性材料，沥青、塑料、油漆等为憎水性材料。

2. 材料的吸水性与吸湿性

1) 吸水性

材料与水接触吸收水分的性质称为材料的吸水性，吸水性的大小用吸水率表示。材料吸水率有质量吸水率和体积吸水率两种表示方法。

（1）质量吸水率

质量吸水率是指材料在吸水饱和时，所吸收水分的质量占材料干燥时质量的百分率，用式(1-8)表示：

$$W_m = \frac{m_b - m_g}{m_g} \times 100\% \tag{1-8}$$

式中，W_m——材料的质量吸水率，%；

m_b——材料在吸水饱和状态下的质量，g；

m_g——材料在干燥状态下的质量，g。

（2）体积吸水率

体积吸水率是指材料在吸水饱和时，所吸收水分的体积占材料干燥体积的百分率，用式(1-9)表示：

$$W_v = \frac{m_b - m_g}{V_0} \cdot \frac{1}{\rho_w} \times 100\% \tag{1-9}$$

式中，W_v——材料的体积吸水率，%；

V_0——材料在自然状态下的体积，cm³；

ρ_w——水的密度，g/cm³。

材料的质量吸水率与体积吸水率之间的关系为

$$W_v = W_m \rho_0 \cdot \frac{1}{\rho_w}$$

式中，ρ_0为材料在干燥状态下的表观密度，g/cm³。

材料吸水率的大小主要与材料的孔隙率及孔隙特征有关。材料吸收水分是通过开口孔隙吸入，并经过连通孔渗入内部的。如果材料具有细微连通的孔隙，孔隙率越大，则吸水率越大；若是封闭的孔隙，则水分不易渗入；若是开口大孔，水分虽然容易渗入，但水分不易在孔内存留，只能润湿孔壁，因此吸水率较低。

2) 吸湿性

材料在潮湿空气中吸收水分的性质称为吸湿性。吸湿性的大小用含水率表示。含水率是指材料所含水的质量与材料干燥时质量的百分比，用式(1-10)表示：

$$W_h = \frac{m_s - m_g}{m_g} \times 100\% \tag{1-10}$$

式中，W_h——材料的含水率，%；

m_s——材料在含水状态下的质量，g；

m_g——材料在干燥状态下的质量，g。

材料的吸湿性随着空气湿度大小而变化，干燥的材料处在较潮湿的空气中会吸收空气中的水分,而潮湿的材料处在干燥的空气中会向空气中释放水分,最后与空气湿度达到平衡。材料与空气湿度达到平衡时的含水率称为平衡含水率。材料在正常使用状态下,均处于平衡含水率状态。

材料的吸湿性主要与材料的组成、孔隙率和孔隙特征有关,还与周围环境温湿度有关。材料吸湿除了增加本身的质量外,还会降低其保温性能、强度及耐久性,造成体积的增减和变形,对工程会产生不利的影响。

3. 材料的耐水性

材料的耐水性是指材料长期在水作用下不被破坏,保持其原有功能的能力。材料的耐水性包括水对材料的力学性质、光学性质、装饰性质等方面产生的破坏作用。耐水性与材料的亲水性、可溶性、孔隙率和孔特征等因素有关。

材料的耐水性用软化系数 K_R 表示。材料软化系数是指材料在吸水饱和状态下的抗压强度与材料在干燥状态下的抗压强度之比。软化系数用式(1-11)表示:

$$K_R = \frac{f_b}{f_g} \tag{1-11}$$

式中,K_R——材料的软化系数,其值为 0~1;
f_b——材料饱水状态下的抗压强度,MPa;
f_g——材料干燥状态下的抗压强度,MPa。

软化系数反映了材料饱水后强度降低的程度,是材料吸水后性质变化的重要特征之一。一般材料在吸水(或吸湿)后,即使未达到饱和状态,其强度及其他性质也会有明显的变化,其原因是材料吸水后会削弱微粒间的结合力,导致强度不同程度地降低。当材料内含有可溶性物质(如石膏、石灰等)时,吸入的水还可能溶解部分物质,造成强度严重降低。

软化系数小的材料耐水性差,其使用受到周围环境的限制。工程中通常将 K_R 大于 0.85 的材料称为耐水性材料,可用于水中或潮湿环境中的重要结构。用于受潮较轻或次要结构时,材料的 K_R 值也不得小于 0.75。

4. 材料的抗渗性

材料的抗渗性是指材料抵抗压力水渗透的性质。材料的抗渗性用渗透系数(K)和抗渗等级(Pn)表示。渗透系数用式(1-12)表示:

$$K = \frac{Qd}{AtH} \tag{1-12}$$

式中,K——材料的渗透系数,cm/h;
Q——渗水量,cm^3;
d——试件厚度,cm;
A——渗水面积,cm^2;
t——渗水时间,h;
H——静水压力水头,cm。

材料的渗透系数是指在一定时间内,在一定的水压作用下,单位厚度的材料单位截面面积上的透水量。材料的渗透系数越小,抗渗能力越好。

材料的抗渗性可用渗水高度法和逐级加压法测算。混凝土和砂浆的抗渗性常用抗渗等级 Pn 表示。材料的抗渗等级是指材料用标准方法进行透水试验时,规定的试件在透水前所能承受的最大水压力(以 0.1 MPa 为单位)。如混凝土的抗渗等级为 P4、P6、P8,表示它们分别能够承受 0.4 MPa、0.6 MPa、0.8 MPa 的水压而不渗水。材料的抗渗等级越高,其抗渗性越强。

材料抗渗性的好坏与材料的孔隙率、孔特征、裂缝等因素有关。材料内部开口孔、连通孔是渗水的主要通道,具有这些孔的材料抗渗性较差;封闭孔隙且孔隙率小的材料,其抗渗性好。因此,在工程中一般采取对材料进行憎水处理、减少孔隙率、改善孔特征(减少开口孔和连通孔)等措施,防止产生裂缝及其他缺陷等以增强抗渗性。

5. 材料的抗冻性

材料在吸水后,如果在负温下受冻,材料内部毛细孔中的水结冰,体积膨胀约 9%,对孔壁产生很大的冰晶压应力,使孔壁被胀裂,材料遭到局部破坏。当温度回升到冰被融化时,不仅毛细孔会充满水,而且被冻胀的裂缝中可能渗入水分;当再次受冻结冰时,材料会受到更大的冻胀并出现裂缝扩张。如此反复冻融循环,最终导致材料破坏。

抗冻性是指材料在吸水饱和状态下,经多次冻融循环保持其原有性质,抵抗破坏的能力。混凝土的抗冻性用抗冻等级 Fn 或抗冻标号 Dn 表示。如 F25 表示能经受 25 次冻融循环,试件的相对动弹性模量下降至 ≤60%,质量损失不超过 5%;D25 表示能经受 25 次冻融循环,试件的强度损失 ≤25%,质量损失不超过 5%。

材料的抗冻性与其强度、孔隙率、孔特征、吸水性等因素有关。材料的强度越高,抗冻性越好;材料的孔隙率和开口孔率越大,则材料的抗冻性越差。对于受冻融循环的材料而言,吸水饱和状态是最不利的状态。

1.3.5 材料与热有关的性质

1. 导热性

当材料的两侧存在温差时,热量由温度高的一侧通过材料传递到温度低的一侧,材料的这种传递热量的能力称为导热性。

材料导热能力的大小可用导热系数(λ)表示,导热系数用式(1-13)表示:

$$\lambda = \frac{Q\delta}{At(T_2 - T_1)} \tag{1-13}$$

式中,λ——材料的导热系数,W/(m·K);

Q——传导的热量,J;

δ——材料厚度,m;

A——材料的传热面积,m^2;

t——传热的时间,s;

$T_2 - T_1$——材料两侧的温度差,K。

材料的导热系数越大,表示导热性越好;反之,导热性能差。各种材料的导热系数差别很大,工程上通常把 $\lambda < 0.23$ W/(m·K)的材料作为保温隔热材料。

材料导热系数的大小与材料的物质组成、微观结构、孔隙率、孔隙特征、热流方向、含水率等有关。材料的表观密度小、孔隙率大、闭口孔多、孔分布均匀、孔尺寸小、含水率小时导热性差,则绝热性能好。一般工程材料的导热系数是指干燥状态下的导热系数;当材料吸水或受潮时,导热系数会显著增大,绝热性能变差。

2. 热容量与比热容

热容量是指材料受热时吸收热量或冷却时放出热量的能力,热容量(Q)用式(1-14)表示:

$$Q = Cm(T_2 - T_1) \tag{1-14}$$

式中,Q——材料的热容量,J;

C——材料的比热容,J/(g·K);

m——材料的质量,g;

$T_2 - T_1$——材料受热或冷却前后的温度差,K。

比热容是指质量为 1 g 的材料,在温度每改变 1 K 时所吸收或放出热量的大小。材料的比热容(C)值大小与其组成和结构有关,工程材料中水的比热容最大。通常所说材料的比热容值是指其干燥状态下的比热容值,它是可真正反映不同材料热容性差别的参数,用式(1-15)表示:

$$C = \frac{Q}{m(T_2 - T_1)} \tag{1-15}$$

材料的导热系数和热容量是设计建筑物围护结构(屋盖、墙体)进行热工计算时的重要参数。设计时应选择导热系数小而热容量较大的材料,有利于保持建筑物室内温度的稳定。常用的土木工程材料的热工性质指标见表 1-3。

表 1-3　几种常见建筑材料的热工参数

材料名称	导热系数/[W·(m·K)$^{-1}$]	比热容/[J·(g·K)$^{-1}$]
钢材	58	0.47
普通混凝土	1.6	0.88
松木	0.17~0.35	2.51
花岗岩	3.49	0.92
烧结普通砖	0.65	0.85
水	0.58	4.19
冰	2.20	2.05
空气	0.023	1.00
泡沫塑料	0.03	1.30

3. 温度变形性

材料的温度变形是指温度升高或降低时材料的体积变化。多数材料在温度升高时体积膨胀,温度下降时体积收缩。温度变形在单向尺寸上的变化为线膨胀或线收缩,温度变形性一般用线膨胀系数(α)表示,用式(1-16)表示:

$$\alpha = \frac{\Delta L}{L(T_2 - T_1)} \tag{1-16}$$

式中，α——材料在常温下的平均线膨胀系数，1/K；

ΔL——线膨胀或线收缩量，mm 或 cm；

T_2-T_1——材料升（降）温前后的温度差，K；

L——材料原来的长度，mm 或 cm。

土木工程材料的线膨胀系数一般比较小，但由于工程结构的尺寸较大，温度变形对结构和工程质量影响很大，工程上采用预留伸缩缝等办法解决温度变形问题。钢筋和混凝土的线膨胀系数基本相同，工程结构构件常用钢筋混凝土复合材料。

4．耐燃性与耐火性

1）耐燃性

材料的耐燃性是指材料抵抗燃烧的性质。耐燃性是影响建筑物防火和耐火等级的重要因素。《建筑内部装修防火设计规范》(GB 50222—2017)、《建筑材料及制品燃烧性能分级》(GB 8624—2012)按材料的燃料性质不同将其分为四级。

（1）不燃材料（A 级）：在空气中遇到火烧或高温作用时不起火、不燃烧、不碳化的材料，如钢铁、砖、石、混凝土、玻璃等。

（2）难燃材料（B1 级）：在空气中遇到火烧或高温高热作用时难起火、难燃烧、难碳化，只有在火源持续存在时才能继续燃烧，当火源移走后，已有的燃烧或微燃立即停止的材料。如经防火处理的木材、硬 PVC 塑料板等。

（3）可燃材料（B2 级）：在空气中遇到火烧或高温高热作用时立即起火或微燃，且火源移走后仍继续燃烧的材料，如木材、胶合板等。

（4）易燃材料（B3 级）：在空气中遇到火烧或高温作用时立即起火，并迅速燃烧，且离开火源后仍继续迅速燃烧的材料，如油漆、纤维织物等。

材料在燃烧时放出的烟气和毒气对人体会产生极大危害，其危害性远超过火灾本身。因此，在建筑室内装修时，应尽量避免使用燃烧时放出大量浓烟和有毒气体的装饰材料。GB 50222—2017 规范中对用于建筑物内部各部位的建筑装饰材料的燃烧等级做了严格的规定。

另外，规定在下列建筑或部位室内装修宜采用非燃烧材料或难燃材料：

（1）高级宾馆的客房及公共活动用房；

（2）演播室、录音室及电化教室；

（3）大型、中型电子计算机房。

2）耐火性

耐火性是指材料抵抗高热或火的作用，保持其原有性质的能力，用耐火度表示。钢铁、铝、玻璃等材料受到火烧或高热作用会发生变形、熔融，它们是非燃烧材料，但不是耐火的材料。建筑材料或构件的耐火极限通常用时间来表示，即按规定方法，从材料受到火的作用时起，直到材料失去支持能力、完整性被破坏或失去隔火作用的时间，以 h 或 min 计。如无保护层的钢柱，其耐火极限仅有 0.25 h。

根据耐火度的不同，将材料分为耐火材料、难熔材料和易熔材料。耐火材料的耐火度在 1580 ℃以上，如各类耐火砖；难熔材料的耐火度为 1350～1580 ℃，如难熔黏土砖；易熔材料的耐火度在 1350 ℃以下，如普通黏土砖。

1.3.6 材料与声学有关的性质

1. 吸声性

吸声性是指声能穿透材料和被材料消耗的性质,用吸声系数表示。吸声系数是指材料吸收的声能与声波原先传递给材料的全部入射声能的百分比。吸声系数(α)用式(1-17)表示:

$$\alpha = \frac{E}{E_0} \times 100\% \tag{1-17}$$

式中,α——材料的吸声系数;

E_0——传递给材料的全部入射声能;

E——被材料吸收(包括透过)的声能。

当声波传播到材料表面时,一部分声波被反射,另一部分声波穿透材料,而其余部分则在材料内部的孔隙中引起空气分子与孔壁的摩擦和黏滞阻力,使相当一部分声能转化为热能而被吸收。

材料的吸声性能除与材料的表观密度、孔隙特征、厚度及表面的条件有关外,还与声波的入射角及频率有关。材料内部开口连通的细小孔隙越多,则吸声性能越好;增加多孔材料的厚度,可提高对低频声音的吸收效果。同一种材料,不同频率的声波,吸声系数不同;规定取 125、250、500、1000、2000、4000 Hz 六个频率的平均吸声系数来表示材料吸声的频率特性,材料的平均吸声系数≥0.2 的材料称为吸声材料。

影剧院、大会议室、播音室等建筑物,需要保持良好的音响效果和减少噪声的危害,因此在内部装饰时,应使用适当的吸声材料。

2. 隔声性

隔声性是指材料能减弱或隔断声波传递的性质。声波在建筑结构中的传播主要通过空气和固体来实现,分为隔空气声和隔固体声。

1) 隔空气声

根据声学中的"质量定律",材料的隔声量与其表观密度(或单位面积的质量)的对数成正比。因此,增加材料的厚度或密度,则材料的隔声效果好;轻质材料的质量较小,隔声性较密实材料差。

2) 隔固体声

固体声是由于振源撞击固体材料,引起固体材料受迫振动而发声,并向四周辐射声能。由于固体声在传播过程中,声波传播的阻尼较小,在建筑结构和管道中可传很远,因此,对固体声隔绝的最有效措施是隔断其声波传递的途径,选择有弹性的衬垫材料,如将软木、橡胶、毛毡等置于能产生和传递固体声波的结构层中或表面,能阻止或减弱固体声波的继续传播。

1.3.7 材料的力学性质

材料的力学性质是指材料在外力作用下抵抗破坏的能力和变形的性质,包括材料的强度和比强度、弹性和塑性、脆性和韧性、硬度和耐磨性等。

1. 强度

材料的强度是指材料在外力作用下抵抗破坏的能力。当材料受外力作用时,内部就会产生应力,随着外力增加,应力相应增大,直至材料内部质点间结合力不足以抵抗所作用的外力时,材料即发生破坏,此时的应力值就是材料的强度,也称极限强度。

根据外力作用方式的不同,材料的强度分为抗压强度、抗拉强度、抗剪强度、抗弯(折)强度等,如图 1-3 所示。

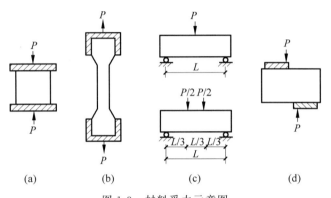

图 1-3 材料受力示意图
(a) 抗压;(b) 抗拉;(c) 单、双荷载抗弯;(d) 抗剪

(1) 材料的抗压[图 1-3(a)]、抗拉[图 1-3(b)]及抗剪[图 1-3(d)]强度按下式计算:

$$f = \frac{F}{A} \tag{1-18}$$

式中,f——抗压、抗拉、抗剪强度,MPa;
F——材料受压、拉、剪破坏时的荷载,N;
A——材料受力面积,mm^2。

(2) 材料的抗弯(折)强度与受力情况有关。当外力是作用于构件中央一点的集中荷载,构件有两个支点[图 1-3(c)],材料截面为矩形时,其抗弯(折)强度按下式计算:

$$f_m = \frac{3FL}{2bh^2} \tag{1-19}$$

式中,f_m——材料的抗弯(折)强度,MPa;
F——受弯时的破坏荷载,N;
L——两支点间距,mm;
b、h——试件截面宽度、高度,mm。

抗弯强度试验,还可以采用在支点的三分点上作用两个相等的集中荷载[图 1-3(c)],其抗弯(折)强度按下式计算:

$$f_m = \frac{FL}{bh^2} \tag{1-20}$$

材料的强度大小与其组成及结构有关。材料的组成、结构特征、孔隙率、试件形状、尺寸、表面状态、含水率、温度及试验时的加荷速度等对材料的强度都有影响。

相同种类的材料,其孔隙率及构造特征不同,强度也不同;孔隙率越大的材料,其强度越低。

由于组成、结构不同,不同材料的强度差异很大,各个方向的性质也不同,因而其评价指标和应用范围不同。砖、石材、混凝土和铸铁等材料的抗压强度较高(评价指标主要为抗压强度),但抗拉强度及抗弯强度较低,多用于结构的承压部位,如基础、墙、柱等;钢材的抗拉、抗压强度都很高,其强度评价指标主要为抗拉强度,适用于承受各种外力作用的结构;木材的顺纹抗拉和抗压强度均较高,但横纹抗拉和抗压强度较低。

土木工程材料通常按其强度值大小划分为若干不同的等级,这对材料生产、合理选用材料,正确进行设计和控制工程质量是非常重要的。

2. 比强度

承重的结构材料除了承受外荷载力,还需要承受自身重力。因此,不同强度材料的比较,可采用比强度指标。比强度是指单位体积质量的材料强度,它等于材料的强度与其表观密度之比,是评价材料轻质高强性能的指标。比强度越大,则材料的轻质高强性能越好。常用材料的强度与比强度见表1-4。在高层建筑及大跨度结构工程中常采用比强度较高的材料。

表1-4 常用材料的强度与比强度

材　　料	抗压强度/MPa	抗拉强度/MPa	抗弯强度/MPa	比强度/($N \cdot m \cdot kg^{-1}$)
花岗岩	100～250	5～8	10～14	0.069(抗压)
烧结普通砖	10～30	—	2.6～5.0	0.006(抗压)
混凝土	10～100	1～8	3.0～10.0	0.017(抗压)
松木	30～50	80～120	60～100	0.200(抗压)
钢材	240～1500	240～1500	—	0.054

3. 弹性

材料在外力作用下产生变形,当外力取消后能完全恢复原来形状和大小的性质称为弹性。这种可恢复的变形称为弹性变形。弹性变形的大小与其所受外力的大小成正比,其比例系数对某种理想的弹性材料来说为常数,这个常数被称为该材料的弹性模量,可按下式计算:

$$E = \frac{\sigma}{\varepsilon} \tag{1-21}$$

式中,E——材料的弹性模量,MPa;

σ——材料受到荷载作用时产生的应力,MPa;

ε——材料受到荷载作用时产生的应变。

材料的弹性模量越大,抵抗变形的能力越强,表明材料的刚度越好。弹性模量是结构设计和变形验算的重要参数。

4. 塑性

材料在外力作用下产生变形,当外力取消后不能完全恢复到原来形状和大小的性质称为塑性。这种不可恢复的变形称为塑性变形。

工程实际中,完全的弹性材料或完全的塑性材料是不存在的,大多数材料的力学变形既有弹性变形,也有塑性变形(图1-4)。有的材料在受力不大的情况下表现为弹性变形,当外力超过一定限度时则表现为塑性变形,如钢材;有的材料在受力作用后,弹性变形与塑性变形同时产生,如取消外力,弹性变形可以恢复,而塑性变形则不能恢复,如混凝土。

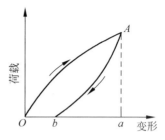

图1-4 弹塑性材料的变形曲线

5. 脆性

材料在外力作用下,无明显的塑性变形而突然破坏的性质称为脆性。具有这种性质的材料为脆性材料。脆性材料的抗压强度远高于抗拉强度,其变形能力小,抵抗振动或冲击荷载的能力差,会使结构发生突然性破坏,只适用于承受静压力的结构构件和不变形的部位。石材、混凝土、砂浆、砖、玻璃及陶瓷等都属于脆性材料。

6. 韧性

材料在冲击或振动荷载作用下,能吸收较大能量,同时产生较大变形而不突然破坏的性质称为韧性。具有这种性质的材料为韧性材料。韧性材料的主要特点是塑性变形大,抗拉强度与抗压强度相差不大。材料的韧性用冲击试验来检验。钢材、木材、塑料、橡胶等属于韧性材料,适用于承受动力荷载的桥梁、吊车梁及有抗震要求的结构构件。

7. 硬度

硬度是指材料表面抵抗其他物质压入或刻划的能力。工程中测定材料的硬度有多种方法,不同的材料可选用不同的方法。对金属、木材等材料的硬度用压入法测定。如洛氏硬度是以金刚石圆锥或圆球的压痕深度计算求得;布氏硬度是以单位压痕面积上所受的压力来表示。天然矿物材料的硬度可采用摩氏硬度表示,它是以两种矿物相互对刻的方法确定矿物的相对硬度,由软到硬依次为滑石、石膏、方解石、萤石、磷灰石、正长石、石英、黄玉、刚玉、金刚石。工程中有时用硬度来间接推算材料的强度,如用回弹法测定混凝土表面硬度,间接推算混凝土强度。

8. 耐磨性

材料的耐磨性是指材料表面抵抗磨损的能力。材料的耐磨性可用磨损率(B)表示,按下式计算:

$$B = \frac{m_1 - m_2}{A} \tag{1-22}$$

式中,B——材料的磨损率,g/cm^2;
　　m_1、m_2——材料磨损前、后的质量损失,g;
　　A——材料试件受磨面积,cm^2。

材料的磨损率B值越小,表明材料的耐磨性越好;反之则越差。材料的耐磨性与材料的组成、结构、强度、硬度、密实度、孔隙率和孔特征等因素有关。一般情况下,强度越高且密实的材料,其硬度越大,耐磨性较好。

在土木工程中有些部位经常要受到磨损,如道路路面、机场路面、地面、楼梯踏步等,这些部位的材料应具有较高的硬度和耐磨性。

1.3.8 材料的化学性质和耐久性

1. 化学性质

材料的化学性质是指材料抵抗各种周围环境对其产生化学作用的性能。

大多数材料是利用化学性质进行生产、施工和使用的,其性质与化学组成及结构有关。如钢筋和水泥是利用化学反应而生产的;在施工过程中,钢筋的化学除锈、水泥的凝结硬化、石灰的碳化等是利用化学反应使其达到材料的基本性能;材料在使用过程中,受到酸、碱、盐及水溶液、各种腐蚀性气体的化学腐蚀作用或氧化作用,材料组成或结构发生变化,逐渐变质影响其使用功能,甚至造成工程结构的破坏,如钢材的电化学腐蚀、水泥混凝土的酸腐蚀、沥青材料的老化等。因此,材料在各种环境中应具备良好的化学性质,如遇到腐蚀性的介质,可利用化学性质改善材料的性能,如在材料表面刷漆、配制耐酸混凝土、高强混凝土等。

2. 耐久性

耐久性是指材料在长期使用的过程中,能抵抗周围环境因素的破坏作用,保持其原有性能不变,不被破坏的能力。

材料在长期的使用过程中,除要承受各种外力作用外,还经常受到周围环境中各种自然因素的破坏作用。这些作用可分为物理、化学和生物作用。

物理作用有温度变化、干湿交替和冻融循环等,这些变化会使材料的体积产生收缩或膨胀,或导致材料内部裂缝的扩展,长期作用后会导致材料产生破坏。如混凝土的抗渗性、抗冻性。

化学作用是指材料受到酸、碱、盐等物质或有害气体的侵蚀作用,使材料的组成成分发生质的变化,从而引起材料的破坏。如钢材的锈蚀、水泥石的腐蚀、沥青的老化等。

生物作用是指材料受到虫、菌的蛀蚀、溶蚀而破坏。如木材等一类的有机质材料。

材料在长期使用过程中的破坏是多方面因素共同作用的结果,因此,耐久性是材料的一项综合性质,它包括材料的抗渗性、抗冻性、抗化学侵蚀性、抗碳化性、大气稳定性和耐磨性等性能。

影响材料耐久性的主要因素有材料的组成与结构、强度、孔隙率及孔特征、表面状态等。为提高材料的耐久性,可根据材料的特点和使用条件采取相应的措施。例如,根据所使用的环境,选择耐久性好的材料;提高材料的密实度,降低材料的孔隙率,改善材料的孔结构;采用其他防腐材料覆盖、涂刷在材料表面,增强抵抗环境作用的能力。

1.4 土木工程材料的学习要求

1. 学习目的

本课程是土木建筑类专业的专业技术基础课,课程的学习目的是使学生获得有关土木工程材料的基本理论、基本知识和基本技能,掌握常用土木工程材料的技术性能和选用原则,熟悉土木工程材料的生产制造过程、组成结构与性能变化原理以及试验检测方法,了解土木工程材料的发展趋势,构建与土木建筑类专业相适应的土木工程材料知识体系,为学习后续专业课程提供土木工程材料的基础知识,为今后从事设计、施工、管理和科研工作能够合理选择和正确使用土木工程材料奠定基础。另外,通过本门课程的学习,培养学生分析问题和解决问题的能力、培养创新意识、提高综合素质,也是本门课程的另一重要目的。

2. 学习方法

不同课程有不同的特点、不同的认知规律和学习方法。土木工程材料品种繁多,内容庞杂,以叙述、定性介绍为主。要想学好本门课程,首先应对本门课程的知识来源和结构有所了解。作为一门交叉学科,人们对土木工程材料的认识来源于三个方面,即工程实践经验、材料科学和试验技术。首先是材料生产和应用过程中工程实践经验的总结;其次是由于材料科学和检测技术的发展,对材料的物理和化学结构进行深入研究得到的认识;再次是通过对材料性质的大量试验得到的试验数据总结。通过对以上三个方面知识的总结,人们在土木工程学科和材料学科之间架起了一座桥梁,形成了土木工程材料学科。所以,要想学好本门课程,必须从以上三个方面入手。本门课程第2~9章介绍了不同的材料,各章虽相对独立、自成体系,但知识结构基本相同,综合论证分析了各种材料的原料、生产、组成、结构与材料性能的关系,根据材料的性能(共性和特性)来确定其应用技术(配制、施工、技术要求、检验以及运输、储存、维修和经济效益等)。

本门课程的学习需以材料组成、结构、性能与应用为主线,应抓住"一个中心,两条线索"。各种材料的技术性能即为课程及各章的"中心内容"和重点内容;材料的组成和结构是决定材料性质的内因和决定性因素,这是学习掌握材料性能的第一条线索;材料的性能还随外界环境条件的改变而改变,因而外界环境条件是影响材料性能的外因和学习掌握材料性能的第二条线索。

本课程的学习重点是掌握土木工程材料的性能及其应用。但不可满足于笼统地知道该材料具有哪些性质、有哪些表象,重要的是理解形成这些性质的内在原因、外部原因和这些性能之间的相互关系,从而更好地应用各种材料。要注意采用辩证法、系统论等科学方法论,才能更好地掌握以上内容。

采用对比也是学好本门课程的有效方法,材料种类繁多,通过对比各种材料的组成、结构及性能特点等内容,罗列并厘清它们之间的共性与个性,不仅可以提高学习效率,做到事半功倍,而且也将提高所学知识的综合运用能力。

"土木工程材料"是一门实践性很强的课程,实践是最好的课堂,应充分利用一切实践机会,对身边的在建和已建成工程多观察、多思考,理论联系实际地学习,在生活、生产实践中寻找答案,并在实践中验证和补充所学的书本知识。学习本课程还须充分注意土木工程材料的环保问题,强化环保意识,提高综合素质。

应重视试验环节。试验也是本课程的重要教学环节,通过试验不仅可以验证所学基本理论、巩固基本知识、掌握基本实验技能,更重要的是可以培养学生严谨求实的科学态度,提高综合素质,为日后从事科技工作打下基础。

在学习完每一章后,对习题亦应认真作答,并可对照所附参考答案。这些习题大多源自工程实际,在解题过程中不仅可加深学生对基本原理、基本知识的理解,而且有利于其分析和解决工程实际问题能力的培养。

习题

一、名词解释
密度;表观密度;堆积密度;孔隙率;空隙率;抗冻性;耐水性;耐久性

二、填空题
1. 材料的吸湿性是指材料在_____的性质。
2. 材料的抗渗性是材料抵抗压力水的渗透能力,用_____和_____表示。
3. 材料与水接触时,材料表面被水润湿,这种性质称为_____。

三、选择题
1. 材料内部的孔隙率越大,其( )越低。
   A. 密度　　　　B. 表观密度　　　　C. 憎水性　　　　D. 吸湿性
2. 材料在水中吸收水分的性质称为( )。
   A. 吸水性　　　B. 吸湿性　　　　　C. 渗透性　　　　D. 耐水性

四、判断题
1. 材料的导热系数越大,其保温隔热性能越好。　　　　　　　　　　( )
2. 材料在空气中吸收水分的性质称为材料的吸水性。　　　　　　　( )
3. 某材料在受力初期表现为弹性,当外力达到一定程度后表现出塑性,这类材料称为塑性材料。　　　　　　　　　　　　　　　　　　　　　　　　　　( )
4. 材料的比强度越大,越轻质高强。　　　　　　　　　　　　　　( )

五、简答题
1. 简述材料的密度、表观密度、孔隙率三者之间的关系。
2. 何为材料的亲水性和憎水性?
3. 材料与水有关的性质有哪些?如何表示?
4. 简述材料的孔隙率及孔隙特征与材料的基本性质的关系。
5. 脆性材料与韧性材料各有什么特点?
6. 何为材料的化学性质和耐久性?

六、计算题
1. 某材料在绝干、水饱和状态下测得的抗压强度分别为 183 MPa、173 MPa,判断该材料能否用于水下工程。
2. 烧结黏土砖的表观密度为 1910 kg/m³,密度为 2.53 g/cm³,质量吸水率为 9%,求该砖的孔隙率和体积吸水率。
3. 今有湿砂 110 kg,已知砂的含水率为 3.2%,求砂中含有水的质量。

第2章 木材

学习要点：本章主要介绍木材的构造、物理和力学性质，木材的腐朽、虫害及防护措施，以及木材产品的种类和应用。本章的重点是木材的防护及其在工程中的作用。

不忘初心：前人栽树，后人乘凉。

牢记使命：木受绳则直，金就砺则利。

2.1 木材的分类与构造

木材是人类使用最早的土木工程材料之一。我国在木材建筑技术和木材装饰艺术上都有很高的水平和独特的风格。如世界闻名的天坛祈年殿完全由木材构造，而同样全由木材建造的山西五台山佛光寺正殿保存至今已达千年之久。

木材作为建筑和装饰材料具有一系列的优点：比强度大，具有轻质高强的特点；有很好的弹性和韧性，能承受冲击荷载等作用；导热性低，具有较好的保温隔热性能；在干燥环境和长期浸于水中均有很好的耐久性；纹理美观，色调温和，极富装饰性；易于加工，可制成各种形状的产品；绝缘性好，无毒性。因而木材历来与水泥、钢材并列为建筑的三大材料。由于木材资源的枯竭和新型建筑材料的出现，特别是钢材和水泥的出现，木材在土木建筑中的应用发生了很大的变化，已很少被用作结构材料。

木材的使用受到一定的限制，主要表现在：各向异性；木材性能受含水率影响较大，从而导致形状、尺寸、强度等物理、力学性能变化；天然疵病较多；耐火性差，易着火燃烧；易虫蛀等。

土木工程中所用木材主要由树木加工而成。然而，树木的生长缓慢，而木材的使用范围广、需求量大，因此木材的节约使用与综合利用显得尤为重要。

2.1.1 木材的分类

木材树种很多，从外形上分为针叶树和阔叶树两大类。

1. 针叶树

针叶树多为常绿树，如红松、落叶松、云杉、冷杉、柏木等。其树叶细长，树干通直高大，易得到较大尺寸的木材。因其木质较软、易于加工，又称软木材。它具有强度较高、表观密度小、胀缩变形小、耐腐蚀性较强等特点,在建筑工程中被广泛用作承重构件和门窗、地面材料及装饰材料等。

2. 阔叶树

阔叶树多为落叶树,如水曲柳、桦树、榉树、柞树、榆树等。其树叶宽大,树干通直部分较短,材质重而硬,大多不易加工,又称为硬木材,且具有表观密度大、强度高、干湿变形大、易于开裂翘曲等特点,仅适用于尺寸较小的非承重木构件。因其加工后表现出天然美丽的木纹和颜色,具有很好的装饰性,常用作家具及建筑装饰材料。

2.1.2 木材的构造

木材的构造主要指木质部的构造,通常分为宏观构造和微观构造。木材的宏观构造是指在肉眼或放大镜下所能看到的构造,与木材的颜色、气味、光泽、纹理等构成区别于其他材料的显著特征。木材的微观构造是指用显微镜观察到的木材构造,而用电子显微镜观察到的木材构造称为超微构造。木材的构造是决定木材性能的重要因素。

1. 木材的宏观构造

木材的宏观构造如图 2-1 所示。

从木材的三个切面(横切面、径切面与弦切面)可以看到,木材由树皮、木质部和髓心等部分组成。

髓心是树干的中心,质地松软,强度低,易腐朽开裂。木质部是髓心和树皮之间的部分,是木材的主体,靠近髓心的部分颜色较深,称为心材;靠近树皮的部分颜色较浅,称为边材。心材含水量较小,不易翘曲变形,耐蚀性较强;边材含水量较大,易翘曲变形,耐蚀性不如心材。

横切面深浅相间的同心圆称为年轮。每一年轮中色浅而质软的部分是春季长成的,称为春材或早材;色深

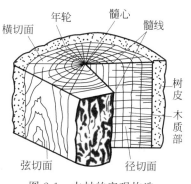

图 2-1 木材的宏观构造

而质硬的部分是夏秋季长成的,称为夏材或晚材。夏材越多,木材质量越好。年轮越密且均匀,木材质量越好。

在木材横切面上有许多径向的、从髓心向树皮呈辐射状的细线条,或断或续地穿过数个年轮,称为髓线,是木材中较脆弱的部位,干燥时常沿髓线发生裂纹。

2. 木材的微观构造

在显微镜下所见到的木材组织称为微观构造。木材由有无数细小空腔的长形细胞紧密结合组成,每个细胞都有细胞壁和细胞腔。细胞壁由若干层细胞纤维组成,其连接纵向较横向牢固,因而造成细胞壁纵向的强度高,而横向的强度低,在组成细胞壁的纤维之间存在极小的空隙,能吸附和渗透水分。

夏材组织均匀、细胞壁厚、腔小,木质坚密,表观密度大,强度高,湿胀干缩率也比较大。春材细胞壁薄、腔大,质地松软,强度低,湿胀干缩率较小。

2.2 木材的性能

木材的密度是指构成木材细胞壁物质的密度。密度具有变异性,即从髓心到树皮或早材与晚材的树根部到树梢的密度变化规律随木材种类不同有较大的不同。其平均密度为 $1.50 \sim 1.56 \text{ g/m}^3$,表观密度为 $0.37 \sim 0.82 \text{ g/m}^3$。

木材的导热系数随其表观密度的增大而增大,顺纹方向的导热系数大于横纹方向。干木材具有很高的电阻。当木材的含水量提高或温度升高时,木材电阻会下降。木材具有较好的吸声性能,故常用软木板、木丝板、穿孔板等作为吸声材料。

1. 木材的含水率与吸湿性能

木材的含水率用木材所含水的质量占木材干燥质量的百分率来表示。木材吸水的能力很强,其含水量随所处环境的湿度变化而异,所含水分由自由水、吸附水、结合水三部分组成。

自由水存在于细胞腔和细胞间隙内。木材干燥时自由水首先蒸发,自由水的存在影响木材的表观密度、抗腐蚀性等。吸附水存在于细胞壁中,吸附水的变化对木材的强度和湿胀干缩性影响很大。结合水存在于木材化学成分中,随树种的不同而异,在常温下不变化,因而对木材性质无影响。

当木材细胞腔和细胞间隙中无自由水,而细胞壁吸附水为饱和,此时木材的含水率称为木材的纤维饱和点。纤维饱和点随树种而异,一般为 25%~30%。纤维饱和点是含水率影响木材强度与湿涨干缩性能的转折点。

木材能够从周围的空气中吸收水分的性质称为木材的吸湿性。另外,潮湿的木材在干燥空气中会失去水分。当木材长时间处在一定温度与湿度的空气中,就会达到相对稳定的含水率,也就是水分的蒸发与吸收达到平衡。此时的木材含水率为平衡含水率。平衡含水率随温度和相对湿度而变化。

新伐木材的含水率常在 35% 以上,风干木材的含水率为 15%~25%,室内干燥的木材含水率常为 8%~15%。木材的含水率会直接影响木材的表观密度、强度、耐久性、加工性、导热性、导电性等性能。

为了避免木材在使用过程中因含水率变化太大而引起变形,木材使用前需干燥至使用环境常年平均平衡含水率。我国北方木材的平衡含水率约为 12%,南方约为 18%,长江流域一般为 15% 左右。

2. 木材的变形与湿胀干缩性能

木材具有显著的湿胀干缩性。当木材从潮湿状态干燥至纤维饱和点时,自由水蒸发不改变其尺寸;继续干燥,细胞壁中吸附水蒸发,细胞壁基体相收缩,从而引起木材体积收缩。反之,干燥木材吸湿时将发生体积膨胀,直到含水率达到纤维饱和点时为止。细胞壁越厚,则胀缩越大。因而,表观密度大、夏材含量多的木材胀缩变形较大。

由于木材构造不均匀,因此各方向、各部位胀缩也不同,其中弦向最大,径向次之,纵向最小,边材胀缩大于心材。一般新伐木材完全干燥时,弦向收缩 6%~12%,径向收缩 3%~

6%,纵向收缩0.1%～0.3%,体积收缩9%～14%。图2-2所示为含水率对木材胀缩变形的影响。木材干燥时其横截面变形如图2-3所示。不均匀干缩会使板材发生翘曲(包括顺弯、横弯、翘弯)和扭弯(图2-4)。

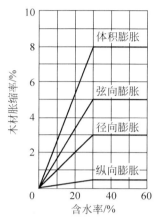

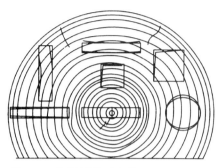

图2-2 含水率对木材胀缩的影响　　　　图2-3 木材干燥引起截面的形状变化

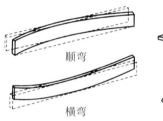
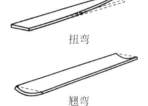

图2-4 木材变形示意图

木材湿胀干缩性将影响到其实际使用。干缩会使木材翘曲开裂、松弛、拼缝不严,湿胀则造成凸起。为了避免这种情况,在木材加工制作前必须预先对其进行干燥处理,使木材的含水率比使用地区的木材平衡含水率低2%～3%。

3. 木材的强度及影响因素

1) 木材的强度

按受力状态,木材的强度分为抗拉、抗压、抗弯和抗剪四种强度。木材构造的不均匀性使木材的力学性质也具有明显的方向性,即顺纹方向和横纹方向。所谓顺纹,即作用力方向与木材纵向纤维方向平行;横纹是指作用力方向与木材纵向纤维方向垂直。在顺纹方向,木材的抗拉和抗压强度很高;而在横纹方向,弦向与径向又不同。所以在工程上均应充分利用它的顺纹抗拉、抗压和抗弯强度,而避免使其横纹方向承受拉力或压力。

木材的强度检验采用无疵病的木材制成标准试件进行测定。木材受不同外力破坏情况各不相同,其中顺纹受压破坏是因细胞壁失去稳定所致,纤维不断裂;横纹受压破坏是因木材受力压紧后产生显著变形造成;顺纹抗拉破坏通常是因纤维间撕裂后拉断所致。木材受弯时上部顺纹受压,下部顺纹受拉,在水平面内还有剪切力作用,破坏时首先是受压纤维达到强度极限,产生大量变形,此时构件仍能继续承载,当受拉区也达到强度极限时,则纤维及纤维间的连接产生断裂,导致最终破坏。

木材受剪切作用时,按作用力与木材纤维方向的不同,可分为顺纹剪切、横纹剪切和横纹切断三种,如图 2-5 所示。顺纹剪切时[图 2-5(a)],木材的绝大部分纤维本身并不破坏,只是破坏剪切面中纤维间的连接,所以顺纹抗剪强度很小。横纹剪切时[图 2-5(b)],剪切是破坏剪切面中纤维的横向连接,因此木材的横纹剪切强度比顺纹剪切强度还要低。横纹切断时[图 2-5(c)],剪切破坏是将木材纤维切断,因此,横纹切断强度较大。

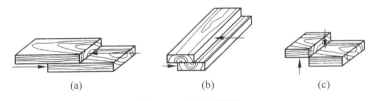

图 2-5　木材的剪切
(a) 顺纹剪切；(b) 横纹剪切；(c) 横纹切断

木材的各种强度差异很大,为了便于比较,现将木材各种强度间数值的大小关系列于表 2-1 中。

表 2-1　木材强度之间的关系(以顺纹抗压强度为 1)

抗压强度		抗拉强度		抗弯强度	抗剪强度	
顺纹	横纹	顺纹	横纹		顺纹	横纹切断
1	1/10～1/3	2～3	1/20～1/3	3/2～2	1/7～1/3	1/2～1

2) 影响木材强度的因素

木材强度除由本身组织结构因素决定外,还与含水率、负荷时间、温度、疵病等因素有关。

(1) 木材的纤维组织

木材受力时,主要靠细胞壁承受外力,细胞纤维组织越均匀密实,强度就越高。例如夏材比春材结构密实、坚硬,当夏材的含量较高时,木材的强度较高。

(2) 含水率的影响

木材的含水率是影响强度的重要因素。含水率在纤维饱和点以下时,随着含水率降低,吸附水减少,细胞壁趋于紧密,木材强度增大,反之,强度减小；含水率在纤维饱和点以上时,木材强度不变。

木材含水率变化对木材不同强度的影响不同,对抗弯和顺纹抗压强度影响较大,对顺纹抗剪强度影响较小,对顺纹抗拉强度几乎没有影响。

(3) 负荷持续时间

木材对长期荷载的抵抗能力与对短期荷载不同。木材在外力作用下产生等速蠕滑,经过较长时间作用以后,会急剧产生大量连续变形。

木材在长期荷载作用下所能承受的最大应力称为木材的持久强度。木材的持久强度仅为其极限强度的 50%～60%。一切木结构都处于负荷的长期作用下,因此在设计木结构时,应考虑负荷时间对木材强度的影响,以持久强度为设计依据。

(4) 温度

木材的强度随环境温度升高而降低。研究表明,当温度从 25 ℃升高至 50 ℃时,木材的顺纹抗压强度会降低20%～40%。当温度在100 ℃以上时，木材中部分组织会分解、挥发，木材颜色变黑，强度明显下降。因此如果环境温度长期超过60 ℃时，不宜使用木结构。

(5) 疵病

木材在生长、采伐、保存及加工过程中，所产生的内部和外部缺陷统称为疵病。木材的疵病主要有木节、斜纹、裂纹、腐朽和虫害等。一般木材或多或少都存在一些疵病，使木材的物理力学性质受到影响，有时甚至会使木材失去使用价值。

2.3　木材的用途

木材按供应形式可分为原条、原木、板材和方材。原条是指已经除去皮、根、树梢的木料，但尚未按一定尺寸加工成规定木料。原木是原条按一定尺寸加工而成的具有规定直径和长度的木料，可直接在建筑中用作木桩、搁栅、楼梯和木柱等。板材和方材是原木经锯解加工而成的木材，宽度为厚度的3倍或3倍以上的为板材，宽度不足厚度的3倍者为方材。

木材按用途可分为结构材料、装饰材料、隔热材料、电绝缘材料。木材在土木工程中可被用作屋架、桁架、梁、柱、桩、门窗、地板、脚手架、混凝土模板以及其他一些装饰、装修等材料。

为了节约资源、改善天然木材的不足，同时提高木材的利用率和使用年限，将木材加工中的大量边角、碎屑、刨花、小块等再加工，生产各种人造板材已成为木材综合利用的重要途径之一。常用的人造板材有以下几种。

1. 细木工板

细木工板又称大芯板，是中间为木条拼接，两个表面胶粘一层或两层单片板而成的实心板材。由于中间为木条拼接，有缝隙，因此可降低因木材变形造成的影响。细木工板具有较高的硬度和强度、质轻、耐久、易加工，适用于家具制造、建筑装饰、装修工程中，是一种极有发展前景的新型木型材。细木工板要求排列紧密、无空洞和缝隙，选用软质木料，以保证有足够的持钉力且便于加工。

2. 胶合板

胶合板是由原木沿年轮旋切成薄片，经选切、干燥、涂胶后，按木材纹理纵横交错，以奇数层数，经热压加工而成的人造板材。常用的有三、五、七、九层胶合板，一般称作三合板、五合板、七合板、九合板。图2-6所示为胶合板构造示意图。由于胶合板相邻木片的纤维互相垂直，因此在很大程度上克服了木材具有各向异性的缺点，使之具有良好的物理力学性能。

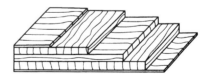

图2-6　胶合板构造示意图

胶合板具有材质均匀、强度高、幅面大及木纹真实、自然的特点，被广泛用于室内护壁板、顶棚板、门框、面板的装修及家具的制作。

3. 纤维板

纤维板是用木材碎料作原料，经切削、软化、磨浆、施胶、成型、热压等工序制成的一种人造板材。纤维板按其表观密度可分为硬质纤维板(表观密度大于 800 kg/m³)、中密度纤维板(表观密度为 500~800 kg/m³)和软质纤维板(表观密度小于 500 kg/m³)三种。硬质纤维板和中密度纤维板一般用于隔墙、地面、家具等。软质纤维板质轻多孔,为隔热吸声材料,多用于吊顶。

纤维板材质构造均匀,各向强度一致,弯曲强度较大(可达 55 MPa)、耐磨、不腐朽、无木节及虫眼等缺陷,故又称无疵点木材,并具有一定的绝缘性能。其缺点是背面有网纹,造成板材两面表面积不等,吸湿后因产生膨胀力差异而使板材翘曲变形;硬质板材表面坚硬,钉钉困难,耐水性差。干法纤维板虽然避免了某些缺点,但成本较高。

4. 刨花板、木丝板和木屑板

刨花板、木丝板和木屑板是利用木材加工过程中产生的大量刨花、木丝、木屑,添加或不添加胶料,经热压而成的板材。这类板材一般表观密度较小,强度较低,主要用作绝热和吸声材料,且不宜于潮湿处。其表面粘贴塑料贴面或胶合板作饰面层后可用于制作吊顶、隔墙、家具等。

5. 木塑材料

木塑材料(又称塑木或塑胶木)是近年来发展起来的一种新型材料,是用塑料和木纤维(木粉、稻壳、麦秸、花生壳等天然纤维)经过高分子改进,通过配料、混合、挤出等工艺制成的一种复合材料。

木塑制品与木制品相比,有很大的性能优势,具体如下:

(1) 具有与原木相同的加工性能,可钉、可钻、可刨、可粘,表面光滑细腻,无须磨光和油漆,其油漆附着性好,亦可根据个人喜好上漆。

(2) 摒弃了木材的自然缺陷,如龟裂、翘曲、色差等,因此无须定时保养。

(3) 弯曲特性强,适合制作板条与装饰材料等。

(4) 具有多种颜色及木纹,多种规格、尺寸、形状、厚度,无须打磨、上漆,后期加工成本低。

(5) 具有防火、防水、抗腐蚀、耐潮湿、不被虫蛀、不滋养真菌、耐酸碱、无毒害、无污染等优良性能。

(6) 使用寿命长,可回收循环使用多次,平均比木材使用时间长 5 倍以上,使用成本是木材的 1/3~1/2,性价比有很大优势。

(7) 质坚、量轻、保温,表面光滑平整,不含甲醛及其他有害物质,无毒害、无污染。

(8) 加工成型好,可以根据需要制作成较大的规格以及形状十分复杂的塑木型材。木塑产品包括户外用品(如露天桌椅)、市政设施(如花箱、垃圾箱、下水井盖等)、包装材料、家庭用品、日用杂品、汽车配件等。在建筑领域可以制成地板、吊板、屋顶、天窗、墙板、铺板、门板、踏脚板、栏杆、扶手、地脚板、门窗型材、家具、篱笆、栅栏、平台、路板、站台等。

木塑材料采用大量可再生材料代替石油资源,产品兼具塑料和木材的主要特点,特别是没有甲醛污染,可以在许多场合替代塑料和木材,是一种极具发展潜力的环保型新材料。

6. 复合木地板

木材具有天然的花纹、良好的弹性,给人以淳朴、典雅的质感。由于木材具有独特的优良性能，因此至今人们仍然把它作为一种常用的装饰材料，尤其是高级木材则成为装饰行业和家具行业中的佼佼者。

木地板由软木树材（如松、杉等）和硬木树材（如水曲柳、榆木、柚木、橡木、枫木、樱桃木、柞木等）经加工处理而制成的木板拼铺而成。木地板可分为条木地板、拼花木地板、漆木地板、复合木地板、软木地板等。

（强化）复合木地板是以原木为原料，经过粉碎、填充黏合及防腐处理后，加工制作成为地面铺装的型材。构造为三层复合：表层为含有耐磨材料的三聚氰胺树脂浸渍装饰纸，芯层为中、高密度纤维板或刨花板，底层为浸渍酚醛树脂的平衡纸。

强化复合木地板的最大特点是耐磨性好、经久耐用。其耐磨性能取决于表层中耐磨材料氧化铝或碳化硅的含量，氧化铝含量越高，对装饰、对刀具的硬度和耐磨性的要求也相应提高，生产成本相应增加。平衡纸放于强化木地板的最底层，其作用是防潮和防止强化木地板变形。装饰纸一般印有仿珍贵树种的木纹或其他图案，起装饰作用。

强化复合木地板的尺寸稳定性较实木地板小，且具有较大的强度、耐冲击性，较好的弹性，其耐污染、耐腐蚀、抗紫外线、耐香烟灼烧、耐擦洗的性能均优于实木地板。而且规格尺寸大，采用悬浮铺设方法，安装简捷，特别是该材料无须上漆打蜡，日常维护简便，可以大大减少使用中的成本支出，是很有发展前景的地面装饰材料。强化复合木地板适用于办公室、会议室、商场、展览厅、民用住宅等的地面装饰。

复合木地板大大提高了木材的利用率，一般实木地板的木材利用率仅为30%～40%，而复合强化木地板的利用率达到100%，对树种的要求也很低，对于我国这样一个森林资源贫乏的国家就更有推广价值。因此，复合木地板是非常理想的取代实木地板的材料。

2.4　木材的储存

木材作为土木工程材料，最大的缺点是容易腐蚀和燃烧，这些会大大地缩短木材的使用寿命，并限制它的应用范围。为了提高木材的耐久性，延长木材使用寿命，达到充分利用木材和节约木材的目的，在木材使用前都要对其进行一些必要的防护处理，如对木材的干燥、防腐、防虫和防火处理。

2.4.1　木材的干燥

木材在加工和使用之前，经干燥处理可有效防止腐朽、虫害、变形、开裂和翘曲，并提高其耐久性和使用寿命。

木材的干燥方法有自然干燥和人工干燥两种。自然干燥是将木材架空堆放于棚内，利用空气对流作用，使木材的水分自然蒸发，达到风干的目的。这种方法简便易行，成本低，但耗时长，过程不易控制，容易发生虫害、腐朽等现象。人工干燥是将木材置于密闭的干燥室内，使木材中的水分逐渐扩散而达到干燥的目的。这种方法速度快，效率高，但应适当地控制干燥温度和湿度，如果控制不当，会因收缩不均匀而导致木材开裂和变形。

2.4.2　木材的防腐

木材受到真菌侵害后,其细胞改变颜色,结构逐渐变松、变脆,强度和耐久性降低,这种现象称为木材的腐蚀(腐朽)。木材的腐朽是真菌和少量细菌在木材中寄生引起的。腐朽对木材材质的影响如下:

(1) 材色——木材腐朽常有材色变化。白腐材色变浅,褐腐材色变暗。腐朽初期就常伴有木材自然材色的各种变化。

(2) 收缩——腐朽材在干燥过程中的收缩比健全材大。

(3) 密度——由于真菌对木材物质的破坏,腐朽材比健全材密度低。

(4) 吸水性能——腐朽材比健全材吸水迅速。

(5) 燃烧性能——干的腐朽材比健全材更易点燃。

(6) 力学性质——腐朽材比健全材软、强度低;在腐朽后期,一碰就碎。

真菌和细菌在木材中繁殖生存必须同时具备四个条件:适宜的温度,适宜的含水率,少量的空气,适当的养料。

真菌生长最适宜的温度是25～30 ℃,最适宜的含水率为35%～60%,即木材含水率在稍稍超过纤维饱和点时易产生腐朽。含水率低于20%时,真菌的活动受到抑制。含水率过大时,空气难以流通,真菌得不到足够的氧或排不出废气,腐朽也难以发生,谚语"干千年、湿千年、干干湿湿两三年"说的就是这个道理。破坏性真菌所需养分是构成细胞壁的木质素或纤维素。当温度高于60 ℃或低于5 ℃,木材含水率低于25%,隔绝空气时,真菌都难于生存。

木材防腐的基本方法有两种:一种是创造木材不适于真菌的寄生和繁殖条件;另一种是把木材变成有毒的物质,使其不能成为真菌的养料。

原木的储存有干存法和湿存法两种。控制木材含水率,使木材保持较低含水率,由于缺乏水分,真菌难以生存,这是干存法。或将木材保持很高的含水率,由于缺乏空气,破坏了真菌生存所需的条件,从而达到防腐的目的,这是湿存法或水存法。但对成材的储存就只能用干存法。在木材构件表面刷以油漆,使木材隔绝空气和水汽。

还可以将化学防腐剂注入木材中,把木材变成对真菌有毒的物质,使真菌无法寄生。常用防腐剂的种类如下:

(1) 油溶性防腐剂,能溶于油不溶于水,可用于室外,药效持久,如五氯酚林丹合剂。

(2) 防腐油,不溶于水,药效持久,但有臭味,且呈暗色,不能油漆,主要用于室外和地下(枕木、坑木和桩木等),如煤焦油等。

(3) 水溶性防腐剂,能溶于水,应用方便,主要用于房屋内部,如氯化锌、硫酸铜、硼铬合剂、硼酚合剂等。

2.4.3　木材的防火

木材的防火处理(也称阻燃处理)旨在提高木材的耐火性,使之不易燃烧;当木材着火后,火焰不会沿材料表面很快蔓延;当火焰移开后,木材表面上的火焰立即熄灭。

常用的防火处理方法是在木材表面涂刷或覆盖难燃材料和用防火剂浸注木材。常用的防火涂层材料有无机涂料(如硅酸盐类、石膏)、有机涂料(如膨胀型丙烯酸乳胶防火涂料)。覆盖材料可用各种金属。

浸注用的防火剂有以磷酸铵为主要成分的磷氮系列、硼化物系列、卤素系列及磷酸氨基树脂系列等。

习题

一、填空题

1. 木材在长期荷载作用下不致引起破坏的最大强度称为_____。
2. 随着环境温度升高,木材的强度会_____。

二、选择题(多项选择)

1. 木材含水率变化对(　　)影响较大。
   A. 顺纹抗压强度　　　　　　B. 顺纹抗拉强度
   C. 抗弯强度　　　　　　　　D. 顺纹抗剪强度
2. 真菌在木材中生存和繁殖必须具备的条件有(　　)。
   A. 水分　　　　B. 适宜的温度　　　C. 空气中的氧

三、判断题

1. 木材的持久强度等于其极限强度。　　　　　　　　　　　　　　(　　)
2. 针叶树材强度较高,表观密度和胀缩变形较小。　　　　　　　　(　　)

四、简答题

1. 有不少住宅的木地板使用一段时间后出现接缝不严,但亦有一些木地板出现起拱。分析其原因。
2. 木材的含水率大小对木材的各种性质有哪些影响?
3. 什么是木材的纤维饱和点、平衡含水率?各有什么实用意义?
4. 影响木材强度的主要因素有哪些?

第3章 墙体材料

学习要点：了解禁止生产和使用普通烧结黏土砖的意义，中国目前常用建筑砌块的类型、性能及应用特点，常用建筑石材的主要类型、规格、性能及应用特点。

不忘初心：习近平主席指出，我们要拆墙而不要筑墙，要开放而不要隔绝，要融合而不要脱钩，推动经济全球化朝着更加开放、包容、普惠、平衡、共赢的方向发展。

牢记使命：习近平主席指出，地球是人类赖以生存的唯一家园。我们要坚持以人为本，让良好生态环境成为全球经济社会可持续发展的重要支撑，实现绿色增长。

3.1 砖

3.1.1 砖的分类

砖是指砌筑用的人造小型块材。砖的分类方式有多种，具体如下：

1. 按孔洞率分类

（1）实心砖　无孔洞或孔洞率小于25%。
（2）多孔砖　孔洞率不小于25%，孔的尺寸小而数量多。
（3）空心砖　孔洞率不小于40%，孔的尺寸大而数量少。

2. 按制造工艺分类

（1）烧结砖　经焙烧而制成的砖，包括烧结普通砖和烧结空心砖、烧结多孔砖等。
（2）非烧结砖经蒸汽（压）养护等硬化而成的砖，包括蒸养砖、蒸压砖和免烧砖等。
① 蒸养砖　经常压蒸汽养护硬化而成的砖，如蒸养粉煤灰砖。
② 蒸压砖　经高压蒸汽养护硬化而成的砖，如蒸压灰砂砖。
③ 免烧砖　以自然养护而成，如非烧结黏土砖。

3. 按用途分类

砖按用途可分为承重砖和非承重砖。

4. 按原材料分类

砖按原材料可分为黏土砖、粉煤灰砖、煤矸石砖、灰砂砖等。

3.1.2 烧结普通砖

以黏土、页岩、煤矸石、粉煤灰等为主要原料,经焙烧而成的小型块材叫烧结普通砖。按主要原料分为烧结黏土砖(符号为 N)、烧结页岩砖(符号为 Y)、烧结煤矸石砖(符号为 M)和烧结粉煤灰砖(符号为 F)等。

以黏土为主要原料,经配料、制坯、干燥、焙烧而成的砖称为烧结黏土砖。黏土中所含铁的化合物成分在焙烧过程中氧化成红色的高价氧化铁,烧成的砖为红色;如果砖坯先在氧化环境中烧成,然后减少窑内空气的供给,同时加入少量水分,使坯体继续在还原气氛中焙烧,此时高价氧化铁还原成青灰色的低价氧化铁(FeO),即制得青砖。一般来说,青砖的强度比红砖高,耐久性比红砖强,但价格较昂贵,一般在小型的土窑内生产。

以页岩为主要成分,经破碎、粉磨、配料、成型、干燥和焙烧等工艺制成的砖称为烧结页岩砖,这种砖的颜色和性能都与烧结黏土砖相似。

以煤矸石为主要成分,经粉碎后,进行适当配料,可制成烧结煤矸石砖。这种砖焙烧时基本不需用煤,并可节省大量的黏土原料。烧结煤矸石砖比烧结黏土砖稍轻,颜色略淡。

以粉煤灰为主要原料,经配料、成型、干燥、焙烧而制成的砖称为烧结粉煤灰砖。由于粉煤灰塑性差,通常掺适量黏土以增加塑性,配料时粉煤灰的用量可达 50% 左右。这类烧结砖颜色为淡红至深红,一般可代替烧结黏土砖使用。

按照《烧结普通砖》(GB 5101—2017)的规定,强度和抗风化性能合格的砖,按照尺寸偏差、外观质量、泛霜和石灰爆裂等指标划分为三个等级:优等品(A)、一等品(B)和合格品(C)。

1. 烧结普通砖的外观要求

如图 3-1 所示,烧结普通砖的公称尺寸是 240 mm×115 mm×53 mm,240 mm×115 mm 的面称为大面,240 mm×53 mm 的面称为条面,115 mm×53 mm 的面称为顶面。烧结普通砖的外观质量包括两条面的高度差、弯曲、杂质凸出高度、缺棱掉角、裂纹、完整面、颜色等。

砖的产品标记按照产品名称、类别、强度等级、质量等级和标准编号的顺序写出。例如,页岩砖、强度等级 MU15、优等品,则其标记应写为:烧结普通砖 Y MU15 A GB 5101。

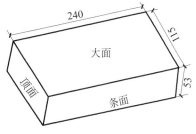

图 3-1 烧结普通砖的尺寸

2. 烧结普通砖的强度

烧结普通砖根据抗压强度分为五个等级:MU30、MU25、MU20、MU15 和 MU10。各强度等级的砖应符合表 3-1 的规定。

强度试验砖的试样数量为 10 块,表中抗压强度标准值计算按下式进行:

$$f_k = \bar{f} - 1.8S \tag{3-1}$$

式中,f_k——抗压强度标准值,MPa;

$\bar{f}$——10 块砖试件抗压强度平均值,MPa;

S——10 块砖试件的抗压强度标准差,MPa。

表 3-1　烧结普通砖的强度等级　　　　　　　　　　　　　　单位：MPa

强度等级	抗压强度平均值	强度变异系数≤0.21	强度变异系数>0.21
		抗压强度标准值	单块最小抗压强度值
MU30	≥30.0	≥22.0	≥25.0
MU25	≥25.0	≥18.0	≥22.0
MU20	≥20.0	≥14.0	≥16.0
MU15	≥15.0	≥10.0	≥12.0
MU10	≥10.0	≥6.5	≥7.5

3. 烧结普通砖的抗风化性能

抗风化性能是指在干湿变化、温度变化、冻融变化等物理因素作用下，材料不变质、不破坏而保持原有性质的能力，它是材料耐久性的重要内容之一。地域不同，材料的风化作用程度就不同，我国按风化指数分为严重风化区和非严重风化区，见表 3-2。风化指数是指日气温从正温降至负温或从负温升至正温的每年平均天数与每年从霜冻之日起至消失霜冻之日止这一期间降雨总量（单位：mm）的平均值的乘积，风化指数大于等于 12 700 的地区为严重风化区，小于 12 700 的地区为非严重风化区。

表 3-2　风化区域划分

严重风化区	非严重风化区
1. 黑龙江省；2. 吉林省；3. 辽宁省；4. 内蒙古自治区；5. 新疆维吾尔自治区；6. 宁夏回族自治区；7. 甘肃省；8. 青海省；9. 陕西省；10. 山西省；11. 河北省；12. 北京市；13. 天津市	1. 山东省；2. 河南省；3. 安徽省；4. 江苏省；5. 湖北省；6. 江西省；7. 浙江省；8. 四川省；9. 贵州省；10. 湖南省；11. 福建省；12. 台湾省；13. 广东省；14. 广西壮族自治区；15. 海南省；16. 云南省；17. 西藏自治区；18. 上海市；19. 重庆市

《烧结普通砖》(GB 5101—2017)规定，用于严重风化区中 1～5 地区的砖必须进行冻融试验。其他地区的砖，其吸水率和饱和系数指标若能达到表 3-3 的要求，可认为其抗风化性能合格，可不再进行冻融试验。

表 3-3　抗风化性能

砖种类	严重风化区				非严重风化区			
	5 h 沸煮吸水率/%（不大于）		饱和系数（不大于）		5 h 沸煮吸水率/%（不大于）		饱和系数（不大于）	
	平均值	单块最大值	平均值	单块最大值	平均值	单块最大值	平均值	单块最大值
黏土砖	18	20	0.85	0.87	19	20	0.88	0.90
粉煤灰砖[a]	21	23	0.85	0.87	23	25	0.88	0.90
页岩砖	16	18	0.74	0.77	18	20	0.78	0.80
煤矸石砖								

注：[a] 粉煤灰掺入量（体积比）小于 30% 时，按黏土砖规定判定。

4. 烧结普通砖的泛霜和石灰爆裂

泛霜是指在新砌筑的砖砌体表面出现的一层白色的可溶性盐类粉状物。这些结晶的粉状物有损于建筑物的外观，而且结晶膨胀也会引起砖表层的疏松甚至剥落。

优等品无泛霜；一等品不允许出现中等泛霜；合格品不允许出现严重泛霜。轻微泛霜就能对清水墙建筑外观产生较大的影响。中等程度泛霜的砖用于建筑中的潮湿部位时，7～8年后因盐析结晶膨胀将使砖体的表面产生粉化剥落，在干燥的环境中使用约10年后也将脱落。严重泛霜对建筑结构的破坏性更大。

石灰爆裂是指烧结砖的原料中夹杂着石灰石，焙烧时石灰石被烧成生石灰块，在使用过程中生石灰吸水熟化转变为熟石灰，体积膨胀而引起砖裂缝，使砖砌体强度降低。

优等品不允许出现最大破坏尺寸大于 2 mm 的爆裂区域；合格品不允许出现最大破坏尺寸大于 15 mm 的爆裂区域，最大破坏尺寸大于 2 mm 且小于等于 15 mm 的爆裂区域，每组砖样不得多于 15 处，其中大于 10 mm 的不得多于七处。

5. 烧结普通砖的应用

优等品可用于清水墙和墙体装饰；一等品、合格品可用于混水墙，中等泛霜的砖不能用于潮湿工程部位。

烧结普通砖具有一定的强度及良好的绝热性、耐久性，且原料广泛、工艺简单，因而可用作墙体材料、砌筑柱、拱、烟囱及基础等。由于烧结普通砖能耗高，烧砖毁田，污染环境，因此我国对实心黏土砖的生产、使用有所限制。

3.1.3 烧结空心砖

烧结空心砖是以黏土、页岩、煤矸石为主要原料，经焙烧而成的孔洞率≥40%、孔的尺寸大而数量少的砖（图3-2）。其孔洞垂直于顶面，砌筑时要求孔洞方向与承压面平行。因为它的孔洞大，强度低，因此主要用于砌筑非承重墙体或框架结构的填充墙。其质量要求见国家标准《烧结空心砖和空心砌块》（GB/T 13545—2014）。

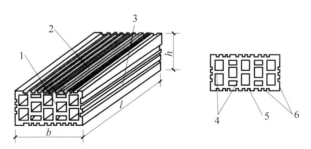

1—顶面；2—大面；3—条面；4—肋；5—凹线槽；6—外壁；b—宽度；l—长度；h—高度。

图 3-2 烧结空心砖外形

3.1.4 烧结多孔砖

烧结多孔砖和烧结空心砖是烧结空心制品的主要品种，具有块体较大、自重较轻、隔热保温性好等特点,与烧结普通砖相比,可节约黏土 20%～30%,节约燃煤 10%～20%,且砖坯焙烧均匀,烧成率高。用于砌筑墙体时,可提高施工效率 20%～50%,节约砂浆 15%～60%,减轻自重 1/3 左右。其是烧结普通砖的换代产品。生产烧结多孔砖和烧结空心砖的原料和工艺与烧结普通砖基本相同,只是对原材料的可塑性要求有所提高,制坯时在挤泥机出口处设有成孔芯头,使坯体内形成孔洞。

烧结多孔砖是以黏土、页岩、煤矸石、粉煤灰为主要原料,经焙烧而成的孔洞率等于或大于 25% 且孔洞小而数量多的砖,按原材料分为黏土砖(N)、粉煤灰砖(F)、煤矸石砖(M)等,砖的孔洞垂直于大面,砌筑时要求孔洞方向垂直于承压面,主要用于承重部位。其外形如图 3-3 所示。

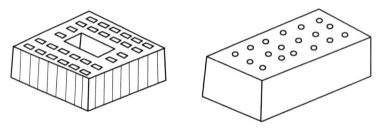

图 3-3　烧结多孔砖的外形

烧结多孔砖根据抗压强度分为 MU30、MU25、MU20、MU15、MU10 五个强度等级。

国家标准《烧结多孔砖和多孔砌块》(GB 13544—2011)对烧结多孔砖的尺寸允许偏差、外观质量、强度等级、密度等级、孔型孔洞率及孔洞排列、泛霜、石灰爆裂、抗风化性能等作出了相关规定。

烧结多孔砖的表观密度$\leqslant 1300$ kg/m^3。虽然多孔砖具有一定的孔洞率,使砖受压时有效受压面积减小,但因为制坯时受较大的压力,使砖孔壁致密程度提高,且对原材料要求也较高,补偿了因有效面积减小而造成的强度损失,因而烧结多孔砖的强度仍很高,可用于砌筑六层以下的承重墙。

3.1.5　非烧结的蒸压灰砂砖

不经焙烧而制成的砖均为非烧结砖,如免烧免蒸砖、蒸养(压)砖等。目前应用较广的是蒸养(压)砖,这类砖是将含钙材料(石灰、电石渣等)和含硅材料(砂子、粉煤灰、煤矸石、炉渣等)与水拌和,经压制成型,常压或高压蒸汽养护而成,主要品种有灰砂砖、粉煤灰砖等。

蒸压灰砂砖是以石灰和砂为主要原料,允许掺入颜料和外加剂,经坯料制备、压制成型、蒸压养护而成的实心砖,简称灰砂砖。

灰砂砖的尺寸规格与烧结普通砖相同,为 240 mm×115 mm×53 mm。其表观密度为 1800～1900 kg/m^3,导热系数约为 0.61 W/(m·K)。根据灰砂砖的颜色分为彩色的(Co)、本色的(N)。

灰砂砖产品标记采用产品名称(LSB)、颜色、强度级别、产品等级、标准编号的顺序进行,如强度级别为 MU20,优等品的彩色灰砂砖标记为 LSB　Co　20A　GB 11945。

国家标准《蒸压灰砂实心砖和实心砌块》(GB 11945—2019)规定,灰砂砖根据尺寸偏差、外观质量、强度及抗冻性分为优等品(A)、一等品(B)、合格品(C)。

根据浸水 24 h 后的抗压强度和抗折强度分为 MU25、MU20、MU15、MU10 四个强度级别,每个强度级别有相应的抗冻指标。灰砂砖各强度级别的强度和抗冻性应符合表 3-4 的要求。

表 3-4 蒸压灰砂砖的技术指标

强度等级	抗压强度/MPa		抗折强度/MPa		抗冻性指标	
	平均值	单块值	平均值	单块值	冻后抗压强度平均值/MPa	单块砖的干质量损失/%
MU25	≥25.0	≥20.0	≥5.0	≥4.0	≥20.0	≥2.0
MU20	≥20.0	≥16.0	≥4.0	≥3.2	≥16.0	≥2.0
MU15	≥15.0	≥12.0	≥3.3	≥2.6	≥12.0	≥2.0
MU10	≥10.0	≥8.0	≥2.5	≥2.0	≥8.0	≥2.0

蒸压灰砂砖主要用于工业与民用建筑中,MU15 及其以上的灰砂砖可用于基础及其他建筑部位,MU10 的灰砂砖仅可用于防潮层以上的建筑部位。由于灰砂砖中的某些水化产物不耐酸也不耐热,因此不得用于长期受热 200 ℃ 以上、受急冷急热和有酸性介质侵蚀的建筑部位,如砌筑炉衬和烟囱,也不宜用于有流水冲刷的部位。

灰砂砖的表面光滑,与砂浆黏结力差,所以其砌体的抗剪性能不如黏土砖砌体好,在砌筑时必须采取相应措施,以防止出现渗雨漏水和墙体开裂。刚出釜的灰砂砖不宜立即使用,一般宜存放一个月左右再用。

灰砂砖与其他材料相比,蓄热能力显著。灰砂砖的表观密度大,隔声性能优越,其生产过程能耗较低。

3.1.6 非烧结的蒸压粉煤灰砖

粉煤灰砖是以粉煤灰和石灰为主要原料,掺入适量的石膏和骨料,经坯料制备、压制成型、高压或常压蒸汽养护而成的砖。

按湿热养护条件不同,粉煤灰砖分别称作蒸压粉煤灰砖、蒸养粉煤灰砖及自养粉煤灰砖。粉煤灰砖的规格与烧结普通砖相同。《蒸压粉煤灰砖》(JC/T 239—2014)规定了尺寸偏差和外观质量的要求,并按抗压强度和抗折强度将粉煤灰砖分为 MU20、MU15、MU10、MU7.5 四个等级。

粉煤灰砖的抗冻性要求与灰砂砖相同。粉煤灰砖的干燥收缩值,优等品应不大于 0.60 mm/m,一等品不大于 0.75 mm/m,合格品不大于 0.85 mm/m。粉煤灰砖多为灰色,可用于工业与民用建筑的墙体和基础,但用于基础或易受冻融和干湿交替作用的建筑部位时必须使用一等砖(强度不低于 MU10)与优等砖(强度不低于 MU15)。不得用于长期受热(200 ℃以上)、受急冷急热和有酸性介质侵蚀的建筑部位。为提高粉煤灰砖砌体的耐久性,有冻融作用可能的部位应选择抗冻性合格的砖,并用水泥砂浆在砌体上抹面或采取其他防护措施。

3.2 砌块

墙体材料除砖以外,还有砌块和墙用板材,后两种是新型墙体材料,可以充分利用地方资源和工业废渣,并可节省黏土资源和改善环境,具有生产工艺简单、原料来源广、适应性强、制作及使用方便灵活、可改善墙体功能等特点,同时能满足建筑结构体系的发展,包括抗震及多功能需求。新型墙体材料正朝着大型化、轻质化、节能化、复合化、装饰化和集约化的方向发展。

3.2.1 砌块的类型

砌块是砌筑用的人造块材,形体大于砌墙砖。砌块一般为直角六面体,也有各种异形的,砌块系列中主规格的长度、宽度或高度有一项或一项以上分别大于365 mm、240 mm或115 mm,而且高度不大于长度或宽度的6倍,长度不超过高度的3倍。

砌块的分类方法很多,按用途可分为承重砌块和非承重砌块;按空心率(砌块上孔洞和槽的体积总和与按外廓尺寸算出的体积之比的百分率)可分为实心砌块(无孔洞或空心率小于25%)和空心砌块(空心率等于或大于25%);按材质可分为硅酸盐砌块、轻骨料混凝土砌块、普通混凝土砌块;按产品主规格的尺寸可分为大型砌块(高度大于980 mm)、中型砌块(高度为380~980 mm)和小型砌块(高度为115~380 mm)等。目前,我国以中小型砌块使用较多。

砌块通常又可按其所用主要原料及生产工艺命名,如水泥混凝土砌块、加气混凝土砌块、粉煤灰砌块、石膏砌块、烧结砌块等。

制作砌块能充分利用地方材料和工业废料,且制作工艺不复杂。砌块尺寸比砖大,施工方便,能有效提高劳动生产率,还可改善墙体功能。本节仅简单介绍几种较有代表性的砌块。

3.2.2 蒸压加气混凝土砌块

蒸压加气混凝土砌块(ACB)是以钙质材料(水泥、石灰等)、硅质材料(砂、矿渣、粉煤灰等)以及加气剂(铝粉)等,经配料、搅拌、浇筑、发气、切割和蒸压养护而成的多孔硅酸盐砌块。

根据采用的主要原料不同,加气混凝土砌块相应有水泥-矿渣-砂、水泥-石灰-砂、水泥-石灰-粉煤灰等几种。

蒸压加气混凝土砌块的规格尺寸见表3-5。

表3-5 蒸压加气混凝土砌块的规格尺寸(选自GB 11968—2020) 单位:mm

长度	600
高度	200、240、250、300
宽度	100、120、125、150、180、200、240、250、300

根据《蒸压加气混凝土砌块》(GB 11968—2020)的规定,砌块按外观质量、体积密度、抗压强度分为优等品(A)、合格品(B)两个等级。砌块按抗压强度分为七个强度级别:A1.0、A2.0、A2.5、A3.5、A5.0、A7.5、A10.0(表3-6);按表观密度分为六个级别:B03、B04、B05、B06、B07、B08。

砌块的产品标记按产品名称(代号ACB)、强度级别、表观密度级别、规格尺寸、产品等级和标准编号的顺序进行。例如,强度级别为A3.5、体积密度级别为B05、优等品、规格尺寸为600 mm×200 mm×150 mm的蒸压加气混凝土砌块,其标记为ACB A3.5 B05 600×200×150A GB 11968。

表 3-6　蒸压加气混凝土砌块的抗压强度

强度级别		A1.0	A2.0	A2.5	A3.5	A5.0	A7.5	A10.0
立方体抗压强度/MPa	平均值	≥1.0	≥2.0	≥2.5	≥3.5	≥5.0	≥7.5	≥10.0
	最小值	≥0.8	≥1.6	≥2.0	≥2.8	≥4.0	≥6.0	≥8.0

1. 蒸压加气混凝土砌块的特点

（1）多孔轻质。一般蒸压加气混凝土砌块的孔隙率达 70%～80%，平均孔径约为 1 mm。蒸压加气混凝土砌块的表观密度小，一般为黏土砖的 1/3。

（2）保温隔热性能好。其导热系数为 0.14～0.28 W/(m·K)，只有黏土砖的 1/5，保温隔热性能好。用作墙体可降低建筑物采暖、制冷等使用能耗。

（3）有一定的吸声能力，但隔声性能较差。加气混凝土的吸声系数为 0.2～0.3。由于其孔结构大部分并非通孔，吸声效果受到一定的限制。轻质墙体的隔声性能都较差，加气混凝土也不例外。这是由于墙体隔声受"质量定律"支配，即单位面积墙体质量越轻，隔声能力越差。用加气混凝土砌块砌筑的 150 mm 厚的加双面抹灰墙体，对 100～3150 Hz 平均隔声量为 43 dB。

（4）干燥收缩大。和其他材料一样，加气混凝土干燥收缩、吸湿膨胀。利用标准法，测得其干燥收缩值小于 0.5 mm/m，利用快速法，测得其干燥收缩值小于 0.8 mm/m。在建筑应用中，如果干燥收缩过大，在有约束阻止变形时，收缩形成拉应力超过了制品的抗拉强度或黏结强度，制品或接缝处就会出现裂缝。为避免墙体出现裂缝，必须在结构和建筑上采取一定的措施。而严格控制制品上墙时的含水率也是极其重要的，最好控制上墙含水率在 20% 以下。

（5）吸水导湿缓慢。由于加气混凝土砌块的气孔大部分是"墨水瓶"结构的气孔，只有少部分是水分蒸发形成的毛细孔，所以，孔肚大口小，毛细管作用较差，导致砌块存在吸水导湿缓慢的特性。加气混凝土砌块的体积吸水率和黏土砖相近，而吸水速度却缓慢得多。加气混凝土的这个特性对砌筑和抹灰有很大影响。在抹灰前如果采用与黏土砖同样的方式往墙上浇水，黏土砖容易吸足水量，而加气混凝土表面看来浇水不少，实则吸水不多。抹灰后砖墙壁上的抹灰层可以保持湿润，而加气混凝土砌块墙抹灰层反被砌块吸去水分而容易产生干裂。

加气混凝土砌块应用于外墙时，应进行饰面处理或憎水处理。因为风化和冻融会影响加气混凝土砌块的寿命。长期暴露在大气中，日晒雨淋，干湿交替，加气混凝土会风化而产生开裂破坏。在局部受潮时，冬季有时会产生局部冻融破坏。

2. 蒸压加气混凝土砌块的应用

蒸压加气混凝土砌块质量轻，具有保温、隔热、隔声性能好、抗震性强、耐火性好、易于加工、施工方便等特点，是应用较多的轻质墙体材料。它适用于低层建筑的承重墙、多层建筑的内隔墙和高层框架结构的填充墙，也可用于一般工业建筑的围护墙，作为保温隔热材料也可用于复合墙板和屋面结构中。在无可靠的防护措施时，该类砌块不得用于水中、高湿度和有侵蚀介质的环境中，也不得用于建筑物的基础和温度长期高于 80 ℃ 的建筑部位。加气混凝土砌块表面平整、尺寸精确，容易提高墙面平整度，特别是它像木材一样，可锯、刨、钻、钉，施工方便快捷,但其强度不高、干缩大、表面易起粉,需要采取专门措施解决这些问题。例如,砌块在运输和堆存中应防雨、防潮,过大墙面应适当在灰缝中布设钢丝网,砌筑砂浆和易性要好,抹面砂浆应适当提高灰砂比,墙面应增挂一道钢丝网等。

3.2.3 普通混凝土小型砌块

普通混凝土小型砌块是用水泥、掺合料、砂、石、水和外加剂按一定比例配合,经搅拌、成型、养护而成的小型块材(包括空心和实心砌块),分为承重砌块和非承重砌块两类。为减轻自重,非承重砌块也可用炉渣或其他轻质骨料配制。

普通混凝土小型空心砌块的主规格尺寸为 390 mm×190 mm×190 mm,其他规格尺寸可由供需双方协商。空心砌块空心率不小于25%。砌块各部位的名称如图3-4所示。根据《普通混凝土小型砌块》(GB/T 8239—2014)的规定,按抗压强度将其分为MU5.0、MU7.5、MU10.0、MU15.0、MU20.0、MU25.0、MU30.0、MU35.0、MU40.0九个强度等级。

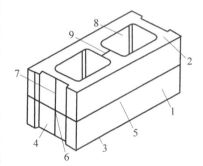

1—条面;2—坐浆小面;3—坐浆大面;
4—顶面;5—长度;6—宽度;7—高度;
8—壁;9—肋。

图 3-4 小型空心砌块

混凝土小型砌块砌筑的砌体较易产生裂缝,其原因主要是砌块的收缩较大,混凝土砌块的收缩与所用骨料种类、混凝土配合比、养护方法和吸水率有关。普通混凝土小型空心砌块因失水而产生的收缩会导致墙体开裂,为了控制砌块建筑的墙体裂缝,其吸水率和干燥收缩值应符合国家标准《普通混凝土小型砌块》(GB/T 8239—2014)的规定。

普通混凝土小型砌块可用于多层建筑的内墙和外墙。这种砌块在砌筑时一般不宜浇水,但在气候特别干燥炎热时,可在砌筑前稍喷水湿润。

砌块的抗冻性影响其使用寿命,根据使用环境条件,砌块的抗冻性应满足要求。

混凝土小型空心砌块作为烧结砖的替代材料,可用于承重结构和非承重结构。目前主要用于地震设计烈度在8度及8度以下地区的一般民用与工业建筑物,利用砌块的空心配置钢筋可建造高层砌块建筑。各强度等级的砌块中常用的是MU5.0、MU7.5和MU10.0,主要用于非承重的填充墙和单、多层砌块建筑。而MU15.0、MU20.0等级多用于中高层承重砌块墙体。混凝土砌块的吸水率小(一般为5%~8%),吸水速度慢,故砌筑前不允许浇水,以免发生"走浆"现象,影响砂浆饱满度和砌体的抗剪强度。砌块砌筑用砂浆的稠度以小于50 mm为宜。混凝土砌块的干缩值一般为0.2~0.4 mm/m,与烧结砖砌体相比较易产生裂缝,应注意在构造上采取抗裂措施。此外,还应注意防止外墙面渗漏,粉刷时要做好填缝,并压实、抹平。

混凝土小型空心砌块应按规格、等级分批分别堆放,不得混杂。堆放运输及砌筑时应有防雨措施。装卸时严禁碰撞、扔摔,应轻拿轻放,不许翻斗倾卸。

3.2.4 轻集料混凝土小型空心砌块

轻集料混凝土小型空心砌块(LB)是用轻骨料混凝土制作的小型空心块材。轻集料混凝土用的粗骨料必须是轻骨料,常用的有浮石、煤矸石、煤渣、钢渣、陶粒、膨胀珍珠岩等,而细骨料可以是轻砂,也可以是普通砂,还可不用细骨料生产大孔混凝土。其主规格尺寸为390 mm×190 mm×190 mm,其他规格尺寸可由供需双方商定。

根据《轻集料混凝土小型空心砌块》(GB/T 15229—2011)的规定,轻集料混凝土小型空心砌块按干表观密度可分为700、800、900、1000、1100、1200、1300、1400八个等级,按抗压强度可分为MU2.5、MU3.5、MU5.0、MU7.5、MU10.0五个等级。

轻集料混凝土小型空心砌块的技术要求包括规格尺寸、外观质量、密度等级、强度等级、吸水率、相对含水率、干缩率、碳化系数、软化系数、抗冻性和放射性。其中吸水率不应大于18%;碳化系数不应小于0.8;软化系数不应小于0.8。

强度等级在3.5级以下的砌块,主要用于保温墙体或非承重墙体;强度等级为3.5级及3.5级以上的砌块主要用于承重保温墙体。

砌块应按密度等级、强度等级、质量等级分批堆放,不得混杂。装卸时,严禁碰撞、扔摔,应轻拿轻放,不许用翻斗车倾卸,堆放和运输时应有防雨、防潮和排水措施。

3.3 石材

石材是最古老的土木工程材料之一,藏量丰富、分布很广,便于就地取材,坚固耐用,砌筑石材广泛用于砌墙和造桥。世界上许多的古建筑都是由石材砌筑而成,不少古石建筑至今仍保存完好。如全国重点保护文物赵州桥、广州圣心教堂等都是以石材砌筑而成。但天然石材加工困难,自重大,开采和运输不便。

3.3.1 石材的类型

岩石是在地质作用下,一种或多种天然固态矿物按一定规律组成的自然集合体,建筑用石材则由各种岩石加工而成。工程中常用的天然石材具体指从天然岩石中采得的毛石,或经过加工制成的石块、石板及其他制品。

天然石材具有抗压强度高、耐久性好、生产成本低等优点,但同时也存在抗拉强度低、自重大、性脆及抗震性能差的不足,使用时需综合考虑。天然石材经过加工后具有良好的装饰性,是各种土木建筑工程的主要装饰材料;天然石材经过自然风化或人工加工后形成的卵石、碎石和砂也是生产混凝土、修筑道路及建筑物基础的主要材料。

根据组成砌筑石材的岩石形成地质条件的不同,可分为岩浆岩、沉积岩和变质岩。

1. 岩浆岩石材

岩浆岩又称火成岩,它是因地壳变动,熔融的岩浆由地壳内部上升后冷却而成。岩浆岩根据岩浆冷却条件的不同,又分为深成岩、喷出岩和火山岩三种。

深成岩是岩浆在地壳深处,在很大的覆盖压力下缓慢冷却而成的岩石,其特性是:构造致密,容重大,抗压强度高,吸水率小,抗冻性好,耐磨性好,耐久性很好。建筑上常用的深成岩有花岗岩、闪长岩、辉长岩等,可用于基础等石砌体及装饰。

喷出岩是熔融的岩浆喷出地表后,在压力降低、迅速冷却的条件下形成的岩石。当喷出的岩浆层厚时,形成的岩石其特性近似深成岩;当喷出的岩浆层较薄时,则形成的岩石常呈多孔结构。建筑上常用的喷出岩有玄武岩、辉绿岩等,可用于基础、桥梁等石砌体。

火山岩又称火山碎屑岩。火山岩都是轻质多孔结构的材料。砌筑石材常用的火山岩为浮石。浮石可用作轻质骨料,配制轻骨料混凝土用作墙体材料。

2. 沉积岩石材

沉积岩又称水成岩。沉积岩是由原来的母岩风化后,经过风吹搬迁、流水冲移以及沉积成岩作用,在离地表不太深处形成的岩石。与火成岩相比,其特性是:结构致密性较差,容重较小,孔隙率及吸水率均较大,强度较低,耐久性也较差。建筑上常用的沉积岩有石灰岩、砂岩、页岩等,可用于基础、墙体、挡土墙等石砌体。

3. 变质岩石材

变质岩是由原生的火成岩或沉积岩,经过地壳内部高温、高压等变化作用后而形成的岩石。其中沉积岩变质后,性能变好,结构变得致密,坚实耐久,如石灰岩变质为大理石;而火成岩经变质后,性质反而变差,如花岗岩变质成的片麻岩,易产生分层剥落,使耐久性变差。建筑上常用的变质岩有大理岩、片麻岩、石英岩、板岩等。片麻岩可用于一般建筑工程的基础、勒脚等石砌体。

3.3.2 石材的性质

天然石材的技术性质包括物理性质、力学性质和工艺性质。天然石材的技术性质取决于其组成的矿物的种类、特征以及结合状态。天然石材因生成条件各异,常含有不同类型的杂质,矿物组成也有变化,故即使同一类岩石,其性质也可能有很大差别。因此,在石材使用前都必须进行检验和鉴定。

1. 石材的物理性质

1) 表观密度

天然石材按表观密度大小可分为:轻质石材,其表观密度≤1800 kg/m³;重质石材,其表观密度>1800 kg/m³。

石材的表观密度与其矿物组成和孔隙率有关,它能间接反映石材的致密程度和孔隙多少。通常情况下,同种石材的表观密度越大,其抗压强度越高、吸水率越小、耐久性越好。

2) 吸水性

吸水率低于1.5%的岩石称为低吸水性岩石;吸水率介于1.5%～3.0%的岩石称为中吸水性岩石;吸水率大于3.0%的岩石称为高吸水性岩石。

石材的吸水性主要与其孔隙率及孔隙特征有关。深成岩以及许多变质岩,它们的孔隙率都很小,因而吸水率也很小,例如花岗岩的吸水率通常小于0.5%。沉积岩由于形成条件、胶结情况和密实程度有所不同,因而孔隙率与孔隙特征的变化很大,其吸水率的波动也很大。例如,致密的石灰岩,其吸水率可小于1%,而多孔贝壳石灰岩,其吸水率可高达15%。

石材的吸水性对其强度与耐水性有很大影响。石材吸水后,会降低颗粒之间的黏结力,从而使强度降低。有些岩石容易被水溶蚀,故而吸水性强且易溶蚀的岩石其耐水性较差。

吸水性还影响到其他一些性质,如导热性、抗冻性等。

3) 耐水性

石材的耐水性用软化系数表示。根据软化系数大小,石材可分为三个等级:高耐水性石材,软化系数大于 0.90;中耐水性石材,软化系数为 0.7~0.9;低耐水性石材,软化系数为 0.6~0.7。

一般情况下,软化系数低于 0.8 的石材,不允许用于重要建筑。

4) 抗冻性

石材的抗冻性用冻融循环次数来表示,即石材在水饱和状态下能经受规定条件下若干次冻融循环,而强度降低值不超过 25%,质量损失不超过 5%且无贯穿裂缝时,则认为抗冻性合格。石材的抗冻标号分为 D5、D10、D15、D25、D50、D100、D200 等。

石材的抗冻性与其矿物组成、晶粒大小及分布均匀性、胶结物的胶结性质等有关。

5) 耐热性

石材的耐热性与其化学成分及矿物组成有关。含有石膏的石材,在 100 ℃ 以上时开始破坏;含有碳酸镁的石材,当温度达到 725 ℃ 时发生破坏;含有碳酸钙的石材,当温度达到 827 ℃ 时发生破坏。由石英与其他矿物所组成的结晶石材,如花岗岩等,温度高于 700 ℃ 以上时,由于石英受热晶型转变发生膨胀,故强度迅速降低。

6) 导热性

石材的导热性主要与其表观密度和结构状态有关。重质石材的导热系数可达 2.91~3.49 W/(m·K),轻质石材的导热系数则为 0.23~0.70 W/(m·K)。相同成分的石材,玻璃态比结晶态的导热系数小,封闭孔隙的导热性也差。

2. 石材的力学性质

1) 抗压强度

砌筑用天然石材的抗压强度是以三个(一组)边长为 70 mm 的立方体试块的抗压强度来表示的。根据抗压强度值的大小,天然石材强度等级分为 MU100、MU80、MU60、MU50、MU40、MU30、MU20、MU15、MU10 共九个等级;当试件为非标准尺寸时,可按表 3-7 进行换算。饰面石材的抗压强度则多以边长为 50 mm 的立方体试块的抗压强度值表示。

表 3-7 石材强度等级换算系数

立方体边长/mm	200	150	100	70	50
换算系数	1.43	1.28	1.14	1.00	0.86

石材的抗压强度大小取决于矿物组成、结构与构造特征、胶结物种类及均匀性等因素。例如,组成花岗岩的主要矿物中石英是坚硬的矿物,其含量越高则花岗岩的强度也越高;而云母为片状矿物,易于分裂成柔软薄片,因此云母含量越高则其强度越低。结晶质石材强度比玻璃质的高,等颗粒状结构的强度比斑状的高,构造致密的强度比疏松多孔的高。具有层状、带状或片状结构的石材,其垂直于层理方向的抗压强度比平行于层理方向的高。沉积岩由硅质物胶结的,其抗压强度较高,由石灰质物胶结的次之,泥质物胶结的则较小。

2）冲击韧性

天然石材的抗拉强度比抗压强度小得多,为抗压强度的 1/20～1/10,是典型的脆性材料。石材的冲击韧性取决于其矿物组成与结构。通常,晶体结构岩石的韧性比非晶体结构的好。石英岩、硅质砂岩的脆性较高而表现为更差的韧性,含暗色矿物多的辉长岩、辉绿岩等具有相对较好的韧性。

3）硬度

石材的硬度以莫氏硬度或肖氏硬度表示,它的大小取决于其组成矿物的硬度与构造。凡由致密、坚硬矿物组成的石材,其硬度较高。石材的硬度与抗压强度有良好的相关性,一般抗压强度越高,其硬度也越高,其耐磨性和抗刻划性越好,但表面加工越困难。

4）耐磨性

耐磨性是指石材在使用条件下抵抗摩擦、边缘剪切以及冲击等复杂作用的能力,包括耐磨损性和耐磨耗性两方面。耐磨损性是以磨损度来表示石材受摩擦作用其单位摩擦面积所产生的质量损失大小;耐磨耗性则是以磨耗度来表示石材同时受摩擦和冲击作用其单位面积所产生的质量损失大小。石材的耐磨性与其组成矿物的硬度、结构、构造特征以及石材的抗压强度和冲击韧性等有关。组成矿物越坚硬、构造越致密以及石材的抗压强度和冲击韧性越高,石材的耐磨性越好。

3. 石材的工艺性质

石材的工艺性质指开采及加工的适应性,包括加工性、磨光性和可钻性。

1）加工性

石材的加工性是指对岩石进行劈解、破碎、凿磨等加工的难易程度。强度、硬度、韧性较高的石材多不易加工;质脆而粗糙、有颗粒交错结构、含有层状或片状解理构造以及风化较严重的岩石,其加工性能更差,很难加工成规则石材。

2）磨光性

石材的磨光性是指岩石能够研磨成光滑表面的性质。磨光性好的岩石,通过研磨、抛光等工艺,可加工成光亮、洁净的表面,并能充分展示天然石材的色彩、纹理、光泽和质感,获得良好的装饰效果。致密、均匀、细粒结构的岩石一般都具有较好的磨光性,而疏松多孔、有鳞片状解理结构的岩石则磨光性较差。

3）可钻性

石材的可钻性是指岩石钻孔的难易程度。较厚的饰面石材,施工时一般都要经过钻孔处理,以便固定加固。石材的可钻性一般与岩石的矿物结构、强度、硬度等因素有关。

3.3.3 石材的规格尺寸

石砌工程以其较高的强度和良好的耐久性而备受土木建筑工程的青睐,石砌结构也曾是土木建筑的主要结构模式。至今,在许多现代土木建筑工程中,石砌工程仍然起着不可替代的作用。砌筑用石材应采用质地坚硬、无风化剥落和裂纹的天然石材。

砌筑石材一般加工成块状。根据加工后的外形规则程度,可分为毛石和料石。

1. 毛石

毛石是指形状不规则的块石。根据其外形又分为乱毛石和平毛石两种。乱毛石是指各个面的形状不规则的块石,仅要求其中间厚度不小于 15 cm,至少有一个方向的长度不小于 30 cm;平毛石指对乱毛石略微加工,有两个大致平行的面,形状较为整齐,但表面粗糙的块石。

毛石主要用于砌筑基础、勒脚、墙身、挡土墙、堤坝等。

2. 料石

料石是指经人工凿琢或机械加工而成的大致规则的六面体块石,其宽度和厚度均不得小于 20cm,长度不宜大于厚度的 4 倍。按表面加工和平整度可分为以下四种:

(1) 毛料石　表面不经加工或稍加修整的料石。
(2) 粗料石　表面加工成凹凸深度不大于 20 mm 的料石。
(3) 半细料石　表面加工成凹凸深度不大于 10 mm 的料石。
(4) 细料石　表面加工成凹凸深度不大于 2 mm 的料石。

料石常用致密的砂岩、石灰岩、花岗岩等凿琢而成。料石常用于砌筑墙身、地坪、踏步、柱和纪念碑等,形状复杂的料石制品也可用于柱头、柱基、窗台板、栏杆及其他装饰。

3.3.4　常用的岩浆岩类石材

1. 花岗岩

花岗岩是一种典型的深成岩,其主要成分为 SiO_2 和 Al_2O_3,并以石英或长石等矿物形式存在。其外观颜色主要取决于所含深色矿物的种类和含量,常为浅灰、淡红、灰黑、黑白等颜色。

花岗岩的表观密度大($2600 \sim 2800$ kg/m^3)、内部结构致密(孔隙率为 $0.04\% \sim 2.80\%$)、抗压强度高($100 \sim 250$ MPa)、吸水率低($0.1\% \sim 0.7\%$)、硬度高且耐磨性好、抗风化能力强、耐久性好、耐酸性及耐水性好,但脆性明显,抗冲击和耐火性差。有些花岗岩具有放射性,当放射性超标时不得应用于人常接触的建筑物。

在土木建筑工程中,花岗岩是用得最多的一种岩石。花岗岩常应用于砌筑基础、墩、柱以及常接触水的墙体与护坡等,也是永久性建筑或纪念性建筑物优先选择的材料。此外,花岗岩还是优良的建筑装饰材料。

2. 正长岩

正长岩是由正长石、斜长石、云母及暗色矿物组成的岩石,其外观类似花岗岩,但颗粒结构不明显,颜色较深暗,表观密度为 $2600 \sim 2800$ kg/m^3,抗压强度为 $120 \sim 250$ MPa。正长岩质地坚硬,耐久性好,韧性较强,常用于工程基础等部位。

3. 辉绿岩

辉绿岩石材多呈绿色。作为深成岩的一种,其主要造岩矿物是斜长石、辉石等暗色矿物。由于暗色矿物的特性是强度高、韧性大、密度大,因此岩石的强度、韧性和表观密度随暗色矿物的增加而提高,其颜色也相应地由浅绿色转变为深绿色。辉绿岩的抗压强度为 $200 \sim 350$ MPa,表观密度为 $2900 \sim 3300$ kg/m^3,吸水率小于 1%,抗冻性良好,强度高,耐磨性和耐久性好。因此辉绿岩既可作为承重结构材料,又可作为装饰、装修材料,另外也常用于配制耐磨及耐酸混凝土骨料。

4. 玄武岩

玄武岩属于喷出岩,其造岩矿物与辉绿岩相似,是含有较多斜长石矿物组分的石材,属玻璃质或隐晶质斑状结构,气孔状或杏仁状构造。玄武岩的表观密度为 $2900\sim3300\ kg/m^3$,其抗压强度一般为 $250\sim500\ MPa$。玄武岩耐风化能力强、硬度高、脆性大、耐久性好,但加工困难。玄武岩分布较广,主要用作基础、筑路及混凝土集料。玄武岩和辉绿岩高温熔化后可浇铸成耐酸、耐磨的铸石,还可作为制造微晶玻璃的原料。

3.3.5 常用的沉积岩类石材

1. 石灰岩及白云岩

石灰岩的主要成分为 $CaCO_3$,常呈灰色,其矿物成分以方解石为主,其颗粒致密,耐碱而不耐酸。当黏土含量达到 $25\%\sim50\%$ 时称为泥灰岩;当白云石含量达到 $25\%\sim50\%$ 时称为白云质石灰岩。

一般砌筑工程所用的石灰岩结构比较致密,表观密度较大($2300\sim2700\ kg/m^3$),有较高的抗压强度($20\sim120\ MPa$),吸水率差别较大($0.1\%\sim4.5\%$)。通常这些石灰石容易加工,常用于砌筑基础、墙体或路面。也有松散状或多孔状的各种石灰石,可以用于生产石灰或水泥。

白云岩的主要成分为 $CaMg(CO_3)_2$(其含量在 50% 以上),通常其外观与石灰岩相近,但不能用于生产水泥。

2. 砂岩

砂岩也属于沉积岩,其主要成分是石英(SiO_2),宏观结构由粒径 $0.1\sim2\ mm$ 的砂粒胶结而成。由于胶结成分不同,其颜色也不相同,常呈浅灰、浅红或浅黄色。

砂岩的性能与其胶结物的种类、胶结密实程度有关。一般由氧化硅胶结的(称为硅质砂岩)为浅灰色,其质地坚硬耐久;由碳酸钙胶结的(称为钙质砂岩)为灰白色,具有一定的强度,但耐酸性较差,只可应用于一般的砌筑工程。砂岩的表观密度差别较大(通常为 $2200\sim2700\ kg/m^3$),性能差别也较大,一般强度为 $5\sim200\ MPa$,孔隙率为 $1.6\%\sim28.3\%$,吸水率为 $0.2\%\sim7.0\%$,软化系数为 $0.44\sim0.97$。

3.3.6 常用的变质岩类石材

1. 大理岩

大理岩是由石灰岩或白云岩变质而成的重结晶岩石,因较早产于云南大理而得名。其主要成分是方解石和白云石,表观密度为 $2600\sim2700\ kg/m^3$,抗压强度为 $70\sim140\ MPa$。其质地致密但硬度不大($3\sim4$),易于加工,色彩丰富,磨光后色泽美观、纹理自然,多用于室内墙面、柱面、地面、栏杆、踏步等。

大理岩不宜用作城市中建筑物的外部装饰,因为城市大气中的二氧化硫遇水生成亚硫酸,进而变成硫酸,会与大理岩中的碳酸钙反应生成溶于水的石膏,使大理石表面失去光泽,变得粗糙而多孔,从而失去装饰效果并降低建筑性能。

2. 石英岩

石英岩是由砂岩或化学硅质岩重结晶而成的变质岩,其主要矿物为石英,常呈白色或浅色,其颗粒组成均匀致密,表观密度为 2800~3000 kg/m³,抗压强度为 150~400 MPa。石英岩抗风化能力强,耐久性好,硬度高,可用于各种砌筑工程。

3. 片麻岩

片麻岩是由花岗岩重结晶而成的岩石,其矿物组成与花岗岩相似,多呈片麻状构造。其表观密度为 2600~2800 kg/m³,抗压强度为 120~200 MPa。由于有明显的片状节理,因此片麻岩易风化,抗冻性较差,其用途与花岗岩相似。

4. 黏土板岩

黏土板岩由很细的黏土、云母、长石和石英等矿物构成,是一种主要由页岩变质而成的重结晶岩石,具有板状构造。其表观密度约为 2800 kg/m³,抗压强度为 49~78 MPa。黏土板岩的颜色多为灰绿、暗红或黑色,表面光滑,透水性小,易于劈裂成薄板,可用作屋面及人行道路的覆面材料。

习题

一、填空题

1. 常用的砌筑材料有_____、_____和_____三大类。
2. 烧结普通砖具有_____、_____、_____、_____等缺点。

二、选择题(多项选择)

1. 下面( )不是加气混凝土砌块的特点。
   A. 轻质　　　　　B. 保温隔热　　　　C. 加工性能好　　　D. 韧性好
2. 利用煤矸石和粉煤灰等工业废渣烧砖,可以( )。
   A. 减少环境污染　　　　　　　　B. 节约大片良田
   C. 节省大量燃料煤　　　　　　　D. 大幅提高产量

三、判断题

1. 红砖在氧化气氛中烧得,青砖在还原气氛中烧得。　　　　　　　　　　(　　)
2. 加气混凝土砌块多孔,故其吸声性能好。　　　　　　　　　　　　　　(　　)

四、问答题

1. 加气混凝土砌块砌筑的墙体抹灰砂浆层,采用与烧结普通砖相同的方法往墙上浇水后即抹灰,往往容易干裂或空鼓,试分析原因。
2. 未烧透的欠火砖为何不宜用于地下?
3. 多孔砖与空心砖有何异同点?
4. 岩石按地质形成条件分为几类?
5. 试比较花岗岩和大理石的主要性质和用途的差异。
6. 岩石的加工形式主要有哪几种?分别适合用于哪些工程?

第4章 钢材

学习要点：掌握建筑钢材的力学性能、工艺性能及现行国家标准或规范对钢材的性能及技术要求，能正确合理地选用建筑钢材；了解应对钢材腐蚀和防护的方法；熟悉建筑钢材的技术性质、标准和选用方法。

不忘初心：好钢用在刀刃上。

牢记使命：打铁还要自身硬。

4.1 钢材的分类

4.1.1 钢材按照冶炼方法分类

土木工程中用量最大的金属材料是建筑钢材。建筑钢材是指用于钢筋混凝土结构的各种钢筋、钢丝和用于钢结构的各种型钢（如圆钢、角钢、工字钢等）。钢材具有品质均匀、强度高、塑性和韧性较好、可以焊接或铆接、便于装配等优点，但存在易锈蚀、维修费用高、耗能大、成本高和耐火性差等缺点。

从化学组成上讲，钢和铁都属于铁碳合金。生铁的冶炼，是铁矿石内氧化铁还原成铁的过程；而钢的冶炼，是将熔融的生铁中的杂质进行氧化，使含碳量降低到 2.0%（质量分数，下同）以下，也使磷、硫等其他杂质减少到某一规定数值。钢是含碳量小于 2.06% 的铁碳合金；而生铁的含碳量大于 2.06%。

常用的炼钢方法有以下四种。

1. 空气转炉钢的冶炼

从转炉底部或侧面向熔融状态的铁水中吹入高压热空气，铁水中的杂质靠与空气中的氧发生氧化作用除去。其缺点是在吹炼时，易混入空气中的氮、氢等有害气体，且熔炼时间短，化学成分难以精确控制，铁水中的硫、磷、氧等杂质仍去除不净，质量较差，此种转炉只能用来炼制普通碳素钢。

2. 氧气转炉钢的冶炼

用纯氧从转炉顶部吹炼铁水成钢的转炉炼钢方法称为纯氧顶吹转炉炼钢法，它克服了空气转炉法的一些缺点，能有效地除去磷、硫等杂质，使钢的质量显著提高，可以炼制优质的碳素钢和合金钢。

3．平炉钢的冶炼

以固体或液体生铁、铁矿石或废钢作为原料，用煤气或重油在平炉中加热冶炼，杂质靠与铁矿石或废钢中的氧起氧化作用而除去；杂质轻，浮在钢液表面，起到将钢水与空气隔离的作用，可阻止空气中的氮、氢等气体杂质进入钢液。平炉熔炼时间长，有利于化学成分的精确控制，杂质含量少，成品质量高，可用来炼制优质碳素钢、合金钢或有特殊要求的专用钢。其缺点是冶炼周期长、成本较高。

4．电炉钢的冶炼

随着炼钢技术的发展，人们发明了电弧炉炼钢法。电炉法是利用电流的热效应产生高温的冶炼方法，这种炼钢炉能够在短时间内达到高温，温度也容易控制，易于去除有害杂质，炼得高纯度的优质钢材。

建筑钢多是平炉钢、顶吹氧气转炉钢和侧吹碱性转炉钢。在钢材交货时，必须对所用炉种以规定的代号做上标志。平炉钢产量大，能严格控制钢的成分，除渣较净，但投资大，冶炼时间长。侧吹转炉钢的炉体容量小，出钢快，但因吹入空气中的氮和氢会使钢质变坏，较难控制钢的成分。氧气转炉的效率较高，钢质也易控制，近来较多采用。这种方法炼钢时需要足够的氧，但如果钢材中残存了氧，会使钢质变差，因此必须在冶炼的后期脱氧。

4.1.2　钢材按照化学成分分类

按照化学成分，钢材可以分为碳素钢和合金钢。

1．碳素钢

(1) 低碳钢：含碳量小于 0.25%。
(2) 中碳钢：含碳量为 $0.25\% \sim 0.60\%$。
(3) 高碳钢：含碳量大于 0.6%。

2．合金钢

(1) 低合金钢：合金元素总含量小于 5.0%。
(2) 中合金钢：合金元素总含量为 $5.0\% \sim 10\%$。
(3) 高合金钢：合金元素总含量在 10% 以上。

4.1.3　钢材按照冶炼时脱氧程度分类

按照冶炼时的脱氧程度，钢材可以分为镇静钢、沸腾钢和特殊镇静钢。

(1) 镇静钢：浇铸时，钢液平静地冷却凝固，是脱氧较完全的钢，含有较少的有害氧化物杂质，而且氮多半是以氮化物的形式存在。镇静钢钢锭的组织致密，气泡少，偏析程度小，各种力学性能比沸腾钢优越，适用于承受冲击荷载或其他重要结构。镇静钢的代号为"Z"。

(2) 沸腾钢：脱氧不完全的钢，浇铸后在钢液冷却时有大量 CO 气体外逸，引起钢液剧烈沸腾,故称为沸腾钢。此种钢的碳和有害杂质磷、硫等的偏析较严重,钢的致密程度较差,故冲击韧性和焊接性能较差,特别是低温冲击韧性的降低更显著。但沸腾钢只消耗少量的脱氧剂,钢锭的收缩孔减少,成品率较高,故成本低,被广泛应用于建筑结构。沸腾钢的代号为"F"。

(3) 特殊镇静钢:比镇静钢脱氧程度还要充分彻底的钢,其质量最好,适用于特别重要的结构工程。特殊镇静钢的代号为"TZ"。

目前,沸腾钢的产量逐渐下降并被镇静钢取代。

4.1.4 钢材按照质量品质分类

按照质量品质,钢材可以分为普通钢、优质钢和高级优质钢。
(1) 普通钢:含硫量为 0.055%～0.065%;含磷量为 0.045%～0.085%。
(2) 优质钢:含硫量为 0.03%～0.045%;含磷量为 0.035%～0.04%。
(3) 高级优质钢:含硫量为 0.02%～0.03%;含磷量为 0.027%～0.035%。

4.1.5 钢材按照用途分类

按照用途,钢材可以分为结构钢、工具钢和特殊钢。
(1) 结构钢:主要用于工程结构及机械零件的钢,一般为低、中碳钢。
(2) 工具钢:主要用于各种刀具、量具及模具的钢,一般为高碳钢。
(3) 特殊钢:具有特殊的物理、化学及机械性能的钢,如不锈钢、耐热钢、耐酸钢、耐磨钢、磁性钢等。

建筑上常用的主要钢种是普通碳素钢中的低碳钢和合金钢中的低合金高强度结构钢。

4.2 钢材的性能

钢材的性能主要包括力学性能、工艺性能等。钢材的力学性能主要有抗拉性能、冲击韧性和耐疲劳性能等;钢材的工艺性能包括冷弯、冷拉、冷拔和焊接性能等。

4.2.1 钢材的抗拉性能

抗拉性能是建筑钢材的重要性能。由拉力试验测得的屈服强度、抗拉强度和伸长率等是钢材的重要技术指标。钢材受拉时,在产生应力的同时,相应地产生应变。应力和应变的关系反映出钢材的主要力学特征。由图 4-1 所示低碳钢(软钢)的应力-应变关系可以看出,低碳钢从受拉到拉断,经历了四个阶段:弹性阶段(OA 段)、屈服阶段(AB 段)、强化阶段(BC 段)和颈缩阶段(CD 段)。

1. 弹性阶段

在图中 OA 段,应力较低,应力与应变成正比例关系,卸去外力,试件恢复原状,无残余形变,这一阶段称为弹性阶段。弹性阶段的最高点(A 点)所对应的应力称为弹性极限,用

σ_p 表示。在弹性阶段,应力和应变的比值为常数,称为弹性模量,用 E 表示,即 $E=\sigma/\varepsilon$。弹性模量反映钢材的刚度,是计算结构受力变形的重要指标。土木工程中常用钢材的弹性模量为 $(2.0\sim 2.1)\times 10^5$ MPa。

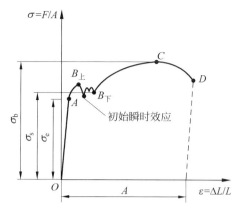

图 4-1 低碳钢拉伸时应力-应变图

2. 屈服阶段

当应力超过弹性极限后,应变的增长比应力快,此时,除产生弹性变形外,还产生塑性变形。当应力达到 $B_上$ 后塑性变形急剧增加,应力-应变曲线出现一个小平台,这种现象称为屈服,这一阶段称为屈服阶段。在屈服阶段中,外力不增加,而变形继续增加。这时相应的应力称为屈服极限或屈服强度。如果应力在屈服阶段出现波动,则应区分为上屈服点 $B_上$ 和下屈服点 $B_下$。上屈服点是指试样发生屈服而应力首次下降前的最大应力。下屈服点是指不计初始瞬时效应时屈服阶段中的最小应力。由于下屈服点比较稳定且容易测定,因此国标规定以下屈服点的应力作为钢材的屈服强度。钢材受力达到屈服强度后,变形迅速增长,尽管尚未断裂,但已不能满足使用要求,故结构设计中以屈服强度作为钢材设计强度取值的依据。

3. 强化阶段

在钢材屈服到一定程度后,由于内部晶格扭曲、晶粒破碎等原因,阻止了塑性变形的进一步发展,钢材抵抗外力的能力重新提高,在应力-应变图上,曲线从 $B_下$ 点开始上升直至最高点 C,这一阶段称为强化阶段;对应于最高点 C 的应力称为抗拉强度,它是钢材所承受的最大拉应力。常用低碳钢的抗拉强度为 375～500 MPa。

抗拉强度在设计中虽然不能利用,但是抗拉强度与屈服强度之比(强屈比)却是评价钢材使用可靠性的一个参数。强屈比越大,钢材受力超过屈服点工作时的可靠性越大,安全性越高,但是,若强屈比太大,则钢材强度的利用率偏低,浪费材料。钢材的强屈比一般不低于 1.2,用于抗震结构的普通钢筋实测的强屈比应不低于 1.25。

4. 颈缩阶段

在钢材达到 C 点后,试件薄弱处的断面将显著减小,塑性变形急剧增加,产生"颈缩"现象而断裂(图 4-2)。

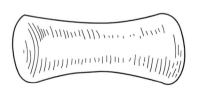 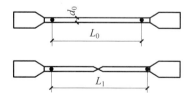

图 4-2 钢材的颈缩和试件拉伸前断裂后的标距长度

塑性是钢材的一个重要性能指标。钢材的塑性通常用拉伸试验时的伸长率或断面收缩率来表示。将拉断后的试件拼合起来,测量出标距长度 L_1 与试件受力前的原始标距 L_0,

二者之差为塑性变形值，它与原始标距 L_0 之比为断后伸长率 A：

$$A = \frac{L_1 - L_0}{L_0} \times 100\% \tag{4-1}$$

式中，A——断后伸长率；

L_0——试件原始标距长度，mm；

L_1——断裂试件拼合后标距长度，mm；

在钢材拉伸试验中，拉力达到最大时原始标距的总伸长与原始标距 L_0 之比的百分率称为最大力总伸长率（A_{gt}）。

伸长率是衡量钢材塑性的指标，它的数值越大，表示钢材塑性越好。钢材塑性大，不仅便于进行各种加工，而且能保证钢材在建筑上的安全使用。良好的塑性可使结构上的应力（超过屈服点的应力）重新分布，从而避免结构过早破坏。钢材在塑性破坏前，有很明显的变形和较长的变形持续时间，便于人们发现和补救。

4.2.2 钢材的冲击韧性

冲击韧性是钢材抵抗冲击荷载的能力，用处在简支梁状态的金属试样在冲击负荷作用下折断时的冲击吸收功来表示。钢材的冲击韧性试验是将标准弯曲试样置于冲击机的支架上，并使切槽位于受拉的一侧（图 4-3）。当试验机的重摆从一定高度自由落下时，在试样中间 V 形缺口处将试样冲击折断，试样吸收的能量等于重摆所做的功 W。若试件在缺口处的最小横截面面积为 A，则冲击韧性值 a_k（J/cm^2）为

$$a_k = \frac{W}{A} \tag{4-2}$$

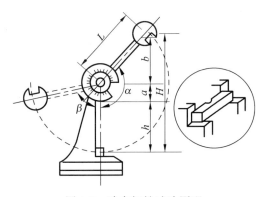

图 4-3 冲击韧性试验原理

钢材的冲击韧性值越大，钢材抵抗冲击荷载的能力越强。

钢材的冲击韧性与钢材的化学成分、组织状态，以及冶炼、加工等都有关系。

钢材中磷、硫含量较高，存在偏析、非金属夹杂物和焊接中形成的微裂纹等都会使冲击韧性显著降低。

冲击韧性随温度的降低而下降，其规律为：开始下降缓和，当降到一定温度范围时，突然下降很多而呈脆性，这种性质称为钢材的冷脆性，这时的温度称为脆性临界温度。脆性临界温度的数值越低，钢材的抗低温冲击性能越好。在负温下使用的结构，应当选用脆性临界温度比使用温度低的钢材。脆性临界温度的测定工作较复杂，通常根据使用环境的温度条件规定 −20 ℃或 −40 ℃的负温冲击值指标，以保证钢材在脆性临界温度以上使用。

随着时间的延长，钢材抗拉强度提高、塑性和冲击韧性降低的现象称为时效。时效的变化过程可达数十年，若钢材经受冷加工或使用中受振动和反复荷载的作用，则时效进展大大加快。因时效导致性能改变的程度称为时效敏感性。含氧、氮多的钢材，时效敏感性大，经过时效以后其冲击韧性显著降低。为了保证安全，对于承受动荷载的重要结构，如桥梁等，

应选用时效敏感性小的钢材。

对于直接承受动荷载且可能在负温下工作的结构,必须按照有关规范要求,进行钢材的冲击韧性检验。

4.2.3 钢材的耐疲劳性能

交变荷载反复作用时,钢材在应力远低于其抗拉强度的情况下突然发生脆性断裂破坏的现象称为疲劳破坏。

一般把钢材在荷载交变 $1.0×10^7$ 次时不破坏的最大应力定义为疲劳强度或疲劳极限。在设计承受反复荷载且需进行疲劳验算的结构时,应当了解所用钢材的疲劳极限。

钢材的疲劳破坏一般是由拉应力引起的,受交变荷载反复作用时,钢材首先在局部开始形成细小裂纹,随后微裂纹尖端的应力集中使其逐渐扩大,直至突然发生瞬时疲劳断裂。

疲劳裂纹在应力最大的地方,即应力集中的地方形成,因此钢材的疲劳强度不仅取决于它的内部组织,还取决于应力最大处的表面质量及内应力大小等因素。

疲劳破坏是在低应力状态下突然发生的,所以危害极大,往往造成灾难性的事故。

4.2.4 钢材的冷弯性能

良好的工艺性能可以保证钢材顺利通过各种加工,而使钢材制品的质量不受影响。冷弯、冷拉、冷拔及焊接性能均是建筑钢材重要的工艺性能。

冷弯性能指钢材在常温下承受弯曲变形的能力,是建筑钢材的重要工艺性能。建筑钢材的冷弯,一般用弯曲角度(180°或90°)及弯心直径 d(与试件直径 a 的比值 d/a)来表示。试验时采用的弯曲角度越大,弯心直径越小,表示对冷弯性能的要求越高,如图4-4所示。

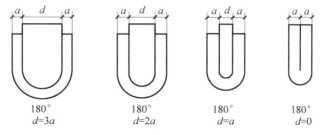

图 4-4 钢材的冷弯

钢的技术标准中对各牌号钢的冷弯性能指标都有规定,按规定的弯曲角和弯心直径进行试验,试件的弯曲处不发生裂缝、裂断或起层,即认为冷弯性能合格。

钢材的冷弯性能和伸长率一样,可以表明钢材的塑性,冷弯是钢材处于不利变形条件下的塑性,而伸长率则反映钢材在均匀变形下的塑性。故冷弯试验是一种比较严格的质量检验,能揭示钢材内部组织是否均匀,是否存在内应力和夹杂物等缺陷。在通常的拉力试验中,这些缺陷常因塑性变形导致应力重分布而得不到反映。

在工程中,冷弯试验还被当作对钢材焊接质量进行严格检验的一种手段,能揭示焊件在受弯表面存在的未熔合、微裂纹和夹杂物。

4.2.5 钢材的化学成分对其性能的影响

除铁、碳外,钢材在冶炼过程中会从原料、燃料中引入一些其他元素,这些元素存在于钢材的组织结构中,对钢材的结构和性能有重要的影响。这些元素可分为两类:一类能改善或优化钢材的性能,称为合金元素,主要有硅、锰、钛、钒、铌等;另一类能劣化钢材的性能,属于钢材的杂质,主要有氧、硫、氮、磷等。

钢材经冶炼仍存在于钢内或冶炼时特别加入的各种合金元素,对钢材性能有如下影响:

(1) 碳。碳是决定钢材性质的重要元素。对于含碳量小于0.8%的碳素钢,随着含碳量的增加,钢的屈服强度、抗拉强度和布氏硬度(HB)相应提高,而塑性和韧性则相应降低。含碳量增大,也将使钢的焊接性能和抗腐蚀性能下降。当含碳量超过0.3%时,焊接性能显著降低,增加冷脆性和时效倾向,如图4-5所示。

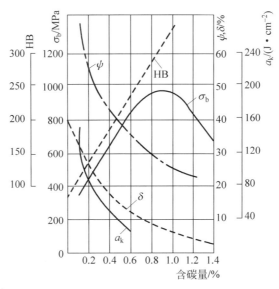

σ_b—抗拉强度;HB—硬度;a_k—冲击韧性;δ—伸长率;ψ—断面收缩率。

图4-5 含碳量对碳素钢性能的影响

(2) 硅。硅是炼钢时为了脱氧而加入的,当含硅量较低(小于1%)时,能显著提高钢的屈服强度和抗拉强度;当含硅量小于2%时,对塑性和韧性影响不大,还可提高抗腐蚀能力,改善钢的质量。硅是我国低合金钢的主加合金元素,其作用主要是提高钢材的强度,但钢材的可焊性、冷加工性有所降低。

(3) 锰。锰是为了脱氧和去硫而加入的,能削弱硫所引起的热脆性,改善钢材的热加工性能,同时能提高钢材的强度和硬度。当含锰量较高时会明显降低钢的焊接性。在普通碳素钢中含锰量在0.9%以下。锰是我国低合金钢的主加合金元素,其作用主要是提高钢筋的强度。在合金钢中含锰量多为1%~2%。

(4) 钛。钛是较强的脱氧剂。钢中加入少量的钛,可显著提高钢的强度,而塑性略有降低。因钛能使晶体细化,从而可以改善钢的韧性,还能提高可焊性和抗大气腐蚀性。

(5) 钒。钒是弱的脱氧剂,钒加入钢中可减弱碳和氮的不利影响,同样能细化晶粒,提高强度,改善韧性,减少冷脆性和时效倾向,但会降低可焊性。钒是很有发展前途的合金元素。

(6) 磷。磷是在炼铁原料中带入的,对钢材起强化作用,因而可使钢的屈服点和抗拉强度提高,但塑性和韧性显著降低,特别在低温下的冲击韧性下降非常显著。磷是钢中的有害杂质,会增大冷脆性和降低焊接性能。但磷可提高钢的耐磨性和耐蚀性。

(7) 硫。硫是碳素钢中的有害元素。硫也是在炼铁原料中带入的,呈非金属硫化物夹杂于钢中,会降低钢的各种性能。焊接时,易使钢材产生脆裂现象,即具有热脆性,会显著降低可焊性。含硫过量还会降低钢的韧性、耐疲劳性和耐腐蚀性。

(8) 氧。氧常以 FeO 的形式存在于钢中,它将降低钢的机械性能,特别是韧性,同时降低钢材强度(包括疲劳强度),增加热脆性,使冷弯性能变坏、焊接性能降低。氧是钢中的有害杂质,在钢中其含量一般不得超过 0.05%。

(9) 氮。氮是炼钢时,空气内的氮进入钢水而留下来的。它可以提高钢的屈服点、抗拉强度和硬度,但使塑性,特别是韧性显著下降。氮会加剧钢材的时效敏感性和冷脆性,降低焊接性能,使冷弯性能变坏。因此,碳素钢中,其含量一般不得超过 0.03%。如果在钢中加入少量的铝、钒、锆和铌,使它们变为氮化物,则能细化晶粒,改变性能,此时氮就不是有害元素。

以上各种元素对钢的作用,除少数对钢有害外,一般都能改善钢材的某种性能,在炼制合金钢时,将几种元素合理掺于钢中,便可发挥其各自的特性,取长补短,使钢材具有良好的综合技术性能。

4.3 钢材的强化与防护

4.3.1 钢材的冷加工强化处理

将钢材于常温下进行冷拉、冷拔或冷轧,使其产生塑性变形,从而提高屈服强度,降低塑性、韧性,这个过程称为冷加工强化处理。

1. 冷加工强化方法

1) 冷拉

冷拉是在常温条件下,以超过原来钢筋屈服点强度的拉应力,强行拉伸钢筋,使钢筋产生塑性变形以达到提高钢筋屈服点强度和节约钢材的目的。冷拉热轧钢筋是在常温下将热轧钢筋拉伸至超过屈服点而小于抗拉强度的某一应力,然后卸荷制成的,其机械性能应符合有关规定,则当再度加载时,其屈服极限将有所提高,而其塑性变形能力将有所降低。钢筋经冷拉后,一般屈服点可提高 20%~25%。

2) 冷拔

冷拔是将光圆钢筋强行拉拔,使其通过比钢筋直径小 0.5~1.0 mm 的硬质合金拔丝模孔,从而使钢筋变细变长。冷拔作用比纯拉伸的作用强烈,钢筋不仅受拉,而且同时受到挤压作用。经过一次或多次的冷拔后得到的冷拔低碳钢丝,其屈服点可提高 40%~60%,但失去软钢的塑性和韧性,而具有硬钢的特点。

3) 冷轧

冷轧是将圆钢在冷轧机上轧成断面形状规则的钢筋,可提高其强度及与混凝土的黏结力。

钢筋在冷轧时,纵向与横向同时产生变形,因而能较好地保持其塑性和内部结构均匀性。

2. 冷加工强化机理

冷加工强化的原理是钢材加工至塑性变形后,由于塑性变形,区域内的晶粒产生相对滑移,使滑移面处的晶粒破碎,晶格歪扭、畸变加剧,故钢材的内能增大,晶格缺陷和晶界增多,形成了对继续滑移的较大阻力,从而给以后的变形造成较大的困难,提高了钢材对外力的抵抗能力。冷加工强化的钢材,由于塑性变形后滑移面的减少,其塑性降低,脆性增大。

建筑工程中大量使用的钢筋采用冷加工强化具有明显的经济效益。经过冷加工的钢材,可适当减小钢筋混凝土结构设计截面,或减小混凝土中配筋数量,从而达到节约钢材的目的。钢筋冷拉还有利于简化施工工序。冷拉盘条钢筋可省去开盘和调直工序;冷拉直条钢筋则可与矫直、除锈等工序一并完成。

冷加工后的钢筋强屈比变小、塑性和韧性下降、脆性加大,相应的安全储备变小,使用时应符合有关规范的规定。

4.3.2 钢材的时效处理

将冷加工处理后的钢筋在常温下存放 15~20 d,或加热至 100~200 ℃后保持一定时间(2~3 h),其屈服强度、抗拉强度进一步提高,而塑性和韧性会继续降低,这个过程称为时效处理。前者称为自然时效,后者称为人工时效。

钢材经冷加工和时效处理后,其性能变化的规律明显地在应力-应变图上得到反映,如图 4-6 所示。图中 OBCD 为未经冷拉和时效处理试件的 σ-ε 曲线。当试件冷拉至超过屈服强度的任意一个 K 点时卸荷,此时由于试件已产生塑性变形,曲线沿 KO' 下降,KO' 大致与 BO 平行。如果立即重新拉伸,则新的屈服点将提高至 K 点,以后的 σ-ε 曲线将与原来的曲线 KCD 相似。如果在 K 点卸荷后不立即重新拉伸,而将试件进行自然时效或人工时效,然后再拉伸,则其屈服点又进一步提高至 K_1 点,继续拉伸时曲线沿 $K_1C_1D_1$ 发展。这表明钢筋经冷拉和时效处理后,屈服强度得到进一步提高,抗拉强度亦有所提高,塑性和韧性则相应降低。

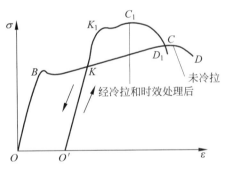

图 4-6 钢筋冷拉时效后应力-应变曲线

4.3.3 钢材的热处理

热处理是将钢材按规定的温度规则,进行加热、保温和冷却处理,以改变其组织,获得所需性能的一种工艺过程。热处理包括淬火、回火、退火和正火。土木工程所用钢材一般只在生产厂进行热处理并以热处理状态供应。在施工现场,有时需对焊接件进行热处理。

1. 淬火

淬火是将钢材加热至基本组织改变温度(723 ℃)以上,保温使组织完全转变,马上放入选定的介质(水或矿物油)中急冷,使之转变为不稳定组织的一种热处理工艺。淬火的目的是得到高强度、高硬度的组织,但钢的塑性和韧性显著降低。

2. 回火

所谓回火,就是将比较硬脆、存在内应力的钢,再加热至基本组织改变温度以下(150~650 ℃),保温后按一定速度冷却至室温的热处理方法。淬火结束后,马上进行回火。回火的目的是促进不稳定组织转变为需要的组织;消除淬火产生的内应力,降低脆性,改善机械性能等。我国目前生产的热处理钢筋,是采用中碳低合金钢经油浴淬火和铅浴高温(500~650 ℃)回火制得的。

3. 退火

退火是将钢材加热到一定温度,保温后缓慢冷却(随炉冷却)的一种热处理工艺。按加热温度可分为低温退火和完全退火。低温退火的加热温度在基本组织转变温度以下;完全退火的加热温度在 800~850 ℃。通过退火可以减少加工中产生的缺陷,减轻晶格畸变,消除内应力,从而达到改变组织并改善性能的目的。

4. 正火

正火是退火的一种特例,两者仅冷却速度不同。正火是将钢件加热至基本组织改变温度以上,然后在空气中冷却。与退火相比,正火后钢的硬度、强度提高,塑性降低。正火的主要目的是细化晶格,消除组织缺陷等。

4.3.4 钢材的焊接处理

焊接是把两块金属局部加热,并使其接缝部分迅速呈熔融或半熔融状态,而牢固地连接起来。它是钢材的主要连接形式。建筑工程的钢结构中,焊接结构占 90% 以上。

钢材的焊接性能是指在一定的焊接工艺条件下,在焊缝及其附近过热区不产生裂纹及硬脆倾向,焊接后钢材的力学性能,特别是强度不低于原有钢材的强度。

钢材的化学成分对钢材的可焊性有很大的影响。随钢材中的含碳量、合金元素及杂质元素含量的提高,钢材的可焊性降低。钢材的含碳量超过 0.25% 时,可焊性明显降低;硫含量较多时,会使焊口处产生热裂纹,严重降低焊接质量。

4.3.5 钢材的腐蚀

钢材如长期暴露于空气或潮湿的环境中,表面就会锈蚀,特别是受到空气中各种介质污染时,情况更为严重。

腐蚀对结构的损害,不仅表现在截面面积均匀减少,还体现在产生局部锈坑,引起应力集中,促使结构破坏,尤其在冲击反复荷载作用下,更易导致疲劳强度的降低,出现脆裂。

影响钢材锈蚀的因素为所处环境中的湿度、侵蚀性介质的数量、含尘量、构件所处的部位及材质等。

钢材在使用过程中,经常与环境中的介质接触,由于环境介质的作用,其中的铁与介质产生化学反应,逐步被破坏,导致钢材的腐蚀(锈蚀)。

腐蚀不仅使钢材有效截面面积减小,还会产生局部锈坑,引起应力集中;腐蚀会显著降低钢的强度、塑性韧性等力学性能。根据钢材与环境介质的作用原理,腐蚀可分为化学腐蚀和电化学腐蚀。

1. 化学腐蚀

化学腐蚀指钢材与周围的介质(如氧气、二氧化碳、二氧化硫和水等)直接发生化学作用,生成疏松的氧化物而引起的腐蚀。在干燥环境中化学腐蚀的速度缓慢,但在温度高和湿度较大时腐蚀速度大大加快。

2. 电化学腐蚀

钢材与电解质溶液相接触而产生电流,形成腐蚀电池,故称电化学腐蚀。

钢材由不同的晶体组织构成,并含有杂质,由于这些成分的电极电位不同,当有电解质溶液(如水)存在时,就会在钢材表面形成许多微小的局部原电池,形成电化学腐蚀。

水是弱电解质溶液,二氧化碳本身不导电,虽然溶于水导电,但已发生化学变化生成碳酸。碳酸是化合物,碳酸溶于水且水溶液导电,所以溶有二氧化碳的水则成为有效的电解质溶液,从而加速电化学腐蚀的过程。钢材在大气中的腐蚀实际上是化学腐蚀和电化学腐蚀共同作用所致,以电化学腐蚀为主。

影响钢材锈蚀的主要因素有环境的湿度、氧、介质中的酸碱盐、钢材的化学成分及表面状况等。一些卤素离子,特别是氯离子能破坏保护膜,促进锈蚀反应,使锈蚀迅速发展。钢材锈蚀时,伴随体积增大,最严重的可达原体积的 6 倍,在钢筋混凝土中会使周围混凝土胀裂,影响混凝土使用寿命。

4.3.6 钢材的防护

钢材的腐蚀既有内因(材质),又有外因(环境介质的作用),因此要防止或减少钢材的腐蚀,可以从改变钢材本身的易腐蚀性、隔离环境中的侵蚀性介质或改变钢材表面的电化学过程三方面入手。

1. 采用合金钢(耐候钢)

在钢中加入能提高抗腐蚀能力的元素,如低碳钢或合金钢中加入铜可有效地提高防锈能力。将镍、铬加入到铁合金中可制得不锈钢等,这种方法最有效,但成本很高。

2. 采用金属覆盖

用耐腐蚀性好的金属,以电镀或喷镀的方法覆盖在钢材表面,提高钢材的耐腐蚀能力。常用的方法有镀锌(如白铁皮)、镀锡(如马口铁)、镀铜和镀铬等。根据防腐的作用原理可分为阴极覆盖和阳极覆盖。

3. 用非金属覆盖

在钢材表面用非金属材料作为保护膜,与环境介质隔离,以避免或减缓腐蚀。如喷涂涂料、防腐油、搪瓷和塑料等。

钢结构中型钢的防锈主要采用表面涂覆的方法。表面经除锈干净后,涂上涂料。通常分底漆和面漆两种,底漆可以牢固地附着于钢材的表面,隔断其与外界空气的接触,防止生锈;面漆用于保护底漆不受损伤或侵蚀。

常用的涂料底漆有红丹、环氧富锌漆、铁红环氧底漆等。面漆有灰铅油、醇酸磁漆、酚醛磁漆等。

4. 混凝土用钢筋的防锈

由于水泥水化后产生大量的氢氧化钙,故显碱性,正常的混凝土 pH 值大于 12,这时在钢材表面能形成碱性氧化膜(钝化膜),对钢筋起保护作用。随着混凝土碳化的进行,混凝土碱度降低(中性化),失去对钢筋的保护作用,此时与腐蚀介质接触的钢筋将受到腐蚀。混凝土中氯离子达到一定浓度,会严重破坏钢筋表面的钝化膜。

为防止钢筋锈蚀,应保证混凝土的密实度以及钢筋外侧混凝土保护层的厚度,在二氧化碳浓度高的工业区采用硅酸盐水泥或普通硅酸盐水泥,限制含氯盐外加剂掺量并使用混凝土用钢筋防锈剂。预应力混凝土应禁止使用含氯盐的骨料和外加剂。钢筋涂覆环氧树脂或镀锌也是一种有效的防锈措施。

5. 钢材的防火

钢是不燃性材料,但这并不表明钢材能够抵抗火灾。耐火试验与火灾案例表明:以失去支持能力为标准,无保护层时钢柱和钢屋架的耐火极限只有 0.25 h,而裸露钢梁的耐火极限为 0.15 h。温度在 200 ℃ 以内,可以认为钢材的性能基本不变;超过 300 ℃ 以后,其弹性模量、屈服点和极限强度均开始显著下降,应变急剧增大;达到 600 ℃ 时已经失去承载能力。所以,没有防火保护层的钢结构是不耐火的。

钢结构防火保护的基本原理是采用绝热或吸热材料,阻隔火焰和热量,推迟钢结构的升温速率。防火方法以包覆法为主,即以防火涂料、不燃性板材或混凝土和砂浆将钢构件包裹起来。

4.4 钢材的选用

建筑钢材可以分为钢结构用型钢和混凝土结构用钢筋两类。各种型钢和钢筋的性能主要取决于所用钢种及其加工方式。钢结构有型钢和钢板,混凝土结构用钢有钢筋、钢丝、钢绞线等。建筑钢材的原料钢多为碳素钢和低合金钢。

4.4.1 建筑钢材的主要钢种

1. 普通碳素结构钢

国家标准《碳素结构钢》(GB/T 700—2006)中规定,牌号由代表屈服点的字母、屈服点数值、质量等级符号、脱氧方法四部分按顺序组成。其中以"Q"代表屈服点;屈服点数值共分 195、215、235 和 275 四种;质量等级按硫、磷等杂质含量由多到少,分别用 A、B、C、D 符号表示;脱氧方法以 F 表示沸腾钢,Z、TZ 分别表示镇静钢和特殊镇静钢,Z 和 TZ 在钢的牌号中可以省略。例如,Q235AF 表示屈服点为 235 MPa 的 A 级沸腾钢。

随着牌号的增大,其含碳量增加,强度提高,塑性和韧性降低,冷弯性能和可焊性变差。同一钢号内质量等级越高,钢材的质量越好,如 Q235C 级优于 Q235A、Q235B 级。

碳素结构钢的化学成分(即质量分数)、力学性能应符合表 4-1 和表 4-2 的规定。

表 4-1 碳素结构钢的化学成分

牌号	等级	化学成分/% (不大于)					脱氧方法
		C	Mn	Si	S	P	
Q195	—	0.12	0.50	0.30	0.040	0.035	F、Z
Q215	A	0.15	1.20	0.35	0.050	0.045	F、Z
	B				0.045		
Q235	A	0.22	1.40	0.35	0.050	0.045	F、Z
	B	0.20			0.045		
	C	0.17			0.040	0.040	Z
	D	0.17			0.035	0.035	TZ
Q275	A	0.24	1.50	0.35	0.050	0.045	F、Z
	B	0.21			0.045	0.045	Z
		0.22					
	C	0.20			0.040	0.040	Z
	D				0.035	0.035	TZ

表 4-2 碳素结构钢的力学性能

牌号	等级	拉伸试验												冲击试验	
		屈服强度/MPa (不小于)						抗拉强度/MPa	断后伸长率/% (不小于)						温度/℃	V型冲击功(纵向)/J
		钢材厚度(或直径)/mm							钢材厚度(或直径)/mm							
		≤16	16~40	40~60	60~100	100~150	150~200		≤40	40~60	60~100	100~150	150~200			
Q195	—	195	185	—	—	—	—	315~430	33	—	—	—	—		—	—
Q215	A	215	205	195	185	175	165	335~450	31	30	29	27	26		—	—
	B														20	27
Q235	A	235	225	215	215	195	185	370~500	26	25	24	22	21		—	—
	B														20	27
	C														0	
	D														−20	
Q275	A	275	265	255	245	225	215	410~540	22	21	20	18	17		—	—
	B														20	27
	C														0	
	D														−20	

不同牌号的碳素钢在土木工程中有不同的应用。

Q195、Q215强度不高,塑性、韧性、加工性能与焊接性能较好,常用于制作钢钉、铆钉及螺栓等。

Q235强度适中,有良好的承载性,又具有较好的塑性和韧性,可焊性和可加工性也较好,且成本较低,是钢结构常用的牌号,可大量制作成型钢、钢板和钢管,用于建造房屋和桥梁等。Q235良好的塑性可保证钢结构在超载、冲击、焊接、温度应力等不利因素作用下的安全性,因而Q235能满足一般钢结构用钢的要求。Q235A一般用于只承受静荷载作用的钢结构,Q235B适合用于承受动荷载焊接的普通钢结构,Q235C适合用于承受动荷载焊接的重要钢结构,Q235D适合用于低温环境使用的承受动荷载焊接的重要钢结构。

Q275具有较高的强度、较好的塑性和切削加工性能,并具有一定的焊接性能。其小型零件可以淬火强化。Q275多用于制造要求强度较高的零件,如齿轮、轴、链轮、键、螺栓、螺母、农业机械用型钢、输送链和链节。

工程结构的荷载类型、焊接情况及环境温度等条件对钢材的性能有不同的要求。一般情况下,在动荷载、焊接结构或严寒低温条件下工作时,往往限制沸腾钢的使用。沸腾钢的限制使用条件:不得用于直接承受重级动荷载的焊接结构,不得用于计算温度等于或低于 −20 ℃的承受中级或轻级动荷载的焊接结构和承受重级动荷载的非焊接结构,也不得用于计算温度等于或低于 −30 ℃的承受静荷载或间接承受动荷载的焊接结构。

2. 低合金高强度结构钢

低合金高强度结构钢是一种在碳素钢的基础上添加总量小于5%的一种或多种合金元素的钢材。合金元素有硅(Si)、锰(Mn)、钒(V)、铌(Nb)、铬(Cr)、镍(Ni)及稀土元素等(总含量一般不超过5%),以提高其强度、耐腐蚀性、耐磨性或耐低温冲击韧性,并便于大量生产和应用。

按照《低合金高强度结构钢》(GB/T 1591—2018)规定,低合金高强度结构钢按含碳量和合金元素种类及含量不同来划分牌号,共有八个牌号,即Q345、Q390、Q420、Q460、Q500、Q550、Q620、Q690。其牌号的表示是由屈服点字母Q、屈服点数值、质量等级(A、B、C、D、E)三个部分组成的。例如,Q345B表示屈服强度不小于345 MPa,质量等级为B级的低合金高强度结构钢。

低合金高强度结构钢与碳素结构钢相比,具有较高的强度,综合性能好。在相同的使用条件下,可比碳素结构钢节省用钢20%~30%,对减轻结构自重有利。同时还具有良好的塑性、韧性、可焊性、耐磨性、耐蚀性、耐低温性等性能。

低合金高强度结构钢主要用于轧制各种型钢、钢板、钢管及钢筋,广泛用于钢结构和钢筋混凝土结构中,特别适用于各种重型结构、高层结构、大跨度结构及桥梁工程等。

4.4.2 混凝土结构用钢

混凝土具有较高的抗压强度,但抗拉强度很低。用钢筋增强混凝土,可大大扩展混凝土的应用范围,而混凝土又对钢筋起保护作用。

根据《混凝土结构设计规范(2020年版)》(GB 50010—2020)要求,钢筋混凝土结构及预应力钢筋混凝土结构的钢筋应按规定选用。规范推广400 MPa和500 MPa级高强热轧带肋钢筋作为纵向受力的主导钢筋,限制并逐步淘汰335 MPa级热轧带肋钢筋的应用,用

300 MPa 级光圆钢筋取代了 235 MPa 级光圆钢筋。预应力钢筋宜采用预应力钢丝、钢绞线和预应力螺纹钢筋。

1. 热轧钢筋

热轧钢筋由碳素结构钢和低合金高强度结构钢轧制而成,是土木工程中用量最大的钢材品种之一,主要用于钢筋混凝土结构和预应力钢筋混凝土结构的配筋。

热轧钢筋根据表面形状分为光圆钢筋和带肋钢筋。光圆钢筋需符合《钢筋混凝土用钢 第1部分:热轧光圆钢筋》(GB 1499.1—2017)的规定;带肋钢筋需符合《钢筋混凝土用钢 第2部分:热轧带肋钢筋》(GB 1499.2—2018)的规定。它们的力学性能规定见表 4-3。

表 4-3 热轧钢筋的力学性能和工艺性能

表面形状	牌号	公称直径 a/mm	屈服强度/MPa	抗拉强度/MPa	断后伸长率/%	最大力下的总伸长率/%	弯曲试验弯心直径 d(弯曲角度 180°)
			不小于				
光圆	HPB235	6~22	235	370	25.0	10.0	a
	HPB300		300	420			
带肋	HRB335 HRBF335	6~25 28~40 >40~50	335	455	17	7.5	$3a$ $4a$ $5a$
	HRB400 HRBF400	6~25 28~40 >40~50	400	540	16		$4a$ $5a$ $6a$
	HRB500 HRBF500	6~25 28~40 >40~50	500	630	15		$6a$ $7a$ $8a$

从表 4-3 中可以看出,热轧光圆钢筋的强度较低,但具有塑性好、伸长率高、便于弯折成形、容易焊接等特点。它可用作中、小型钢筋混凝土结构的受力钢筋或箍筋;也可作为冷轧带肋钢筋的原材料,盘条还可作为冷拔低碳钢丝的原材料。

热轧带肋钢筋的牌号由 HRB 和屈服强度构成,有 HRB335、HRB400、HRB500 三个牌号。H、R、B 分别为热轧(hot rolled)、带肋(ribbed)、钢筋(bars)三个词的英文首位大写字母。细晶粒热轧带肋钢筋的牌号由 HRBF 和屈服强度构成。

热轧带肋钢筋强度较高,塑性和可焊性均较好。钢筋表面轧有纵肋和横肋,从而加强了钢筋与混凝土之间的黏结力。其可用于大、中型钢筋混凝土结构的受力筋和预应力筋。

2. 冷轧扭钢筋

冷轧扭钢筋是采用低碳钢热轧圆盘条经专用钢筋冷轧扭机调直、冷轧并冷扭一次成型,具有规定截面形状和节距的连续螺旋状钢筋。该钢筋刚度大,不易变形,与混凝土的握裹力大,无须加工(预应力或弯钩),可直接用于混凝土工程,节约钢材 30%。使用冷轧扭钢筋可减小板的设计厚度、减轻自重,施工时可按需要将成品钢筋直接供应现场铺设,免除现场加工钢筋,改变了传统加工钢筋占用场地、不利于机械化生产的弊端。

3. 冷轧带肋钢筋

冷轧带肋钢筋是由热轧圆盘条经冷轧后，在其表面带有沿长度方向均匀分布的三面或两面横肋的钢筋。根据国家标准《冷轧带肋钢筋》(GB 13788—2017)的规定，冷轧带肋钢筋的牌号由 CRB 和钢筋的抗拉强度最小值构成。C、R、B 分别为冷轧(cold rolled)、带肋(ribbed)、钢筋(bar)三个词的英文首位大写字母。冷轧带肋钢筋分为 CRB550、CRB650、CRB800、CRB970 四个牌号。其中，CRB550 为普通钢筋混凝土用钢筋，其他牌号为预应力混凝土用钢筋。CRB550 钢筋的公称直径范围为 4~12 mm。CRB650 及以上牌号钢筋的公称直径为 4 mm、5 mm、6 mm。

4. 预应力混凝土用钢丝和钢绞线

预应力混凝土用钢丝是以优质碳素结构钢盘条为原料，经冷加工及时效处理或热处理制成的高强度钢丝。其技术要求应符合国家标准《预应力混凝土用钢丝》(CB/T 5223—2014)的规定。

预应力混凝土钢丝的直径为 3~12 mm，钢丝的抗拉强度比钢筋混凝土用热轧光圆钢筋、热轧带肋钢筋高许多，在构件中采用预应力钢丝可收到节省钢材、减少构件截面和节省混凝土的效果，主要用在桥梁、吊车梁、大跨度屋架、管桩等预应力钢筋混凝土构件中。

根据《预应力混凝土用钢绞线》(GB/T 5224—2014)规定，预应力混凝土用钢绞线是以 2 根、3 根、7 根或 19 根优质碳素结构钢钢丝经绞捻和消除应力的热处理而制成的。

预应力钢绞线主要用于预应力混凝土配筋。与钢筋混凝土中的其他配筋相比，预应力钢绞线具有强度高、柔性好、质量稳定、成盘供应无须接头等优点。适用于大型屋架、薄腹梁、大跨度桥梁等负荷大、跨度大的预应力结构。

4.4.3 钢结构用钢

在钢结构用钢中一般可直接选用各种规格与型号的型钢，构件之间可直接连接或附加连接钢板进行连接。连接方式有铆接、螺栓连接和焊接。因此，钢结构所用钢材主要是型钢和钢板。型钢和钢板的成型有热轧和冷轧。

承重结构的钢材宜采用 Q235、Q345、Q390 和 Q420 钢，钢材所用的母材主要是普通碳素结构钢及低合金高强度结构钢。

1. 热轧型钢

热轧型钢主要采用碳素结构钢 Q235-A、低合金高强度结构钢 Q345 和 Q390 热轧成型。常用的热轧型钢有角钢、工字钢、槽钢、T 型钢、H 型钢、Z 型钢等。碳素结构钢 Q235-A 制成的热轧型钢，强度适中，塑性和可焊性较好，冶炼容易，成本低，适用于土木工程中的各种钢结构。低合金高强度结构钢 Q345 和 Q390 制成的热轧型钢性能较前者好，适用于大跨度、承受动荷载的钢结构。

2. 钢板和压型钢板

钢板是用碳素结构钢和低合金高强度结构钢经热轧或冷轧生产的扁平钢材。以平板状态供货的称为钢板,以卷状态供货的称为钢带。厚度大于 4 mm 的为厚板,厚度小于或等于 4 mm 的为薄板。

热轧碳素结构钢厚板是钢结构的主要用钢材。薄板用于屋面、墙面或压型板原料等。低合金高强度结构钢厚板用于重型结构、大跨度桥梁和高压容器等。

压型钢板是用薄板经冷压或冷轧成波形、双曲线形、V 形等形状,压型钢板有涂层、镀锌、防腐等薄板。它具有单位质量轻、强度高、抗震性能好、施工快、外形美观等优点,主要用于围护结构、楼板、屋面等。

3. 冷弯薄壁型钢

冷弯薄壁型钢是用厚度为 2~6 mm 的薄钢板经冷弯或模压而制成的,有角钢、槽钢等开口薄壁型钢及方形、矩形等空心薄壁型钢,用于轻型钢结构。

4.4.4 钢材的选用原则

1. 荷载性质

经常承受动力或振动荷载的结构易产生应力集中,引起疲劳破坏,需选用材质高的钢材。

2. 使用温度

经常处于低温状态的结构,钢材易发生冷脆断裂,特别是焊接结构,冷脆倾向更加显著,应该要求钢材具有良好的塑性和低温冲击韧性。

3. 连接方式

当温度变化和受力性质改变时,易导致焊接结构焊缝附近的母体金属出现冷、热裂纹,促使结构早期破坏。因此,焊接结构对钢材化学成分和机械性能要求应较严。

4. 钢材厚度

钢材力学性能一般随厚度增大而降低,钢材经多次轧制后,其内部晶体组织更为紧密,强度更高,质量更好,故一般结构用的钢材厚度不宜超过 40 mm。

5. 结构重要性

选择钢材要考虑结构使用的重要性,如大跨度结构、重要的建筑物结构,需相应选用质量更好的钢材。

习题

一、填空题

1. 低碳钢受拉直至破坏,经历了_____、_____、_____和_____四个阶段。
2. 按冶炼时脱氧程度分类,钢可以分成_____、_____和特殊镇静钢。

3. 碳素结构钢 Q 215 AF 表示_____为 215 MPa 的_____级_____。

二、选择题

1. 钢材抵抗冲击荷载的能力称为（　　）。
   A. 塑性　　　　　B. 冲击韧性　　　　C. 弹性　　　　D. 硬度
2. 钢的含碳量为（　　）。
   A. ＜2.06%　　　　B. ＞3.0%　　　　C. ＞2.06%

三、判断题

1. 强屈比越大，钢材受力超过屈服点工作时的可靠性越大，结构的安全性越高。
   （　　）
2. 一般来说，钢材硬度越高，强度越大。　　　　　　　　　　　　　　（　　）

四、名词解释

弹性模量；屈服强度；抗拉强度；时效处理

五、简答题

1. 为何说屈服强度、抗拉强度和伸长率是建筑用钢材的重要技术性能指标？
2. 工地上为何常对强度偏低而塑性偏大的低碳盘条钢筋进行冷拉？

第5章 石膏与石灰

学习要点：掌握石膏、石灰及水玻璃的硬化机理、性质及使用要点，熟悉其主要用途。

不忘初心：心中有信仰，脚下有力量。

牢记使命：千锤万凿出深山，烈火焚烧若等闲。粉身碎骨浑不怕，要留清白在人间。

胶凝材料是指经过一系列物理作用、化学作用，能将散粒状或块状材料胶结成整体的材料。根据胶凝材料的化学组成，可将其分为无机胶凝材料和有机胶凝材料两大类。

有机胶凝材料是以天然的或合成的有机高分子化合物为基本成分的胶凝材料，常用的有沥青、树脂等。

无机胶凝材料是以无机化合物为基本成分的胶凝材料，按照凝结硬化条件的不同，可分为气硬性胶凝材料和水硬性胶凝材料两类。

无机气硬性胶凝材料是只能在空气中硬化，也只能在空气中保持和发展其强度的无机胶凝材料，简称气硬性胶凝材料。常用的气硬性胶凝材料有石膏、石灰、水玻璃和菱苦土等。气硬性胶凝材料一般只适用于干燥环境中，不宜用于潮湿环境，更不可用于水下工程。

无机水硬性胶凝材料是既能在空气中硬化，还能更好地在水中硬化，保持并继续发展其强度的无机胶凝材料，简称水硬性胶凝材料。常用的水硬性胶凝材料有各种水泥。水硬性胶凝材料既适用于干燥环境，也适用于潮湿环境或水下工程。

具体分类如下：

$$\text{胶凝材料}\begin{cases}\text{有机胶凝材料：沥青、树脂等}\\\text{无机胶凝材料}\begin{cases}\text{气硬性胶凝材料：石膏、石灰、水玻璃、菱苦土}\\\text{水硬性胶凝材料：各种水泥}\end{cases}\end{cases}$$

5.1 建筑石膏

石膏是以硫酸钙为主要成分的气硬性胶凝材料。由于生产石膏的原料来源丰富，生产能耗较低，而且其制品具有较多的优点，因而在建筑工程中得到广泛应用。目前常用的石膏胶凝材料有建筑石膏、高强石膏等。

5.1.1 石膏胶凝材料的生产

1. 原材料

1) 天然二水石膏

天然二水石膏（$CaSO_4 \cdot 2H_2O$）又称生石膏或软石膏，它是生产石膏胶凝材料的主要原料。纯净的天然二水石膏矿石无色透明或呈白色，但天然石膏常含有各种杂质而呈灰色、褐色、黄色、红色、黑色等颜色。

2) 化工石膏

化工石膏是指一些含有 $CaSO_4 \cdot 2H_2O$ 与 $CaSO_4$ 混合物的化工副产品及废渣，也可作为生产石膏的原料，例如磷石膏、盐石膏、硼石膏、钛石膏等。

2. 生产

1) 建筑石膏（β型半水石膏）

将天然二水石膏在 107～170 ℃ 的干燥条件下加热脱水生成 β 型半水石膏 $\left(\beta\text{-}CaSO_4 \cdot \frac{1}{2}H_2O\right)$，即为建筑石膏，其反应式为

$$CaSO_4 \cdot 2H_2O \xrightarrow{107 \sim 170\ ℃} CaSO_4 \cdot \frac{1}{2}H_2O + 1\frac{1}{2}H_2O$$

建筑石膏晶体较细，调制成一定稠度的浆体时，需水量较大（理论需水量为 18.6%，实际用水量为 60%～80%）。多余水分蒸发后留下大量孔隙，因而建筑石膏制品硬化后强度较低。建筑石膏为白色粉状胶结料，主要用于制作石膏建筑制品。

2) 高强石膏（α型半水石膏）

将二水石膏置于 0.13 MPa、125 ℃ 的饱和蒸汽条件下蒸压，可获得 α 型半水石膏 $\left(\alpha\text{-}CaSO_4 \cdot \frac{1}{2}H_2O\right)$，即高强石膏，其反应式为

$$CaSO_4 \cdot 2H_2O \xrightarrow{125\ ℃,\ 0.13\ MPa} CaSO_4 \cdot \frac{1}{2}H_2O + 1\frac{1}{2}H_2O$$

高强石膏晶粒粗大，调制成浆体时需水量较小（为 35%～45%），仅为建筑石膏的一半，其制品硬化后强度较高。高强石膏适用于强度较高的抹灰工程，制作石膏制品和石膏板等。高强石膏的技术要求见《α 型高强石膏》（JC/T 2038—2010）。

5.1.2 建筑石膏的水化与硬化

建筑石膏加水拌和，最初是有塑性的浆体，但很快就失去塑性产生强度，并逐渐成为坚硬的固体。这一过程可分为水化和硬化两部分。

1. 建筑石膏的水化

建筑石膏加水拌和，与水发生水化反应，反应式为

$$CaSO_4 \cdot \frac{1}{2}H_2O + 1\frac{1}{2}H_2O \rightarrow CaSO_4 \cdot 2H_2O$$

建筑石膏加水后,溶解于水并发生上述反应。由于二水石膏在水中的溶解度比半水石膏小得多(仅为半水石膏溶解度的20%),二水石膏以胶体微粒自过饱和溶液中不断析出并结晶、发育长大,从而破坏了原有反应体系的平衡,半水石膏不断溶解、水化,直至全部耗尽。这一过程进行得很快,需7~12 min。

2. 建筑石膏的凝结与硬化

石膏浆体中的自由水随着水化和蒸发而逐渐减少,浆体可塑性逐渐减小,浆体渐渐变稠,这一过程称为建筑石膏的凝结。其后,二水石膏的晶体大量形成、长大,晶粒共生和相互搭接、交错形成了晶体网,浆体逐渐失去可塑性,产生强度,这一过程称为建筑石膏的硬化。

石膏浆体的凝结和硬化是一个连续的过程。凝结可以分为初凝和终凝。浆体开始失去可塑性的状态称为石膏初凝,从加水至初凝的这段时间称为初凝时间,通常浆体在10 min内开始失去塑性;浆体完全失去可塑性,并开始产生强度称为石膏终凝。从加水至终凝的时间称为终凝时间,通常30 min内浆体完全失去塑性而产生强度。

5.1.3 建筑石膏的技术性质与技术要求

1. 分类

(1)《建筑石膏》(GB/T 9776—2008)中,按原材料的种类将建筑石膏分为三类,见表5-1。

表5-1 建筑石膏的分类

类 别	天然建筑石膏	脱硫建筑石膏	磷建筑石膏
代 号	N	S	P

(2) 按2 h强度(抗折)分为3.0、2.0、1.6共三个等级。

2. 标记

按产品名称、代号、等级及标准编号的顺序标记。例如,等级为2.0的天然建筑石膏标记为建筑石膏 N 2.0 GB/T 9776—2008。

3. 性质

1) 密度与堆积密度

建筑石膏的密度为2.5~2.8 g/cm^3,堆积密度为800~1000 kg/m^3,紧密密度为1000~1200 kg/m^3,属轻质材料。

2) 凝结硬化速度快

建筑石膏初凝时间和终凝时间都很短,为满足施工要求,需要加入缓凝剂,以延长其凝结时间。常用的石膏缓凝剂有经石灰处理过的动物胶(掺量0.1%~0.2%)、亚硫酸酒精废液(掺入量为建筑石膏质量的1%)、硼砂、酒石酸钾钠、柠檬酸、聚乙烯醇等。缓凝剂的作用是降低半水石膏的溶解度和溶解速度,使石膏制品的强度降低。

3）硬化初期体积微膨胀

石膏浆体硬化时略有膨胀（膨胀量为0.5%～1%）。这一特性使得石膏制品饱满密实，表面光滑。同时石膏制品质地洁白细腻，特别适合制作建筑装饰制品。

4）硬化后孔隙率大

石膏硬化后由于多余水分的蒸发，在内部形成大量毛细孔，石膏制品孔隙率可达50%～60%。由于石膏制品的孔隙率大，因而强度较低，导热系数小，吸声性强，吸湿性大，可调节室内的温度和湿度。

5）防火性能好

遇到火灾时，二水石膏中的结晶水蒸发成水蒸气，吸收大量热量；石膏中的结晶水蒸发后产生的水蒸气形成蒸汽幕，可阻碍火势蔓延；脱水后的石膏制品隔热性能更好，形成隔热层，无有害气体产生。

建筑石膏制品在防火的同时自身将被损坏，因而石膏制品不宜长期用于靠近65 ℃以上高温的部位，以免二水石膏在较高温度作用下失去结晶水导致强度降低。

6）耐水性、抗渗性和抗冻性差

建筑石膏硬化后有很强的吸湿性，在潮湿条件下，石膏晶粒间的结合力减弱，导致强度下降。若长期浸泡在水中，二水石膏晶体将逐渐溶解并破坏，其耐水性差。硬化后的石膏孔隙率大，多为开口孔隙，吸水率大，抗渗性差。石膏制品吸水后如果受冻，会因孔隙中水分结冰膨胀而破坏，其抗冻性差。

建筑石膏在运输及储存时应注意防潮。一般储存3个月后，强度将降低30%左右。储存期超过3个月的建筑石膏应重新进行质量检验，以确定其等级。

4．技术要求

《建筑石膏》(GB/T 9776—2008)规定，建筑石膏的物理力学性能应符合表5-2的规定。

表5-2 建筑石膏的物理力学性能

等级	2 h强度/MPa		细度(0.2 mm方孔筛余)/%	凝结时间/min	
	抗折	抗压		初凝	终凝
3.0	≥3.0	≥6.0	≤10.0	≥3	≤30
2.0	≥2.0	≥4.0			
1.6	≥1.6	≥3.0			

5.1.4 建筑石膏的应用

1. 制备石膏砂浆和粉刷石膏

建筑石膏具有许多优良特性（如色洁白、硬化后体积微膨胀、表面细腻光滑等），常被用于室内高级抹灰和粉刷。建筑石膏加水、砂及缓凝剂拌和成石膏砂浆，可用于室内抹灰。建筑石膏加水和缓凝剂拌和成石膏浆体，可作为室内粉刷涂料。石膏粉刷层表面坚硬、光滑细腻，不起灰，便于进行再装饰，如贴墙纸、刷涂料等。

建筑石膏的孔隙率大、吸湿性强，可调节室内空气湿度和温度。

2. 石膏板及装饰件

石膏板具有轻质、保温隔热、吸声、防火、尺寸稳定及施工方便等性能,广泛应用于高层建筑及大跨度建筑的隔墙。常用的石膏板有纸面石膏板、纤维石膏板、空心石膏板、吸声用穿孔石膏板和装饰石膏板等。

5.2 石灰

5.2.1 石灰的生产及分类

1. 原材料及生产

生产石灰的原材料是以碳酸钙为主的天然岩石,如石灰石、白垩等。将这些原料在高温下煅烧,分解成为生石灰和二氧化碳。生石灰的主要成分为氧化钙。反应式为

$$CaCO_3 \xrightarrow{900 \sim 1100\ ℃} CaO + CO_2 \uparrow$$

优质的生石灰,色质洁白或带灰色,质轻色匀,密度为 3.2 g/cm³,块状生石灰的堆积密度为 800~1000 kg/m³。如果石灰石原料的尺寸过大、煅烧温度低或煅烧时间不足,则生石灰不能完全分解,使得生石灰中含有未分解的碳酸钙内核,称为"欠火石灰"。其有效成分氧化钙较少,使用时缺乏黏结力。如果煅烧时间过长或温度过高,生石灰表面会出现裂缝或玻璃状的外壳,颜色较深,呈灰黑色,块体致密,称为"过火石灰"。如果生石灰中夹杂有过火生石灰用于墙面抹灰,由于过火生石灰与水反应速度缓慢,会使硬化后的墙面抹灰出现局部体积膨胀,产生隆起、裂缝等现象,严重影响施工质量。

2. 分类

工程中常用的石灰品种有块状生石灰、生石灰粉、消石灰粉和石灰膏。由于生产石灰的原料中多少含有一些碳酸镁,因而生石灰中还含有次要成分——氧化镁。《建筑生石灰》(JC/T 479—2013)规定,按氧化镁含量的多少,分为钙质石灰($MgO \leqslant 5\%$)、镁质石灰($MgO > 5\%$)两类。

建筑生石灰粉是将块状生石灰破碎、磨细并包装成袋,它解决了传统生石灰熟化时间长、硬化慢等缺点,使用时不用提前熟化,可直接加水使用,提高了工效,节约了场地,改善了施工环境,提高了熟化速度;缺点是成本高,不宜储存。

消石灰粉是将生石灰用适量水经消化和干燥而成的粉末,主要成分为 $Ca(OH)_2$,也称为熟石灰粉。

石灰膏是将块状或粉状生石灰用过量水(为生石灰体积的 3~4 倍)消化,或将消石灰粉和水拌和,所得的一定稠度的膏状物,其主要成分为 $Ca(OH)_2$ 与水。

5.2.2 石灰的熟化与硬化

1. 生石灰的熟化

工地上使用生石灰前要进行熟化。熟化是指生石灰(氧化钙)与水作用生成氢氧化钙

(熟石灰,又称消石灰)的过程,又称生石灰的消解或消化。生石灰的熟化反应如下:

$$CaO + H_2O \rightarrow Ca(OH)_2 + 64.9 \times 10^3 \text{ J}$$

在生石灰熟化过程中放出大量的热,体积增大1～2.5倍。煅烧良好且氧化钙含量高的生石灰熟化较快,放热量和体积增大也较多。

为了消除过火生石灰的危害,将块状生石灰用过量水(为生石灰体积的3～4倍)消化,经充分搅拌,使之生成稀薄的石灰浆,然后在储灰坑中放置14 d以上,这个过程称为"陈伏",所得到的一定稠度(约含50%水分)的膏状物称为石灰膏。陈伏期间,石灰膏表面应保留有一层水分,使其与空气隔绝,以免与空气中二氧化碳发生碳化反应。

2. 石灰的硬化

石灰浆体的硬化包括干燥结晶和碳化两个过程。

1) 干燥结晶过程

石灰浆体在干燥过程中,游离水分蒸发,$Ca(OH)_2$从过饱和溶液中结晶析出。

2) 碳化过程

$Ca(OH)_2$与空气中的CO_2和水反应,形成不溶于水的碳酸钙晶体。由于碳化作用主要发生在与空气接触的表层,且生成的$CaCO_3$膜层较致密,阻碍了空气中CO_2的渗入,也阻碍了内部水分向外蒸发,因此内部石灰浆体的硬化速度缓慢。反应式为

$$Ca(OH)_2 + CO_2 + nH_2O \xrightarrow{\text{碳化}} CaCO_3 + (n+1)H_2O$$

5.2.3 石灰的技术性质与技术要求

1. 石灰的性质

(1) 生石灰遇水放热并膨胀。储存和运输生石灰时,要注意安全。

(2) 生石灰吸湿性强、不易保存。生石灰会缓慢吸收空气中的水分而熟化成消石灰,再与空气中的二氧化碳和水作用生成碳酸钙,失去胶结能力。

(3) 保水性和可塑性好。生石灰熟化为石灰浆时,能形成颗粒极细(直径约为1 μm)的呈胶体分散状态的氢氧化钙,表面吸附一层水膜,保水性好。由于颗粒间的水膜较厚,颗粒间的移动较易进行,浆体具有良好的可塑性。在水泥砂浆中掺入适量的石灰膏,制得混合砂浆,可使砂浆塑性显著提高。

(4) 硬化速度慢、强度低。由于空气中二氧化碳较少,石灰碳化速度缓慢,硬化后强度低。

(5) 硬化时体积收缩大。石灰在硬化过程中,大量的游离水蒸发,从而引起显著的体积收缩,因此,石灰除粉刷外不宜单独使用。工程上常掺入砂、各种纤维材料等减少其收缩。

(6) 耐水性差。石灰结晶和碳化所生成的碳酸钙晶体相互交叉连生或与氢氧化钙共生,形成紧密交织的结晶网,使硬化石灰浆体的强度进一步提高。硬化后的石灰如果受潮,氢氧化钙溶解,造成其强度下降,处于水中还会造成溃散,故石灰不宜在潮湿的环境中使用,也不宜单独用于建筑物基础。

2. 建筑石灰的技术要求

1）建筑生石灰

《建筑生石灰》(JC/T 479—2013)按生石灰的加工情况可分为建筑生石灰和建筑生石灰粉两类；根据化学成分的含量每类分成各个等级(表5-3)，主要技术指标分别见表5-4和表5-5。

表5-3 建筑生石灰的分类

类 别	名 称	代 号
钙质石灰	钙质石灰90	CL 90
	钙质石灰85	CL 85
	钙质石灰75	CL 75
镁质石灰	镁质石灰85	ML 85
	镁质石灰80	ML 80

表5-4 建筑生石灰的化学成分

名 称	氧化钙+氧化镁($CaO+MgO$)	氧化镁(MgO)	二氧化碳(CO_2)	三氧化硫(SO_3)
CL 90-Q CL 90-QP	≥90%	≤5%	≤4%	≤2%
CL 85-Q CL 85-QP	≥85%	≤5%	≤7%	≤2%
CL 75-Q CL 75-QP	≥75%	≤5%	≤12%	≤2%
ML 85-Q ML 85-QP	≥85%	>5%	≤7%	≤2%
ML 80-Q ML 80-QP	≥80%	>5%	≤7%	≤2%

表5-5 建筑生石灰的物理性质

名 称	产浆量/$[dm^3 \cdot (10 kg)^{-1}]$	细度	
		0.2 mm 筛余量/%	90 μm 筛余量/%
CL 90-Q	≥26	—	—
CL 90-QP	—	≤2	≤7
CL 85-Q	≥26	—	—
CL 85-QP	—	≤2	≤7
CL 75-Q	≥26	—	—
CL 75-QP	—	≤2	≤7
ML 85-Q	—	—	—
ML 85-QP	—	≤2	≤7
ML 80-Q	—	—	—
ML 80-QP	—	≤2	≤7

注：其他物理特性，根据客户要求，可按照JC/T 478.1进行测试。

生石灰的识别标志由产品名称、加工情况和产品依据标准编号组成。生石灰块在代号后加Q，生石灰粉在代号后加QP。

示例：符合 JC/T 479—2013 的钙质生石灰粉 90 标记为

CL 90-QP JC/T 479—2013

说明：

CL——钙质石灰；

90——（CaO+MgO）百分含量；

QP——粉状；

JC/T 479—2013——产品依据标准。

2）建筑消石灰

《建筑消石灰》（JC/T 481—2013）按扣除游离水和结合水后 CaO+MgO 的百分含量将建筑消石灰进行了分类（表 5-6），主要技术指标分别见表 5-7 和表 5-8。

消石灰的识别标志由产品名称和产品依据标准编号组成。

示例：符合 JC/T 481—2013 的钙质消石灰粉 90 标记为

HCL 90 JC/T 481—2013

说明：

HCL——钙质消石灰；

90——（CaO+MgO）含量；

JC/T 481—2013——产品依据标准。

表 5-6 建筑消石灰的分类

类 别	名 称	代 号
钙质消石灰	钙质消石灰 90	HCL 90
	钙质消石灰 85	HCL 85
	钙质消石灰 75	HCL 75
镁质消石灰	镁质消石灰 85	HML 85
	镁质消石灰 80	HML 80

表 5-7 建筑消石灰的化学成分

名 称	氧化钙+氧化镁（CaO+MgO）	氧化镁（MgO）	三氧化硫（SO_3）
HCL 90	≥90%		
HCL 85	≥85%	≤5%	≤2%
HCL 75	≥75%		
HML 85	≥85%	>5%	≤2%
HML 80	≥80%		

表 5-8 建筑消石灰的物理性质

名 称	游离水/%	细度		安定性
		0.2 mm 筛余量/%	90 μm 筛余量/%	
HCL 90	≤2	≤2	≤7	合格
HCL 85				
HCL 75				
HML 85				
HML 80				

3) 石灰的化学品质

(1) 石灰中产生胶凝作用的有效成分是氧化钙和氧化镁,它们的含量是评价石灰质量的主要指标。

(2) 石灰中的 CO_2 含量指标反映了石灰中"欠火生石灰"数量,CO_2 含量越高,表示未完全分解的碳酸钙比例越高,则 $CaO+MgO$ 含量相对较低,石灰的黏结性降低。

4) 石灰的物理性质

(1) 细度:与石灰粉的活性有关。石灰粉越细,其活性就越大。石灰粉中较大的颗粒包括未消化的"过火生石灰"、含有大量钙盐的石灰颗粒以及"欠火生石灰"或未燃尽的煤渣等。标准以 90 μm 和 0.2 mm 筛余百分率控制生石灰粉和消石灰粉的细度。

(2) 游离水含量:消石灰粉中化学结合水以外的含水量。理论上,石灰中氧化钙消化用水量为氧化钙质量的 24.32% 左右。实际上消化加水量一般是理论值的一倍左右,多余的水残留于氢氧化钙中,在石灰硬化过程中蒸发,并引起体积显著收缩,出现干缩裂缝,影响其使用质量。

(3) 产浆量:一定质量(10 kg)的生石灰经消化后,所产石灰浆体的体积。生石灰产浆量越高,表示其质量越好。

(4) 安定性:指石灰膏在凝结硬化过程中体积变化的稳定性,安定性合格的消石灰可以避免使用过程中产生的膨胀性破坏。

5.2.4 石灰的应用

1. 石灰乳

将消石灰粉或熟化好的石灰膏加入大量的水搅拌稀释,成为石灰乳。石灰乳是一种廉价易得的涂料,主要用于内墙和天棚刷白,增加室内美观性和亮度。

2. 配制砂浆

由于石灰膏和消石灰粉中氢氧化钙颗粒非常小,调水后具有很好的可塑性,因而,可用石灰膏或消石灰粉配制成石灰砂浆或水泥石灰混合砂浆,用于抹面和砌筑。

3. 石灰土和三合土

石灰与黏土拌和后称为灰土或石灰土,再加砂、炉渣或石屑等即称为三合土。石灰可改善黏土的和易性,二者拌和均匀后在强力夯打之下,大大提高了紧密度。而且,黏土颗粒表面的少量活性氧化硅和活性氧化铝与氢氧化钙起化学反应,生成不溶性水化硅酸钙和水化铝酸钙,因而提高了黏土的强度和耐水性。石灰土中石灰用量增大,其强度和耐水性提高,但超过某一用量后不再提高。一般石灰用量为石灰土总质量的 6%~12%。灰土和三合土主要用于建筑物的地基基础和道路工程的基层和垫层。

4. 制作硅酸盐制品

石灰是制作硅酸盐制品的主要原料之一。硅酸盐制品是以磨细的石灰与硅质材料为胶凝材料,必要时加入少量石膏,经蒸压养护,生成以水化硅酸钙为主要产物的人造材料。硅酸盐制品中常用的硅质材料有粉煤灰、磨细的煤矸石、页岩、浮石和砂等。常用的硅酸盐制品有蒸压灰砂砖、粉煤灰砖、蒸压加气混凝土砌块和蒸压硅酸钙板材等。

5.2.5 石灰的储存

生石灰在运输时要采取防水措施,不能与易燃、易爆及液体物品同时装运。运到现场的石灰产品应分品种、等级存放在干燥的仓库内,不宜长期存储。生石灰存放时间过长,会吸收空气中的水分而消解,并与二氧化碳作用形成碳化层,失去胶凝性能。储运中的生石灰遇水会发生熟化反应,体积膨胀破袋,放热导致周围易燃物燃烧。石灰膏也不易长期暴露在空气中,表面应加覆盖层,以防碳化硬结。

5.3 其他胶凝材料水玻璃

5.3.1 水玻璃的组成

水玻璃俗称泡花碱,是由不同比例的碱金属和二氧化硅化合而成的一种可溶于水的硅酸盐。建筑工程中常用的水玻璃是硅酸钠水玻璃($Na_2O \cdot nSiO_2$,简称钠水玻璃)和硅酸钾水玻璃($K_2O \cdot nSiO_2$,简称钾水玻璃)。水玻璃有液体和固体两类,液体水玻璃为无色、略带色的透明或半透明黏稠状液体,固体水玻璃为无色、略带色的透明或半透明玻璃块状体。水玻璃因所含杂质不同,而呈青灰色、绿色或微黄色,无色透明液体水玻璃最好。

水玻璃的模数指硅酸钠中氧化硅和氧化钠的摩尔比 n,一般为 1.5～3.5。固体水玻璃在水中溶解的难易随水玻璃模数而定,模数为 1 时能溶解于常温的水中,模数增大,则只能在热水中溶解;当模数大于 3 时,要在 4 个大气压以上的蒸汽中才能溶解于水。低模数水玻璃的晶体组分较多,黏结能力较差。模数越高,胶体组分相对越多,黏结能力、强度、耐酸性和耐热性越高,但难溶于水,不易稀释,不便施工。工程中常用的水玻璃模数为 2.6～3.0。

液体水玻璃可以与水按任意比例混合成不同浓度(或密度)的溶液。同一模数的液体水玻璃,其浓度越大,则密度越大,黏结力越强。常用水玻璃的密度为 1.3～1.48 g/cm³。在液体水玻璃中加入尿素,在不改变其黏度的情况下可提高黏结力 25% 左右。

5.3.2 水玻璃的硬化

液体水玻璃会吸收空气中的二氧化碳,发生如下反应:
$$Na_2O \cdot nSiO_2 + CO_2 + mH_2O \rightarrow nSiO_2 \cdot mH_2O + Na_2CO_3$$

析出无定形二氧化硅凝胶,并逐渐干燥而硬化,由于空气中二氧化碳含量少,硬化过程进行得很慢。为了加速硬化,常加入氟硅酸钠(Na_2SiF_6)作为促硬剂,促使二氧化硅凝胶加速析出,其反应如下:
$$2(Na_2O \cdot nSiO_2) + Na_2SiF_6 + mH_2O \rightarrow (2n+1)SiO_2 \cdot mH_2O + 6NaF$$

氟硅酸钠为白色粉状固体,有腐蚀性,其适宜用量为水玻璃质量的 12%～15%。如果用量太少,不但硬化速度缓慢,强度降低,而且未经反应的水玻璃易溶于水,耐水性差。但用量过多又会引起快速凝结,施工困难,而且强度低。加入适量氟硅酸钠的水玻璃 7 d 左右可达到最高强度。

5.3.3 水玻璃的性质

(1) 黏结能力强。水玻璃有良好的黏结能力,硬化时析出的二氧化硅凝胶可堵塞毛细孔隙,从而防止水渗透。用水玻璃配制的混凝土抗压强度可达 15~40 MPa。

(2) 耐热性好。水玻璃不燃烧,在高温下二氧化硅凝胶干燥得更快,强度并不降低,甚至有所增加。可用于配制水玻璃耐热混凝土和水玻璃耐热砂浆。

(3) 耐酸能力强。水玻璃具有很强的耐酸能力,能抵抗大多数无机酸(氢氟酸除外)和有机酸的作用,常与耐酸骨料配成水玻璃耐酸砂浆和水玻璃耐酸混凝土。

(4) 不耐水。水玻璃在加入氟硅酸钠后仍不能完全硬化,仍然有一定量的 $Na_2O \cdot nSiO_2$。由于 $Na_2O \cdot nSiO_2$ 可溶于水,所以水玻璃硬化后不耐水。

(5) 不耐碱。硬化后水玻璃中的 $Na_2O \cdot nSiO_2$ 和 SiO_2 均可溶于碱,因而水玻璃不耐碱。

水玻璃的技术要求详见《工业硅酸钠》(GB/T 4209—2022)、《工业硅酸钾》(HG/T 4131—2010)。

5.3.4 水玻璃的应用

1. 涂刷材料表面

用水玻璃涂刷材料表面可提高材料抗风化能力。以水玻璃浸渍或涂刷砖、水泥混凝土、硅酸盐制品、石材等多孔材料,可提高材料的密实度、强度、抗渗性、抗冻性及耐水性等。这是因为水玻璃与空气中的二氧化碳反应生成二氧化硅凝胶,同时也与材料中的氢氧化钙反应生成硅酸钙凝胶,两者填充于材料的孔隙,使材料致密。

水玻璃不能用于涂刷或浸渍石膏制品。因为硅酸钠会与硫酸钙反应生成硫酸钠,在制品孔隙中结晶,体积显著膨胀,从而导致石膏制品开裂。

2. 配制防水剂

以水玻璃为基料,加入两种、三种或四种矾可配制成二矾、三矾或四矾防水剂。此类防水剂凝结迅速,一般不超过 1 min,适用于与水泥浆调和,堵塞漏洞、缝隙等局部抢修。因为凝结过速,不宜用于调配防水砂浆。

3. 用于土壤加固

将模数为 2.5~3 的液体水玻璃和氯化钙溶液通过金属管轮流向地层压入,两种溶液发生化学反应,析出二氧化硅胶体,将土壤颗粒包裹并填实其空隙。二氧化硅胶体是一种吸水膨胀的果冻状凝胶,因吸收地下水而经常处于膨胀状态,阻止水分的渗透和使土壤固结,由这种方法加固的砂土,抗压强度可达 3~6 MPa。

习题

一、名词解释

气硬性胶凝材料；水硬性胶凝材料；建筑石膏；石灰陈伏；过火生石灰；欠火生石灰；水玻璃；水玻璃的模数

二、填空题

1. 石灰在熟化时,放出大量的_____,同时体积_____。生石灰的主要成分是_____。石灰的硬化过程包括_____和_____。

2. 水玻璃常用_____作促硬剂。水玻璃可配制耐_____和耐_____砂浆、混凝土。

3. 建筑石膏硬化后孔隙率_____、其体积_____,石膏制品保温隔热性能_____,吸声性_____,防火性_____,耐水性_____。石膏的凝结硬化速度很快,为方便施工,要加入_____剂。

4. 石灰的"陈伏"是为了_____。

三、判断题

1. 水硬性胶凝材料只能用于水中。　　　　　　　　　　　　　　　(　　)
2. 石灰是气硬性胶凝材料,所以灰土和三合土只能用于干燥的环境。　(　　)
3. 水玻璃的模数越大,越容易溶于水中。　　　　　　　　　　　　(　　)

第6章 水泥与砂浆

学习要点：熟悉硅酸盐水泥的矿物组成，了解其硬化机理，熟练掌握硅酸盐水泥等几种通用水泥的性能特点、相应的检测方法及选用原则；掌握砌筑砂浆的组成、性质、检测方法及配合比设计方法；了解抹面砂浆、预拌砂浆和其他砂浆的主要品种、性能要求及配制方法。

不忘初心：世界上没有坐享其成的好事，要幸福就要奋斗。

牢记使命：山再高，往上攀，总能登顶；路再长，走下去，定能到达。

6.1 水泥的分类

水泥呈粉末状，与水混合后，经过物理化学反应能由可塑性浆体变成坚硬的石状体，并将散粒状材料胶结成整体，不但能在空气中凝结硬化，而且能在水中继续增长强度，属于水硬性胶凝材料。水泥广泛应用于建筑、水利、交通和国防等各项建设中，是土木工程不可缺少的胶凝材料。正确合理地选用水泥将对保证工程质量和降低工程造价起到重要的作用。

水泥品种很多，按其组成主要分为通用硅酸盐水泥、铝酸盐水泥、硫铝酸盐水泥、铁铝酸盐水泥四大类；按性能和用途可分为通用水泥、专用水泥、特性水泥三大类。

通用硅酸盐水泥是土木工程中用量最大的水泥，包括硅酸盐水泥、普通硅酸盐水泥、矿渣硅酸盐水泥、火山灰质硅酸盐水泥、粉煤灰硅酸盐水泥和复合硅酸盐水泥六个品种；专用水泥是指具有专门用途的水泥，如中低热硅酸盐水泥、道路硅酸盐水泥、砌筑水泥等；特性水泥则是指具有比较突出的某种性能的水泥，如快硬硅酸盐水泥、白色硅酸盐水泥、抗硫酸盐水泥、膨胀水泥和自应力水泥等。

6.1.1 通用硅酸盐水泥的定义和类别

通用硅酸盐水泥是用硅酸盐水泥熟料和适量石膏及规定的混合材料制成的水硬性胶凝材料。按混合材料的品种和掺量，通用硅酸盐水泥分为硅酸盐水泥、普通硅酸盐水泥、矿渣硅酸盐水泥、火山灰质硅酸盐水泥、粉煤灰硅酸盐水泥和复合硅酸盐水泥。通用硅酸盐水泥的组分应符合表 6-1 的规定，其中硅酸盐水泥掺混合材较少（≤5%），是通用硅酸盐水泥的基本品种；其他通用水泥掺混合材较多，由硅酸盐水泥发展而来，一般统称为掺混合材的硅酸盐水泥。

表 6-1 通用硅酸盐水泥的组分

品　　种	代　号	组分（含量）/%				
		熟料＋石膏	粒化高炉矿渣	火山灰质混合材料	粉煤灰	石灰石
硅酸盐水泥	P·Ⅰ	100	—	—	—	—
	P·Ⅱ	≥95	≤5	—	—	—
		≥95	—	—	—	≤5
普通硅酸盐水泥	P·O	80~95	5~20			—
矿渣硅酸盐水泥	P·S·A	50~80	20~50	—	—	—
	P·S·B	30~50	50~70	—	—	—
火山灰质硅酸盐水泥	P·P	60~80	—	20~40	—	—
粉煤灰硅酸盐水泥	P·F	60~80	—	—	20~40	—
复合硅酸盐水泥	P·C	50~80	20~50			

1. 混合材料

在生产水泥的过程中掺入的各种人工或天然矿物材料称为混合材料。混合材料的掺入不仅可以改善水泥的性能，调节水泥的强度等级，增加水泥产量，降低成本，而且可以大量利用工业废料，利于环保。混合材料按其性能分为活性混合材料和非活性混合材料两种。

1) 活性混合材料

本身与水反应很慢，但当磨细并与石灰、石膏或硅酸盐水泥熟料混合，加水拌和后能发生化学反应，在常温下能缓慢生成具有水硬性胶凝物质的矿物材料称为活性混合材料。常用的活性混合材料有粒化高炉矿渣、火山灰质混合材料、粉煤灰等。

（1）粒化高炉矿渣

在高炉冶炼生铁时将浮在铁水表面的熔融物进行急冷处理后，得到的粒径为 0.5~5 mm 的疏松颗粒状材料称为粒化高炉矿渣。由于多采用水淬方法进行急冷处理，故又称为水淬矿渣。水淬矿渣含有活性氧化硅和活性氧化铝，为多孔玻璃体结构，玻璃体含量达 80% 以上，内部储存有较大的化学潜能，具有较高的潜在化学活性。

（2）火山灰质混合材料

火山灰质混合材料是用于水泥中的，以活性氧化硅、活性氧化铝为主要成分的矿物材料。按其成因可分为天然和人工两大类。

① 天然火山灰质混合材料包括火山灰、凝灰岩、浮石、沸石、硅藻土、硅藻石、蛋白石等。
② 人工火山灰质混合材料包括烧黏土（如碎砖、瓦）、烧页岩、煤矸石、炉渣、煤灰等。

（3）粉煤灰

粉煤灰是火力发电厂用收尘器从烟道中收集的灰粉，也称飞灰，为玻璃态实心或空心球状颗粒，表面光滑、色灰，颗粒直径一般为 1~50 μm，主要化学成分是活性氧化硅和活性氧化铝，两者占 60% 以上。就其成分而言，粉煤灰也属于火山灰质混合材料，但由于它的产量及用量大,故将其配制的水泥单独列出。通常,对粉煤灰质量影响较大的因素包括含碳量和颗粒细度。含碳量越低,活性就越高。

活性混合材料除了可以作水泥混合材料外,还可以用于生产无熟料水泥、混凝土掺合料、硅酸盐制品等。

2) 非活性混合材料

不与或几乎不与水泥成分产生化学作用,加入水泥的目的仅是降低水泥强度等级、提高产量、降低成本、减小水化热的这一类矿物材料,称为非活性混合材料,也叫作惰性混合材料。如磨细的石灰石、石英砂、黏土、慢冷矿渣、窑灰等。

2. 通用硅酸盐水泥的生产

通用硅酸盐水泥的生产过程包括三个环节:生料的配制磨细、熟料的煅烧和熟料的粉磨,可简单概括为"两磨一烧"。

1) 生料的配制

硅酸盐水泥的原料主要由三部分组成:石灰质原料(如石灰石、贝壳等,提供 CaO)、黏土质原料(如黏土、页岩等,主要提供 SiO_2、Al_2O_3、Fe_2O_3)、辅助原料(如铁矿粉,用以补充原料中不足的 Fe_2O_3;砂岩用以补充原料中不足的 SiO_2)。将以上三种原料按适当的比例配合,并将它们在球磨机内研磨到规定细度并均匀混合,这个过程叫作生料配制。生料配制有干法和湿法两种。

2) 熟料的煅烧

将配好的生料入窑进行高温煅烧,至 1450 ℃左右生成以硅酸钙为主要成分的硅酸盐水泥熟料。水泥窑型主要有立窑和回转窑。一般立窑适用于小型水泥厂,回转窑适用于大型水泥厂。

3) 熟料的粉磨

为了延缓水泥的凝结时间,将水泥熟料配以适量的石膏(常用天然二水石膏、天然硬石膏),并根据要求掺入混合材料(表 6-1),共同磨至适当的细度,即制成通用硅酸盐水泥。

通用硅酸盐水泥生产工艺流程如图 6-1 所示。

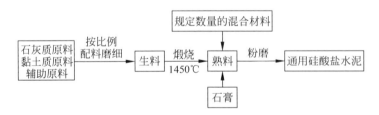

图 6-1 通用硅酸盐水泥生产工艺流程

6.1.2 通用硅酸盐水泥的水化、凝结和硬化

1. 硅酸盐水泥熟料的矿物组成及特性

由主要含 CaO、SiO_2、Al_2O_3 和 Fe_2O_3 的原料,按适当比例磨成细粉,烧至部分熔融得到以硅酸钙为主要矿物成分的水硬性胶凝物质称为硅酸盐水泥熟料。其中硅酸钙矿物含量不小于 66%,氧化钙和氧化硅质量比不小于 2.0。

1) 硅酸盐水泥熟料的矿物组成

硅酸盐水泥熟料主要由四种矿物组成,其名称、成分、化学式缩写、含量见表 6-2。

表 6-2 硅酸盐水泥熟料的名称、成分、化学式缩写、含量

矿物名称	化学成分	缩写符号	含 量
硅酸三钙	$3CaO \cdot SiO_2$	C_3S	36%～60%
硅酸二钙	$2CaO \cdot SiO_2$	C_2S	15%～36%
铝酸三钙	$3CaO \cdot Al_2O_3$	C_3A	7%～15%
铁铝酸四钙	$4CaO \cdot Al_2O_3 \cdot Fe_2O_3$	C_4AF	10%～18%

水泥熟料中除了上述主要矿物外,还含有少量的有害成分游离氧化钙(f-CaO)、游离氧化镁(f-MgO)、碱性氧化物(Na_2O、K_2O),其总含量一般不超过水泥质量的 10%。

2) 硅酸盐水泥熟料矿物的特性

硅酸盐水泥熟料的四种主要矿物单独与水作用时所表现的特性是不同的,见表 6-3。

表 6-3 硅酸盐水泥主要矿物的特性

矿物组成	硅酸三钙	硅酸二钙	铝酸三钙	铁铝酸四钙
反应速度	快	慢	最快	快
28 d 水化放热量	多	少	最多	中
早期强度	高	低	低	低
后期强度	高	高	低	低
耐腐蚀性	中	良	差	好
干缩性	中	小	大	小

(1) C_3S(硅酸三钙)。水化速度较快,水化热较大,其水化产物主要在早期产生。因此,早期强度最高,且能不断增长。它是决定水泥强度等级的最主要矿物。

(2) C_2S(硅酸二钙)。水化速度最慢,水化热最小,其水化产物和水化热主要在后期产生。因此,它对水泥早期强度贡献很小,但对后期强度增加至关重要。

(3) C_3A(铝酸三钙)。水化速度最快,水化热最集中,如果不掺加石膏,易造成水泥速凝。它的水化产物大多在 3 d 内就产生,但强度并不高,以后也不再增长,甚至出现强度倒缩。硬化时所表现出的体积收缩也最大,耐硫酸盐性能差。

(4) C_4AF(铁铝酸四钙)。水化速度介于 C_3A 和 C_3S 之间,强度也是在早期发挥,但不大。它的突出特点是抗冲击性能和抗硫酸盐性能好。水泥中若提高它的含量,可增加水泥的抗折强度和耐腐蚀性能。

硅酸盐水泥的强度主要取决于四种单矿物的性质。适当地调整它们的相对含量,可以制得不同品种的水泥。例如,当提高 C_3S 和 C_3A 含量时,可以生产快硬硅酸盐水泥;提高 C_2S 和 C_4AF 的含量,降低 C_3S、C_3A 的含量就可以生产出低热的大坝水泥;提高 C_4AF 含量则可制得高抗折强度的道路水泥。

2. 硅酸盐水泥的水化、凝结、硬化

1) 硅酸盐水泥的水化

水泥加水后,其颗粒表面立即与水发生化学反应,生成一系列的水化产物并放出一定的

热量。常温下水泥熟料单矿物的水化反应式如下：

$$2(3CaO \cdot SiO_2) + 6H_2O = 3CaO \cdot 2SiO_2 \cdot 3H_2O + 3Ca(OH)_2$$

$$2(2CaO \cdot SiO_2) + 4H_2O = 3CaO \cdot 2SiO_2 \cdot 3H_2O + Ca(OH)_2$$

$$3CaO \cdot Al_2O_3 + 6H_2O = 3CaO \cdot Al_2O_3 \cdot 6H_2O$$

$$4CaO \cdot Al_2O_3 \cdot Fe_2O_3 + 7H_2O = 3CaO \cdot Al_2O_3 \cdot 6H_2O + CaO \cdot Fe_2O_3 \cdot H_2O$$

$$3CaO \cdot Al_2O_3 \cdot 6H_2O + 3(CaSO_4 \cdot 2H_2O) + 19H_2O = 3CaO \cdot Al_2O_3 \cdot 3CaSO_4 \cdot 31H_2O$$

$$3CaO \cdot Al_2O_3 \cdot 6H_2O + CaSO_4 \cdot 2H_2O + 4H_2O = 3CaO \cdot Al_2O_3 \cdot CaSO_4 \cdot 12H_2O$$

在上述反应中，硅酸三钙的反应速度较快，生成的水化硅酸钙不溶于水，很快以胶体微粒析出，并逐渐凝聚成 C-S-H 凝胶，构成具有很高强度的空间网状结构。与此同时，生成的氢氧化钙在溶液中的浓度很快达到饱和，并以晶体形态析出。

硅酸二钙的水化反应产物与硅酸三钙相同，但由于其反应速度较慢，早期生成的水化硅酸钙凝胶较少，因此，早期强度低。但当有硅酸三钙存在时，可以提高硅酸二钙的水化反应速度，一般一年以后硅酸二钙的强度可以达到硅酸三钙 28 d 的强度。

铝酸三钙的反应速度最快，它很快就生成水化铝酸钙晶体。水泥粉磨时加入适量石膏的目的是调节水泥的凝结硬化速度，不掺入适量石膏或石膏掺量不足，水泥会发生瞬凝现象，俗称急凝，其特征是：水泥加水拌和后，水泥浆体很快凝结成为一种很粗糙、非塑性的混合物，并放出大量的热量，其原因与铝酸三钙的反应速度过快有关。掺入石膏后，水化铝酸钙会与水泥中加入的石膏反应，生成高硫型水化硫铝酸钙，称钙矾石，用 AFt 表示；当进入反应后期时，由于石膏耗尽，水化铝酸钙又会与钙矾石反应生成单硫型水化硫铝酸钙，用 AFm 表示。钙矾石是难溶于水的针状晶体，它包裹在 C_3A 表面，阻止水分的进入，可以延缓水泥的水化，起到缓凝的作用。但石膏掺量不能过多，过多时不仅缓凝作用不大，还会引起水泥安定性不良。合理的石膏掺量主要取决于水泥中 C_3A 的含量和石膏的品种及质量，同时也与水泥细度和熟料中的 SO_3 含量有关。一般生产水泥时石膏掺量占水泥质量的 3%～5%，实际掺量需通过试验确定。

如果不考虑硅酸盐水泥水化后的一些少量生成物，那么硅酸盐水泥水化后的主要成分有水化硅酸钙凝胶、水化铁酸钙凝胶、氢氧化钙晶体、水化铝酸钙晶体、水化硫铝酸钙晶体。

在充分水化的水泥中，水化硅酸钙的含量占 70%，氢氧化钙的含量约占 20%，水化硫铝酸钙约占 7%，其他占 3%。

2) 硅酸盐水泥的凝结与硬化

硅酸盐水泥的凝结是指水泥加水拌和后，成为可塑性的水泥浆体，随着时间的推移，其塑性逐渐降低，直至最后失去塑性，但还不具有强度的过程。

硬化是指凝结的水泥浆体随着水化的进一步进行，开始产生明显的强度并逐渐发展成为坚硬水泥石的过程。凝结和硬化是一个连续复杂的物理化学变化过程。目前一般将水泥的凝结硬化过程分为四个阶段，如图 6-2 所示。

水泥加水拌和后，水泥颗粒分散在水中，成为水泥浆体[图 6-2(a)]。

一般在几分钟内，水泥颗粒表面的矿物与水接触并很快反应，析出水化产物，包裹在水泥颗粒表面。在水化初期，水化产物不多，包裹有水化产物膜层的水泥颗粒之间是分离的，水泥浆体还具有可塑性[图 6-2(b)]。

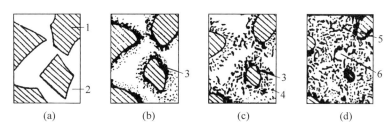

1—水泥颗粒；2—水分；3—凝胶；4—晶体；5—水泥颗粒未水化内核；6—毛细孔。

图 6-2　水泥凝结硬化过程示意图

(a) 分散在水中未水化的水泥颗粒；(b) 水泥颗粒表面形成水化物膜层；(c) 膜层长大并互相连接(凝结)；(d) 水化物进一步发展，填充毛细孔(硬化)

　　随着时间的推移，水泥颗粒不断水化，新生水化产物增多，包裹在水泥颗粒表面的水化产物膜层增厚，逐渐接近，以至相互接触，构成疏松的空间网状结构[图 6-2(c)]。这种结构不具有强度，在振动的作用下会破坏。网状结构的形成，使水泥浆体开始失去流动性和可塑性，水泥表现为初凝。

　　随着水化产物不断增多，颗粒间的接触点数目增加，结晶体和凝胶体互相贯穿形成的网状结构不断加强。而固相颗粒之间的空隙(毛细孔)不断减少，结构逐渐紧密，直至水泥浆体完全失去可塑性，开始具有一定的强度，这时水泥表现为终凝，开始进入硬化阶段[图 6-2(d)]。

　　水泥进入硬化阶段后，水化反应继续进行，水化速度逐渐减慢，水化产物总量随时间延长而逐渐增加，扩展到毛细孔中，使结构更致密，强度相应提高。

　　随着水化不断进行，堆积在水泥颗粒周围的水化产物不断增多，阻碍水和水泥未水化部分的接触，水化速度减慢，强度增长也逐渐减慢。

　　因此，在硬化水泥石中，同时包含有水泥水化产物、未水化的水泥颗粒、水和孔隙，它们在不同时期相对数量的变化，使水泥石的性质随之改变。

　　水泥石中多余的水(自由水和吸附水)蒸发后，会在水泥中留下孔隙(裂纹)，从而降低水泥石强度。

3) 影响硅酸盐水泥凝结硬化的因素

(1) 水泥矿物组成的影响

　　从表 6-3 中可以看出，硅酸盐水泥熟料的四种矿物组成是影响水泥水化速度、凝结硬化过程和强度发展的主要因素。另外，水泥生产中石膏掺量的多少也非常关键。掺入石膏的目的是调节 C_3A 的水化、凝结硬化速度。掺量太少，缓凝作用小；掺量过多，又会使水泥浆在硬化后继续生成过量钙矾石而造成安定性不良。所以，对水泥生产中石膏的掺入量必须严格控制。

(2) 水泥细度的影响

　　水泥颗粒的粗细直接影响水泥的水化、凝结硬化、水化热、强度、干缩等性质。水泥颗粒越细，其与水接触越充分，水化反应速度越快，水化热越大，凝结硬化越快，早期强度较高。但水泥颗粒太细，在相同的稀稠程度下，单位需水量增多，硬化后，水泥石中的毛细孔增多，干缩增大，反而会影响后期强度。同时，水泥颗粒太细，易与空气中的水分及二氧化碳反应，使水泥不宜久存，而且磨制过细的水泥能耗大，成本高。

(3) 水灰比(W/C)的影响

水灰比是水泥拌和时水与水泥的质量之比。拌和水泥浆体时,为了使其具有一定的塑性和流动性,实际加水量通常要大于水泥水化的理论用水量。水灰比越大,水泥浆越稀,颗粒间的间隙越大,凝结硬化越慢,多余水蒸发后在水泥石内形成的毛细孔越多,结果导致水泥石强度、抗冻性、抗渗性等随之下降,还会造成体积收缩等缺陷。

(4) 养护条件(温度、湿度)的影响

养护温度升高,水泥水化反应速度加快,其强度增长也快,但由于反应速度太快,所形成的结构不密实,反而会导致后期强度下降(当温度达到 70 ℃以上时,其 28 d 的强度下降 10%～20%);当温度下降时,水泥水化反应速度下降,强度增长缓慢,早期强度较低。当温度接近 0 ℃或低于 0 ℃时,水泥停止水化,并有可能在冻结膨胀作用下造成已硬化的水泥石破坏。因此,冬季施工时,要采取一定的保温措施。通常水泥的养护温度在 5～20 ℃时有利于强度增长。

水泥是水硬性胶凝材料,水是水泥水化、硬化的必要条件。若环境湿度大,水分不易蒸发,则可保证水泥水化充分进行;若环境干燥,水泥浆体中的水分会很快蒸发,由于水泥浆体缺水,致使水化不能正常进行甚至停止,强度不再增长,严重的会导致水泥石或混凝土表面产生干缩裂缝。

(5) 养护时间(龄期)的影响

从水泥的凝结硬化过程可以看出,水泥的水化和硬化是一个较漫长的过程,随着龄期的增加,水泥水化更加充分,凝胶体数量不断增加,毛细孔隙减少,密实度和强度增加。硅酸盐水泥在 3～14 d 内的强度增长较快,28 d 后强度增长趋于缓慢。

3. 掺混合材料硅酸盐水泥的水化

与硅酸盐水泥的水化不同,掺混合材料硅酸盐水泥(如矿渣硅酸盐水泥、火山灰质硅酸盐水泥、粉煤灰硅酸盐水泥和复合硅酸盐水泥)的水化分两步进行,即存在二次水化。首先是水泥熟料的水化。与硅酸盐水泥相同,它水化生成水化硅酸钙、氢氧化钙、水化铝酸钙、水化铁酸钙等。然后是活性混合材料开始水化,熟料矿物水化析出的氢氧化钙作为碱性激发剂,石膏作为硫酸盐激发剂,与混合材料中的活性氧化硅和活性氧化铝发生反应,生成水化硅酸钙、水化铝酸钙和水化硫铝酸钙,从而使活性混合材料具有水硬性,这一反应称为"二次水化反应"。其反应式如下:

$$x\mathrm{Ca(OH)}_2 + \mathrm{SiO}_2 + m\mathrm{H}_2\mathrm{O} = x\mathrm{CaO} \cdot \mathrm{SiO}_2 \cdot (m+x)\mathrm{H}_2\mathrm{O}$$

$$y\mathrm{Ca(OH)}_2 + \mathrm{Al}_2\mathrm{O}_3 + n\mathrm{H}_2\mathrm{O} = \mathrm{CaO} \cdot \mathrm{Al}_2\mathrm{O}_3 \cdot (n+y)\mathrm{H}_2\mathrm{O}$$

需要说明的是,与硅酸盐水泥熟料水化相比,该二次水化反应(或活性混合材的水化)常温下较为缓慢,对温湿度敏感性大,温度升高,水化速率迅速加快,因而掺混合材料水泥适合高温湿热条件下养护。

6.1.3 水泥石的腐蚀与防腐

水泥硬化后形成的水泥石在通常使用条件下有较好的耐久性,但在某些液体(如流动的软水、酸和酸性水、硫酸盐溶液或镁盐溶液等)或气体作用下,会发生腐蚀,导致性能降低,甚至引起水泥石和整个混凝土结构的破坏,这种现象称为水泥石和混凝土的腐蚀。

1. 腐蚀的类型

按腐蚀作用的机理,腐蚀分为三种类型。

1) 溶出性腐蚀(软水腐蚀)

雨水、雪水及许多河水和湖水均属于软水(重碳酸盐含量低的水)。当水泥石与这些水长期接触时,水泥石中的氢氧化钙会溶于水中,在静水及无水压的情况下,由于水泥石周围的水迅速被溶出的氢氧化钙饱和,使溶解作用终止,所以溶出仅限于水泥石表层,对水泥石内部结构影响不大。但在流水及压力水的作用下,氢氧化钙会被不断溶解流失,使水泥石的碱度降低。同时由于水泥石中的其他水化产物必须在一定的碱性环境中才能稳定存在,氢氧化钙的溶出势必将导致其他水化产物的分解溶蚀,最终使水泥石破坏。这种腐蚀称为溶出性腐蚀。

当水中含有较多的重碳酸盐时,重碳酸盐会与水泥石中的氢氧化钙反应,生成不溶于水的碳酸钙。其反应式如下:

$$Ca(OH)_2 + Ca(HCO_3)_2 = 2CaCO_3 + 2H_2O$$

生成的碳酸钙填充于已硬化水泥石的孔隙内,从而阻止外界水分的继续侵入和内部氢氧化钙的扩散析出。所以,含有较多重碳酸盐的水,一般不会对水泥石造成溶出性腐蚀。

2) 溶解性化学侵蚀

这类腐蚀的特点是溶解于水中的某些物质与水泥石组分发生化学反应,生成易溶盐或无胶结能力的物质,导致水泥石结构破坏。

(1) 酸类腐蚀

由于水泥水化后呈碱性,因此酸类对水泥石都会有不同程度的腐蚀。

在工业废水、地下水中常含有盐酸、硝酸等无机酸,或醋酸、蚁酸等有机酸。这些酸类对水泥石都有不同程度的腐蚀,它们与水泥石中氢氧化钙发生中和反应后的生成物易溶于水而流失,从而导致水泥石结构的溶解性破坏。其反应式如下:

$$2HCl + Ca(OH)_2 = CaCl_2(易溶) + 2H_2O$$

在工业污水、雨水及地下水中常含有较多的CO_2,当其含量超过一定值时,将使水泥石发生破坏。其反应式如下:

$$Ca(OH)_2 + CO_2 + H_2O \rightleftharpoons CaCO_3 + 2H_2O$$

$$CaCO_3 + CO_2 + H_2O \rightleftharpoons Ca(HCO_3)_2$$

反应生成的碳酸氢钙易溶于水,当水中含有较多的CO_2时,上述反应向右进行,从而导致水泥石中的微溶于水的氢氧化钙转变为易溶于水的碳酸氢钙而溶失。氢氧化钙浓度的降低又将导致水泥石中其他水化产物的分解,使腐蚀作用进一步加剧。

(2) 盐类腐蚀

在海水、地下水中常含有大量镁盐,主要是氯化镁和硫酸镁,它们均可以与水泥石中的氢氧化钙发生置换反应。所生成的氢氧化镁松散且无胶结力,氯化钙又易溶于水,所以导致水泥石结构破坏。其反应式如下:

$$MgCl_2 + Ca(OH)_2 \rightleftharpoons CaCl_2(易溶) + Mg(OH)_2(无胶结力)$$

当硫酸镁与水泥石接触时,将发生下列反应:

$$MgSO_4 + Ca(OH)_2 + 2H_2O \Longrightarrow Mg(OH)_2(无胶结力) + CaSO_4 \cdot 2H_2O$$

所生成的氢氧化镁松散且无胶结力,而生成的石膏又会进一步对水泥石产生硫酸盐腐蚀,故称硫酸镁腐蚀为双重腐蚀。

(3) 强碱腐蚀

一般情况下,碱对水泥石的腐蚀作用很小,但当水泥中铝酸盐含量较高时,且在强碱溶液里水泥石也会遭受腐蚀。其反应式如下:

$$3CaO \cdot Al_2O_3 + 6NaOH \Longrightarrow 3Na_2O \cdot Al_2O_3(易溶于水) + 3Ca(OH)_2$$

当水泥石被 NaOH 溶液浸透后,又放在空气中干燥,这时水泥石中的 NaOH 会与空气中的 CO_2 作用,生成碳酸钠。其反应式如下:

$$2NaOH + CO_2 + H_2O \Longrightarrow Na_2CO_3 + 2H_2O$$

生成的碳酸钠在水泥石毛细孔中结晶沉积,导致水泥石体积膨胀破坏。

3) 膨胀性化学腐蚀

当水泥石与含硫酸或硫酸盐的水接触时,将产生膨胀性化学腐蚀。工业废水中的硫酸会与水泥石中的氢氧化钙反应生成二水石膏。在海水、湖水、盐沼水、地下水、某些工业污水及流经高炉矿渣或煤渣的水中,常含钾、钠、氨的硫酸盐,它们也很容易和水泥石中的氢氧化钙发生置换反应而生成硫酸钙,而生成的硫酸钙又会与硬化水泥石中的水化铝酸钙反应生成高硫型水化硫铝酸钙,即钙矾石(AFt),其内部含有大量结晶水,比原有水泥石体积增大约 1.5 倍,造成膨胀性破坏。其反应式如下:

$$H_2SO_4 + Ca(OH)_2 \Longrightarrow CaSO_4 \cdot 2H_2O + H_2O$$

$$3(CaSO_4 \cdot 2H_2O) + 3CaO \cdot Al_2O_3 \cdot 6H_2O + 19H_2O \Longrightarrow 3CaO \cdot Al_2O_3 \cdot 3CaSO_4 \cdot 31H_2O$$

(体积膨胀)

这种高硫型水化硫铝酸钙为针状晶体,对水泥石破坏作用极大,为此,也将其称为"水泥杆菌"。

当水中硫酸盐浓度较高时,所生成的硫酸钙还会在孔隙中直接结晶成二水石膏,这也会产生明显的体积膨胀而导致破坏。

除上述四种主要腐蚀类型外,对水泥石可产生腐蚀作用的其他物质还有糖类、氨盐、酒精、动物脂肪等。

2. 水泥石腐蚀的原因

水泥石的腐蚀是一个极为复杂的物理化学过程,在其遭受腐蚀时很少仅为单一的侵蚀作用,往往是几种侵蚀作用同时存在,互相影响。但从水泥石结构本身来说,造成水泥石腐蚀的原因主要有内、外两方面:

(1) 内因。水泥石中存在着易被腐蚀的成分,即氢氧化钙和水化铝酸钙等;水泥石本身不密实,含有大量毛细孔隙,使腐蚀性介质容易通过毛细孔进入其内部。

(2) 外因。水泥石存在的环境中有易引起腐蚀的介质,并且呈溶液状态,浓度在某一最小值以上。此外,较高的环境温度、较快的介质流速、频繁的干湿交替等也是促进腐蚀的重要因素。

3. 防止水泥石腐蚀的措施

使用水泥时,应根据水泥石的腐蚀原因,针对不同的腐蚀环境,采取以下防止措施:

(1) 根据水泥石侵蚀环境特点,合理选用水泥品种或掺入活性混合材料,以提高水泥的抗腐蚀能力。其目的是减少水泥石中易被腐蚀的氢氧化钙和水化铝酸钙含量。

(2) 提高水泥石的密实度,可以提高混凝土的抗腐蚀能力。理论上讲,硅酸盐水泥水化的需水量仅为水泥质量的23%左右,但在实际工程中,为满足施工要求,实际加水量通常为40%～70%,多余水分蒸发后在水泥石内形成了大量的连通孔隙,为腐蚀性介质的侵入提供了通道。通过减小水灰比、采用优质集料、改善施工操作、掺加外加剂等做法,可以提高水泥石的密实度,从而减少腐蚀性介质进入混凝土的通道,提高混凝土的抗腐蚀能力。

(3) 在水泥石的表面涂抹或敷设保护层,避免外界腐蚀性介质对水泥石产生腐蚀作用。当环境介质的侵蚀作用较强时,或水泥石本身结构难以抵挡其腐蚀作用时,可在水泥石结构表面加做耐腐蚀性强且不易透水的保护层。例如,在水泥石表面涂抹耐腐蚀的涂料(水玻璃、沥青、环氧树脂等),或在水泥石的表面铺贴建筑陶瓷、致密的天然石材等都是防止水泥石腐蚀的有效做法。

6.2 水泥的特性

6.2.1 通用硅酸盐水泥的性能与选用

1. 硅酸盐水泥

硅酸盐水泥由于不掺或掺混合材少(≤5%),与其他通用水泥相比,有以下特性。

(1) 早期强度和后期强度高。硅酸盐水泥凝结硬化快,早期强度和强度等级都高,可用于对早期强度有要求的工程,如冬季施工的现浇混凝土楼板、梁、柱、预制混凝土构件,也可用于预应力混凝土结构、高强混凝土工程。

(2) 水化热大、抗冻性好。由于硅酸盐水泥水化热较大,有利于冬季施工。但也正是由于水化热较大,在修建大体积混凝土工程时(一般指长、宽、高均在1 m以上),容易在混凝土构件内部聚集较多的热量,产生温度应力,造成混凝土的破坏。因此,硅酸盐水泥一般不宜用于大体积的混凝土工程。

硅酸盐水泥石结构密实且早期强度高,所以抗冻性好,适合用于严寒地区遭受反复冻融的工程及抗冻性要求较高的工程,如大坝的溢流面、混凝土路面工程。

(3) 干缩小、耐磨性较好。硅酸盐水泥硬化时干缩小,不易产生干缩裂缝,一般可用于干燥环境工程。由于干缩小,表面不易起粉,因此耐磨性较好,可用于道路工程中。但R型水泥由于水化放热量大,凝结时间短,不利于混凝土远距离输送或高温季节施工,只适用于快速抢修工程和冬季施工。

(4) 抗碳化性较好。水泥石中的氢氧化钙与空气中的二氧化碳和水作用生成碳酸钙的过程称为碳化。碳化会引起水泥石内部的碱度降低。当水泥石的碱度降低时,钢筋混凝土中的钢筋便失去钝化保护膜而锈蚀。硅酸盐水泥在水化后,水泥石中含有较多的氢氧化钙,碳化时水泥的碱度下降少,对钢筋的保护作用强,可用于空气中二氧化碳浓度较高的环境中,如热处理车间等。

(5) 耐腐蚀性差。硅酸盐水泥水化后,含有大量的氢氧化钙和水化铝酸钙,因此其耐软水和耐化学腐蚀性差,不能用于海港工程、抗硫酸盐工程等。

(6) 不耐高温。当水泥石处于250~300 ℃的高温度环境时,其中的水化硅酸钙开始脱水,体积收缩,强度下降。氢氧化钙在600 ℃以上会分解成氧化钙和二氧化碳,高温后的水泥石受潮时,生成的氧化钙与水作用,体积膨胀,造成水泥石的破坏,因此硅酸盐水泥不宜用于温度高于250 ℃的耐热混凝土工程,如工业窑炉和高炉基础。

2. 普通硅酸盐水泥

普通硅酸盐水泥代号为P·O。其中加入了大于5%且不超过20%的活性混合材料。

普通硅酸盐水泥由于掺加的混合材料较少,因此其性能与硅酸盐水泥基本相同。只是强度等级、水化热、抗冻性、抗碳化性等较硅酸盐水泥略有降低,耐热性、耐腐蚀性略有提高。其应用范围与硅酸盐水泥大致相同。普通水泥是土木工程中用量最大的水泥品种之一。

3. 矿渣硅酸盐水泥

矿渣硅酸盐水泥分为两个类型,加入大于20%且不超过50%的粒化高炉矿渣的为A型,代号为P·S·A;加入大于50%且不超过70%的粒化高炉矿渣的为B型,代号为P·S·B。矿渣水泥也是土木工程中用量较大的水泥品种之一。

矿渣硅酸盐水泥由于掺矿渣混合材较多,与硅酸盐或普通硅酸盐水泥相比有以下性能特点。

(1) 早期强度发展慢,后期强度增长快。由于矿渣硅酸盐水泥中的熟料含量较少,故早期的熟料矿物的水化产物也相应减少,而二次水化又必须在熟料水化之后进行,因此凝结硬化速度慢,早期强度发展慢。但后期强度增长快,甚至可以超过同强度等级的硅酸盐水泥(图6-3)。该水泥不适用于早期强度要求较高的工程,如冬季施工的现浇混凝土楼板、梁、柱等。

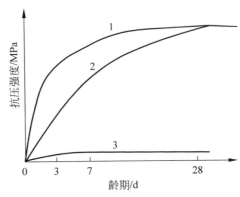

1—硅酸盐水泥;2—矿渣硅酸盐水泥;3—活性混合材料。

图6-3 硅酸盐水泥、矿渣硅酸盐水泥、活性混合材料的强度发展情况

(2) 耐热性好。因矿渣本身有一定的耐高温性,且硬化后水泥石中的氢氧化钙含量少,所以矿渣水泥适用于高温环境。如轧钢、铸造等高温车间的高温窑炉基础及温度达到 300～400 ℃ 的热气体通道等耐热工程。

(3) 水化热小。水泥中掺加了大量的混合材,水泥熟料很少,放热量高的 C_3A 和 C_3S 含量少,因此水化放热速度慢、放热量小,可以用于大体积混凝土工程。

(4) 耐腐蚀性好。由于二次水化消耗了大量的氢氧化钙,因此该种水泥抗软水和海水侵蚀能力增强,可用于海港、水工等受硫酸盐和软水腐蚀的混凝土工程。

(5) 硬化时对温度、湿度敏感性强。当温度、湿度低时,凝结硬化慢,故不适于冬季施工。但在湿热条件下,可加速二次水化反应进行,凝结硬化速度明显加快,28 d 的强度可以提高 10%～20%。该水泥特别适用于蒸汽养护的混凝土预制构件。

(6) 抗碳化能力差。由于二次水化反应的发生,致使水泥石中 $Ca(OH)_2$ 含量少,碱度降低,在二氧化碳含量相同的环境中,碳化进行得较快,碳化深度也较大,因此其抗碳化能力差,一般不用于热处理车间的修建。

(7) 干缩较大、抗渗性和抗冻性差。由于矿渣掺量大,磨细后又呈多棱角状,所以矿渣水泥拌和需水量大,但矿渣水泥的保水性差、泌水性较大,泌水后形成大量的毛细管通路或粗大孔隙,如养护不当,易产生裂纹,故矿渣水泥干缩较大,抗渗性和抗冻性较差,使用中要严格控制用水量,加强早期养护。

4. 火山灰质硅酸盐水泥、粉煤灰硅酸盐水泥、复合硅酸盐水泥

火山灰质硅酸盐水泥代号为 P·P。其中加入了大于 20% 且不超过 40% 的火山灰质混合材料。

粉煤灰硅酸盐水泥代号为 P·F。其中加入了大于 20% 且不超过 40% 的粉煤灰。

复合硅酸盐水泥代号为 P·C。其中加入了两种(含)以上大于 20% 且不超过 50% 的混合材料。

这三种水泥由于掺混合材料较多,与矿渣硅酸盐水泥的性质和应用有很多共同点,如早期强度发展慢,后期强度增长快;水化热小;耐腐蚀性好;温湿度敏感性强;抗碳化能力差;抗冻性差等。但由于每种水泥所加入混合材料的种类和量不同,因此也各有其特点,具体如下。

(1) 火山灰质硅酸盐水泥抗渗性好。因为火山灰颗粒较细,比表面积大,可使水泥石结构密实,又因在潮湿环境下使用时,水化中产生较多的水化硅酸钙可增加结构致密程度,因此火山灰质硅酸盐水泥适用于有抗渗要求的混凝土工程。但在干燥、高温的环境中,与空气中的二氧化碳反应使水化硅酸钙分解成碳酸钙和氧化硅,易产生"起粉"现象,因此不宜用于干燥环境的工程,也不宜用于有抗冻和耐磨要求的混凝土工程。

(2) 粉煤灰硅酸盐水泥干缩较小,抗裂性高。粉煤灰颗粒多呈球形玻璃体结构,比表面积小、拌和需水量小,因而粉煤灰硅酸盐水泥干缩较小,抗裂性高,用其配制的混凝土和易性好,但其早期强度较其他掺混合材料的水泥低。所以,粉煤灰硅酸盐水泥适用于承受荷载较迟的工程,尤其适用于大体积水利工程。

(3) 复合硅酸盐水泥综合性质较好。复合硅酸盐水泥由于使用了复合混合材料,改变了水泥石的微观结构,可促进水泥熟料的水化,因此,其早期强度大于同强度等级的矿渣硅

酸盐水泥、粉煤灰硅酸盐水泥、火山灰质硅酸盐水泥。因而复合硅酸盐水泥的用途较硅酸盐水泥、矿渣硅酸盐水泥等更为广泛,是一种得到大力发展的新型水泥。

通用硅酸盐水泥是土木工程中广泛使用的水泥品种。为方便学习、查阅与选用,现将其性能特点比较和选用原则列于表6-4、表6-5以供参考。实际工程中水泥品种与强度等级的选用,应根据设计、施工要求及工程所处环境确定,尚应符合有关规范的要求。

表 6-4 通用硅酸盐水泥的性能比较

项目	硅酸盐水泥	普通水泥	矿渣水泥	火山灰水泥	粉煤灰水泥
性质	(1) 早期、后期强度高; (2) 水化热大; (3) 抗冻性好; (4) 耐蚀性差; (5) 抗碳化性好; (6) 耐磨性好; (7) 干缩较小; (8) 不耐高温	(1) 早期、后期强度高; (2) 水化热大; (3) 抗冻性好; (4) 耐蚀性差; (5) 抗碳化性好; (6) 耐磨性好; (7) 干缩较小; (8) 不耐高温	(1) 早期强度较低,后期强度增长较快; (2) 对温度敏感,适合蒸汽养护; (3) 水化热较低; (4) 抗冻性较差; (5) 耐腐蚀好; (6) 抗碳化性较差; (7) 耐磨性差。 (1) 干缩较大; (2) 抗渗性差,泌水较多; (3) 耐热性好	(1) 干缩大; (2) 抗渗性好	(1) 干缩小; (2) 抗渗性差,泌水多; (3) 抗裂性好

表 6-5 通用硅酸盐水泥的选用

混凝土工程特点及所处环境特点		优先选用	可以选用	不宜选用
普通混凝土	1 在普通气候环境中的混凝土	普通硅酸盐水泥	矿渣硅酸盐水泥 火山灰质硅酸盐水泥 粉煤灰硅酸盐水泥 复合硅酸盐水泥	
	2 在干燥环境中的混凝土	普通硅酸盐水泥	矿渣硅酸盐水泥	火山灰质硅酸盐水泥 粉煤灰硅酸盐水泥
	3 在高湿度环境中或长期处于水中的混凝土	矿渣硅酸盐水泥 火山灰质硅酸盐水泥 粉煤灰硅酸盐水泥 复合硅酸盐水泥	普通硅酸盐水泥	
	4 厚大体积混凝土	矿渣硅酸盐水泥 火山灰质硅酸盐水泥 粉煤灰硅酸盐水泥 复合硅酸盐水泥	普通硅酸盐水泥	硅酸盐水泥

续表

混凝土工程特点及所处环境特点		优先选用	可以选用	不宜选用
有特殊要求的混凝土	1 要求快硬、高强（>C60）的混凝土	硅酸盐水泥	普通硅酸盐水泥	矿渣硅酸盐水泥 火山灰质硅酸盐水泥 粉煤灰硅酸盐水泥 复合硅酸盐水泥
	2 严寒地区的露天混凝土 寒冷地区处于水位升降范围的混凝土	普通硅酸盐水泥	矿渣硅酸盐水泥（强度等级>32.5）	火山灰质硅酸盐水泥 粉煤灰硅酸盐水泥
	3 严寒地区处于水位升降范围的混凝土	普通硅酸盐水泥（强度等级>42.5）		矿渣硅酸盐水泥 火山灰质硅酸盐水泥 粉煤灰硅酸盐水泥 复合硅酸盐水泥
	4 有抗渗要求的混凝土	普通硅酸盐水泥 火山灰质硅酸盐水泥		矿渣硅酸盐水泥
	5 有耐磨要求的混凝土	硅酸盐水泥 普通硅酸盐水泥	矿渣硅酸盐水泥（强度等级>32.5）	火山灰质硅酸盐水泥 粉煤灰硅酸盐水泥
	6 受侵蚀介质作用的混凝土	矿渣硅酸盐水泥 火山灰质硅酸盐水泥 粉煤灰硅酸盐水泥 复合硅酸盐水泥		硅酸盐水泥

6.2.2 通用硅酸盐水泥的技术要求

根据国家标准《通用硅酸盐水泥》(GB 175—2007)规定，对水泥的技术性质要求如下。

1. 化学指标

通用硅酸盐水泥的化学指标应符合表6-6的规定。化学指标不满足要求的为不合格品。

1) 氯离子含量

水泥混凝土是碱性的（新浇筑混凝土的pH值为12.5或更高），钢筋氧化保护膜也为碱性，故一般情况下，在水泥混凝土中的钢筋不致锈蚀。但如果水泥中氯离子含量较高，氯离子会强烈促进锈蚀反应，破坏保护膜，加速钢筋锈蚀。因此，国家标准对水泥和混凝土中的氯离子含量加以限制。

表 6-6 通用硅酸盐水泥的化学指标(质量分数)

品 种	代 号	不溶物含量/%	烧失量含量/%	三氧化硫含量/%	氧化镁含量/%	氯离子含量/%
硅酸盐水泥	P·I	≤0.75	≤3.0	≤3.5	5.0[a]	≤0.06[c]
	P·II	≤1.50	≤3.5			
普通硅酸盐水泥	P·O	—	≤5.0			
矿渣硅酸盐水泥	P·S·A	—	—	≤4.0	6.0[b]	
	P·S·B	—	—		—	
火山灰质硅酸盐水泥	P·P	—	—	≤3.5	6.0[b]	
粉煤灰硅酸盐水泥	P·F	—	—			
复合硅酸盐水泥	P·C	—	—			

注:[a] 如果水泥压蒸试验合格,则水泥中氧化镁的含量允许放宽至 6.0%。
　　[b] 如果水泥中氧化镁的含量大于 6.0%,需进行水泥压蒸安定性试验并合格。
　　[c] 当有更低要求时,该指标由买卖双方协商确定。

2) 碱含量(选择性指标)

水泥中碱含量按 $Na_2O+0.658K_2O$ 计算值表示。配制混凝土的集料中含有活性 SiO_2 时,若水泥中的碱含量高,就会产生碱-集料反应,使混凝土产生不均匀的体积变化,甚至导致混凝土产生膨胀破坏。使用活性骨料或用户要求提供低碱水泥时,水泥中的碱含量应不大于 0.6%,或由供需双方商定。

2. 物理指标

1) 标准稠度用水量

由于加水量的多少对水泥一些技术性质(如凝结时间等)的测定值影响很大,故测定这些性质时,必须在一个规定的水泥浆体稠度下进行,该稠度称为标准稠度。水泥净浆达到标准稠度时所需的拌和水量(以水占水泥质量的百分数表示)称为标准稠度用水量。

通用硅酸盐水泥的标准稠度用水量一般为 24%～30%。水泥熟料矿物成分所占比例不同时,其标准稠度用水量有差别。此外,水泥比表面积越大,标准稠度用水量也越大。

标准稠度用水量的大小,在一定程度上会影响水泥的性能。采用标准稠度用水量较大的水泥拌和同样稠度的水泥混凝土,加水量也会大,硬化时收缩较大,孔隙较多,硬化后的强度较低,密实性较差。当其他条件相同时,水泥的标准稠度用水量越小越好。

2) 凝结时间

凝结时间分为初凝时间和终凝时间。自水泥全部加入水中至初凝状态的时间为水泥的初凝时间,以试针距离底板(4±1) mm 为水泥的初凝状态;自水泥全部加入水中至终凝状态的时间为水泥的终凝时间,试针沉入试体 0.5 mm 时为终凝状态。

硅酸盐水泥的初凝时间不小于 45 min,终凝时间不大于 390 min。

普通硅酸盐水泥、矿渣硅酸盐水泥、火山灰质硅酸盐水泥、粉煤灰硅酸盐水泥和复合硅酸盐水泥的初凝时间不小于 45 min,终凝时间不大于 600 min。

为了使工程施工中水泥混凝土和砂浆有充分的时间进行搅拌、运输、浇捣和砌筑,水泥的初凝时间不能过短。当施工完成后,则要求尽快硬化,具有强度,故终凝时间不能太长。

凝结时间不符合技术要求的为不合格品。

3）体积安定性

体积安定性是指水泥在凝结硬化过程中体积变化的均匀性。

如果水泥硬化过程发生了不均匀的体积变化,导致水泥石膨胀开裂、翘曲,即安定性不良。安定性不良的水泥会降低建筑物质量,甚至引起严重事故。引起水泥安定性不良的原因有三个:

（1）游离氧化钙过多。水泥中含有游离氧化钙,过烧的氧化钙（CaO）在水泥凝结硬化后,会缓慢与水生成 $Ca(OH)_2$,体积膨胀,使水泥石发生不均匀体积变化。国家标准规定采用沸煮法检验游离 CaO 是否会造成水泥的体积安定性不良。测试方法可以用试饼法（代用法）,也可用雷氏法（标准法）,两者有争议时以雷氏法为准。国家标准规定可采用沸煮法和雷氏法来检验水泥的体积安定性。

（2）氧化镁过多。水泥中的 MgO 在水泥凝结硬化后,会与水反应生成 $Mg(OH)_2$。该反应速度比游离 CaO 与水的反应更加缓慢,且体积膨胀,会在水泥硬化几个月后导致水泥石开裂。标准中限定了 MgO 的含量,采用压蒸法可以检验出 MgO 的危害作用。

（3）三氧化硫过多。在有水的情况下,当石膏掺量过多,水泥硬化后,还会继续与水化铝酸钙反应生成高硫型水化硫铝酸钙（AFt）,体积约增大 1.5 倍以上,引起水泥石开裂。标准中限定了 SO_3 的含量,采用浸水法可以检验出三氧化硫的危害作用。

安定性不符合技术要求的为不合格品,安定性不合格的水泥工程中禁止使用。但某些体积安定性不合格的水泥在存放一段时间后,由于水泥中的游离氧化钙吸收空气中的水而熟化,会变得合格。

4）强度

通用硅酸盐水泥的强度测定是采用水泥胶砂强度检验法。水泥胶砂试验用材料的质量配合比为水泥∶标准砂∶水＝1∶3∶0.5。将成型好的试体在 24 h 后脱模,并立即水平或竖立放在(20±1)℃的水中养护至规定的龄期,检测强度。试体龄期从水泥加水搅拌开始时算起。

硅酸盐水泥强度等级分为 42.5、42.5R、52.5、52.5R、62.5、62.5R 六个等级。普通硅酸盐水泥强度等级分为 42.5、42.5R、52.5、52.5R 四个等级。矿渣硅酸盐水泥、火山灰质硅酸盐水泥、粉煤灰硅酸盐水泥、复合硅酸盐水泥强度等级分为 32.5、32.5R、42.5、42.5R、52.5、52.5R 六个等级。其中 R 表示早强型水泥。

水泥强度等级是按规定龄期抗折强度和抗压强度来划分的,各强度等级水泥的各龄期强度应不小于表 6-7 的要求。

表 6-7　通用硅酸盐水泥各龄期的强度要求　　　　　单位：MPa

品　　种	强度等级	抗压强度		抗折强度	
		3 d	28 d	3 d	28 d
硅酸盐水泥	42.5	≥17.0	≥42.5	≥3.5	≥6.5
	42.5R	≥22.0		≥4.0	
	52.5	≥23.0	≥52.5	≥4.0	≥7.0
	52.5R	≥27.0		≥5.0	
	62.5	≥28.0	≥62.5	≥5.0	≥8.0
	62.5R	≥32.0		≥5.5	

续表

品　种	强度等级	抗压强度		抗折强度	
		3 d	28 d	3 d	28 d
普通硅酸盐水泥	42.5	≥17.0	≥42.5	≥3.5	≥6.5
	42.5R	≥22.0		≥4.0	
	52.5	≥23.0	≥52.5	≥4.0	≥7.0
	52.5R	≥27.0		≥5.0	
矿渣硅酸盐水泥 火山灰质硅酸盐水泥 粉煤灰硅酸盐水泥 复合硅酸盐水泥	32.5	≥10.0	≥32.5	≥2.5	≥5.5
	32.5R	≥15.0		≥3.5	
	42.5	≥15.0	≥42.5	≥3.5	≥6.5
	42.5R	≥19.0		≥4.0	
	52.5	≥21.0	≥52.5	≥4.0	≥7.0
	52.5R	≥23.0		≥4.5	

强度不符合标准要求的为不合格品,可按照实测强度使用。

5) 细度(选择性指标)

细度是指水泥颗粒的粗细程度。通常水泥颗粒的粒径在 7～200 μm 范围内,水泥颗粒的粗细程度会影响水泥浆体的凝结硬化及强度发展。当水泥加水拌和后,开始在水泥颗粒表面发生水化反应,然后逐步向颗粒内部发展,这是个长期的过程。颗粒太粗,水化反应速度慢,早期强度低,不利于工程的进度;如果水泥颗粒较细,则水泥总的表面积就大,与水接触面积就大,水化作用的发展就会越迅速而充分,凝结硬化的速度越快,早期强度也越高。但水泥颗粒磨得很细时,将消耗较多的粉磨能力,增加成本,而且容易吸收空气中的水分和二氧化碳起反应,因此不宜久置,同时硬化时体积收缩较大。因此水泥颗粒不宜太细,仅作为选择性指标出现。

硅酸盐水泥和普通水泥以比表面积表示,不宜小于 300 m²/kg;矿渣硅酸盐水泥、火山灰质硅酸盐水泥、粉煤灰硅酸盐水泥和复合硅酸盐水泥以筛余表示,80 μm 方孔筛筛余不宜大于 10% 或 45 μm 方孔筛筛余不宜大于 30%。

6) 水化热

水泥在水化过程中所放出的热量称为水泥的水化热(单位:kJ/kg)。水泥水化热的大部分是在水化初期(7 d 前)放出,后期放出逐渐减少。硅酸盐水泥 3 d 龄期内放热量为总热量的 50%,7 d 内放出的热量为总热量的 75%,3 个月内放出的热量可达总热量的 90%。水泥水化热的多少不仅取决于其矿物组成,而且还与水泥细度、混合材料掺量等有关。水泥熟料中 C_3A 的放热量最大,其次是 C_3S,C_2S 放热量最低,而且放热速度也最慢;水泥细度越细,水化反应越容易进行,因此水化放热速度越快,放热量也越大。表 6-8 列出了四种水泥熟料矿物的水化热值。通常强度等级高的水泥水化热较大。凡起促凝作用的因素(例如加入 $CaCl_2$)均可提高早期水化热;反之,凡能减慢水化反应的因素(例如加入缓凝剂),则能降低或推迟放热速率。

水泥的这种放热特性对大体积混凝土建筑物是不利的。它能使建筑物内部与表面产生较大的温差,引起局部拉应力,使混凝土产生裂缝。因此,大体积混凝土工程一般应采用放热量较低的水泥,中、低热水泥各龄期的水化热上限值见表 6-8。

表 6-8　各种矿物的水化热　　　　　　　　　单位：kJ/kg

矿 物 名 称	3 d	7 d	28 d	90 d	365 d
C_3A	888	1554	—	1302	1168
C_3S	293	395	400	410	408
C_2S	50	42	108	178	228
C_4AF	120	175	340	400	376

另外,硅酸盐水泥的密度一般为 3.1~3.2 g/cm³,储存过久的水泥,其密度会稍有降低。水泥的堆积密度为 900~1300 kg/m³,紧密堆积密度为 1400~1700 kg/m³。

6.2.3　通用水泥的验收与储运

工程中使用水泥时,不仅要合理选择水泥品种,而且要严把检验、验收、运输和保管等环节。

1. 建筑材料检验类别

按照相关标准规定,建筑材料、构配件的检验分为型式检验、出厂检验和进场检验与复试。

1) 型式检验

型式检验为建筑材料生产单位对定型产品或成套技术的全部性能及其适用性所做的检验。型式检验应由生产单位委托有资质的检测机构进行,并出具型式检验报告,未经型式检验合格的产品不得生产和销售。在规定检验周期时间内的型式检验报告为有效报告,型式检验的周期应符合有关规范规定,一般有下列情况之一时,应进行型式检验:

(1) 新产品投产时;

(2) 正式生产后,结构、材料、工艺有较大改变,可能影响产品性能时;

(3) 正式生产后,定期(一般为每年一次)或积累一定产量后;

(4) 产品长期停产后恢复生产时;

(5) 出厂检验结果与上次型式检验有较大差异时;

(6) 国家或省级质量监督机构提出进行型式检验要求时。

建筑材料生产单位应向材料使用单位提供有效的型式检验报告,供其检查和验收使用。

2) 出厂检验

出厂检验是建筑材料生产单位为保证出厂产品质量,通常按产品生产批次抽样,对其主要技术性能指标进行控制的检验,产品必须经出厂检验合格后方可出厂,出厂检验应出具出厂检验报告,供材料使用单位检查和验收使用。出厂检验报告的内容应符合相关产品标准的要求。出厂检验应在型式检验报告有效期内进行,否则出厂检验结果无效。

3) 进场检验与复试

进场检验与复试是指建筑材料、构配件进场时,为保证其质量,通过进场检验对其进行验收。进场检验由材料使用单位或施工单位和建设(监理)单位进行,供货单位按照合同约定参加重要材料、构件和设备的进场检验,进场检验与复试通常按照材料的进场批次抽样进行,并应做好相关记录。对涉及结构安全和使用功能的材料,还应对其主要物理力学性能指标进行复试，复试应委托有资质的检测机构进行，进场检验与复试合格后方可使用。进场检验的内容包括产品的品种、规格型号、外观质量、尺寸偏差和数量、产品合格证、出厂检验报告、型式检验报告和进场复试报告等。进场检验与复试应在型式检验报告有效期内进行，否则进场复验结果无效。

当然，作为建筑材料的用户，土建技术人员应重点熟悉和掌握建筑材料的进场检验与复试相关内容。

2. 水泥的进场验收

实际工程中选用水泥时，不应单纯考虑水泥是否合格和水泥价格问题，可能的情况下，应尽量多选择几家不同厂家的水泥，通过对比试验，选择优质水泥——即强度适中且波动小、标准稠度需水量小、与外加剂适应性好、凝结时间满足工程要求、收缩小（体积稳定）、水化热低（出厂温度低，用于生产混凝土的水泥温度不宜高于 60 ℃）、有害成分少、性价比高的水泥。水泥的选用（可参考表 6-5）、验收、保管还应符合有关标准的规定，如《预拌混凝土》(GB/T 14902—2012)、《混凝土质量控制标准》(GB 50164—2011)、《混凝土结构工程施工规范》(GB 50666—2011)、《混凝土结构工程施工质量验收规范》(GB 50204—2015)、《大体积混凝土施工标准》(GB 50496—2018)、《通用硅酸盐水泥》(GB 175—2007)等。

水泥进场时，应根据水泥厂的发货明细表或入库通知单及质量合格证对水泥进行验收，相关规范规定如下：

水泥进场时，应对其品种、代号、强度等级、生产厂名、包装或散装仓号、质量、出厂日期、出厂编号、是否受潮等进行检查，并做好相关记录，并应对水泥的强度、安定性和凝结时间进行复验，检验结果应符合《通用硅酸盐水泥》(GB 175—2007)的规定。

检查数量：按同一厂家、同一品种、同一代号、同一强度等级、同一批号且连续进场的水泥，袋装不超过 200 t 为一批，散装不超过 500 t 为一批，每批抽样数量不少于一次。

检验方法：检查质量证明文件（包括产品合格证、有效的型式检验报告、出厂检验报告）和进场复验报告。

其中产品合格证、有效的型式检验报告、出厂检验报告由水泥厂提供。型式检验项目应包括水泥全部技术指标。出厂检验项目包括化学指标、凝结时间、安定性、强度四项指标。出厂检验报告的内容包括出厂检验项目、细度、混合材料品种和掺加量、石膏和助磨剂的品种及掺加量、属旋窑或立窑生产及合同约定的其他技术要求。进场复验项目包括凝结时间、安定性、强度三项指标。

3. 水泥的包装与标志验收

水泥可以散装或袋装，袋装水泥每袋净含量为 50 kg，且应不少于标志质量的 99%，随机抽取 20 袋总质量（含包装袋）应不少于 1000 kg。

水泥包装袋上应清楚标明执行标准、水泥品种、代号、强度等级、生产者名称、生产许可证标志（QS）及编号、出厂编号、包装日期、净含量。包装袋两侧应根据水泥的品种采用不同的颜色印刷水泥名称和强度等级，硅酸盐水泥和普通硅酸盐水泥采用红色，矿渣硅酸盐水泥采用绿色，粉煤灰硅酸盐水泥、火山灰质硅酸盐水泥、复合硅酸盐水泥采用黑色或蓝色。

散装水泥应提交与袋装标志内容相同的卡片。

4. 水泥的运输与保管

水泥在储存和运输中的重要原则是干燥(防潮)、密闭、降温、防止混料和混入杂物、不宜久存。

不同品种、强度等级、出厂日期和出厂编号的水泥应分别运输和装卸,并做好明显标志,严禁混淆。

进场(厂)水泥的存放应符合下列规定:

(1) 散装水泥应在专用的仓罐中存放。不同品种和强度等级的水泥不得混仓,并应定期清仓。散装水泥在库内存放时,水泥库的地面和外墙内侧应进行防潮处理。

(2) 袋装水泥应在库房内存放,库房地面应有防潮措施。库内应保持干燥,防止雨露侵入。堆放时,应按品种、强度等级、出厂编号、到货先后或使用顺序排列成垛,堆放高度以不超过 12 袋为宜。堆垛应至少离开四周墙壁 20 cm,各垛之间应留置宽度不小于 70 cm 的通道。当限于条件露天堆放时,应在距地面不小于 30 cm 的垫板上堆放,垫板下不得积水,水泥堆垛必须用塑料布覆盖,防止雨露侵入。

水泥受潮结块时,在颗粒表面发生水化和碳化,从而丧失胶凝能力,严重降低其强度。而且,即使在良好的储存条件下,水泥也会吸收空气中的水分和二氧化碳,发生缓慢的水化和碳化。一般储存三个月的水泥,强度下降 10%～20%;储存六个月强度下降 15%～30%;储存一年后强度下降 25%～40%。按照相关规范规定:当在使用中对水泥质量有怀疑或水泥出厂超过三个月(快硬硅酸盐水泥超过一个月)时,应进行复验,并应按复验结果使用。水泥使用时应遵循随用随进、先存先用的原则。对于受潮水泥可以进行处理,然后再使用。处理方法及使用要求见表 6-9。

表 6-9 受潮水泥的处理与使用

受 潮 程 度	处 理 方 法	使 用 要 求
轻微结块,可用手捏成粉末	将粉块压碎	经试验后根据实际强度使用
部分结成硬块	将硬块筛除,粉块压碎	经试验后根据实际强度使用。用于受力小的部位,强度要求不高的工程或配制砂浆
大部分结成硬块	将硬块粉碎磨细	不能作为水泥使用,可作为混合材料掺入新水泥使用(掺量应小于 25%)

6.2.4 特性水泥和专用水泥

土木工程中除了上述通用硅酸盐水泥外,为了满足某些工程的特殊性能要求,还常采用具有特殊性能的水泥,即特性水泥,主要包括铝酸盐水泥、快硬水泥、膨胀水泥和自应力水泥、抗硫酸盐硅酸盐水泥、白色硅酸盐水泥等。另外,对于某些特殊工程还有专用水泥,主要包括道路硅酸盐水泥、水工硅酸盐水泥及砌筑水泥。

1. 白色和彩色硅酸盐水泥

白色硅酸盐水泥是以铁含量少的硅酸盐水泥熟料、适量石膏及混合材磨细所得的水硬性胶凝材料,简称白水泥,代号为 P·W。白水泥的生产、矿物组成、性能和普通硅酸盐水泥基本相同。由硅酸盐水泥熟料(或白色硅酸盐水泥)、适量石膏、混合材及着色剂磨细或混合制成的带有色彩的水硬性胶凝材料称为彩色硅酸盐水泥。所用着色剂要求不溶于水且分散性好,耐碱性强,抗大气稳定性好,掺入水泥中不显著降低其强度,且不含可溶盐类。常用的有氧化铁(红、黄、褐、黑色)、氧化锰(褐、黑色)、氧化铬(绿色)、群青(蓝色)、赭石(赭石色)以及普鲁士红等,但制造红色、黑色或棕色水泥时,在普通硅酸盐水泥中加入耐碱矿物颜料即可。其技术要求见《彩色硅酸盐水泥》(JC/T 870—2012)。

1) 白色硅酸盐水泥的生产工艺及要求

通用水泥通常由于含有较多的氧化铁而呈灰色,且随氧化铁含量的增多而颜色加深。所以白色硅酸盐水泥的生产关键是控制水泥中的铁含量,通常其氧化铁含量应控制在普通水泥的1/10。可采取如下方法来达到提高水泥白度的要求。

(1) 原料选用方面。白水泥生产采用的石灰石及黏土中的氧化铁含量应分别低于0.1%和0.7%。为此,采用的石灰质原料多为白垩,黏土质原料主要有高岭土、瓷石、白泥、石英砂等。作为缓凝剂用的石膏多采用白度较高的雪花石膏。

(2) 生产工艺方面。在粉磨生料和熟料时,为避免混入铁质,球磨机内壁不可采用钢衬板,而是镶贴白色花岗岩或高强陶瓷衬板,并采用烧结刚玉、瓷球、卵石作为研磨体。

熟料煅烧时应用天然气、柴油、重油作燃料以防止灰烬掺入水泥熟料。

对水泥熟料进行喷水、喷油等漂白处理,以使色深的 Fe_2O_3 还原成色浅的 FeO 或 Fe_3O_4。

2) 白色硅酸盐水泥的技术指标

技术要求详见《白色硅酸盐水泥》(GB/T 2015—2017)。其中白度检验要求为:将水泥样品放入白度仪中测定其白度,白度值不能低于87。各龄期的强度值不得低于表6-10的要求。

表6-10 白水泥各龄期的强度要求(GB/T 2015—2017)

强度等级	抗压强度/MPa		抗折强度/MPa	
	3 d	28 d	3 d	28 d
32.5	12.0	32.5	3.0	6.0
42.5	17.0	42.5	3.5	6.5
52.5	22.0	52.5	4.0	7.0

3) 白色和彩色硅酸盐水泥的应用

白色和彩色硅酸盐水泥主要用于各种装饰混凝土及装饰砂浆,如水刷石、水磨石及人造大理石等。

2. 快硬水泥

1) 快硬硅酸盐水泥

以硅酸盐水泥熟料和适量石膏磨细制成的,以3 d抗压强度表示强度等级的水硬性胶凝材料称为快硬硅酸盐水泥,简称快硬水泥。快硬水泥的生产同硅酸盐水泥基本一致,只是在生产时提高了硅酸三钙(50%~60%)、铝酸三钙(8%~14%)的含量,两者的总量不少于60%~65%,同时增加了石膏的掺量(可达8%),提高了粉磨细度(比表面积达330~

$450 \text{ mm}^2/\text{kg}$)。快硬硅酸盐水泥按 3 d 强度划分为 325、375、425 三个强度等级。

快硬硅酸盐水泥硬化快,早期强度高,水化热高并且集中,抗冻性好,耐腐蚀性差。一般快硬水泥主要用于紧急抢修和低温施工。由于水化热大,它不宜用于大体积混凝土工程和有腐蚀性介质工程。

2)铝酸盐水泥

铝酸盐水泥是由铝矾土和石灰石为主要原料,经高温烧至全部或部分熔融所得的以铝酸钙为主要矿物成分的熟料,经磨细得到的水硬性胶凝材料,代号为CA。由于其熟料中氧化铝的成分大于50%,因此又称高铝水泥。它是一种快硬、早强、耐热、耐腐蚀的水泥。

(1)铝酸盐水泥的矿物组成。

铝酸盐水泥按 Al_2O_3 含量百分数分为四类,见表6-11。

表6-11 铝酸盐水泥分类与化学成分(GB 201—2015)

成分类型		Al_2O_3/%	SiO_2/%	Fe_2O_3/%	$R_2O(Na_2O+0.658K_2O)$/%	S/%	Cl/%
CA50-Ⅰ	CA50-Ⅱ	≥50且<60	≤8.0	≤2.5			
CA50-Ⅲ	CA50-Ⅳ						
CA60-Ⅰ	CA60-Ⅱ	≥60且<68	≤5.0	≤2.0	≤0.40	≤0.1	≤0.1
CA-70		≥68且<77	≤1.0	≤0.7			
CA-80		≥77	≤0.5	≤0.5			

注:当用户需要时,生产厂应提供结果和测定方法。

铝酸盐水泥的主要矿物成分为

矿物名称	矿物成分	简写
铝酸一钙	$CaO \cdot Al_2O_3$	CA
二铝酸一钙	$CaO \cdot 2Al_2O_3$	CA_2
硅铝酸二钙	$2CaO \cdot Al_2O_3 \cdot SiO_2$	C_2AS
七铝酸十二钙	$12CaO \cdot 7Al_2O_3$	$C_{12}A_7$

除了上述的铝酸盐外,铝酸盐水泥中还含有少量的硅酸二钙等成分。

(2)铝酸盐水泥的水化及硬化。

铝酸盐水泥各矿物成分的水化如下:

铝酸一钙是铝酸盐水泥的主要组成矿物,含量在70%以上。一般认为,它的水化产物结晶情况随温度变化有所不同。

当温度小于20 ℃时,其水化反应如下:
$$CaO \cdot Al_2O_3 + 10H_2O = CaO \cdot Al_2O_3 \cdot 10H_2O(简写为 CAH_{10})$$

当温度在20~30 ℃时,其水化反应如下:
$$2(CaO \cdot Al_2O_3) + 11H_2O = 2CaO \cdot Al_2O_3 \cdot 8H_2O(简写为 C_2AH_8) + Al_2O_3 \cdot 3H_2O$$

当温度大于30 ℃时,其水化反应如下:
$$3(CaO \cdot Al_2O_3) + 12H_2O = 3CaO \cdot Al_2O_3 \cdot 6H_2O(简写为 C_3AH_6) + 2(Al_2O_3 \cdot 3H_2O)$$

二铝酸一钙的水化产物与铝酸一钙的水化产物基本相同,其水化产物数量较少,对铝酸盐水泥的影响不大。

七铝酸十二钙水化速度快,但强度低。

硅铝酸二钙又称方柱石,为惰性矿物。

少量的硅酸二钙水化生成水化硅酸钙凝胶。

由以上分析可以看出,铝酸盐水泥的水化产物主要是水化铝酸一钙(CAH_{10})、水化铝酸二钙(C_2AH_8)和铝胶($Al_2O_3 \cdot 3H_2O$)。CAH_{10} 和 C_2AH_8 是针状和片状晶体,能在早期相互连成坚固的结晶连生体,同时生成的氢氧化铝凝胶填充在晶体的空隙内,形成密实的结构。因此,铝酸盐水泥的早期强度增长很快。

CAH_{10} 和 C_2AH_8 是亚稳定型的,随着时间的推移会逐渐转变为稳定的 C_3AH_6,转化过程随着温、湿度的升高而加速。晶型转变的结果是水泥石内析出大量的游离水,固相体积减缩约 50%,增加了水泥石的孔隙率,同时,由于 C_3AH_6 本身强度较低,所以水泥石的强度下降。因此,铝酸盐水泥的长期强度是下降的,但这种下降并不是无限制的,当下降到一最低值后就不再下降了,其最终稳定强度值一般只有早期强度的 1/2 或更低。对于铝酸盐水泥,由于长期强度下降,应用时要测定其最低稳定值。国家标准规定:铝酸盐水泥混凝土的最低稳定值以混凝土试件脱模后在(50 ± 2)℃的水中养护 7 d 和 14 d 强度中的最低值来确定。

(3) 铝酸盐水泥的主要技术指标

其主要技术指标详见《铝酸盐水泥》(GB 201—2015)。各类型铝酸盐水泥强度值不得小于表 6-12 中的要求。

表 6-12 铝酸盐水泥各龄期的强度要求(GB 201—2015) 单位:MPa

水泥类型	抗压强度				抗折强度			
	6 h	1 d	3 d	28 d	6 h	1 d	3 d	28 d
CA-50	20	40	50	—	3.0	5.5	6.5	—
CA-60	—	20	45	85	—	2.5	5.0	10.0
CA-70	—	30	40	—	—	5.0	6.0	—
CA-80	—	25	30	—	—	4.0	5.0	—

(4) 铝酸盐水泥的特性及应用

① 快硬、早强,高温下后期强度倒缩。1 d 的强度可达 3 d 强度的 80% 以上,适用于紧急抢修工程(筑路、桥)、军事工程、临时性工程和对早期强度有要求的工程。由于在湿热条件下强度倒缩,故铝酸盐水泥不适用于高温、高湿环境,一般施工与使用温度不超过 25 ℃ 的环境,也不能进行蒸汽养护,且不宜用于长期承载的工程,工程中应按其最低稳定强度进行设计。

② 水化热大,并且集中在早期,1 d 内可放出水化热 70%~80%,使温度上升很高。因此,铝酸盐水泥不宜用于大体积混凝土工程,但适用于寒冷地区的冬季施工工程。

③ 抗硫酸盐性能强。因其水化后不含氢氧化钙,故适用于耐酸及硫酸盐腐蚀的工程。

④ 耐热性好。从其水化特征上看,铝酸盐水泥不适用于 30 ℃ 以上环境的工程。但在 900 ℃ 以上的高温环境下,却可用于配制耐热混凝土。这是由于铝酸盐水泥在高温下与集料发生固相反应,烧结结合代替了水化结合,而且这种作用随温度的升高而更加明显。因此,铝酸盐水泥可用于拌制 1200~1400 ℃ 耐热砂浆或耐热混凝土,如窑炉衬砖。

⑤ 耐碱性差。铝酸盐水泥的水化产物水化铝酸钙不耐碱,遇碱后强度下降。故铝酸盐水泥不能用于与碱接触的工程,也不能与硅酸盐水泥或石灰等能析出 $Ca(OH)_2$ 的材料接触,否则会发生闪凝,无法施工,且生成高碱性水化铝酸钙,使混凝土开裂破坏,强度下降。

⑥ 用于钢筋混凝土时,钢筋保护层的厚度不得低于 60 mm,未经试验,不得加入任何外加剂。

3) 快硬硫铝酸盐水泥

以适当的生料经煅烧所得的以无水硫铝酸钙和硅酸二钙为主要矿物成分的熟料,加入少量石灰石和适量的石膏,磨细制成的早期强度高的水硬性胶凝材料称为快硬硫铝酸盐水泥,代号为 R·SAC。

(1) 快硬硫铝酸盐水泥的技术指标

快硬硫铝酸盐水泥的技术要求详见《硫铝酸盐水泥》(GB 20472—2006)。其中初凝时间不得早于 25 min,终凝时间不得迟于 180 min;各强度等级、各龄期的强度值不得低于表 6-13 的规定。

表 6-13 快硬硫铝酸盐水泥各龄期的强度要求(GB 20472—2006) 单位:MPa

强度等级	抗压强度			抗折强度		
	1 d	3 d	28 d	1 d	3 d	28 d
42.5	30.0	42.5	45.0	6.0	6.5	7.0
52.5	40.0	52.5	55.0	6.5	7.0	7.5
62.5	50.0	62.5	65.0	7.0	7.5	8.0
72.5	55.0	72.5	75.0	7.5	8.0	8.5

(2) 快硬硫铝酸盐水泥的特性及应用

快硬硫铝酸盐水泥熟料中的无水硫铝酸钙水化快,与掺入的石膏反应生成钙矾石晶体和大量的铝胶。生成的钙矾石会迅速结晶形成坚硬的水泥石骨架,铝胶不断填充空隙,使水泥的凝结时间缩短,获得较高的早期强度。同时随着熟料中的 C_2S 不断水化,水化硅酸钙胶体和 $Ca(OH)_2$ 晶体不断生成,可使后期强度进一步增长。所以,快硬硫铝酸盐水泥的早期强度高,硬化后水泥石结构致密、孔隙率小、抗渗性高,水化产物中 $Ca(OH)_2$ 的含量少,抗硫酸盐腐蚀能力强,耐热性差。因此快硬硫铝酸盐水泥主要用于配制早强、抗渗、抗硫酸盐腐蚀的混凝土工程,可用于冬季施工、浆锚、喷锚支护、抢修、堵漏等工程。此外,由于硫铝酸盐的碱度低,可用于生产各种玻璃纤维制品。

3. 膨胀水泥和自应力水泥

一般水泥在空气中硬化时,都会产生一定的收缩,这些收缩会使水泥石结构产生内应力,导致混凝土内部产生裂缝,降低混凝土的整体性,使混凝土强度、耐久性下降。膨胀水泥和自应力水泥在凝结硬化时会产生适量的膨胀,消除收缩造成的不利影响。

在钢筋混凝土中应用膨胀水泥,由于混凝土的膨胀使钢筋产生一定的拉应力,混凝土受到相应的压应力,这种压应力能使混凝土的微裂缝减少,同时还能抵消一部分由于外界因素产生的拉应力,提高混凝土的抗拉强度。因这种预先具有的压应力来自水泥的水化,所以称为自应力,并以"自应力值"表示混凝土中的压应力大小。

根据水泥的自应力大小,可以将水泥分为两类,一类自应力值不小于 2.0 MPa 的为自应力水泥,另一类自应力值小于 2.0 MPa 的为膨胀水泥。

1) 膨胀水泥和自应力水泥的几种类型

膨胀水泥和自应力水泥按其主要成分可分为以下几种类型:

(1) 硅酸盐型

其组成以硅酸盐水泥熟料为主,外加铝酸盐水泥和天然二水石膏配制而成。

(2) 铝酸盐型

其组成以铝酸盐水泥为主,外加石膏配制而成。铝酸盐自应力水泥具有自应力值高,抗渗性、气密性好,膨胀稳定期较长等特点。

(3) 硫铝酸盐型

以无水硫铝酸盐和硅酸二钙为主要成分,加石膏配制而成。

(4) 铁铝酸盐型

以铁相、无水硫铝酸钙和硅酸二钙为主要成分,加石膏配制而成。

以上水泥的膨胀作用机理是:水泥在水化过程中形成大量的钙矾石(AFt)而产生体积膨胀。

膨胀水泥的技术指标详见《硫铝酸盐水泥》(GB 20472—2006)、《低热微膨胀水泥》(GB 2938—2008)、《明矾石膨胀水泥》(JC/T 311—2004)。

2) 膨胀水泥和自应力水泥的应用

自应力水泥的膨胀值较大,其自应力值大于 2.0 MPa。在限制膨胀的条件下(配有钢筋时),由于水泥石的膨胀,使混凝土受到压应力的作用,达到施加预应力的目的。自应力水泥一般用于预应力钢筋混凝土、压力管及配件等。

膨胀水泥膨胀性较低,在限制膨胀时产生的压应力能大致抵消干缩引起的拉应力,主要用于减少和防止混凝土的干缩裂缝。膨胀水泥主要用于收缩补偿混凝土工程,防渗混凝土(屋顶防渗、水池等)、防渗砂浆,结构的加固、构件接缝、接头的灌浆,固定设备的机座及地脚螺栓等。

4. 抗硫酸盐硅酸盐水泥

抗硫酸盐硅酸盐水泥按其抗硫酸盐侵蚀程度分为中抗硫酸盐硅酸盐水泥和高抗硫酸盐硅酸盐水泥两类。

以适当成分的硅酸盐水泥熟料,加入石膏,共同磨细制成的具有抵抗中等浓度硫酸根离子侵蚀的水硬性胶凝材料称为中抗硫酸盐硅酸盐水泥,简称中抗硫酸盐水泥,代号为 P·MSR。中抗硫酸盐水泥中 C_3A 含量不得超过 5%,C_3S 含量不得超过 55%。

以适当成分的硅酸盐水泥熟料,加入石膏,共同磨细制成的具有抵抗较高浓度硫酸根离子侵蚀的水硬性胶凝材料称为高抗硫酸盐硅酸盐水泥,简称高抗硫酸盐水泥,代号为 P·HSR。高抗硫酸盐水泥中 C_3A 含量不得超过 3%,C_3S 含量不得超过 50%。

根据国家标准《抗硫酸盐硅酸盐水泥》(GB 748—2005)的规定,抗硫酸盐水泥分为 32.5、42.5 两个强度等级,各龄期的强度值不得低于表 6-14 的规定。

表 6-14　抗硫酸盐硅酸盐水泥各龄期的强度要求（GB 748—2005）　　单位：MPa

水泥强度等级	抗 压 强 度		抗 折 强 度	
	3 d	28 d	3 d	28 d
32.5	10.0	32.5	2.5	6.0
42.5	15.0	42.5	3.0	6.5

在抗硫酸盐水泥中，由于限制了水泥熟料中 C_3A、C_4AF 和 C_3S 的含量，使水泥的水化热较低，水化铝酸钙的含量较少，抗硫酸盐侵蚀的能力较强，适用于一般受硫酸盐侵蚀的海港、水利、地下、引水、隧道、道路和桥梁基础等大体积混凝土工程。

5. 道路硅酸盐水泥

随着我国经济建设的发展，高等级公路越来越多，水泥混凝土路面已成为主要路面之一。专供公路、城市道路和机场跑道所用的道路水泥为专用水泥。针对此种水泥，我国已制定了相关的国家标准《道路硅酸盐水泥》（GB 13693—2017）。

以道路硅酸盐水泥熟料、0～10%活性混合材和适量石膏磨细制成的水硬性胶凝材料称为道路硅酸盐水泥，简称道路水泥。

道路硅酸盐水泥熟料是以硅酸钙为主要成分并且含有较多的铁铝酸钙的水泥熟料。在道路硅酸盐水泥中，熟料的化学组成和硅酸盐水泥是完全相同的，只是水泥中铝酸三钙的含量不得大于 5.0%，铁铝酸四钙的含量须大于 16.0%。

道路水泥的比表面积为 300～450 m^2/kg，28 d 的干缩率不得大于 0.10%，耐磨性要求 28 d 的磨耗量不得大于 3.00 kg/m^2。各龄期的强度值不得低于表 6-15 中的要求。

表 6-15　道路硅酸盐水泥各龄期的强度要求（GB 13693—2017）　　单位：MPa

强度等级	抗 压 强 度		抗 折 强 度	
	3 d	28 d	3 d	28 d
32.5	16.0	32.5	3.5	6.5
42.5	21.0	42.5	4.0	7.0
52.5	26.0	52.5	5.0	7.5

道路水泥抗折强度高，耐磨性好，干缩小，抗冻性、抗冲击性、抗硫酸盐性能好，可减少混凝土路面的温度裂缝和磨耗，减少路面维修费用，延长使用年限。适用于公路路面、机场跑道、城市人流较多的广场等工程的面层混凝土。

6. 水工硅酸盐水泥

水工硅酸盐水泥为专用水泥，是指专门用于配制水工结构混凝土所用的水泥品种。它包括中、低热硅酸盐水泥和低热矿渣硅酸盐水泥，用于要求水化热较低的混凝土大坝和大体积混凝土工程。其技术要求详见《中热硅酸盐水泥、低热硅酸盐水泥》（GB/T 200—2017）。

（1）中热硅酸盐水泥

以适当成分的硅酸盐水泥熟料，加入适量的石膏，磨细制成的具有中等水化热的水硬性胶凝材料为中热硅酸盐水泥，简称中热水泥。其代号为 P·MH，强度等级为 42.5。

(2) 低热硅酸盐水泥

以适当成分的硅酸盐水泥熟料,加入适量的石膏,磨细制成的具有低水化热的水硬性胶凝材料为低热硅酸盐水泥,简称低热水泥。其代号为 P·LH,强度等级为 42.5。

(3) 低热矿渣硅酸盐水泥

以适当成分的硅酸盐水泥熟料,加入粒化高炉矿渣、适量的石膏,磨细制成的具有低水化热的水硬性胶凝材料为低热矿渣硅酸盐水泥,简称低热矿渣水泥。其代号为 P·SLH,强度等级为 32.5。水泥中矿渣的掺量为 20%~60%(质量分数),允许用不超过混合材料总量 50% 的粒化电炉磷渣或粉煤灰代替部分粒化矿渣。

这三种水泥的技术性能如下:

(1) 矿物含量要求

中热硅酸盐水泥熟料中,C_3A 的含量不得超过 6%,C_3S 的含量不得超过 55%。

低热硅酸盐水泥熟料中,C_3A 的含量不得超过 6%,C_3S 的含量不得小于 40%。

低热矿渣硅酸盐水泥中,C_3A 的含量不得超过 8%。

(2) 细度

比表面积不低于 250 m^2/kg。

(3) 凝结时间

初凝时间不得早于 60 min,终凝时间不得迟于 12 h。

三氧化硫含量不得超过 3.5%;f-CaO 含量,在中、低热硅酸盐水泥中不得超过 1.0%,在低热矿渣硅酸盐水泥中不得超过 1.2%。

(4) 强度等级

各龄期的强度不能低于表 6-16 中的要求。

(5) 水化热

各龄期的水化热上限值见表 6-17。

表 6-16 中、低热水泥各龄期的强度要求(GB/T 200—2017)   单位:MPa

品 种	强度等级	抗压强度			抗折强度		
		3 d	7 d	28 d	3 d	7 d	28 d
中热硅酸盐水泥	42.5	12.0	22.0	42.5	3.0	4.5	6.5
低热硅酸盐水泥	42.5	—	13.0	42.5	—	3.5	6.5
低热矿渣硅酸盐水泥	32.5	—	12.0	32.5	—	3.0	5.5

表 6-17 中、低热水泥各龄期水化热上限值(GB/T 200—2017)

品 种	强度等级	水化热/($kJ·kg^{-1}$)	
		3 d	7 d
中热硅酸盐水泥	42.5	251	293
低热硅酸盐水泥	42.5	230	260
低热矿渣硅酸盐水泥	32.5	197	230

这类水泥水化热低,性能稳定,主要适用于要求水化热较低的大坝和大体积混凝土工程,可以避免因水化热引起的温度应力而导致混凝土的破坏。

7. 砌筑水泥

凡是由一种或一种以上的水泥混合材料,加入适量硅酸盐水泥熟料和石膏,经磨细所制得的工作性较好的水硬性胶凝材均称为砌筑水泥,代号为 M。该水泥分为 12.5、22.5 两个强度等级。其技术要求详见《砌筑水泥》(GB/T 3183—2017),砌筑水泥各龄期强度值不得低于表 6-18 的规定。

表 6-18 砌筑水泥各龄期强度值(GB/T 3183—2017)   单位:MPa

强度等级	抗压强度		抗折强度	
	7 d	28 d	7 d	28 d
12.5	7.0	12.5	1.5	3.0
22.5	10.0	22.5	2.0	4.0

砌筑水泥的强度很低,硬化较慢,但其和易性、保水性较好,主要用于工业与民用建筑的砌筑砂浆、内墙抹面砂浆,也可用于配制道路混凝土垫层或蒸养混凝土砌块,但一般不用于钢筋混凝土结构和构件。

6.3 砂浆的组成与性质

砂浆是由胶凝材料、细骨料、掺加料和水按适当比例配合、拌制并经硬化而成的材料。砂浆在建筑工程中起黏结、衬垫、传递应力的作用。建筑砂浆按用途不同分为砌筑砂浆、抹面砂浆、装饰砂浆、特种砂浆等;按所用胶凝材料不同分为水泥砂浆、石灰砂浆、水泥石灰混合砂浆及聚合物水泥砂浆等。

6.3.1 砂浆的组成材料

1. 胶凝材料

砂浆中使用的胶凝材料有水泥、石灰、石膏和有机胶凝材料等。

在选用时应根据砂浆使用的部位、所处的环境条件等合理选择。在干燥环境中使用的砂浆既可选用气硬性胶凝材料(如石灰、石膏),也可选用水硬性胶凝材料(如水泥);在潮湿环境或水中使用的砂浆必须选用水硬性胶凝材料。对于预拌地面砂浆,应采用硅酸盐水泥、普通硅酸盐水泥。其他预拌砂浆宜选用硅酸盐水泥、普通硅酸盐水泥和矿渣硅酸盐水泥。

水泥是常用的胶凝材料,其品种有普通硅酸盐水泥、矿渣硅酸盐水泥、火山灰质硅酸盐水泥等。在建筑工程中,由于砂浆的强度等级不高,因此在配制砂浆时,为合理利用资源、节约材料,要尽量选用低强度等级的 32.5 级水泥和砌筑水泥。水泥混合砂浆中由于掺加石灰膏会降低砂浆强度,因此,水泥的强度等级不宜大于 42.5 级。

2. 细骨料

拌制砌筑砂浆时,优先选用中砂,既可满足和易性要求,又能节约水泥,其质量应符合

《普通混凝土用砂、石质量及检验方法标准》(JGJ 52—2006)的规定,且应全部通过 4.75 mm 的筛孔。由于砂浆铺设层较薄,应对砂的最大粒径加以限制。用于砌筑砖砌体的砂浆,其砂的最大粒径不应大于 2.5 mm;用于毛石砌体的砂浆,砂宜选用粗砂,其最大粒径应小于砂浆层厚度的 1/4~1/5;用于抹面和勾缝的砂浆,砂应选用细砂。

砂中的含泥量影响砂浆质量,若含泥量过大,不但会增加砂浆的水泥用量,还可能使砂浆的收缩值增大、耐久性降低。因此,对于 M5 及以上强度等级的水泥基胶凝材料砂浆,砂的含泥量应不大于 5%,泥块含量应小于 2.0%。

在人工砂、山砂及特细砂等资源较多的地区,为降低工程成本,制作砂浆时可合理地利用这些资源,但应进行试验,满足技术要求后方可使用。

3. 掺合料

为改善砂浆的和易性,降低水泥用量,在水泥砂浆中常掺入石灰膏、黏土膏、电石膏、粉煤灰等材料。

1) 石灰膏

石灰是使用较早的气硬性胶凝材料,其质量应符合有关技术指标的要求。生石灰在使用时应预先进行消化,"陈伏"一定时间后,可消除过火石灰带来的危害。生石灰熟化成石灰膏时,应用孔径不大于 3 mm 的网过滤,熟化时间不得小于 7 d,磨细生石灰粉的熟化时间不得小于 2 d,储存石灰膏时应采取防止干燥、冻结和污染的措施。脱水硬化的石灰膏不但起不到塑化作用,还会影响砂浆强度,因此严禁使用。

2) 黏土膏

在制备黏土膏时,为了使黏土膏达到所需细度,从而起到塑化作用,规定用搅拌机加水搅拌,并采用孔径不大于 3 mm 的网过筛;黏土中有机物含量过高会降低砂浆质量,因此,用比色法鉴定黏土中的有机物含量时应浅于标准色。

3) 电石膏

制作电石膏的电石渣应用孔径不大于 3 mm 的网过滤,检验时应加热至 70 ℃ 并保持 20 min,没有乙炔气味后方可使用。

4) 粉煤灰

为节约水泥,改善砂浆的性能,在拌制砂浆时可掺入粉煤灰。粉煤灰的品质指标应符合国家标准《用于水泥和混凝土中的粉煤灰》(GB 1596—2017)的要求。

5) 水

砂浆用水应符合《混凝土用水标准》(JGJ 63—2006)的规定。

6) 外加剂

拌制砂浆时掺入外加剂,可以改善或提高砂浆的某些性能,但使用外加剂时,必须具有法定检测机构出具的该产品的砌体强度型式检验报告,并经砂浆性能试验合格后,方可使用。

6.3.2 砂浆的技术性质

砂浆的性质包括新拌砂浆的和易性和硬化后砂浆的强度、砂浆的黏结力、变形和抗冻性。

1. 新拌砂浆的和易性

新拌砂浆的和易性是指砂浆拌合物便于施工操作,能与基面材料很好的黏结,并保证质量均匀的性质,包括流动性和保水性两个方面。

1) 流动性

砂浆的流动性是指砂浆在自重或外力作用下流动的性质,也称稠度,用砂浆稠度测定仪测定其稠度,以沉入度(单位:mm)来表示。测定砂浆的沉入度,是以标准圆锥体在砂浆内自由沉入 10 s,沉入深度即为砂浆的稠度。沉入度越大,砂浆的流动性越大,但流动性过大,砂浆容易分层、析水;若流动性过小,则不便于施工操作,灰缝不易填充密实,将会降低砂浆硬化后的强度。

影响砂浆流动性的因素有胶凝材料和掺合料的种类及用量;用水量;砂子的粗细程度及级配;外加剂种类与掺量;搅拌时间;环境的温湿度等。砂浆流动性的选择与砌体种类、施工方法和施工气候情况等有关。对于吸水性强的砌体材料和在高温干燥的环境中,砂浆流动性应大些;相反,对于密实不吸水的砌体材料和在湿冷天气,砂浆流动性应小些。

2) 保水性

保水性是指新拌砂浆保持内部水分的能力。保水性好的砂浆,在存放、运输和使用过程中,能很好地保持水分,使其不致很快流失,在砌筑和抹面时容易铺成均匀密实的砂浆层,保证砂浆与基面材料有良好的黏结力和较高的强度。砂浆的保水性用保水率(%)表示。

2. 砂浆的强度和强度等级

砂浆硬化后应具有足够的抗压强度,以承担传递荷载的作用。砂浆的抗压强度等级是以三块边长为 70.7 mm 的立方体试块,在标准养护条件下养护 28 d 龄期的抗压强度平均值来确定的。

我国现行《砌筑砂浆配合比设计规程》(JGJ/T 98—2010)规定,水泥砂浆及预拌砌筑砂浆的强度等级分为 M5、M7.5、M10、M15、M20、M25、M30 七个等级;水泥混合砂浆的强度等级分为 M5、M7.5、M10、M15 四个等级。

影响砂浆强度的因素较多,除了砂浆的组成材料、配合比和施工工艺等外,还包括基层材料的吸水率。

1) 不吸水基层材料(如密实石材)

当基层材料不吸水或吸水率比较小时,影响砂浆抗压强度的因素与混凝土相似,主要取决于水泥强度和水灰比,用式(6-1)表示:

$$f_m = A f_{ce} \left(\frac{C}{W} - B \right) \tag{6-1}$$

式中,f_m——砂浆 28 d 抗压强度,精确至 0.1 MPa;

A、B——经验系数,可根据试验资料统计确定;

f_{ce}——水泥的实测强度,精确至 0.1 MPa;

C/W——灰水比。

2) 吸水基层材料(如砖或其他多孔材料)

当基层材料的吸水率较大时,由于砂浆具有一定的保水性,不论拌制砂浆时加多少水,保留在砂浆中的水分基本相同,多余的水分会被基层材料吸收,因此砂浆的强度与水灰比关系不大,砂浆的强度主要取决于水泥的强度等级与水泥用量,用式(6-2)表示:

$$f_m = \alpha f_{ce} Q_c / 1000 + \beta \tag{6-2}$$

式中,f_m——砂浆 28 d 抗压强度,精确至 0.1 MPa;

α、β——砂浆的特征系数,其中 $\alpha=3.03$,$\beta=-15.09$;

Q_c——每立方米砂浆的水泥用量,精确至 1 kg;

f_{ce}——水泥的实测强度,精确至 0.1 MPa。

3. 砂浆的黏结力

砂浆与砌体材料的黏结力大小对砌体的强度、耐久性及抗震性有较大影响。砂浆的抗压强度越高,与砖石的黏结力也越大。砂浆的黏结力与砖石的表面状态、清洁程度、湿润状况及施工养护条件等因素有关。基层材料表面粗糙、清洁,砂浆的黏结力较强。

4. 砂浆的变形

砂浆在凝结硬化过程中、承受荷载或温湿度条件变化时,均会产生变形。如果砂浆产生的变形过大或者不均匀,会降低砌体的整体性,引起砌体沉降或裂缝。用轻骨料拌制的砂浆,其收缩变形要比普通砂浆大。

5. 砂浆的抗冻性

在受冻融影响较多的建筑部位,要求砂浆具有一定的抗冻性。有冻融次数要求的砂浆,经冻融试验后,其质量损失率和抗压强度损失率不得大于规定值。

6.4 砌筑砂浆

将砖、石、砌块等块材经砌筑成为砌体,起黏结、衬垫和传力作用的砂浆称为砌筑砂浆,它是砌体的重要组成部分。

6.4.1 砌筑砂浆的技术条件

根据建设部行业标准《砌筑砂浆配合比设计规程》(JGJ/T 98—2010)的规定,砌筑砂浆应符合以下技术条件:

(1) 砌筑砂浆拌合物的表观密度应符合表 6-19 的规定。

表 6-19 砌筑砂浆拌合物的表观密度

砂浆种类	表观密度/(kg·m^{-3})
水泥砂浆	≥1900
水泥混合砂浆	≥1800
预拌砌筑砂浆	≥1800

(2) 砌筑砂浆的稠度、保水率、试配抗压强度必须同时符合要求。砌筑砂浆的稠度应按表 6-20 的规定选用,保水率应符合表 6-21 的规定。

表 6-20 砌筑砂浆的施工稠度

砌 体 种 类	砂浆稠度/mm
烧结普通砖砌体	70～90
轻骨料混凝土小型空心砌块砌体 烧结多孔砖、空心砖砌体 蒸压加气混凝土砌块砌体	60～80
混凝土实心砖、混凝土多孔砖 普通混凝土小型空心砌块砌体 蒸压灰砂砖砌体	50～70
石砌体	30～50

表 6-21 砌筑砂浆的保水率

砂 浆 种 类	保水率/%
水泥砂浆	≥80
水泥混合砂浆	≥84
预拌砌筑砂浆	≥88

（3）砌筑砂浆中水泥和掺加料的用量可按表 6-22 选用。

表 6-22 砌筑砂浆的材料用量

砂 浆 种 类	材料用量/(kg·m^{-3})
水泥砂浆	≥200
水泥混合砂浆	≥350
预拌砌筑砂浆	≥200

注：① 水泥砂浆中的材料用量是指水泥用量。
② 水泥混合砂浆中的材料用量是指水泥和石灰膏、电石膏的材料总量。
③ 预拌砌筑砂浆中的材料用量是指胶凝材料用量，包括水泥和替代水泥的粉煤灰等活性矿物掺合料。

（4）具有冻融次数要求的砌筑砂浆，应符合表 6-23 的规定。

表 6-23 砌筑砂浆的抗冻性

使 用 条 件	抗冻指标	质量损失率/%	强度损失率/%
夏热冬暖地区	F15	≤5	≤25
夏热冬冷地区	F25		
寒冷地区	F35		
严寒地区	F50		

（5）砂浆试配时应采用机械搅拌，对水泥砂浆和水泥混合砂浆，搅拌时间不得少于 120 s；对掺用粉煤灰、外加剂、保水增稠材料等的砂浆，搅拌时间不得少于 180 s。

6.4.2 砌筑砂浆配合比设计

根据工程类别和不同砌体部位的设计要求确定砌筑砂浆的品种和强度等级，然后查有关规范或资料确定和通过计算方法确定配合比，再经试验调整及验证后才可应用。

1. 水泥混合砂浆配合比计算

1）确定砂浆的试配强度 $f_{m,0}$

计算公式为

$$f_{m,0} = kf_2 \tag{6-3}$$

式中，$f_{m,0}$——砂浆的试配强度，MPa，应精确至 0.1 MPa；

f_2——砂浆强度等级值，MPa，应精确至 0.1 MPa；

k——系数，按表 6-24 取值。

表 6-24　砂浆强度的标准差 σ 及 k 值

施工水平	σ/MPa							k
	M5	M7.5	M10	M15	M20	M25	M30	
优良	1.00	1.50	2.00	3.00	4.00	5.00	6.00	1.15
一般	1.25	1.88	2.50	3.75	5.00	6.25	7.50	1.20
较差	1.50	2.25	3.00	4.50	6.00	7.50	9.00	1.25

砂浆标准差 σ 的确定应符合下列规定。

（1）当有统计资料时，按下式计算：

$$\sigma = \sqrt{\frac{\sum_{i=1}^{n} f_{m,i}^2 - n\mu_{f_m}^2}{n-1}} \tag{6-4}$$

式中，μ_{f_m}——统计周期内同一品种砂浆 n 组试件强度的平均值，MPa；

n——统计周期内同一品种砂浆试件的总组数，$n \geq 25$。

（2）当不具有近期统计资料时，砂浆现场强度标准差 σ 可按表 6-24 取用。

2）计算水泥用量 Q_C（单位：kg）

每立方米砂浆中的水泥用量按下式计算：

$$Q_C = \frac{1000(f_{m,0} - \beta)}{\alpha f_{ce}} \tag{6-5}$$

式中，f_{ce}——水泥的实测强度，精确至 0.1 MPa，当无法取得水泥的实测强度值时，可以取水泥强度等级对应的强度值（$f_{ce,k}$）乘以水泥强度等级值的富余系数（γ_c），γ_c 宜按实际统计资料确定，当无统计资料时 γ_c 可取 1.0；$\alpha = 3.03$；$\beta = -15.09$。

3）计算石灰膏用量 Q_D（单位：kg）

水泥混合砂浆的石灰膏用量按下式计算：

$$Q_D = Q_A - Q_C \tag{6-6}$$

式中，Q_D——每立方米砂浆的石灰膏用量，精确至 1 kg；

Q_A——每立方米砂浆中水泥和石灰膏的总量，精确至 1 kg，可为 350 kg。

石灰膏使用时的稠度宜为（120±5）mm。

当石灰膏为不同稠度时，其换算系数可按表 6-25 选用。

表 6-25 石灰膏不同稠度时的换算系数

稠度/mm	120	110	100	90	80	70	60	50	40	30
换算系数	1.00	0.99	0.97	0.95	0.93	0.92	0.90	0.88	0.87	0.86

4）确定砂子用量 Q_S（单位：kg）

每立方米砂浆中的砂子用量，应按干燥状态（含水率小于0.5％）的堆积密度值作为计算值。

5）确定用水量 Q_W（单位：kg）

每立方米砂浆中的用水量，应根据砂浆稠度等要求在 210～310 kg 之间选用。混合砂浆中的用水量不包括石灰膏中的水；当采用细砂或粗砂时，用水量分别取上限或下限；当稠度小于 70 mm 时，用水量可小于下限；若施工现场气候炎热或在干燥季节，可酌情增加用水量。

2. 水泥砂浆的试配规定

（1）水泥砂浆的各种材料用量可按表 6-26 选用。

表 6-26 水泥砂浆材料用量　　　　　　　　　　　单位：kg/m³

强度等级	水 泥	砂	用 水 量
M5	200～230	砂的堆积密度值	270～330
M7.5	230～260		
M10	260～290		
M15	290～330		
M20	340～400		
M25	360～410		
M30	430～480		

注：① M15 及 M15 以下强度等级水泥砂浆，水泥强度等级为 32.5 级；M15 以上强度等级水泥砂浆，水泥强度等级为 42.5 级。
② 当采用细砂或粗砂时，用水量分别取上限或下限。
③ 稠度小于 70 mm 时，用水量可小于下限。
④ 施工现场气候炎热或在干燥季节，可酌情增加用水量。
⑤ 试配强度应按式（6-3）计算。

（2）水泥粉煤灰砂浆材料用量可按表 6-27 选用。

表 6-27 水泥粉煤灰砂浆材料用量　　　　　　　　单位：kg/m³

强度等级	水泥和粉煤灰总量	粉 煤 灰	砂	用 水 量
M5	210～240	粉煤灰掺量可占胶凝材料总量的 15％～25％	砂的堆积密度值	270～330
M7.5	240～270			
M10	270～300			
M15	300～330			

注：① 表中水泥强度等级为 32.5 级。
② 当采用细砂或粗砂时，用水量分别取上限或下限。
③ 稠度小于 70 mm 时，用水量可小于下限。
④ 施工现场气候炎热或在干燥季节，可酌情增加用水量。
⑤ 试配强度应按式（6-3）计算。

3. 砌筑砂浆配合比试配、调整与确定

按计算或查表所得的配合比进行试拌时,应按现行标准《建筑砂浆基本性能试验方法标准》(JGJ/T 70—2009)测定拌合物的稠度和保水率。当稠度和保水率不能满足要求时,应调整材料用量,直到符合要求为止,然后确定为试配时砂浆基准配合比。

砂浆试配时至少应采用三个不同的配合比,其中一个配合比为计算或查表得出的基准配合比,其余两个配合比的水泥用量应按基准配合比分别增加及减少10%,在保证稠度、保水率合格的条件下,可将用水量或掺加料用量作相应调整。

三个不同的配合比进行调整后,按现行行业标准《建筑砂浆基本性能试验方法标准》(JGJ/T 70—2009)的规定成型试件,测定砂浆的表观密度及强度;选定符合试配强度要求且水泥用量最低的配合比作为砂浆的试配配合比。

砌筑砂浆试配配合比应按下列步骤进行校正。

(1) 根据确定的砂浆配合比材料用量,计算砂浆的理论表观密度值:

$$\rho_t = Q_C + Q_D + Q_S + Q_W \tag{6-7}$$

(2) 按下式计算砂浆配合比校正系数 δ:

$$\delta = \rho_c / \rho_t \tag{6-8}$$

式中,ρ_t——砂浆的理论表观密度值,kg/m^3,应精确至 $10\ kg/m^3$;

ρ_c——砂浆的实测表观密度值,kg/m^3,应精确至 $10\ kg/m^3$。

当砂浆的实测表观密度值与理论表观密度值之差的绝对值不超过理论值的2%时,试配配合比为砂浆设计配合比;当超过2%时,试配配合比各项材料用量均乘以校正系数。

4. 砌筑砂浆配合比设计实例

【例题】 某工程要求用于砌筑砖墙的砂浆为水泥混合砂浆。砂浆强度等级为 M7.5,稠度为 70~90 mm。水泥采用 32.5 级的矿渣硅酸盐水泥;砂为中砂,含水率为 3%,堆积密度为 1450 kg/m^3;石灰膏稠度为 90 mm;施工水平一般。

解:(1) 确定砂浆的试配强度 $f_{m,0}$

$$f_{m,0} = k f_2 = 1.20 \times 7.5\ \text{MPa} = 9.0\ \text{MPa}$$

(2) 计算水泥用量 Q_C

$$Q_C = \frac{1000(f_{m,0} - \beta)}{\alpha f_{ce}} = \frac{1000 \times (9.0 + 15.09)}{3.03 \times 32.5}\ kg/m^3 \approx 245\ kg/m^3$$

(3) 石灰膏用量 Q_D

水泥和石灰膏的总量为 350 kg/m^3,则

$$Q_D = Q_A - Q_C = (350 - 245)\ kg/m^3 = 105\ kg/m^3$$

将石灰膏稠度 120 mm 换算成 90 mm,查表 6-25,换算系数为 0.95,则

$$Q_D = 0.95 \times 105\ kg/m^3 \approx 100\ kg/m^3$$

(4) 确定砂子用量 Q_S

$$Q_S = 1450 \times (1 + 3\%)\ kg/m^3 \approx 1494\ kg/m^3$$

水泥混合砂浆试配时的配合比为

$$\text{水泥}:\text{石灰膏}:\text{砂}=245:100:1494\approx 1:0.41:6.10$$

6.5 抹面砂浆

涂抹在建筑物或建筑构件表面的砂浆统称为抹面砂浆。根据抹面砂浆的功能不同,可分为普通抹面砂浆、装饰砂浆和具有某些特殊功能的抹面砂浆(防水、耐酸、绝热、吸声等)。对抹面砂浆要求具有良好的和易性,容易抹成均匀、平整的薄层,便于施工;要有足够的黏结力,能与基层材料黏结牢固,长期使用不致开裂或脱落等。

抹面砂浆的组成材料与砌筑砂浆基本相同,但有时加入一些纤维增强材料(如麻刀、纸筋等)以提高抹灰层的抗拉强度,增加抹灰层的弹性和耐久性,防止抹灰层开裂;有时加入胶黏剂(如聚乙烯醇缩甲醛胶或聚醋酸乙烯乳液等)提高面层强度和柔韧性,加强砂浆层与基层材料的黏结,减少开裂。

6.5.1 普通抹面砂浆

普通抹面砂浆对建筑物(或墙体)表面起保护作用,可抵抗自然环境中有害介质对建筑物的侵蚀,提高建筑物的耐久性;同时使表面平整、清洁和美观,具有一定的装饰效果。

抹面砂浆通常分两或三层施工。底层抹灰的作用是使砂浆层能与基层牢固地黏结,要求砂浆具有良好的和易性和较高的黏结力;砂浆具有较好的保水性,可以防止水分被基层吸收而影响砂浆的黏结力;基层材料表面粗糙,有利于与砂浆的黏结。砖墙底层抹灰常用石灰砂浆,有防潮、防水要求时选用水泥砂浆;混凝土墙面、柱面等的底层抹灰常用水泥混合砂浆;用于板条墙或板条顶棚的底层抹灰常用麻刀石灰灰浆。中层抹灰主要是为了起找平作用,有时可省去不用,中层抹灰常用水泥混合砂浆或石灰砂浆。面层抹灰是为了获得平整、美观的表面效果,面层抹灰常用水泥混合砂浆、麻刀石灰浆或纸筋石灰浆。

在容易碰撞或潮湿的地方(如墙裙、踢脚板、地面、雨棚、窗台以及水池、水井、厕所等),应采用水泥砂浆,要求砂浆具有较高的强度、耐水性。在硅酸盐砌块墙面上做砂浆抹面或粘贴饰面材料时,在墙面上预先刮一层树脂胶、喷水润湿或在砂浆层中夹一层事先固定好的钢丝网,避免久后发生剥落现象。

普通抹面砂浆的主要技术性质是和易性和黏结力,而不是抗压强度。抹面砂浆的流动性和砂子的最大粒径可参考表 6-28。

表 6-28 抹面砂浆的流动性及砂子的最大粒径　　　　单位:mm

抹面层次	沉 入 度	砂子的最大粒径
底层	100~120	2.5
中层	70~90	2.5
面层	70~80	1.2

普通抹面砂浆的配合比可根据抹面砂浆的使用部位和基层材料的特性选用,其配合比和应用范围参考表 6-29。干混抹面砂浆按强度等级来分级,配合比为质量比。

表 6-29 抹面砂浆配合比及应用范围

材　　料	配合比(体积比)	应 用 范 围
石灰：砂	1：2～1：4	用于砖石墙表面(干燥环境)
水泥：石灰：砂	1：0.5：3～1：1：4	用于混凝土顶棚混合砂浆打底
水泥：砂	1：2.5～1：3	用于檐口、勒脚、浴室等比较潮湿的部位
水泥：砂	1：0.5～1：1	用于混凝土地面随时压光
水泥：石膏：砂：锯末	1：1：3：5	用于吸声粉刷
石灰膏：麻刀	100：2.5(质量比)	用于板层、顶棚底层
石灰膏：麻刀	100：1.3(质量比)	用于板层、顶棚面层
石灰膏：纸筋	100：3.8	用于较高级墙面、顶棚

6.5.2 防水砂浆

防水砂浆是一种制作防水层用的抵抗水渗透性强的砂浆,又称刚性防水层。砂浆防水层仅适用于不受振动和具有一定刚度的混凝土或砖石砌体工程。

防水砂浆可采用普通水泥砂浆、聚合物水泥砂浆或在水泥砂浆中掺入防水剂来制作。常用的防水剂有氯化物金属盐类防水剂、水玻璃类防水剂和金属皂类防水剂等;聚合物防水剂有天然橡胶胶乳、合成橡胶胶乳(氯丁橡胶、丁苯橡胶等)、热塑性树脂乳液(聚醋酸乙烯酯、聚丙烯酸酯等)、热固性树脂乳液(环氧树脂、不饱和聚酯树脂等)、水溶性聚合物(聚乙烯醇、甲基纤维素等)等。

在砂浆中掺入防水剂时,一定要严格控制其掺量。掺入防水剂的砂浆结构密实,能堵塞毛细孔,从而提高砂浆的抗渗能力。防水砂浆的配合比一般采用水泥与砂的质量比不大于1：2.5,水灰比控制在 0.50～0.60。

防水砂浆的防渗水效果主要取决于施工质量。防水砂浆施工时应采用多层抹压的施工工艺。配制防水砂浆时先将水泥和砂子干拌均匀,再把量好的防水剂溶于拌和水中,与水泥、砂搅拌均匀即可使用。砂浆分 4～5 层分层涂抹在基面上,每层厚度约为 5 mm,总厚度为 20～30 mm。每层在初凝前用木抹子压实一遍,最后一层要压光。抹完之后要加强养护,防止脱水过快造成干裂。

6.5.3 装饰砂浆

装饰砂浆是指专用于建筑物室内外表面装饰,以美化建筑物外观的砂浆。装饰砂浆的底层和中层抹灰与普通抹面砂浆基本相同,主要是装饰砂浆的面层选材有所不同。为了提高装饰砂浆的装饰艺术效果,一般面层选用具有一定颜色的胶凝材料和骨料以及采用某些特殊的操作工艺,使装饰面层呈现出各种不同的色彩、线条与花纹等。

装饰砂浆所采用的胶凝材料有白色水泥、彩色水泥或在常用的水泥中掺加耐碱矿物颜料配成彩色水泥,以及石灰、石膏等。骨料采用天然或人工石英砂(多为白色、浅色或彩色的天然砂)、彩釉砂、着色砂、彩色大理石或花岗岩碎屑、陶瓷或玻璃碎粒或特制的塑料色粒等。

一般在室外抹灰工程中,可掺入颜料拌制彩色砂浆进行抹面,由于饰面长期受风吹、雨淋和受到大气中有害气体腐蚀、污染,因此选择耐碱、耐日晒的合适矿物颜料,保证砂浆面层的质量,避免褪色。工程中常用的颜料有氧化铁黄、铬黄、氧化铁红、群青、钴蓝、铬绿、氧化铁棕、氧化铁紫、氧化铁黑、碳黑等。

根据砂浆的组成材料不同常分为灰浆类和石渣类砂浆饰面。

灰浆类砂浆饰面以着色的水泥砂浆、石灰砂浆及混合砂浆为装饰材料,通过各种手段对装饰面层进行艺术加工,使砂浆饰面具有一定的色彩、线条和纹理,达到装饰效果和要求。常见的施工操作方法有拉毛灰、甩毛灰、拉条、制作仿面砖、喷涂、滚涂和弹涂等。

石渣类砂浆饰面用水泥、石渣(天然的大理石、花岗岩及天然石材经破碎而成)、水(有时掺入一定量107胶)制成石渣浆,然后通过斧剁、水磨、水洗等手段将表面的水泥浆除去,造成石渣不同的外露形式以及水泥与石渣的色泽对比,形成不同的装饰效果。彩色石渣的耐光性比颜料好,因此,石渣类砂浆饰面比灰浆类砂浆饰面色泽明亮,质感丰富,不容易褪色和污染。常见的做法有水刷石、水磨石、斩假石、拉假石、干粘石等。

建筑工程中常用的几种工艺做法如下。

1) 拉毛灰

拉毛灰是用铁抹子将罩面灰浆轻压后顺势拉起,形成一种凹凸质感较强的饰面层。通常所用的灰浆是水泥石灰砂浆或水泥纸筋灰浆。表面拉毛花纹、斑点分布均匀,颜色一致,具有装饰和吸声作用,一般用于外墙面及有吸声要求的内墙面和顶棚的饰面。

2) 水刷石

水刷石是将水泥和石渣(颗粒约5 mm)按比例配合并加水拌和制成水泥石渣浆,用作建筑物表面的面层抹灰,待水泥浆初凝后、终凝前,立即用清水冲刷表面水泥浆,使石渣表面半露,达到装饰效果。水刷石多用于外墙饰面。

3) 水磨石

水磨石是用普通水泥(或白色水泥、彩色水泥)、彩色石渣或白色大理石碎粒及水按适当比例配合,需要时掺入适量颜料,搅拌均匀后浇筑捣实,待表面硬化后,浇水,用磨石机反复磨平抛光,然后采用草酸冲洗、干后打蜡等工序制成。水磨石多用于室内外地面的装饰,还可制成预制板用于楼梯踏步、窗台板、踢脚板等工程部位。

4) 斩假石

斩假石又称剁斧石,是以水泥石渣浆或水泥石屑浆作面层抹灰,待硬化后具有一定强度时,用剁斧及各种凿子等工具,在面层上剁出类似石材的纹理。斩假石一般多用于室外局部小面积装饰,如柱面、勒脚、台阶、扶手等。

5) 干粘石

干粘石是在素水泥浆或聚合物水泥砂浆黏结层上,把粒径为5 mm以下的石渣、彩色石子、陶瓷碎粒等粘在其上,再拍平压实(石粒压入砂浆2/3)而成。干粘石饰面操作简单,施工效率高,饰面效果好,多用于外墙饰面。

6) 喷涂

喷涂是用挤压式砂浆泵或喷斗将聚合物水泥砂浆喷涂在墙面基层或底灰上,待硬化后形成饰面层。为提高涂层的耐久性和减少墙面污染,在涂层表面再喷一层甲基硅醇钠或甲基硅树脂疏水剂。喷涂多用于外墙饰面。

7) 弹涂

弹涂是在墙体表面刷一道聚合物水泥色浆后,用弹力器分几遍将水泥色浆弹涂到墙面上,形成 3~5 mm 的大小近似、颜色不同、相互交错的圆状色点,再喷罩一层甲基硅树脂,提高耐污染性能。弹涂用于内墙或外墙饰面。

6.6 其他砂浆

1. 绝热砂浆

绝热砂浆是采用水泥、石灰、石膏等胶凝材料与膨胀珍珠岩、膨胀蛭石、浮石砂、陶粒砂等轻质多孔骨料按一定比例配制的砂浆,具有轻质、保温隔热等特性,绝热砂浆的导热系数为 0.07~0.10 W/(m·K)。常用的有水泥膨胀珍珠岩砂浆、水泥膨胀蛭石砂浆、水泥石灰膨胀蛭石砂浆等。绝热砂浆可用于屋面绝热层、绝热墙壁、供热管道绝热层、冷库等处的保温。

2. 吸声砂浆

由轻质多孔骨料制成的隔热砂浆都具有吸声性能。另外,工程中也常采用水泥、石膏、砂、锯末(体积比为 1:1:3:5)配制成吸声砂浆,或者在石灰、石膏砂浆中掺入玻璃纤维、矿棉等松软纤维材料。吸声砂浆主要用于室内墙壁和顶棚的吸声。

3. 耐酸砂浆

用水玻璃(硅酸钠)和氟硅酸钠作为胶凝材料,掺入适量石英岩、花岗岩、铸石等粉状细骨料,可拌制成耐酸砂浆。硬化后的水玻璃耐酸性能好,拌制的砂浆可用于耐酸地面和耐酸容器的内壁防护层或衬砌材料。

4. 防辐射砂浆

在水泥浆中掺入重晶石粉、重晶石砂可配制成具有防 X 射线和 γ 射线能力的砂浆,配合比为水泥:重晶石粉:重晶石砂=1:0.25:(4~5)。在水泥浆中掺加硼砂、硼酸等可配制具有防中子辐射能力的砂浆。

5. 膨胀砂浆

在水泥砂浆中掺入膨胀剂,或使用膨胀水泥可配制膨胀砂浆。膨胀砂浆的膨胀特性可补偿水泥砂浆的收缩,防止开裂。膨胀砂浆用于在修补工程和装配式大板工程中填充缝隙,以达到密实无缝的目的。

6. 预拌砂浆

预拌砂浆(或商品砂浆)是由专业生产厂家根据一定比例将砂、水泥、施工所需的添加剂通过专业设备搅拌而成的不同种类的砂浆拌合物,这种拌合物可广泛用于建设工程当中。预拌砂浆包括预拌湿砂浆和预拌干混砂浆。

1) 水泥

水泥宜采用通用硅酸盐水泥,且应符合《通用硅酸盐水泥》(GB 175—2007)的规定。采用其他水泥时,应符合相应标准的规定。宜采用散装水泥。

2) 骨料

细骨料应符合《建设用砂》(GB/T 14684—2022)的规定,且不应含有粒径大于 4.75 mm 的颗粒。天然砂的含泥量应小于 5%,泥块含量应小于 2.0%。轻骨料应符合相关标准的要求或有充足的技术依据,并应在试验前进行试验验证。

3) 矿物掺合料

粉煤灰、粒化高炉矿渣粉、硅灰应分别符合《用于水泥和混凝土中的粉煤灰》(GB/T 1596—2017)、《用于水泥、砂浆和混凝土中的粒化高炉矿渣粉》(GB/T 18046—2017)、《高强高性能混凝土用矿物外加剂》(GB/T 18736—2017)的规定。当采用其他品种矿物掺合料时,应在使用前进行试验验证。

4) 外加剂

外加剂应符合有关标准的规定。外加剂进厂应具有质量证明文件。对进厂外加剂应按批进行复验,复验合格后方可使用。

5) 添加剂

保水增稠材料、可再分散乳胶粉、颜料、纤维等应符合相关标准的规定或经过试验验证。用于砌筑砂浆的保水增稠材料应符合《砌筑砂浆增塑剂》(JG/T 164—2004)的规定。

6) 填料

重质碳酸钙、轻质碳酸钙、石英粉、滑石粉等应符合相关标准的规定或经过试验验证。

7) 拌和水

拌制砂浆用水应符合《混凝土用水标准》(JGJ 63—2006)的规定。

7. 湿拌砂浆

湿拌砂浆是由水泥、细骨料、矿物掺合料、外加剂、添加剂和水按一定比例在搅拌站经计量、拌制后,运至使用地点,并在规定时间内使用的拌合物。按用途分为湿拌砌筑砂浆、湿拌抹灰砂浆、湿拌地面砂浆和湿拌防水砂浆等。在建筑工程中,湿拌砌筑砂浆和湿拌抹灰砂浆用量大。湿拌砌筑砂浆拌合物的表观密度不应小于 1800 kg/m³。湿拌砂浆的性能应符合表 6-30 的要求。

表 6-30 湿拌砂浆的性能指标

项目	砌筑砂浆	抹灰砂浆	地面砂浆	防水砂浆
强度等级	M5、M7.5、M10、M15、M20、M25、M30	M5、M10、M15、M20	M15、M20、M25	M10、M15、M20
稠度/mm	50、70、90	70、90、110	50	50、70、90
凝结时间/h	≥8、≥12、≥24	≥8、≥12、≥24	≥4、≥8	≥8、≥12、≥24
保水率/%	≥88	≥88	≥88	≥88
14 d 拉伸黏结强度/MPa	—	M5 砂浆≥0.15 其他砂浆≥0.20	—	≥0.20
28 d 收缩率/%	—	≤0.20	—	≤0.15
抗渗等级	—	—	—	P6、P8、P10

8. 干混砂浆

干混砂浆是由水泥、干燥骨料或粉料、添加剂以及根据性能确定的其他组分,按一定比例,在专业生产厂经计量、混合而成的混合物,在使用地点按规定比例加水或配套组分拌和使用。干混砂浆按用途分为干混砌筑砂浆、干混抹灰砂浆、干混地面砂浆、干混普通防水砂浆、干混陶瓷砖黏结砂浆、干混界面砂浆、干混保温板黏结砂浆、干混保温板抹面砂浆、干混聚合物水泥防水砂浆等。

干混普通砌筑砂浆拌合物的表观密度不应小于 1800 kg/m³。干混砌筑砂浆、干混抹灰砂浆、干混地面砂浆和干混普通防水砂浆的性能应符合表 6-31 的要求。

表 6-31 干混砂浆的性能指标

项　目	干混砌筑砂浆		干混抹灰砂浆		干混地面砂浆	干混普通防水砂浆
	普通砌筑砂浆	薄层砌筑砂浆	普通抹灰砂浆	薄层抹灰砂浆		
强度等级	M5、M7.5、M10、M15、M20、M25、M30	M5、M10	M5、M10、M15、M20	M5、M10	M15、M20、M25	M10、M15、M20
保水率/%	≥88	≥99	≥88	≥99	≥88	≥88
凝结时间/h	3～9	—	3～9	—	3～9	3～9
2 h 稠度损失率/%	≤30	—	≤30	—	≤30	≤30
14 d 拉伸黏结强度/MPa	—	—	M5：≥0.15 >M5：≥0.20	≥0.30	—	≥0.20
28 d 收缩率/%	—	—	≤0.20	≤0.20	—	≤0.15

预拌砂浆是一种新型的环保、节能建筑材料,与传统的砂浆相比具有明显的优点。预拌砂浆在生产流程中严格选材、合理配比、准确计量,使得砂浆的可操作性、黏结强度和耐久性显著提高,可以确保建筑工程质量,实现资源综合利用,减少环境污染。预拌砂浆品种多,可以适应不同的用途和功能要求。

习题

一、名词解释

通用硅酸盐水泥；活性混合材；水泥初凝时间；水泥终凝时间；水泥体积安定性；砂浆的和易性；预拌湿砂浆；预拌干混砂浆

二、填空题

1. 水泥按特性和用途分为_____、_____、_____。
2. 通用硅酸盐水泥(GB 175—2007)中对硅酸盐水泥提出的技术要求有_____、_____、_____、_____。
3. 生产硅酸盐水泥时掺入适量的石膏,其目的是_____,当石膏掺量过多时会导致_____。

4. 矿渣水泥与硅酸盐水泥相比，其早期强度_____，后期强度_____，水化热_____，抗蚀性_____，抗冻性_____。

三、判断题

1. 水泥为气硬性胶凝材料。（　　）
2. 体积安定性不合格的水泥属于不合格品，不得使用。（　　）

四、选择题

1. 水泥现已成为建筑工程离不开的建筑材料，使用最多的水泥为（　　）。
   A. 硅酸盐类水泥　　B. 铝酸盐类水泥　　C. 硫铝酸盐类水泥
2. 改变水泥中各熟料矿物的含量，可使水泥性质发生相应的变化，要使水泥具有较低的水化热应降低（　　）含量。
   A. C_3S　　　　B. C_2S　　　　C. C_3A　　　　D. C_4AF
3. 要使水泥具有硬化快、强度高的性能，必须提高（　　）含量。
   A. C_3S　　　　B. C_2S　　　　C. C_3A　　　　D. C_4AF
4. 硅酸盐水泥的运输和储存应按国家标准规定进行，超过（　　）的水泥须重新进行试验。
   A. 一个月　　B. 三个月　　C. 六个月　　D. 一年
5. 活性混合材料有（　　）。
   A. 石灰石　　　　　　　　B. 石英砂
   C. 粒化高炉矿渣　　　　　D. 火山灰
   E. 粉煤灰
6. 硅酸盐水泥熟料中，（　　）矿物含量最多。
   A. C_3S　　　　B. C_2S　　　　C. C_3A　　　　D. C_4AF
7. 用沸煮法检验水泥体积安定性，只能检查出（　　）的影响。
   A. 游离 CaO　　B. 游离 MgO　　C. 石膏
8. 适用于早期强度要求高的水泥是（　　）。
   A. 硅酸盐水泥　　　　　　B. 矿渣水泥
   C. 粉煤灰水泥　　　　　　D. 火山灰水泥

五、简答题

1. 硅酸盐水泥的主要矿物成分是什么？
2. 硅酸盐水泥的水化产物是什么？水泥石的组成是什么？
3. 通用水泥体积安定性不良的原因是什么？如何检验安定性？安定性不合格对工程有什么危害？
4. 国家标准为什么要规定水泥的凝结时间？
5. 试分析硅酸盐水泥石腐蚀的原因及采取的防止措施。
6. 矿渣水泥和硅酸盐水泥相比在性能上有何差异？说明原因。
7. 某工地材料仓库存放有白色粉状材料，可能是石灰石、磨细生石灰、建筑石膏、白色水泥，可用何简便方法加以鉴别？
8. 通用水泥在储存和保管时应注意哪些方面？
9. 对砂浆的组成材料有何质量要求？

10. 影响砌筑砂浆抗压强度的主要因素有哪些？

六、计算题

某工程需配制强度等级为 M10 的水泥混合砂浆，用于砌筑蒸压加气混凝土砌块。采用 32.5 级矿渣硅酸盐水泥，实测 28 d 抗压强度值为 35.4 MPa；石灰膏的稠度为 120 mm；砂子为中砂，含水率为 3%，堆积密度为 1440 kg/m³；施工水平一般。试确定砂浆配合比。

第7章 水泥混凝土

学习要点：掌握普通混凝土组成材料（包括水泥、砂、石、外加剂、掺合料和水）的品种、技术要求及选用；熟练掌握普通混凝土的配合比设计方法；了解混凝土的质量控制与评定方法。

不忘初心：积土而为山，积水而为海。

牢记使命：踔厉奋发，笃行不怠。

7.1 水泥混凝土的分类与特点

"混凝土"(concrete)一词源自拉丁文术语Concretus，是共同生长的意思。从广义上讲，由胶凝材料、骨料和水（或不加水）按适当比例配合，拌和制成混合物，经一定时间后硬化而成的人造石材叫作混凝土。目前工程中最常用的是以水泥为胶凝材料，水和砂、石（粗、细骨料）为基本材料组成的混凝土称为水泥混凝土，它是当今世界上用途最广、用量最大的人造建筑材料，而且是重要的建筑结构材料。

混凝土的种类很多，根据不同的研究角度和考虑问题的出发点，通常有以下分类方法和种类。

1. 按表观密度分类

按照表观密度，混凝土可分为重混凝土、普通混凝土和轻混凝土。重混凝土的表观密度大于2800 kg/m³，主要用作防辐射混凝土，例如核能工程的屏蔽结构、核废料容器等工程。普通混凝土是指表观密度为2000～2800 kg/m³的混凝土，是土木工程中使用最为普遍的混凝土，大量用作各种建筑物、结构物的承重材料。轻混凝土是指表观密度不大于1950 kg/m³的混凝土，采用轻骨料或多孔结构，具有保温隔热性能好、质量轻等特点，多用于保温或结构兼保温构件。

2. 按用途分类

按照在工程中的用途或使用部位，混凝土可分为结构混凝土、防水混凝土、耐热混凝土、耐酸混凝土、装饰混凝土、大体积混凝土、膨胀混凝土、防辐射混凝土、道路混凝土等。

3. 按所用胶凝材料分类

按照所用胶凝材料的种类，混凝土可分为水泥混凝土、聚合物混凝土、树脂混凝土、石膏混凝土、沥青混凝土、水玻璃混凝土、硅酸盐混凝土等。

4. 按生产和施工方法分类

按照搅拌(生产)方式,混凝土可分为预拌混凝土(也叫商品混凝土)和现场搅拌混凝土。预拌混凝土是在搅拌站集中搅拌,用专门的混凝土运输车运送到工地进行浇注的混凝土,由于搅拌站专业性强,原材料波动小,称量准确度高,所以混凝土的质量波动性小,故预拌混凝土的使用量越来越大。现场搅拌混凝土是将原材料直接运送到施工现场,在施工现场搅拌后直接浇注,适用于工程量较小的工程。按照施工方法可分为泵送混凝土、喷射混凝土、压力灌浆混凝土(预填骨料混凝土)、挤压混凝土、离心混凝土、真空吸水混凝土、碾压混凝土等。

5. 按抗压强度的大小分类

按混凝土抗压强度的大小可分为低强混凝土(抗压强度<20 MPa)、中强混凝土(抗压强度为 20~60 MPa)、高强混凝土(抗压强度≥60 MPa)、超高强混凝土(抗压强度≥100 MPa)。

由此可以看出,混凝土种类繁多,应用广泛,在实际工程中以普通的水泥混凝土使用最为普遍。如果没有特殊说明,通常将普通的水泥混凝土简称为普通混凝土或混凝土。本章重点介绍水泥混凝土的组成、结构、性能及其在工程中的应用。

6. 混凝土的优点

混凝土作为土木工程材料中使用最为广泛的一种,其优点主要体现在以下几个方面。

(1) 经济性。同其他材料相比,混凝土价格较低,容易就地取材,结构建成后的维护费用也较低。表 7-1 所示为几种常用材料的生产能耗对比。

表 7-1 不同材料的生产能耗

材 料	能耗/(GJ·m^{-3})	材 料	能耗/(GJ·m^{-3})
纯铝	360	玻璃	50
铝合金	360	水泥	22
低碳钢	300	混凝土	3.4

(2) 安全性。硬化混凝土具有较高的力学强度,一般工程的混凝土抗压强度为 20~40 MPa,50~60 MPa 的混凝土已经实用化,100 MPa 以上的超高强混凝土在工程中也已经开始应用;混凝土与钢筋有牢固的胶结力,使结构安全性得到充分保证。

(3) 耐久性。与传统的结构材料(木材、钢材)等相比,混凝土材料耐久性好(一般不需要维护保养,维修费用少),不腐朽,不生锈。

(4) 易塑性。现代混凝土具备很好的工作性,几乎可以随心所欲地通过设计和通过使用模板形成形态各异的建筑物及构件,可塑性强。

(5) 耐火性。混凝土一般而言可有 1~2 h 的防火时效,比钢铁更安全,不会像钢结构建筑物那样在高温下很快软化而造成坍塌。

(6) 多功能性。改变混凝土组成材料的品种及比例,可制得不同物理力学性能的混凝土,以满足各种工程不同使用功能的需求,所以人们称之为"万用之石"。

7. 混凝土的缺点

（1）抗拉强度低。混凝土的抗拉强度是其抗压强度的 10% 左右，是钢筋抗拉强度的 1% 左右。

（2）延展性不高。混凝土属于脆性材料，变形能力差，只能承受少量的应力变形，抗冲击能力差，在冲击荷载作用下容易产生脆断。

（3）自重大、比强度低。混凝土致使在建筑工程中形成肥梁、胖柱、厚基础，对高层、大跨度建筑不利。

（4）体积不稳定性。尤其是当水泥浆量过大时，这一缺陷表现得更加突出，随着温度、湿度、环境介质的变化，容易引发体积变化、产生裂纹等内部缺陷，直接影响建筑物的使用寿命。

（5）混凝土的导热系数大。普通混凝土的导热系数为 1.8 W/(m·K)，大约为普通烧结砖的 3 倍，所以保温隔热性差。

（6）与钢结构相比，混凝土的凝结硬化较慢，施工效率低、施工周期长、施工条件差。

需要着重强调的是，混凝土存在的上述不足，一方面要求工程技术人员在应用混凝土时，在设计、施工、混凝土原材料及配合比的选择等各个环节上采取有效措施，扬长避短、克服其不足；另一方面，如何改善这些不足之处也就成了混凝土技术不断向前发展的主要研究内容。这方面现已取得了许多成果并且在不断地继续改进，如采用轻骨料，混凝土的自重和导热系数显著降低；在混凝土中掺入纤维或聚合物，可大大降低混凝土的脆性；100 MPa 以上的超高强混凝土的应用成倍提高了混凝土的比强度；采用减水剂、早强剂等，可明显缩短其硬化周期。综上所述，正是由于混凝土的上述诸多优点和对缺点的不断改进，使得混凝土早已成为工程建设中用途最广、用量最大的建筑材料，广泛应用于工业与民用建筑、水利工程、地下工程、公路、铁路、桥梁及国防建设等工程中。

自从现代水泥 1824 年由英国泥瓦工 Joseph Aspdin 发明以来（即波特兰水泥），由于工程建设快速发展的需要，水泥和混凝土的产量目前正以前所未有的速度在增长。从 1987 年开始，我国水泥产量已持续占据世界第一，1990 年产 2.10 亿 t、1995 年产 4.76 亿 t、2000 年产 5.97 亿 t，2005 年达到了 10.64 亿 t，2010 年产 18.68 亿 t，2014 年产 24.76 亿 t，2014 年全球水泥产量为 41.8 亿 t，2014 年我国商品混凝土总产量为 23.71 亿 m^3。

大家知道，水泥行业是严重的耗能、耗资源和环境污染大户，每生产 1 t 硅酸盐水泥需要约 1.5 t 石灰石和大量的煤、石油等燃料或电能，并且要释放约 1 tCO_2 和产生 0.01 t 粉尘。如此大的水泥和混凝土产量给环境带来极大的压力，水泥和混凝土工业正面临着前所未有的可持续发展问题的严重挑战。人类必须在基础设施建设和环境资源保护这两个同等重要的社会需求之间找出解决矛盾的办法。作为发展基础设施最重要的参与者以及地球天然资源的主要消费者，混凝土工业需要重新定向，接受所有有利于环境的工艺技术，即与环境友好的混凝土技术。水泥和混凝土工业必须建立在下列四个要素组成的基础上：一是节约混凝土原材料（包括资源和能源），大量利用工业废渣；二是提高混凝土的耐久性；三是解决混凝土生产和使用中的生态环境保护的问题；四是寻找能替代或部分替代硅酸盐水泥的新材料，如辅助胶凝材料掺合料。

需要强调的是，要实现混凝土的可持续发展，更需要人的正确意识和对传统思维观念的更新。要在所有相关人员和公众中大力加强混凝土科学技术知识的普及、宣传和教育,以改变现状的不足。再者,混凝土科学技术是一门完整的系统科学,在混凝土技术的研究和教育中应采用整体论和分解论结合、实践论等科学认知方法,才可以得出正确的结论。要推动和促进混凝土原材料行业(包括水泥、掺合料、外加剂、砂、石)、混凝土工业、工程管理、设计和施工行业的战略一体化,避免行业分割带来的诸多弊端。混凝土工业必须把原材料生产以及混凝土结构的设计、施工和使用过程中的维护整合成为一个体制上统一管理的体系,才能从根本上解决混凝土目前存在的问题。另外,对待混凝土的设计、生产、施工和使用的全过程,应像对待人的成长过程一样,应赋予它更多的人性化内涵,从而从根本上改变目前许多人对混凝土认识观念上的偏差与不足,引起人们对混凝土问题的足够重视,从而为实现混凝土的可持续发展奠定基础。

7.2 水泥混凝土的组成材料要求

水泥混凝土的基本组成材料有水泥、水、粗骨料(碎石或卵石)和细骨料(砂子),其中的水泥和水占总体积的 20%~40%,砂石骨料占总体积的 60%~80%。为改善混凝土的某些性能还常加入适量的外加剂和掺合料,外加剂和掺合料被认为是混凝土的第五和第六组分。

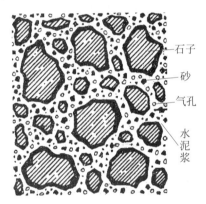

图 7-1 混凝土结构示意图

混凝土中的水泥和水形成水泥浆,起填充、包裹、润滑作用。硬化之前水泥浆具有流动性和可塑性,水泥浆填充砂石空隙并包裹在其表面,将骨料联结起来并可减少骨料之间的摩擦阻力,赋予混凝土拌合物整体的流动性和可塑性,便于施工操作。硬化之后的水泥石本身具有一定的强度,具有胶结作用,把砂石骨料胶结为坚固的整体,使混凝土产生强度,成为坚硬的人造石。混凝土结构示意如图 7-1 所示。

混凝土中的砂石起填充、限制水泥石变形、提高强度,以及增加刚度、抗裂性和体积稳定性等骨架作用,故称为骨料(也叫集料)。与水泥石相比,骨料颗粒坚硬、体积稳定性好,相互搭接可形成坚实的骨架,从而抵抗外力的作用;分散、抵抗水泥凝胶体的体积收缩,对保证混凝土的体积稳定性具有重要作用。同时骨料的成本大大低于水泥,在混凝土中占据大部分体积,可起到节约水泥、使混凝土成本大大降低的作用。

混凝土中掺入适宜的外加剂和掺合料,对改善混凝土的和易性、提高强度和耐久性、拓展各项使用功能、节约水泥和降低混凝土成本都起到非常重要的作用。如配制高强、高性能混凝土,大流动性混凝土,外加剂和掺合料已成为必不可少的组分。

7.2.1 对水泥的要求

水泥是普通混凝土的胶凝材料,其性能对混凝土的性质影响很大,在确定混凝土组成材料时,应正确选择水泥品种和水泥强度等级。

水泥品种的选择应根据混凝土工程特点、所处环境条件以及设计、施工的要求进行。

水泥强度等级的选择原则为：混凝土设计强度等级越高，则水泥强度等级也宜越高；设计强度等级低，则水泥强度等级也相应低。若采用强度等级高的水泥配制低强度等级混凝土，水泥用量偏少，混凝土的黏聚性变差，不易获得均匀密实的混凝土，影响混凝土的耐久性；采用强度等级低的水泥配制高强度等级混凝土时，水泥用量过多，不经济，且影响混凝土的其他技术性质，因为水泥用量过多一方面成本增加，另一方面混凝土收缩量增大，对耐久性不利。

7.2.2 对骨料的要求

混凝土中骨料占总体积的60%～80%，对混凝土性能有重要影响。骨料需要具有足够高的硬度和强度、不含有害杂质、化学稳定性好和具有适当的级配。

1. 骨料的种类

普通混凝土所用骨料按粒径大小分为粗骨料和细骨料两种。

细骨料指粒径小于等于4.75 mm的骨料，包括天然砂和人工砂。天然砂是由自然条件作用而形成的，粒径在4.75 mm以下的岩石颗粒。按其产源不同，可分为山砂、河砂、湖砂和海砂。人工砂（机制砂）由岩石、矿山尾矿或工业废渣机械破碎、筛分制成；混合砂由人工砂和天然砂混合制成。

粗骨料指粒径大于4.75 mm的骨料，包括碎石、卵石和再生粗骨料。碎石是指天然岩石、卵石或矿山废石或经破碎、筛分而得的粒径大于4.75 mm的岩石颗粒；卵石是由自然风化、水流搬运和分选、堆积形成的。

再生粗、细骨料由建筑废物中的混凝土、砂浆、石、砖瓦等加工而成。

由于天然砂石资源的紧张及过度开采对环境的破坏，今后应更多地注意结合当地资源，充分利用一些工业废渣、建筑垃圾代替天然砂石，并加强对现有砂石生产的管理及工艺的改进，从而提高砂石的质量。

2. 骨料的质量要求及对混凝土性能的影响

骨料的质量要求详见《普通混凝土用砂、石质量及检验方法标准》(JGJ 52—2006)、《建设用砂》(GB/T 14684—2022)、《建设用卵石、碎石》(GB/T 14685—2022)、《海砂混凝土应用技术规范》(JGJ 206—2010)、《混凝土和砂浆用再生细骨料》(GB/T 25176—2010)、《混凝土用再生粗骨料》(GB/T 25177—2010)、《再生骨料应用技术规程》(JGJ/T 240—2011)等。

1) 骨料的有害杂质

骨料中的有害杂质是指骨料中含有妨碍水泥水化，或降低骨料与水泥石的黏附性，或与水泥石产生不良化学反应的各种物质。这些物质包括黏土、云母、轻物质、有机质、硫化物（如FeS_2）、硫酸盐、氯盐、活性骨料、煅烧过的白云石和石灰石以及草根、树叶、煤块、炉渣等杂物。

含泥量是指天然砂和石子中粒径小于0.08 mm颗粒的含量。石粉含量是指人工砂中粒径小于0.08 mm颗粒的含量。对于砂，泥块含量是指砂中粒径大于1.25 mm，经水洗、手捏后变成粒径小于0.63 mm颗粒的含量；对于石子，泥块含量是指石子中公称粒径大于

5 mm，经水洗、手捏后变成粒径小于 2.5 mm 颗粒的含量。

黏土和云母黏附于骨料表面或夹杂其中，严重降低水泥与骨料的黏结强度，从而降低混凝土的强度、抗渗性和抗冻性，增大混凝土的收缩量。有机质、硫化物及硫酸盐对水泥有腐蚀作用，从而影响混凝土的性能。氯盐会引起钢筋混凝土中钢筋的锈蚀。因此对有害杂质含量必须加以限制。表 7-2 所示为天然砂、石子中有害物质的限量，人工砂中石粉含量的限值见表 7-3。

表 7-2 混凝土用天然砂、石子中有害物质的限量

项 目		质 量 标 准		
		≥C60	C55～C30	≤C25
含泥量，按质量计/%	石	≤0.5	≤1.0	≤2.0
	砂	≤2.0	≤3.0	≤5.0
泥块含量（按质量计）/%	石	≤0.2	≤0.5	≤0.7
	砂	≤0.5	≤1.0	≤2.0
硫化物和硫酸盐含量（折算为 SO_3，按质量计）/%	石	≤1.0		
	砂	≤1.0		
有机物含量（用比色法试验）	石	合格		
	砂			
云母含量（按质量计）/%	砂	≤2.0		
轻物质含量（按质量计）/%	砂	≤1.0		
氯离子含量/%	砂	≯0.06（钢筋混凝土），≯0.02（预应力混凝土）		

注：摘自《普通混凝土用砂、石质量及检验方法标准》（JGJ 52—2006）。

表 7-3 人工砂中石粉含量的限值

混凝土强度等级		≥C60	C55～C30	≤C25
亚甲蓝试验	MB 值<1.40（合格）	≤5.0%	≤7.0%	≤10.0%
	MB 值≥1.40（不合格）	≤2.0%	≤3.0%	≤5.0%

对于长期处于潮湿环境的重要结构混凝土，其所使用的砂石应进行碱活性检验。另外砂石中严禁混入煅烧过的白云石或石灰石，否则将引起混凝土开裂破坏。

2) 细骨料的颗粒级配和粗细程度

(1) 级配和粗细程度的概念

骨料中不同粒径颗粒的搭配比例称为级配，颗粒级配反映了骨料的空隙率大小。砂的粗细程度是指不同粒径的砂粒混合后平均粒径的大小。

在混凝土中水泥浆填充骨料间的空隙并包裹骨料表面，为达到节约水泥和提高性能的目的，应尽量减少骨料的总表面积和骨料间的空隙。骨料间的空隙通过颗粒级配控制，细骨料的总表面积通过骨料粗细程度控制，粗骨料的总表面积通过最大粒径控制。

当骨料的粒径相同时，空隙率很大[图 7-2(a)]。当用两种粒径的骨料搭配起来，空隙减少[图 7-2(b)]；而用多种不同粒径的骨料组配起来，空隙率将更小[图 7-2(c)]。

当骨料粒径较粗大且级配良好时，能使骨料的空隙率和总比表面积均较小，起到节约水泥浆、提高混凝土密实度、体积稳定性、强度和耐久性的作用。

图 7-2 骨料的颗粒级配

(a) 由一种粒径的颗粒组成；(b) 由两种粒径的颗粒组成；(c) 由多种粒径的颗粒组成

(2) 砂的细度模数和颗粒级配的测定

砂的粗细程度用细度模数表示，颗粒级配用级配区表示，用筛分析方法测定。筛分析是用一套方孔孔径为 4.75、2.36、1.18、0.60、0.30、0.15 mm 的标准方孔筛，将 500 g 干砂由粗到细依次过筛，称量各筛上的筛余量 m(g)，计算各筛上的分计筛余率 a(%)，再计算累计筛余率 A(%)。a 和 A 的计算关系见表 7-4。

表 7-4 累计筛余与分计筛余计算关系

筛孔尺寸/mm	筛余量/g	分计筛余率/%	累计筛余率/%
4.75	m_1	$a_1=m_1/M$	$A_1=a_1$
2.36	m_2	$a_2=m_2/M$	$A_2=A_1+a_2$
1.18	m_3	$a_3=a_3/M$	$A_3=A_2+a_3$
0.60	m_4	$a_4=a_4/M$	$A_4=A_3+a_4$
0.30	m_5	$a_5=m_5/M$	$A_5=A_4+a_5$
0.15	m_6	$a_6=m_6/M$	$A_6=A_5+a_6$
底盘	$m_底$	$M=m_1+m_2+m_3+m_4+m_5+m_6+m_底$	

细度模数根据下式计算（精确至 0.01）：

$$M_x = \frac{(A_2+A_3+A_4+A_5+A_6)-5A_1}{10-A_1} \tag{7-1}$$

细度模数越大，表示砂越粗。根据细度模数 M_x 大小将砂进行如下分类：

$M_x=3.1\sim3.7$ 粗砂

$M_x=3.0\sim2.3$ 中砂

$M_x=2.2\sim1.6$ 细砂

$M_x=1.5\sim0.7$ 特细砂

砂的颗粒级配根据 0.60 mm 筛孔对应的累计筛余率 A_4 分成Ⅰ区、Ⅱ区和Ⅲ区三个级配区，见表 7-5 和图 7-3。级配良好的粗砂应落在Ⅰ区；级配良好的中砂应落在Ⅱ区；细砂则在Ⅲ区。实际使用的砂颗粒级配可能不完全符合要求，除了 4.75 mm 和 0.60 mm 对应的累计筛余率外，其余各挡允许有超界，但超出总量应小于 5%。

(3) 砂的掺配及使用

砂的细度模数不能反映其级配的优劣，细度模数相同的砂，级配可以很不相同。级配处于表 7-5 和图 7-3 中的某一区内的砂方可以配制混凝土，所以，配制混凝土时必须同时考虑砂的颗粒级配和细度模数。

表 7-5　砂的颗粒级配区范围

筛孔尺寸/mm	累计筛余率/%		
	Ⅰ区	Ⅱ区	Ⅲ区
9.50	0	0	0
4.75	10～0	10～0	10～0
2.36	35～5	25～0	15～0
1.18	65～35	50～10	25～0
0.60	85～71	70～41	40～16
0.30	95～80	92～70	85～55
0.15	100～90	100～90	100～90

① 配制混凝土时宜优先选用Ⅱ区中的砂。当采用Ⅰ区砂时，应提高砂率，并保持足够的水泥用量，以满足混凝土的和易性；当采用Ⅲ区砂时，宜适当降低砂率；当级配不符合要求时，应采取相应的技术措施，并经试验证明能确保混凝土质量后方可使用；当采用特细砂时，应符合相应的规定。

② 当级配不合适的粗砂和细砂可同时提供时，宜将细砂和粗砂按一定比例掺配使用。掺配比例可根据砂资源状况、粗细砂各自的细度模数及级配情况，通过试验和计算确定。

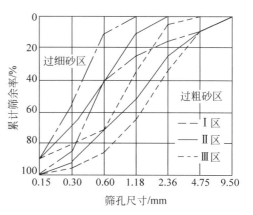

图 7-3　砂级配曲线图

【例题】　某砂样经筛分析试验，其筛余量见表 7-6，试评定该砂的粗细程度及颗粒级配情况。

表 7-6　筛余量

筛孔尺寸/mm	4.75	2.36	1.18	0.60	0.30	0.15	0.15以下
分计筛余量/g	40	60	80	120	100	90	10

解：分计筛余率和累计筛余率的计算结果见表 7-7。

表 7-7　分计筛余率和累计筛余率的计算结果

筛孔尺寸/mm	4.75	2.36	1.18	0.60	0.30	0.15	0.15以下
分计筛余量/g	40	60	80	120	100	90	10
分计筛余率/%	8	12	16	24	20	18	2
累计筛余率/%	8	20	36	60	80	98	2

细度模数 M_x 计算如下：

$$M_x = \frac{A_2 + A_3 + A_4 + A_5 + A_6 - 5A_1}{100 - A_1}$$

$$= \frac{20 + 36 + 60 + 80 + 98 - 5 \times 8}{100 - 8} \approx 2.8$$

将各筛的累计筛余率在图 7-3 中标出或与表 7-5 比较,其累计筛余率均落在Ⅱ区砂的范围内。

结果评定:该砂的细度模数 $M_x=2.8$,属于中砂;砂的颗粒级配在Ⅱ区,级配合格。

3) 粗骨料的颗粒级配和最大粒径

石子的级配分为连续粒级(即连续级配)和单粒级两种。混凝土粗骨料宜采用连续级配。单粒级一般不宜单独用来配制混凝土,如必须单独使用,则应作技术经济分析,并通过试验证明不发生离析或影响混凝土的质量。

石子的级配与砂的级配一样,通过一套标准筛筛分试验,计算累计筛余率确定。碎石和卵石级配应符合表 7-8 的要求。

表 7-8 碎石或卵石的颗粒级配范围

级配情况	公称粒级/mm	累计筛余率(按质量计)/%											
		筛孔尺寸(方孔筛)/mm												
		2.36	4.75	9.5	16.0	19.0	26.5	31.5	37.5	53.0	63.0	75.0	90.0
连续粒级	5~10	95~100	80~100	0~15	—	—	—	—	—	—	—	—	—
	5~16	95~100	85~100	30~60	0~10	—	—	—	—	—	—	—	—
	5~20	95~100	90~100	40~80	—	0~10	—	—	—	—	—	—	—
	5~25	95~100	90~100	—	30~70	—	0~5	—	—	—	—	—	—
	5~31.5	95~100	90~100	70~90	—	15~45	—	0~5	—	—	—	—	—
	5~40	—	95~100	70~90	—	30~65	—	—	0~5	—	—	—	—
单粒级	10~20	—	95~100	85~100	—	0~15	—	—	—	—	—	—	—
	16~31.5	—	95~100	—	85~100	—	—	0~10	—	—	—	—	—
	20~40	—	—	95~100	—	80~100	—	—	0~10	—	—	—	—
	31.5~63	—	—	—	95~100	—	—	75~100	45~75	—	0~10	—	—
	40~80	—	—	—	—	95~100	—	—	70~100	—	30~60	0~10	—

粗骨料中公称粒级的上限称为该骨料的最大粒径。例如,当使用 5~40 mm 的粗骨料时,最大粒径为 40 mm。当骨料粒径增大时,其总表面积减小,包裹它表面所需的水泥浆数量相应减少,可节约水泥。所以,在条件许可的情况下,应尽量选用较大粒径的骨料。研究表明,对于厚大无筋或钢筋稀疏的混凝土,采用大粒径骨料是有利的。但是对于结构常用混凝土,骨料粒径大于 40 mm 并无好处。过大的石子,给运输、搅拌、振捣都带来困难,骨料最

大粒径还受结构型式和配筋疏密等限制。根据《混凝土质量控制标准》(GB 50164—2011)的规定:①最大粒径不得大于构件最小截面尺寸的 1/4,同时不得大于钢筋最小净距的 3/4;②对于混凝土实心板,最大粒径不宜超过板厚的 1/3,且不得大于 40 mm;③对于大体积混凝土,粗骨料最大粒径不宜小于 31.5 mm;④对于泵送混凝土,骨料最大粒径与输送管内径之比应符合有关规定,一般不大于 1/5。

4) 粗骨料形状和表面特征

为减小骨料的空隙率,骨料的颗粒形状以近立方体或近球状体为佳,但碎石中常含有针、片状颗粒,应限制其含量。针状颗粒是指长度大于该颗粒所属粒级平均粒径(该粒级上、下限粒径的平均值)的 2.4 倍者;而片状颗粒是指其厚度小于该颗粒所属粒级平均粒径的 0.4 倍者。针、片状粗骨料易折断,使骨料的空隙率增大,降低混凝土的强度,特别是抗折强度。其颗粒含量的限值要求见表 7-9。

表 7-9　碎石或卵石的针、片状颗粒含量限值

混凝土强度等级	≥C60	C55~C30	≤C25
针、片状颗粒含量(按质量计)/%	≤8	≤15	≤25

粗骨料的表面特征指表面粗糙程度。碎石与卵石相比,具有表面粗糙、多棱角的特点,其新拌混凝土的流动性较差,但与水泥黏结性能较好。若配合比相同,碎石配制的混凝土强度相对较高。卵石表面光滑,少棱角,表面积较小,其拌合物的流动性较好,但黏结性能较差,强度相对较低。若保持与碎石混凝土流动性相同,卵石的拌和用水较碎石少,因此卵石混凝土的强度并不一定低。

5) 粗骨料的强度

用于混凝土的骨料必须质地致密,具有足够的强度。骨料的强度可用岩石立方体强度或压碎指标两种方法表示。在选择采石场或对粗骨料强度有严格要求或对质量有争议时,宜用岩石立方体强度检验。对粗骨料经常性的生产控制和细骨料的强度则用压碎指标值检验较为简便。

岩石立方体强度,是将碎石或卵石制成边长为 50 mm 的立方体或直径与高均为 50 mm 的圆柱体试件,在水饱和状态下,测其极限抗压强度。岩石的极限抗压强度一般应不小于混凝土强度的 1.2 倍。当混凝土强度等级大于或等于 C60 时,应进行岩石抗压强度试验。

压碎指标值是测定堆积后的砂子、碎石或卵石承受压力而不破坏的能力。对于石子,试验时是将一定质量气干状态下公称粒级 10~20 mm 的石子装入一定规格的圆筒内,在压力机上加荷到 200 kN,卸荷后称取试样质量(m_0),用孔径 2.36 mm 的筛筛除被压碎的颗粒,称取试样的筛余量(m_1),则压碎指标为压碎的石子质量与试样的质量之比。

压碎指标值越小,说明骨料抵抗压碎的能力越强,骨料强度越高。骨料的压碎指标值不应超过表 7-10 和表 7-11 的规定。

6) 骨料的坚固性

骨料的坚固性是指骨料在自然风化和其他外界物理、化学因素作用下抵抗碎裂的能力,它与混凝土的耐久性密切相关。粗集料和天然砂采用硫酸钠溶液法进行检验,试样经 5 次循环后的质量损失应符合表 7-12 的规定。人工砂采用压碎指标法进行检验,压碎指标值应小于 30%。

表 7-10 碎石的压碎指标值

岩 石 品 种	混凝土强度等级	碎石压碎指标值/%
沉积岩	C60～C40	≤10
	≤C35	≤16
变质岩或深沉的火成岩	C60～C40	≤12
	≤C35	≤20
喷出的火成岩	C60～C40	≤13
	≤C35	≤30

表 7-11 卵石的压碎指标值

混凝土强度等级	C60～C40	≤C35
卵石压碎指标/%	≤12	≤16

表 7-12 砂的坚固性指标

混凝土所处的环境条件及其性能要求	5 次循环后的质量损失/%	
	砂	石
在严寒及寒冷地区室外使用并经常处于潮湿或干湿交替状态下的混凝土	≤8	≤8
其他条件下使用的混凝土	≤10	≤12

7）表观密度、堆积密度、空隙率

砂的表观密度应大于 2500 kg/m³，松散堆积密度应大于 1400 kg/m³，空隙率应小于 44%；石子的表观密度应大于 2600 kg/m³，空隙率应不大于 47%。

8）骨料的含水状态

骨料有四种含水状态，如图 7-4 所示。

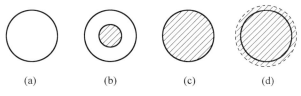

(a)　　　(b)　　　(c)　　　(d)

图 7-4　骨料的含水状态

(a) 绝干状态；(b) 气干状态；(c) 饱和面干状态；(d) 湿润状态

（1）绝干状态：骨料内外不含水，在 (105±5) ℃条件下烘干而得，亦称烘干状态。

（2）气干状态：除掉表面水分，但部分内部孔隙中仍充满水。其含水量的大小与空气相对湿度和温度密切相关。

（3）饱和面干状态：内部孔隙全部吸水饱和，但在表面无水分。

（4）湿润状态：所有孔隙充满水，而且表面有水膜。

在上述四种状态中，绝干和饱和面干状态对应确定的含水量，它们可以用于描述骨料含水量和进行混凝土的配合比设计。而砂的湿润状态常会出现砂的堆积体积增大的现象，砂的这种性质在验收材料和配制混凝土按体积计量时具有重要意义。

在拌制混凝土时,由于骨料的含水状态不同,将影响混凝土的用水量和骨料的用量。以饱和面干状态骨料为基准计算混凝土的配合比时,骨料既不会从混凝土中吸收水分,也不会向混凝土拌合物释放水分,因此可以保证混凝土的用水量和骨料用量的准确性。水利工程和道路工程常以饱和面干状态的骨料(包括砂子和石子)为基准设计混凝土配合比。一般工业与民用建筑工程则常以干燥状态(砂的含水率小于0.5%,石子的含水率小于0.2%,近似绝干状态)的骨料为基准设计混凝土配合比,这是因为坚固骨料的饱和面干吸水率较小(一般小于2%),对配比影响不大;而且在施工过程中要经常测定骨料的实际含水率,并及时调整混凝土组成材料的实际用量,从而可以保证混凝土的质量。

3. 骨料的选用、验收、运输和堆放

在工程中应尽量选用满足以下条件的优质骨料:粒形圆、表面粗糙、级配好、较粗大、含泥量等有害物质少、表观密度大、具有较高的硬度和强度、坚固耐久、体积稳定性好、吸水率小。

砂石的验收应满足以下要求并应符合有关标准的规定:

(1)供货单位应提供砂或石的产品合格证及质量检验报告。

(2)使用单位对砂石的数量验收可按质量或体积计算,并应按批对骨料的颗粒级配、含泥量、泥块含量、针片状含量(粗骨料)进行复验。抗冻等级 F100 及以上的混凝土用骨料还应进行坚固性检验。其他指标根据需要进行检验。骨料不超过 400 m^3 或 600 t 为一检验批。

(3)复验不合格砂石应通过试验,在保证工程质量前提下方可使用。

砂石在运输、装卸和堆放时,应防止离析、混入杂质,并应按产地、种类和规格分别堆放。碎石或卵石的堆放高度不宜超过 5 m,单粒级或最大粒径 20 mm 以下的连续粒级堆放高度不宜超过 10 m。

7.2.3 对水的要求

混凝土用水的基本质量要求是:不影响混凝土的和易性和凝结硬化;无损于混凝土强度发展及耐久性;不加快钢筋锈蚀;不引起预应力钢筋脆断;不污染混凝土表面。

混凝土拌和及养护用水应符合《混凝土用水标准》(JGJ 63—2006)的规定。混凝土用水是指混凝土拌和用水和混凝土养护用水的总称,包括饮用水、地表水、地下水、再生水、混凝土企业设备洗刷水和海水等。凡符合国家标准的生活饮用水,均可拌制各种混凝土,其他水源检验合格后方可使用,并应注意以下几个方面:

(1)混凝土拌和用水不应有漂浮明显的油脂和泡沫,不应有明显的颜色和异味。

(2)混凝土企业设备洗刷水不宜用于预应力混凝土、装饰混凝土和暴露于腐蚀环境的混凝土;不得用于使用碱活性或潜在碱活性集料的混凝土。

(3)未经处理的海水严禁用于钢筋混凝土和预应力混凝土。

(4)在无法获得水源的情况下,海水可用于素混凝土,但不宜用于装饰混凝土。

7.2.4 对矿物掺合料的要求

1. 矿物掺合料的定义及分类

矿物掺合料是指在配制混凝土时加入的能改变新拌混凝土和硬化混凝土性能的无机矿

物细粉。它的掺量通常大于水泥用量的5%,细度与水泥细度相同或比水泥更细。在配制混凝土时加入较大量的矿物掺合料可降低温度、改善工作性能,增进后期强度,并可改善混凝土的内部结构,提高混凝土的耐久性和抗腐蚀能力。尤其是矿物掺合料对碱骨料反应的抑制作用引起了人们的重视。因此,国外将这种材料称为辅助胶凝材料,其已成为混凝土不可缺少的第六组分。

矿物掺合料根据来源可分为天然、人工及工业废料三大类(表7-13)。

表7-13　矿物掺合料的分类

类　　别	品　　种
天然类	火山灰、凝灰岩、沸石粉、硅质页岩等
人工类	水淬高炉矿渣、煅烧页岩、偏高岭土等
工业废料类	粉煤灰、硅灰等

近年来,工业废渣矿物掺合料直接在混凝土中应用的技术有了新的进展,尤其是粉煤灰、磨细矿渣粉、硅灰等具有良好的活性,在节约水泥、节省能源、改善混凝土性能、扩大混凝土品种、减少环境污染等方面有显著的技术经济效果和社会效益。硅灰、磨细矿渣及分选超细粉煤灰可用来生产C100以上的超高强混凝土、超高耐久性混凝土、高抗渗混凝土。虽然水泥中也可以掺入一定数量的混合材,但它对混凝土性能的影响与矿物掺合料对混凝土性能的影响并不完全相同。矿物掺合料的使用给混凝土生产商提供了更多的混凝土性能和经济效益的调整余地,因此它成为与水泥、骨料、外加剂并列的混凝土组成材料。

矿物掺合料在混凝土中的作用主要体现在几个方面:①形态效应:利用矿物掺合料的颗粒形态在混凝土中起减水作用,有学者称之为"矿物减水剂"。如优质的粉煤灰,其玻璃微珠对混凝土和砂浆的流动起"滚珠轴承"作用,因而有减水作用。②微骨料效应:矿物掺合料中的微细颗粒填充到水泥颗粒填充不到的孔隙中,可以使混凝土孔结构改善,致密性提高,大幅提高混凝土的强度和抗渗性能。③化学活性效应:利用矿物掺合料的潜在化学活性(见6.1.1节),将混凝土中尤其是浆体与骨料界面处大量的$Ca(OH)_2$晶体转化成对强度及致密性更有利的C-S-H凝胶,改善界面缺陷,提高混凝土强度。④掺合料的密度通常小于水泥,等质量的掺合料替代水泥后,浆体体积增加,混凝土和易性改善。

不同种类矿物掺合料因其自身性质不同,在混凝土中所体现的效应各有侧重。

几种常用矿物掺合料和水泥的物理性质、化学组成见表7-14和表7-15。

由表7-15可以看出,矿物掺合料的SiO_2含量都高于水泥,而且大部分呈有活性的无定形态。硅粉几乎是纯的活性SiO_2。粉煤灰分低钙灰和高钙灰两种。高钙灰和磨细矿渣含有大量含钙矿物,能水化并有一定的自硬性,但其水化反应在没有水泥存在时非常缓慢,在水泥的激发下会大大加速。

表7-14　常用矿物掺合料的物理性质

性　　质	粉　煤　灰	磨细矿渣粉	硅　　灰	水　　泥
密度/(g·cm^{-3})	2.1	2.9	2.2	3.15
堆积密度/(kg·m^{-3})	516~1073	800~1100	250~300	1200~1300
粒径范围/μm	10~150	3~100	0.01~0.5	0.5~100
比表面积/(m^2·kg^{-1})	350	400	15 000	350
颗粒形状	主要是球形颗粒	不规则	球形	有棱角,不规则

表 7-15　常用矿物掺合料的化学组成

氧化物	粉煤灰 低钙	粉煤灰 高钙	磨细矿渣粉	硅灰	水泥
SiO_2	48%	40%	36%	97%	20%
Al_2O_3	27%	18%	9%	2%	5%
Fe_2O_3	9%	8%	1%	0.1%	4%
MgO	2%	4%	11%	0.1%	1%
CaO	3%	20%	40%		64%
Na_2O	1%				0.2%
K_2O	4%				0.5%

掺合料的选用应通过试验确定,其质量要求、品种和掺量(表 7-15)的确定、检验与进场验收、存储与使用应符合相关标准的规定,相关标准有《普通混凝土配合比设计规程》(JGJ 55—2011)、《混凝土结构耐久性设计标准》(GB/T 50476—2019)、《矿物掺合料应用技术规范》(GB/T 51003—2014)、《粉煤灰混凝土应用技术规范》(GB/T 50146—2014)、《用于水泥和混凝土中的粉煤灰》(GB/T 1596—2017)、《用于水泥、砂浆和混凝土中的粒化高炉矿渣粉》(GB/T 18046—2017)、《水泥砂浆和混凝土用天然火山灰质材料》(JG/T 315—2011)、《高强高性能混凝土用矿物外加剂》(GB/T 18736—2017)、《混凝土用复合掺合料》(JG/T 486—2015)等。下面对常用的几种掺合料作简要介绍。

2. 粉煤灰

粉煤灰按照煤种分为 F 类和 C 类,F 类为无烟煤或烟煤煅烧收集的粉煤灰,颜色为灰色或深灰色;C 类为褐煤或次烟煤煅烧收集的粉煤灰,其氧化钙含量一般大于 10%,为高钙粉煤灰,颜色为褐黄色。粉煤灰主要由不同大小颗粒的玻璃微珠组成,其颗粒形貌如图 7-5 所示。粉煤灰的物理性质、化学组成见表 7-14 和表 7-15。

(a)　　　　　　　　　　(b)

图 7-5　粉煤灰与水泥的颗粒形貌(放大 1000 倍的扫描电镜图片)
(a) 粉煤灰；(b) 水泥

粉煤灰分级及其技术要求如表 7-16 所示(选自 GB/T 1596—2017)。

其中细度和烧失量是粉煤灰的重要指标。颗粒越细、烧失量越低,活性就越高,粉煤灰质量越好。粉煤灰细度越细,其微骨料效应和化学活性效应越显著,需水量比也越小,其矿物减水效应越显著。烧失量主要是含碳量,未燃尽的碳粒是粉煤灰中的有害成分,碳粒多孔,比表面积大,吸附性强,强度低,带入混凝土中后,不但影响混凝土的需水量,还会导致外加剂用量大幅增加。对硬化混凝土来说,碳粒影响水泥浆的黏结强度,成为混凝土中强度

表 7-16 用于砂浆和混凝土中的粉煤灰技术要求

指　　标		级　　别		
		Ⅰ	Ⅱ	Ⅲ
细度(45 μm 方孔筛筛余)/%	F 类粉煤灰、C 类粉煤灰	≤12	≤25	≤45
需水量比/%		≤95	≤105	≤115
烧失量/%		≤5	≤8	≤15
含水量/%		≤1	≤1	≤1
三氧化硫/%		≤3	≤3	≤3
游离氧化钙/%		F 类粉煤灰≤1；C 类粉煤灰≤4		
安定性(雷氏夹沸煮后增加距离)/mm		C 类粉煤灰≤5		

的薄弱环节，易增大混凝土的干缩值；它不仅自身是惰性颗粒，还是影响粉煤灰形态效应最不利的颗粒。因此，烧失量是评价粉煤灰品质的一项重要指标。

粉煤灰能显著提高混凝土的工作性和耐久性，但通常混凝土的凝结时间会有所延长、早期强度有所降低。在配制混凝土时，其掺量一般可达到胶凝材料用量的 20%～40%。其掺量大小与混凝土的原材料、配合比、工程部位及气候环境等密切相关。通常混凝土中掺入粉煤灰时应与减水剂、引气剂等同时掺用。

3. 粒化高炉矿渣粉

粒化高炉矿渣经干燥、粉磨（或添加少量石膏一起粉磨）达到相当细度且符合相应活性指数的粉体叫作粒化高炉矿渣粉（简称矿渣粉）。

前面提到，粒化高炉矿渣可以与水泥熟料一起磨细，生产矿渣水泥。但与熟料混磨时，由于矿渣比熟料坚硬，不易同步磨细，比熟料颗粒更粗，因而矿渣水泥配制的混凝土保水性差、泌水性大、抗渗性差；同时较粗的粒化高炉矿渣颗粒的活性不能得到充分发挥，因而矿渣水泥早期强度低。而将粒化高炉矿渣单独粉磨，则可以根据需要控制粉磨工艺，得到所需细度或比水泥更细的矿渣粉，有利于其中活性组分更快、更充分地水化，从而保证混凝土所需强度，并且微细粉体的填充作用，使混凝土内部结构更加密实。

矿渣粉的活性取决于矿渣的化学成分、矿物组成、冷却条件及粉磨细度。矿渣的化学成分与硅酸盐水泥相类似（表 7-15），当矿渣中 CaO、Al_2O_3 含量高，SiO_2 含量低时，矿渣活性高。通常矿渣粉的比表面积越大，颗粒越细，其活性越高。矿渣粉的技术指标应符合表 7-17 的规定。国标《用于水泥和混凝土中的粒化高炉矿渣粉》(GB/T 18046—2017)中用活性指数表示其强度活性：活性指数＝(掺 50% 磨细矿渣 ISO 胶砂抗压强度/100% 纯水泥 ISO 胶砂抗压强度)×100%，活性指数大，表明矿渣活性高，对混凝土强度贡献大。矿渣越细，通常早龄期的活性指数越大，但细度对后期活性指数的影响较小。另外，矿渣越细，混凝土的水化热和收缩量越大。

粒化高炉矿渣粉在普通混凝土中应用广泛，掺量可达胶凝材料用量的 45%～65%。

4. 硅灰

硅灰是指冶炼工业硅或硅铁合金时通过烟道排出的粉尘，经收尘器收集到的以无定形的 SiO_2 为主要成分的超细粉末颗粒。硅灰也称硅粉，一般为白色，硅灰的物理性质、化学组

表 7-17 粒化高炉矿渣粉的技术指标(GB/T 18046—2017)

项 目		级 别		
		S105	S95	S75
密度/(g/cm³)		≥2.8		
比表面积/(m²/kg)		≥500	≥400	≥300
活性指数/%	7 d	≥95	≥75	≥55
	28 d	≥105	≥95	≥75
流动度比/%		≥95		
含水量/%		≤1.0		
三氧化硫含量/%		≤4.0		
氯离子含量/%		≤0.06		
烧失量/%		≤3.0		
玻璃体含量(质量分数)/%		≥85		
放射性		合格		

成见表 7-14 和表 7-15。虽然硅灰的形态也是很漂亮的球状玻璃体,但由于其粒径非常小,比水泥颗粒小两个数量级,在混凝土胶凝材料颗粒群的体系中不能产生"滚珠轴承"效应,相反,因其巨大的比表面积使其具有较强的表面效应,不仅起不到减水的作用,还会导致混凝土的需水量大幅增加。硅灰的需水量比可达 134%,火山灰活性指标高达 110%。

硅灰的技术指标要求详见《高强高性能混凝土用矿物外加剂》(GB/T 18736—2017)。其中硅灰的质量可用 SiO_2 含量和活性指数来检验。用于混凝土中的硅灰,SiO_2 含量应大于 85%,其中活性的(在饱和石灰水中可溶)SiO_2 达 40% 以上。以 10% 硅灰等量替代水泥,其 28 d 活性指数应≥85%。硅灰颗粒细小,掺入混凝土中后具有优异的火山灰效应和微骨料效应,能改善新拌混凝土的泌水性和黏聚性,增加混凝土的强度,提高混凝土的抗渗、抗冲击等性能,抑制碱骨料反应。因硅灰的高填充效果增加和高火山灰活性增大,黏度增加,自收缩量增大。因此,一般硅灰的掺量控制为 5%~10%,并用高效减水剂来调节需水量。

7.2.5 对外加剂的要求

外加剂是在拌制混凝土过程中加入的用以改善混凝土性能的物质,其掺量不大于水泥质量的 5%(特殊情况除外)。由于混凝土外加剂能使混凝土的性能和功能得到显著改善和提高,因此已被人们称为混凝土中不可缺少的第五组分,混凝土外加剂生产与应用技术亦被认为是混凝土工艺和应用技术上继钢筋混凝土和预应力混凝土之后的第三次重大突破。尤其是当前具有高分散性、高分散维持性的高性能减水剂(超塑化剂)的出现,揭开了混凝土技术的新篇章。

1. 混凝土外加剂的分类

按照化学结构式的不同,混凝土外加剂可分为三类:①无机电解质;②有机表面活性物质;③聚合物电解质。它们的基本特性如表 7-18 所示。为了较全面地改善水泥混凝土的各种性能,人们往往采用它们三种组成中的二元或三元体系的复合外加剂。

表 7-18 按化学结构式分类的外加剂的基本特性

项　目	无机电解质	有机表面活性物质	聚合物电解质
分子质量	几十至几百	几百至几千	1000～20 000
减水作用	无或 5%	5%～18%	>20%
引气作用	无	有	无或极小
掺量	1%～5%	<1%	0.5%～2%

按照主要功能的不同,混凝土外加剂可分为四类:①改善混凝土拌合物流变性能的外加剂,包括各种减水剂、引气剂和泵送剂等;②调节混凝土凝结时间、硬化性能的外加剂,包括缓凝剂、早强剂和速凝剂等;③改善混凝土耐久性的外加剂,包括引气剂、防水剂和阻锈剂等;④改善混凝土其他性能的外加剂,包括加气剂、膨胀剂、防冻剂、着色剂等。

混凝土外加剂的主要技术要求(即掺外加剂混凝土的性能指标)包括减水率、泌水率比、凝结时间差、坍落度损失、含气量、抗压强度比、收缩率比、相对耐久性等。外加剂的选用应通过试验确定,其质量要求、品种和掺量的确定、检验与进场验收、存储与使用应符合相关标准的规定,相关标准有《混凝土外加剂术语》(GB/T 8075—2017)、《混凝土外加剂》(GB 8076—2008)、《混凝土外加剂应用技术规范》(GB 50119—2013)、《混凝土外加剂匀质性试验方法》(GB/T 8077—2012)、《混凝土防冻剂》(JC/T 475—2004)、《混凝土膨胀剂》(GB/T 23439—2017)等。

2. 减水剂

减水剂是指在混凝土拌合物流动性基本相同的条件下,能减少拌合用水量的外加剂。减水剂是最常用的混凝土外加剂之一,又称为分散剂或塑化剂。

1) 减水剂的作用机理

减水剂是一种表面活性剂,其分子由亲水基团和憎水基团两部分构成(图 7-6)。表面活性剂是能显著降低液体表面张力或二相间界面张力的物质,故又称界面活性剂。表面活性剂具有润湿、乳化、分散、润滑、起泡和洗涤等作用。

减水剂能提高混凝土拌合物和易性的原因,可归纳为两方面:吸附-分散作用;润滑和湿润作用。

(1) 吸附-分散作用

水泥加水拌和后,由于水泥颗粒间分子引力的作用,产生许多絮状物而形成絮凝结构,使 10%～30% 的拌合水(游离水)被包裹在其中(图 7-7),从而降低了混凝土拌合物的流动性。当加入适量减水剂后,减水剂分子定向吸附于水泥颗粒表面,亲水基团指向水溶液。

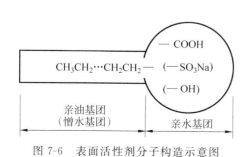

图 7-6 表面活性剂分子构造示意图　　图 7-7 水泥粒子絮凝结构示意图

在亲水基团的电离作用下,水泥颗粒表面带上电性相同的电荷。当水泥粒子靠近时,产生静电斥力,见图7-8(a)。水泥颗粒相互分散,导致絮凝结构解体,释放出游离水,从而有效地增大了混凝土拌合物的流动性,见图7-8(b)。

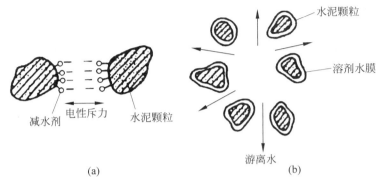

图 7-8 减水剂作用示意图
(a) 吸附-分散;(b) 润滑和湿润

(2) 润滑和润湿作用

阴离子表面活性剂类减水剂在水泥颗粒表面吸附定向排列,其亲水基团极性很强,带有负电,易与水分子以氢键形式结合,在水泥颗粒表面形成一层稳定的溶剂化水膜,见图7-5(b)。这层水膜在水泥颗粒间起润滑作用,使水泥颗粒易于滑动,从而使混凝土流动性进一步提高。减水剂还能使水泥颗粒表面更好地被水湿润,也有利于和易性的改善。

聚羧酸减水剂的作用机理除了静电斥力,还有空间位阻作用使水泥颗粒分散开来。

正是由于减水剂所起的吸附分散、润滑和润湿作用,只需要少量的水就可以较容易地将混凝土拌和均匀。同时,水泥颗粒在减水剂作用下充分分散,增大了水泥颗粒的水化面积,使水化更加充分,提高了混凝土的强度。

2) 使用减水剂的技术经济效益

根据使用条件不同,使用减水剂可以产生以下几个方面的技术经济效益:

(1) 在保持水灰比不变和单位用水量不变的条件下,可增大混凝土拌合物的流动性,且不会降低混凝土的强度。

(2) 在保持混凝土拌合物流动性不变及水泥用量不变的条件下,减少拌和用水量,可以降低水灰比,从而使混凝土的强度及耐久性得到提高。

(3) 在保持混凝土拌合物流动性不变及水灰比不变的条件下,减少拌和用水量,可以减少水泥用量,从而可以节约水泥,降低工程造价。

(4) 减少混凝土拌合物的泌水、离析现象,延缓其凝结时间和降低水化放热速度等。

3) 减水剂的主要种类和特性

减水剂按其减水率的不同,可分为普通减水剂(减水率≥8%)、高效减水剂(减水率≥14%)和高性能减水剂(减水率≥25%);按其兼有的功能分为引气减水剂、缓凝减水剂和早强减水剂等。几种常用减水剂介绍如下:

(1) 普通减水剂

普通减水剂的常用品种有木质素磺酸盐类(木质素磺酸钙、木质素磺酸钠等)、糖蜜类等。其适宜掺量一般为0.2%~0.3%,减水率为10%左右,兼有一定的缓凝作用,凝结时间可延长 1.5～4.0 h,对大体积混凝土和夏季施工有利。木钙是引气缓凝型减水剂,若掺量过多会降低混凝土的强度,所以使用时掺量要适宜。普通减水剂在低温情况下其缓凝作用严重,宜用于日最低气温 5 ℃以上、强度等级为 C40 以下的混凝土。

(2) 高效减水剂

高效减水剂目前使用较为广泛的品种主要有萘系、三聚氰胺系(又称蜜胺树脂系)、氨基磺酸盐系等。高效减水剂基本上是聚合物电解质,对水泥颗粒具有很强的分散作用,掺入量为水泥质量的 0.5%～1.5%时,可以使混凝土拌合物的流动性大大提高;减水率可达 15%～30%。高效减水剂广泛用于配制高流动性混凝土、高强混凝土等。

(3) 高性能减水剂

高性能减水剂包括聚羧酸系减水剂、氨基羧酸系减水剂以及其他能够达到标准指标要求的减水剂。高性能减水剂具有一定的引气性、较高的减水率和良好的坍落度保持性能。与其他减水剂相比,高性能减水剂在配制高工作性、高体积稳定性、高强度和高耐久性等高性能混凝土时,具有明显的技术优势和较高的性价比。

聚羧酸系减水剂具有很强的分散减水作用,掺量低,减水率高,保塑性强,能有效地控制混凝土拌合物的坍落度经时损失。该类减水剂的掺量一般为 0.2%～0.5%,减水率一般为 25%～35%,最高可达 40%。其掺量为 0.1%～0.2%时的减水率高于掺量为 0.5%～0.7%萘系减水剂的减水率。

4) 减水剂的掺入方法

外加剂的掺入方法对其作用效果有时影响很大,减水剂掺入混凝土中的方法有先掺法、后掺法、同掺法和滞水掺入法。实际工程中以同掺法、后掺法应用为多。

(1) 先掺法是将减水剂先与水泥混合后,再与混凝土其他材料一起搅拌。

(2) 后掺法是在混凝土拌合物运送到浇注地点后,再加入或再补充部分减水剂。

(3) 同掺法即将减水剂与混凝土原材料同时加入搅拌机,一起搅拌。

(4) 滞水掺入法是在搅拌过程中减水剂滞后 1～3 min 加入。

3. 引气剂

引气剂是指在混凝土搅拌过程中能引入大量微小密闭气泡(直径为 10～100 μm),从而改善其和易性和耐久性的外加剂。掺引气剂和引气减水剂都可以减少单位用水量。工程中常用的引气剂有松香皂及松香热聚物类、烷基苯磺酸盐类、脂肪醇磺酸盐类、蛋白质盐、石油磺酸盐。引气剂掺量一般为水泥质量的 0.5/10 000～1.5/10 000。

引气剂对新拌混凝土及硬化混凝土性能的影响如下:

1) 流动性

引气剂使新拌混凝土中引入大量微小气泡,在水泥颗粒之间起着类似轴承滚珠的作用,从而减小混凝土拌合物流动时的滑移阻力,增大流动性。含气量每增加 1%,混凝土拌合物的坍落度可增加 10 mm 左右。

2) 泌水性

引气剂引入的微小气泡有阻止骨料下沉和水分上浮的作用,并且气泡的膜壁消耗部分水分,减少了能够自由移动的水分。它使混凝土拌合物更好地处于匀质状态,使拌合物的水分能更长时间地停留在水泥浆中而减少泌水量。由于气泡的作用,泌水量一般可减少

30%~40%。

3) 强度

引气剂增加了混凝土中的气泡,减小了浆体的有效面积,造成混凝土抗压强度降低。通常混凝土含气量每增加1%,混凝土抗压强度降低4%~6%,抗折强度降低2%~3%。在配制引气混凝土时,可适当减少拌和用水量,降低水灰比,提高混凝土强度,以补偿由于引入气泡后的强度下降。

4) 抗冻性

引气剂引入大量微小的气泡均匀地分布在混凝土内部,可以容纳及缓和受冻融破坏时混凝土内部自由水分迁移造成的静水压力,显著提高混凝土的抗冻融性能。性能优良的引气剂引入的气泡平均直径低于 20 μm,其气泡间隔系数为 0.1~0.2 mm,此时抗冻性最好。通常掺引气剂后混凝土的抗冻性可提高1~6倍,在一定含气量范围内,抗冻性随含气量的增加而提高,当含气量超过6%时抗冻融性能反而有所下降。

5) 抗渗性

掺入引气剂后,混凝土抗渗性能可提高50%以上。这是因为引气产生的大量均匀分布的微小气泡促使混凝土中多余的水分散在气泡壁周围,这些水分不能再集中和连通起来形成毛细管通道,这就相当于把开放的毛细管变成封闭的气孔,只有在更大的静水压力下才会产生渗透。由于抗渗性提高、抗冻性提高,因而混凝土耐久性大大提高。

另外,由于大量气泡的存在,混凝土弹性模量下降,对提高混凝土的抗裂性有利。

引气剂可用于泵送混凝土、抗冻混凝土、防渗混凝土、抗硫酸盐混凝土、贫混凝土、轻骨料混凝土以及有饰面要求的混凝土等;但不宜用于蒸养混凝土及预应力混凝土。抗冻性要求高的混凝土,必须掺入引气剂或引气减水剂,其掺量应根据混凝土含气量的要求,通过试验确定。为提高混凝土的耐久性,我国今后应大力推广引气剂在混凝土中的应用。

4. 缓凝剂

缓凝剂是指能延缓混凝土拌合物凝结时间,并对后期强度发展无不利影响的外加剂。主要品种有糖类、木质素磺酸盐类、羧基羧酸盐类及无机盐类(磷酸盐、硼砂、硫酸锌等)。一般常用掺量在0.03%~0.30%范围内,延缓凝结时间2~10 h不等。

缓凝剂能延缓混凝土初、终凝时间,降低混凝土拌合物坍落度经时损失,降低水化放热速率。因而缓凝剂适用于夏季高温施工的混凝土、静停时间较长或长距离运输的混凝土、大体积混凝土、商品混凝土与泵送混凝土等。

缓凝剂的品种及掺量应根据混凝土的凝结时间、运输距离、停放时间以及强度要求确定。在使用前,必须了解不同缓凝剂的性能、相应的使用条件,以确定适宜掺量。若使用不当(例如掺量过大或拌和不匀),会酿成事故。

5. 早强剂

早强剂是指能加速混凝土早期强度发展,而对后期强度无显著影响的外加剂。混凝土工程中常用的早强剂有如下几大类:①无机类早强剂,包括氯化物(氯化钙、氯化钠、氯化铁等)、硫酸盐类(硫酸钠、硫酸钙、硫酸铝、硫代硫酸钠等)、重铬酸钾等;②有机早强剂,如三乙醇胺、三异丙醇胺等;③复合早强剂,主要是无机与有机早强剂的复合(如三乙醇胺+氯化钠、三乙醇胺+氯化钠+亚硝酸钠等)或早强剂与减水剂的复合。

早强剂可用于蒸养混凝土及常温、低温和最低气温不低于-5 ℃条件下施工的有早强或防冻要求的混凝土工程。

6. 防冻剂

防冻剂是指能使混凝土在负温下硬化，并在规定时间内达到足够强度的外加剂。工程中常用的防冻剂有：①强电解质无机盐类(如氯化钠、氯化钙、氯盐与亚硝酸钠的复合、亚硝酸盐等)；②水溶性有机化合物类(如乙二醇)；③有机化合物与无机盐复合类；④复合型(防冻、早强、引气、减水等组分的复合)。

防冻剂的作用机理表现为：防冻组分降低水的冰点，使水泥在负温下能继续水化；早强组分提高混凝土的早期强度，抵抗水结冰产生的膨胀应力；减水组分减少混凝土中的成冰量，并使冰晶细小且均匀分散，减轻对混凝土的破坏应力；引气组分引入适量的封闭微气泡，减缓冰胀应力。因此防冻剂的综合作用效果能显著提高混凝土的抗冻性。

防冻剂适用于冬期施工混凝土，其应用应符合有关规范的规定。

7. 泵送剂

泵送剂是指能改善混凝土泵送性能的外加剂。在混凝土工程中，泵送剂主要由普通(或高效)减水剂、引气剂、缓凝剂和保塑剂等复合而成。混凝土原材料中加入泵送剂，可以配制出不离析和泌水、黏聚性好、和易性和可泵性好、具有一定含气量和缓凝性能的大坍落度混凝土。泵送剂可用于高层建筑、市政工程、工业民用建筑及其他构筑物混凝土的泵送施工。

7.3 水泥混凝土的性质

混凝土的主要技术性质包括混凝土拌合物的和易性、硬化混凝土的强度、变形及耐久性。

7.3.1 混凝土拌合物的和易性

混凝土拌合物是混凝土组成材料拌和后尚未凝结硬化的混合物，也称新拌混凝土。混凝土拌合物的性能不仅影响拌合物的制备、运输、浇注以及振捣设备的选择，而且还影响硬化后混凝土的性能。混凝土拌合物的性能主要包括和易性和凝结时间。

1. 和易性的概念

混凝土拌合物的和易性也称工作性，是指混凝土拌合物易于施工操作(搅拌、运输、浇注、捣实)并能获得质量均匀、成型密实的性能。和易性是一项综合的技术性质，包括流动性、黏聚性和保水性三方面的含义。

流动性是指混凝土拌合物在本身自重或施工机械振捣的作用下，能产生流动，并均匀密实地填满模板的性能。它反映混凝土拌合物的稀稠程度，流动性好的混凝土操作方便，易于捣实、成型。

黏聚性是指混凝土拌合物在施工过程中,其组成材料之间具有一定的黏聚力,不产生分层和离析现象。

保水性是指混凝土拌合物在施工过程中,具有一定的保水能力,不产生严重的泌水现象。

理想的混凝土拌合物应该同时具有较好的流动性、黏聚性和保水性。满足输送和浇捣要求,不产生分层、离析和严重泌水现象。在实际工程中,应具体分析工程及工艺的特点,对混凝土拌合物的和易性提出具体的、有侧重的要求,同时也要兼顾到其他性能。

2. 混凝土拌合物和易性测定方法及指标

混凝土拌合物的流动性与其稠度有关,《普通混凝土拌合物性能试验方法标准》(GB/T 50080—2016)规定,混凝土拌合物的和易性采用稠度试验方法进行测定。稠度试验可采用坍落度与坍落扩展度法和维勃稠度法两种方法。

1) 坍落度法

将搅拌好的混凝土拌合物按规定方法装入圆台形坍落度筒内,并按规定方式插捣,待装满刮平后,垂直平稳地向上提起坍落度筒,量出筒高与坍落后混凝土试体最高点之间的高度差(单位:mm),即为混凝土拌合物的坍落度值(图7-9)。坍落度越大,表示流动性越好。当坍落度大于220 mm时,用钢尺测量混凝土扩展后最终的最大和最小直径,在这两个直径之差小于50 mm条件下,用其算术平均值作为坍落扩展度值。

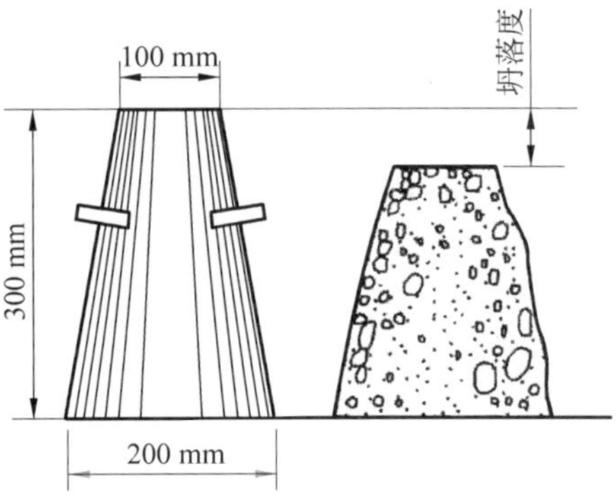

进行坍落度试验时,应同时考察混凝土的黏聚性和保水性。

黏聚性的检查方法是用捣棒在已坍落的混凝土锥体侧面轻轻敲打,如果锥体逐渐下沉,表明黏聚性良好;如果锥体倒塌、部分崩裂或出现离析现象,表明黏聚性不好。

图7-9 混凝土拌合物坍落度的测定示意

保水性以混凝土拌合物中稀浆析出的程度来评定:坍落度筒提起后,如有较多的稀浆从底部析出,锥体部分的混凝土也因失浆而骨料外露,则表明此混凝土拌合物的保水性不好;若无稀浆或仅有少量稀浆自底部析出,则表明此混凝土拌合物的保水性良好。

坍落度试验只适用于骨料最大粒径不大于40 mm、坍落度值不小于10 mm的混凝土拌合物稠度测定。根据坍落度的不同,可将混凝土拌合物分为五级,见表7-19。

根据坍落扩展度值将混凝土拌合物分为F1~F6(F1≤340 mm,F2=350~410 mm,F3=420~480 mm,F4=490~550 mm,F5=560~620 mm,F6≥630 mm)六级。

表 7-19 混凝土按坍落度的分级

等 级	名 称	坍落度/mm
S1	塑性混凝土	10~40
S2		50~90
S3	流动性混凝土	100~150
S4	大流动性混凝土	160~210
S5		≥220

2）维勃稠度法

对于干硬性的混凝土拌合物（坍落度值小于 10 mm）通常采用维勃稠度仪（图 7-10）测定其稠度（即维勃稠度）。

维勃稠度的测试方法是：在坍落度筒中按规定方法装满拌合物，提起坍落度筒，将透明盘转到混凝土圆台体台顶，开启振动台，同时用秒表计时，当振动到透明圆盘的底面完全为水泥浆所布满时，停止秒表（此时可认为混凝土拌合物已密实）。所读秒数称为该混凝土拌合物的维勃稠度值。该法适用于骨料最大粒径不超过 40 mm，维勃稠度为 5～30 s 的混凝土拌合物的稠度测定。坍落度小于 5 mm 或维勃稠度大于 30 s 的拌合物稠度采用增实因素法测定。

根据维勃稠度的大小，混凝土拌合物分为 V0～V4（V0≥31 s，V1＝30～21 s，V2＝20～11 s，V3＝10～6 s，V4＝5～3 s）五级。

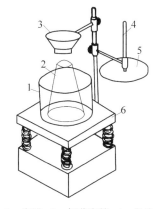

1—容器；2—坍落度筒；3—漏斗；
4—测杆；5—透明盘；6—振动台。

图 7-10　维勃稠度仪

3．和易性的影响因素

影响混凝土拌合物和易性的因素很多，主要有拌合物的用水量、混凝土的配合比、骨料的性质、拌和时间、环境温度、水泥性质以及外加剂等。

1）组成材料性质的影响

（1）水泥。不同水泥品种，其颗粒特征不同，需水量也不同。如配合比相同，用矿渣水泥和某些火山灰水泥时，拌合物坍落度一般较用普通水泥的小，但矿渣水泥将使拌合物的泌水性显著增加。采用热水泥和新鲜水泥时，混凝土拌合物流动性相对较小。

（2）骨料。骨料的级配、颗粒形状、表面特征、粒径和含泥量对混凝土拌合物的和易性有较大影响。一般来说，采用级配好的骨料拌制的拌合物流动性较大，且黏聚性与保水性较好；针片状颗粒少、表面光滑的骨料（如河砂、卵石），其拌合物流动性较大；骨料的粒径越大，其总表面积越小，需要包裹集料的水泥浆越少，拌合物的流动性就越大，含泥量大的砂石通常拌合物流动性小。

（3）外加剂和掺合料。外加剂对混凝土拌合物的和易性影响较大，加入减水剂或引气剂可明显提高拌合物的流动性，引气剂还可有效地改善拌合物的黏聚性和保水性。加入拌和需水量小的粉煤灰等掺合料可以增大流动性、改善黏聚性和保水性。

2）水泥浆的数量和稠度

（1）水泥浆的数量

混凝土拌合物中的水泥浆，起润滑剂作用，赋予混凝土拌合物流动性和黏聚性。在水灰比不变的情况下，单位体积拌合物内水泥浆越多（骨料相对越少），则拌合物的流动性越大。若水泥浆过多，骨料相对过少，将会出现流浆现象，黏聚性变差；若水泥浆过少，骨料相对过多，不仅拌合物的流动性差，而且骨料之间缺少黏结物质，黏聚性也不好，易发生离析和崩塌现象。

（2）水泥浆的稠度——水灰比

水泥浆的稠度是由水灰比所决定的。水灰比是指混凝土拌合物中水与水泥的质量比。水灰比越大，水泥浆越稀；反之越干稠。

拌和混凝土时,在水泥用量和骨料用量均不变的情况下,如果增大水灰比,则混凝土拌合物变稀、流动性增大,反之则减小。但水灰比过大会造成拌合物黏聚性和保水性不良;水灰比过小,会使拌合物流动性过低,施工困难。因此水灰比不能过大或过小。

实际工程中,水灰比的大小是根据混凝土强度和耐久性要求确定的,虽然水灰比大小对和易性有影响,但不能通过增大水灰比的办法来增加拌合物流动性,否则将导致混凝土的强度和耐久性下降。

(3) 混凝土拌合物单位用水量（1 m³ 混凝土的用水量）

不论水泥浆多少还是稀稠,实际上对混凝土拌合物流动性起决定作用的是用水量。因为无论是提高水灰比或增加水泥浆用量,最终会表现为混凝土用水量的增加。根据试验,在采用一定骨料的情况下,如果单位用水量一定,每 1 m³ 混凝土水泥用量增减不超过 50～100 kg,坍落度大体上保持不变,这一规律通常称为固定用水量定则。混凝土拌合物单位用水量增大,其流动性随之增大。混凝土拌合物的单位用水量应根据骨料品种、粒径及施工要求的混凝土拌合物坍落度或稠度选用（表 7-34、表 7-35）。

应当注意,在拌和混凝土时,不能单纯增加用水量（相当于增大水灰比）的办法来增大混凝土拌合物的流动性。单纯加大用水量会降低混凝土的强度和耐久性,因此应该在保持水灰比不变的条件下,用调整水泥浆量的办法来调整混凝土拌合物的流动性。

3) 砂率

混凝土中细骨料的质量占骨料总质量的百分率用砂率(β_S)表示。砂率的变动会使骨料的空隙率和总表面积有显著改变,因而对拌合物的和易性产生显著影响。

砂率过大时,骨料的总表面积及空隙率都会增大,在水泥浆含量不变的情况下,水泥浆量相对变少,减弱了水泥浆的润滑作用,使混凝土拌合物的流动性减小。砂率过小,在石子间起润滑作用的砂浆层不足,也会降低混凝土拌合物的流动性,而且会严重影响其黏聚性和保水性,容易造成离析、流浆等现象。因此,砂率有一个合理值。

当水与水泥用量一定时,采用合理的砂率能使混凝土拌合物获得最大的流动性且能保持良好的黏聚性和保水性,如图 7-11 所示。在混凝土拌合物具有所要求的流动性及良好的黏聚性与保水性的情况下,采用合理砂率,水泥用量最少,如图 7-12 所示。

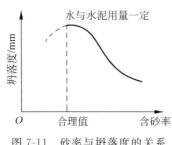

图 7-11　砂率与坍落度的关系

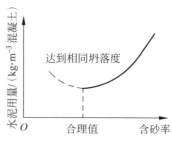

图 7-12　砂率与水泥用量的关系

一般情况下,在保证拌合物不离析,能很好地浇注、捣实的条件下,应尽量选用较小的砂率,以节约水泥（可参照表 7-37 选用）。

4) 环境温度和存放时间的影响

混凝土拌合物的流动性随环境温度的升高而降低,如图 7-13 所示。这是由于温度升高可加速水泥的水化，增加水分的蒸发量，使拌合物的稠度增大。夏季施工时，为了保持一定的流动性，应适当提高拌合物的用水量。

混凝土拌合物在拌和后随存放时间的延长而变干稠，流动性降低、坍落度逐渐减小，这一现象称为坍落度损失。这是由于骨料吸收部分水分、水分蒸发、水泥水化反应等作用，使拌合物中的水分随时间的延长而减少所致。图 7-14 所示为拌合物坍落度随时间变化的关系。通常用在一定时间内的坍落度损失来评价时间对坍落度的影响程度，坍落度损失大对施工不利。

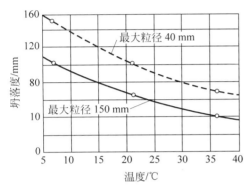

图 7-13　环境温度对和易性的影响

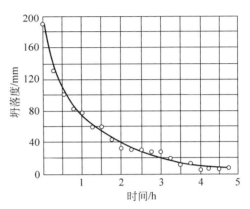

图 7-14　拌合物坍落度随时间变化的关系

4. 流动性（坍落度）的选择

新拌水泥混凝土的坍落度应根据施工方法和结构条件（断面尺寸、钢筋分布情况）加以选择。对无筋厚大结构、钢筋配置稀疏易于施工的结构，尽可能选用较小的坍落度，以节约水泥；反之，对截面尺寸较小、形状复杂或配筋特密的结构，则应选用较大的坍落度。一般在便于操作和保证捣固密实的条件下，尽可能选用较小的坍落度，以节约水泥，获得质量合格的混凝土拌合物。具体可参考表 7-20 选择。

表 7-20　混凝土浇筑时的坍落度

结 构 种 类	坍落度/mm
基础或地面等的垫层，无配筋的大体积结构（挡土墙、基础等）或配筋稀疏的结构	10～30
板、梁和大型及中型截面的柱子等	30～50
配筋密列的结构（薄壁、斗仓、筒仓、细柱等）	50～70
配筋特密的结构	70～90

注：本表所示为采用机械振捣时的混凝土坍落度；当采用人工捣实时，其值可适当增大。

对于泵送混凝土，选择坍落度时，除应考虑上述因素之外，还要考虑其可泵性。若拌合物的坍落度较小，泵送时的摩擦阻力则较大，会造成泵送困难，甚至会产生阻塞；若拌合物坍落度过大，拌合物在管道中滞留时间较长，则泌水就多，容易产生骨料离析而形成阻塞。泵送混凝土入泵时的坍落度可根据不同的泵送高度按表 7-21 选用。

表 7-21　混凝土入泵坍落度与泵送高度关系

最大泵送高度/m	50	100	200	400	400 以上
入泵坍落度/mm	100～140	150～180	190～220	230～260	—
入泵扩展度/mm	—	—	—	450～590	600～740

注：摘自《混凝土泵送施工技术规程》(JGJ/T 10—2011)。

5. 改善和易性的措施

调整混凝土拌合物的和易性时，必须兼顾流动性、黏聚性和保水性的统一，并考虑对混凝土强度、耐久性的影响。综合上述要求，实际调整时可以采取以下措施：

（1）尽可能降低砂率，采用合理砂率有利于提高混凝土的质量和节约水泥。

（2）改善砂、石(特别是石子)的级配，有利于提高混凝土的质量和节约水泥，但会增加备料的工作量。

（3）尽量采用较粗的砂、石。

（4）当混凝土拌合物坍落度太小时，保持水灰比不变，适当增加水泥和水的用量，或者加入外加剂等；当拌合物坍落度太大，但黏聚性良好时，可保持砂率不变，适当加砂和石子；当黏聚性和保水性不好时，可适当增加砂率，或者掺入矿物掺合料等。

（5）掺加各种外加剂和矿物掺合料。使用外加剂是调整混凝土性能的重要手段，常用的有减水剂、泵送剂、引气剂、缓凝剂等，外加剂在改善新拌混凝土工作性的同时，还具有提高混凝土强度、改善混凝土耐久性、降低水泥用量等作用。

6. 混凝土拌合物的凝结时间

水泥的水化反应是混凝土产生凝结的主要原因，但是混凝土的凝结时间与配制该混凝土所用水泥的凝结时间并不一致，因为水泥浆体的凝结和硬化过程要受到水化产物在空间填充情况的影响，因此水灰比的大小会明显影响其凝结时间，水灰比越大，凝结时间越长。此外，混凝土的凝结时间还受其他各种因素的影响，例如环境温度的变化、混凝土中掺入的某些外加剂(如缓凝剂或速凝剂等)，都会明显影响混凝土的凝结时间。

混凝土拌合物的凝结时间通常用贯入阻力法进行测定，所使用的仪器为贯入阻力仪。先用 5 mm 筛孔的筛从拌合物中筛取砂浆，按一定方法装入规定的容器中，然后每隔一定时间测定砂浆贯入到一定深度时的贯入阻力，绘制贯入阻力与时间的关系曲线，以贯入阻力为 3.5 MPa 及 28 MPa 画两条平行于时间坐标的直线，直线与曲线交点的时间即分别为混凝土拌合物的初凝时间和终凝时间，如图 7-15 所示。初凝时间表示施工时间的极限，终凝时间表示混凝土力学强度开始发展的时间。

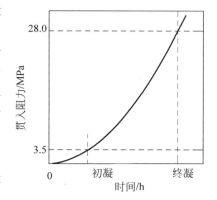

图 7-15　新拌混凝土贯入阻力与时间的关系曲线

7.3.2 混凝土的强度

1. 混凝土的受压破坏过程

1) 混凝土的过渡区

混凝土宏观上可以认为是颗粒状的粗细骨料均匀地分散在水泥浆体中形成的分散体系。因而,混凝土强度与水泥浆体、砂浆、骨料的强度密切相关(图 7-16)。从图中可以看出,混凝土强度＜砂浆强度＜水泥浆体强度＜骨料强度;而弹性模量则是水泥浆体＜混凝土(砂浆)＜骨料。从相组成的角度分析,混凝土由骨料、水泥浆体和过渡区三相组成。由于骨料相和水泥浆体相强度高,但混凝土强度却降低,因此由骨料与水泥浆体之间的界面形成的过渡区对混凝土强度起了决定作用。

过渡区(图 7-17)是指在骨料的表面与水泥浆体之间存在的 10~50 μm 的界面过渡薄层。混凝土在凝固硬化之前,骨料颗粒受重力作用向下沉降,含有大量水分的稀水泥浆则由于密度小而向上迁移,它们之间的相对运动使骨料颗粒的周壁形成一层稀浆膜,待混凝土硬化后,这里就形成了过渡区。

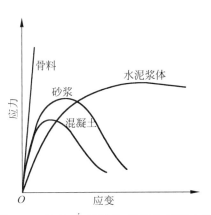
图 7-16 骨料、水泥浆体、砂浆和混凝土的应力-应变曲线

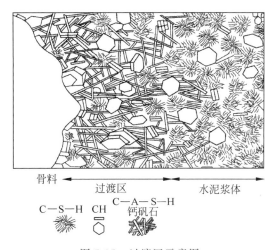
图 7-17 过渡区示意图

与水泥浆体相相比,过渡区内由于水灰比大,导致氢氧化钙、钙矾石等结晶尺寸较大,含量较多,且大多垂直于骨料表面定向生长;在水泥浆体凝结硬化过程中,本体相内的孔隙由来自周围的水泥颗粒水化生成的产物填充,使得原来充水的空间逐步被水化产物填充而变得密实;而骨料与水泥颗粒之间的孔隙只由来自水泥一侧的水化产物填充,骨料一侧对填充孔隙没有任何贡献。因此,过渡区内水化硅酸钙凝胶体的数量较少,密实度差,孔隙率大,尤其是大孔较多,严重降低过渡区的强度。并且由于骨料和水泥凝胶体的变形模量、收缩性能等存在着差别,或者由于泌水在骨料下方形成的孔隙中的水蒸发等原因,过渡区存在着大量原生微裂缝,是混凝土整体强度的薄弱环节。混凝土的破坏特征往往是界面破坏也证明了这一点。

虽然过渡区的厚度很薄,只是骨料颗粒外周的一薄层,但由于骨料颗粒数量多,如果将粗细骨料合起来统计,过渡区的体积可达到硬化水泥浆体的 20%～40%,其量是相当可观的。虽然硬化的水泥凝胶体和骨料两相的强度都很大,但在这两相之间的过渡区比较薄弱,使混凝土的整体强度明显降低。

过渡区的特性对混凝土的耐久性影响也很明显。因为硬化的水泥石和骨料两相在弹性模量、线膨胀系数等参数上的差异,在反复荷载、冷热循环与干湿循环作用下,过渡区作为薄弱环节,在较低的拉应力水平下其裂缝就会扩展,使外界水分和侵蚀性物质通过过渡区的裂缝很容易进入混凝土内部,对混凝土和其中的钢筋产生侵蚀作用,从而缩短混凝土结构物的使用寿命。

2）混凝土受力裂缝扩展过程——混凝土的受力变形与破坏过程

混凝土在单轴受压作用下的破坏过程是其内部微裂缝随荷载增大而延伸、发展、连通的过程,它分为四个阶段,如图 7-18 和图 7-19 所示。

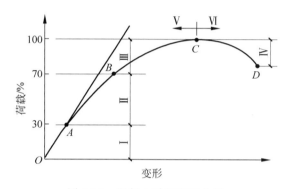

图 7-18 混凝土受压变形曲线

Ⅰ—界面裂缝无明显变化；Ⅱ—界面裂缝增长；Ⅲ—出现砂浆裂缝和连续裂缝；Ⅳ—连续裂缝迅速发展；
Ⅴ—裂缝缓慢增长；Ⅵ—裂缝迅速增长。

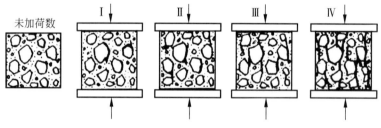

图 7-19 不同受力阶段裂缝示意图

Ⅰ阶段：荷载达"比例极限"(约为极限荷载的 30%)以前,界面裂缝无明显变化,荷载与变形近似成直线关系(图中 OA 段)。

Ⅱ阶段：荷载超过"比例极限"后,界面裂缝的数量、长度及宽度不断增加,而砂浆内尚未出现明显的裂缝。此时,变形增大的速度大于荷载增大的速度,荷载与变形之间不再是线性关系,混凝土开始产生塑性变形(图中 AB 段)。

Ⅲ阶段：荷载超过"临界荷载"后(为极限荷载的 70%～90%),界面裂缝继续发展,砂浆中开始出现裂缝。部分界面裂缝连接成连续裂缝,变形增大的速度进一步加快,曲线明显弯向变形坐标轴(图中 BC 段)。

Ⅳ阶段：荷载超过极限荷载后,连续裂缝急速扩展,混凝土承载能力下降,荷载减小而变形迅速增大,以至完全破坏,曲线下弯而终止(图中 CD 段)。

由上述可见,混凝土的受压破坏过程就是内部微裂缝的扩展过程。只有当混凝土内部的微观破坏发展到一定量级时,才会使混凝土的整体遭受破坏。

2. 混凝土立方体抗压强度与强度等级

按照《普通混凝土力学性能试验方法标准》(GB/T 50081—2019)规定,将混凝土拌合物制作成边长为 150 mm 的立方体试件,在标准条件[温度为(20±2)℃,湿度为 95% 以上,或在温度为(20±2)℃的不流动的 Ca(OH)$_2$ 饱和溶液中]下,养护到 28 d 龄期,测得的抗压强度值为混凝土立方体抗压强度,用 f_{cu} 表示。

测定混凝土立方体抗压强度,按粗骨料最大粒径而选用不同试件的尺寸,如表 7-22 所示。但是试件尺寸不同、形状不同,会影响试件的抗压强度测定结果。因而在计算其抗压强度时,应乘以换算系数,以得到相当于标准试件的试验结果。

表 7-22 混凝土试件尺寸

试件横截面尺寸/(mm×mm)	骨料最大粒径/mm		换算系数
	劈裂抗拉强度试验	其他强度试验	
100×100	20	31.5	0.95
150×150	40	40	1.00
200×200	—	63	1.05

需要说明的是,采用标准试验方法测定混凝土强度是为了使混凝土的质量具有可比性。在实际工程中,其养护条件(温度、湿度)有较大变化,为了反映工程中混凝土的强度情况,常将混凝土试件在与工程相同条件下养护,再按所需龄期测定强度,作为工地混凝土质量控制的依据。又由于标准试验方法试验周期长,不能及时反映工程中的质量情况,因而可以采用一些加速养护的快速试验方法,来推定混凝土 28 d 的强度值,详见《早期推定混凝土强度试验方法标准》(JGJ/T 15—2021)。

混凝土强度等级是按混凝土立方体抗压强度标准值来划分的。混凝土立方体抗压强度标准值是指按标准方法制作和养护的边长为 150 mm 的立方体试件,在 28 d 龄期,用标准试验方法测得的具有 95% 保证率的抗压强度值,用 $f_{cu,k}$ 表示。

混凝土强度等级采用符号 C 加立方体抗压强度标准值(以 MPa 计)表示。普通混凝土强度等级划分为 C15、C20、C25、C30、C35、C40、C45、C50、C55、C60、C65、C70、C75 及 C80 14 个等级。混凝土强度等级是混凝土结构设计时强度计算取值的依据,同时也是施工中控制工程质量和工程验收的重要依据。

《混凝土结构设计规范》(GB 50010—2010)规定,素混凝土结构的混凝土强度等级不应低于 C15;钢筋混凝土结构的混凝土强度等级不应低于 C20;采用强度等级 400 MPa 及以上的钢筋时,混凝土强度等级不应低于 C25。承受重复荷载的钢筋混凝土构件,混凝土强度等级不应低于 C30。预应力混凝土结构的混凝土强度等级不宜低于 C40,且不应低于 C30。

3. 混凝土的轴心抗压强度

在结构设计中,由于工程中受压构件常是棱柱体(或圆柱体)而不是立方体,故常采用混凝土的轴心抗压强度 f_{cp}（又称棱柱体强度）。

轴心抗压强度的测定采用 150 mm×150 mm×300 mm 的棱柱体作为标准试件。轴心抗压强度 f_{cp} 比同截面的立方体抗压强度 f_{cu} 小，棱柱体试件高宽比越大，轴心抗压强度越小，但当高宽比达到一定值后，强度就不再降低。但是过高的试件在破坏前由于失稳产生较大的附加偏心，又会降低其试验强度值。

在立方抗压强度 $f_{cu}=10\sim55$ MPa 的范围内，轴心抗压强度 f_{cp} 与同截面的立方体抗压强度 f_{cu} 之比为 0.7~0.8。

4. 混凝土的抗拉强度

混凝土的抗拉强度只有抗压强度的 1/10~1/20，且随着混凝土强度等级的提高，比值降低。混凝土在工作时一般不依靠其抗拉强度。但抗拉强度对于抗开裂性有重要意义，在结构设计中抗拉强度是确定混凝土抗裂能力的重要指标。有时也用它来间接衡量混凝土与钢筋的黏结强度等。

混凝土抗拉强度通常采用立方体劈裂抗拉试验来测定，称为劈裂抗拉强度 f_{ts}。该方法的原理是在试件的两个相对表面的中线上作用均匀分布的压力，这样就能够在外力作用的竖向平面内产生均布拉伸应力（图 7-20）。混凝土劈裂抗拉强度应按下式计算：

$$f_{ts}=\frac{2P}{A\pi}\approx 0.637\frac{P}{A} \quad (7\text{-}2)$$

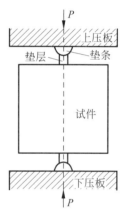

图 7-20 混凝土劈裂抗拉示意图

式中，f_{ts}——混凝土劈裂抗拉强度，MPa；
  P——破坏荷载，N；
  A——试件劈裂面面积，mm^2。

混凝土轴心抗拉强度 f_t 可由劈裂抗拉强度 f_{ts} 换算得到，换算系数由试验确定。

5. 混凝土的抗折强度

道路路面或机场道面用水泥混凝土主要承受弯拉荷载的作用，以抗折强度（或称抗弯拉强度）为主要强度指标，抗压强度作为参考强度指标。根据《普通混凝土力学性能试验方法标准》（GB/T 50081—2019）规定，道路水泥混凝土的抗折强度是以标准试验方法制备成 150 mm×150 mm×550 mm(600 mm) 的试件，在标准条件下经养护 28 d 后，采用三分点加载测定。试件的抗折强度 f_f 按下式计算：

$$f_f=\frac{Fl}{bh^2} \quad (7\text{-}3)$$

式中，f_f——混凝土抗折强度，MPa；
  F——试件破坏荷载，N；
  l——支座间跨度，mm；
  h——试件截面高度，mm；
  b——试件截面宽度，mm。

6. 影响混凝土抗压强度的因素

普通混凝土受力破坏一般出现在骨料和水泥石的界面上,这就是常见的黏结面破坏。当水泥石强度较低时,水泥石本身也会破坏。在普通混凝土中,骨料最先破坏的可能性小,因为骨料强度一般大大超过水泥石和黏结面的强度。所以混凝土的强度主要决定于水泥石强度及其与骨料表面的黏结强度。影响混凝土抗压强度的因素主要有以下几个方面。

1) 原材料因素

(1) 水泥强度

水泥强度的大小直接影响混凝土强度的高低。在配合比相同的条件下,所用的水泥强度等级越高,制成的混凝土强度也越高。

(2) 水灰比

水泥品种及强度相同时,混凝土的强度主要取决于水灰比。因为水泥水化时所需的结合水质量一般只占水泥质量的23%左右,但在拌制混凝土拌合物时,为了获得必要的流动性,实际加水量为水泥质量的40%~70%。当混凝土硬化后,多余的水分或残留在混凝土中形成水泡,或蒸发后形成气孔,使得混凝土内部形成各种不同尺寸的孔隙,这些孔隙削弱了混凝土抵抗外力的能力。因此,满足和易性要求的混凝土,在水泥强度相同的情况下,水灰比越小,水泥石的强度越高,与骨料黏结力也越大,混凝土的强度就越高。

但加水太少(水灰比太小),拌合物过于干硬,在一定的捣实成型条件下,无法保证密实成型,混凝土中将出现较多的蜂窝、孔洞,强度也将下降。混凝土强度随水灰比的增大而降低,二者呈曲线关系[图7-21(a)],而混凝土强度和灰水比呈直线关系[图7-21(b)]。

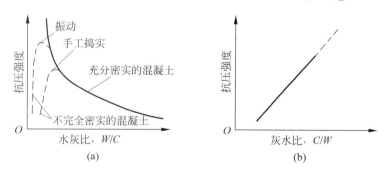

图 7-21 混凝土强度与水灰比及灰水比的关系
(a) 强度与水灰比的关系;(b) 强度与灰水比的关系

混凝土强度与水灰比、水泥强度等级等因素之间保持近似恒定的关系。一般采用下面直线型的经验公式来表示:

$$f_{cu} = \alpha_a f_{ce}\left(\frac{C}{W} - \alpha_b\right) \tag{7-4}$$

式中,f_{cu}——混凝土 28 d 抗压强度,MPa;

C/W——灰水比,水泥与水的质量比;

f_{ce}——水泥的 28 d 抗压强度实测值,MPa;

α_a、α_b——回归系数,与骨料的品种、水泥品种等因素有关。

当水泥 28 d 抗压强度(f_{ce})无实测值时,可按下式计算:

$$f_{ce}=\gamma_c f_{ce,g} \tag{7-5}$$

式中，γ_c——水泥强度等级值的富余系数，可按实际统计资料确定；当缺乏实际统计资料时可按表 7-23 选用。

$f_{ce,g}$——水泥强度等级值，MPa。

表 7-23 水泥强度等级值的富余系数（γ_c）

水泥强度等级	32.5	42.5	52.5
富余系数	1.12	1.16	1.10

回归系数 α_a 和 α_b 应根据工程所使用的水泥、骨料，通过试验由建立的水灰比与混凝土强度关系式确定；当不具备试验统计资料时，其回归系数可按表 7-24 采用。

表 7-24 回归系数 α_a、α_b 选用表

石子品种	碎 石	卵 石
α_a	0.53	0.49
α_b	0.20	0.13

混凝土强度经验公式具有实用意义，在工程中普遍采用。可以根据所用水泥的强度等级和水灰比来估计混凝土的强度，也可根据混凝土的强度要求来估计水灰比。

（3）骨料的种类、质量和数量

水泥石与骨料的黏结力除了受水泥石强度的影响外，还与骨料（尤其是粗骨料）的表面状况有关。碎石表面粗糙，黏结力比较大；卵石表面光滑，黏结力比较小。因而在水泥强度等级和水灰比相同的条件下，碎石混凝土的强度往往高于卵石混凝土。

当粗骨料级配良好，用量及砂率适当时，能组成密实的骨架使水泥浆数量相对减小，骨料的骨架作用充分，也会使混凝土强度有所提高。

骨料最大粒径对混凝土强度的影响与水灰比有关，在配制较高强度（即低水灰比）混凝土时，混凝土抗压强度随粗骨料最大粒径的增大而降低，此现象在水灰比低时更为明显。

当水灰比提高到一定值（低强度混凝土）时，则粗骨料的最大粒径对混凝土强度没有很大的影响。因此在配制高强混凝土时，不应采用较大粒径的粗骨料。

骨料中针片状颗粒含量和有害物质含量越高，对混凝土强度越不利。

（4）外加剂和掺合料

混凝土中加入外加剂可按要求改变混凝土的强度及强度发展规律，如掺入减水剂可减少拌和用水量，提高混凝土强度；掺入早强剂可提高混凝土早期强度，但对其后期强度发展无明显影响。超细的掺合料可配制高性能、超高强度混凝土。

2）生产工艺因素

生产工艺因素包括混凝土生产过程中涉及的施工方法（搅拌、捣实）、养护条件、养护时间等因素。如果这些因素控制不当，会对混凝土强度产生严重影响。

（1）施工条件——搅拌与振捣

在施工过程中，必须将混凝土拌合物搅拌均匀，浇注后必须捣固密实，才能使混凝土有达到预期强度的可能。采用机械搅拌比人工搅拌的拌合物更均匀，采用机械捣实比人工捣实的混凝土更密实[图 7-21(a)]。

(2)养护条件——温度和湿度

养护即为保证混凝土正常硬化需要的温度、湿度环境所采取的各种措施。环境温度对水泥水化速度有明显影响。环境温度高,水泥早期水化速度快,混凝土早期强度也高;反之,低温下混凝土强度发展相应缓慢(图7-22)。但早期快速水化会导致水化物分布不均匀,水化物密实程度低的区域将成为水泥石中的薄弱点,从而降低整体的强度;水化物密实程度高的区域,水化物包裹在水泥粒子的周围,会妨碍水化反应的继续进行,对后期强度的发展不利。

养护温度对混凝土强度的影响还会因水泥品种的不同而不同。对于掺大量混合材料的水泥(如矿渣水泥、火山灰水泥、粉煤灰水泥等),因为早期水化反应速度慢,提高养护温度不但有利于提高混凝土的早期强度,而且对混凝土的后期强度增长也有利。而对于硅酸盐水泥和普通水泥,若早期养护温度过高(40 ℃以上),则对混凝土后期强度增长不利。当温度降至冰点以下时,由于混凝土中的水分大部分结冰,混凝土的强度停止发展。孔隙内水分结冰引起的膨胀产生相当大的压力,压力作用在孔隙、毛细管内壁,将使混凝土的内部结构遭受破坏,使已经因水化获得的部分强度受到损失。混凝土早期强度低,容易冻坏(图7-23),所以应当特别防止混凝土早期受冻。当室外日平均气温连续5 d低于5 ℃或日最低气温低于-3 ℃,均应按冬季施工的规定采取保温措施,防止混凝土早期受冻。

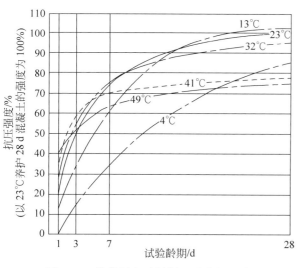

图7-22 养护温度对混凝土强度的影响

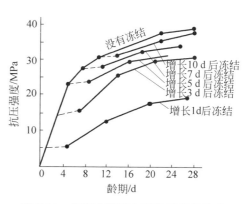

图7-23 混凝土强度与冻结日期的关系

环境的湿度是保证水泥正常水化的重要条件之一。如果环境湿度不够,混凝土拌合物表面水分蒸发,内部水分向外迁移,混凝土会因失水干燥而影响水泥水化作用的正常进行,甚至停止水化,这将严重降低混凝土的强度(图7-24)。由图可见,混凝土受干燥日期越早,其强度损失越大。混凝土硬化期间缺水,还将导致其结构疏松,易形成干缩裂缝,增大渗水性而影响混凝土耐久性。

为了使混凝土正常硬化,必须在混凝土拌合物捣实后一定时间内维持周围环境一定温度和湿度。混凝土在自然条件下的养护称为自然养护。自然养护的温度随气温变化,为保证混凝土所需的湿度,应在浇注完毕后及时进行表面覆盖、浇水和喷涂养护剂等,使混凝土表面保持一定量的水,并且可防止其早期的塑性收缩和干缩。使用硅酸盐水泥、普通水泥和

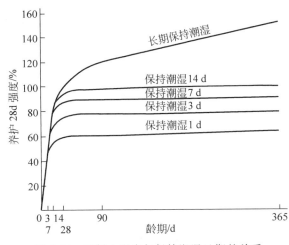

图 7-24 混凝土强度与保持潮湿日期的关系

矿渣水泥时,混凝土保湿应不少于 7 d;掺用缓凝型外加剂或有抗渗要求时,应不少于 14 d。实际工程中,混凝土的养护应符合相关施工规范的规定。

为提高混凝土强度,缩短养护周期,提高生产效率,有时可采用湿热养护的方法,分蒸汽养护和蒸压养护两种:

蒸汽养护是将混凝土放在温度不高于 100 ℃ 的常压蒸汽中进行养护。一般混凝土经过 16 h 左右蒸汽养护后,其强度可达到正常条件下养护 28 d 强度的 70%~80%。这种养护方式适合矿渣水泥等掺有大量混合材料的水泥,适于生产预制构件和预应力混凝土梁及墙板等。

蒸压养护是将混凝土放在高温饱和水蒸气(175 ℃、8 个大气压)的蒸压釜内进行养护,约 24 h 即可达到正常养护 28 d 的强度,主要用于生产加气混凝土等硅酸盐制品。

(3)养护时间(龄期)

龄期是指混凝土在正常养护条件下所经历的时间。在正常养护条件下,混凝土强度随着龄期的增长而增长。最初 7~14 d 内强度增长较快,以后逐渐变得缓慢。在有水的情况下,龄期延续很久,其强度仍有所增长。

普通水泥制成的混凝土,在标准条件养护下,龄期不小于 3 d 的混凝土强度发展大致与其龄期的对数成正比关系,因而在一定条件下养护的混凝土,可按下式根据某一龄期的强度推算另一龄期的强度:

$$\frac{f_n}{\lg n} = \frac{f_a}{\lg a} \tag{7-6}$$

式中,f_n,f_a——龄期分别为 n 天和 a 天的混凝土抗压强度;

n,a——养护龄期,d,$a \geq 3$ d,$n \geq 3$ d。

3)试验因素

在进行混凝土强度试验时,试件尺寸、形状、表面状态、含水率以及加荷速度等试验因素都会影响混凝土强度的测试结果。

(1)试件尺寸和形状

在进行强度试验时,立方体试件尺寸越小,测得的强度值越高;棱柱体(或圆柱体)试件强度低于同截面的立方体试件强度。不同试件尺寸的抗压强度换算系数见表 7-22。

混凝土试件在压力机上受压时,在沿加荷方向产生纵向变形的同时,也按泊松比效应产生横向膨胀。而钢制压板的横向膨胀较混凝土小,因而在压板与混凝土试件受压面形成摩擦力,对试件的横向膨胀起着约束作用,这种约束作用称为环箍效应(图 7-25)。环箍效应使混凝土抗压强度的测试结果偏大。离压板越远,环箍效应越小,在距离试件受压面约 $\frac{\sqrt{3}}{2}a$(a 为试件受压面横向尺寸)范围外这种效应消失。这种破坏后的试件形状如图 7-26 所示。

棱柱体(或圆柱体)试件由于高宽比(或长径比)大,中间区段已无环箍效应,形成了纯压状态,因而其强度低于同截面的立方体试件强度。立方体试件尺寸较大时,环箍效应的相对作用较小,测得的强度因而偏低。另外,大试件内存在孔隙、裂缝等缺陷的概率大,从而会降低材料的强度。

(2) 表面状态

当混凝土受压面非常光滑时(如涂有油脂),由于压板与试件表面的摩擦力减小,使环箍效应减小,试件将出现垂直裂纹而破坏(图 7-27),且测得的混凝土强度值较低。另外,试件表面高低不平时,将会降低其强度值。

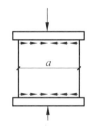 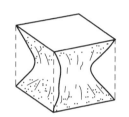 

图 7-25　压力机压板对试块　　图 7-26　试块破坏后残存　　图 7-27　不受压板约束时
　　　　　的约束作用　　　　　　　　　的棱锥体　　　　　　　　试块破坏情况

(3) 含水程度

混凝土试件含水率越高,其强度越低。

(4) 加荷速度

在进行混凝土试件抗压试验时,若加荷速度较快,材料变形落后于荷载的增加,则测得的强度值较高。在进行混凝土立方体抗压强度试验时,应按规定的加荷速度进行。

(5) 试验温度

试件的温度对混凝土强度也有影响。即使在标准条件下养护的混凝土,较高的试验温度下所获得的强度值也较低。试验温度对混凝土强度测试结果的影响见图 7-28。

需要说明的是,实际工程中,混凝土强度的检验、评定和验收通常采用标准试件在标准养护条件下的试验结果,但为了保证工程质量,还需要对混凝土结构实体进行强度检验,常用的方法有钻芯法、回弹法、超声回弹综合法、后装拔出法等。但由于试验各方面因素的巨大差异,这些方法的测试结果与标准条件下的试验结果有较大出入,工程中应结合实际情况,参照相关标准执行。

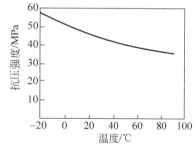

图 7-28　试验温度对混凝土强度
测试结果的影响

7. 提高混凝土强度的措施

提高混凝土强度的措施有采用强度等级高的水泥;采用低水灰比的混凝土;采用有害杂质少、级配良好、最大粒径较小的骨料和合理的砂率;采用合理的机械搅拌、振捣工艺;保持合理的养护温度和湿度,可能的情况下采用湿热养护;掺入合适的外加剂和掺合料。

7.3.3 混凝土的变形性能

混凝土的变形指混凝土在凝结硬化和使用过程中产生的体积变化。普通混凝土在凝结硬化过程中以及硬化后,受到外力或环境因素的作用时,都会产生相应的变形。变形的大小对混凝土的结构尺寸、受力状态、应力分布、裂缝开展等都有明显的影响。混凝土的变形主要分为两大类,一类是由混凝土内部或环境因素引起的各种物理化学变化而产生的变形,称为非荷载作用变形;另一类是混凝土在受力过程中,根据其自身特定的本构关系产生的变形,称为荷载作用变形。

1. 非荷载作用下的变形

1) 化学收缩

化学收缩是伴随着水泥水化而进行的,水泥水化后,水化产物的绝对体积要小于水化前水泥与水的绝对体积,从而使混凝土收缩,这种收缩称为化学收缩。其收缩量随混凝土硬化龄期的延长而增长,大致与时间的对数成正比。一般在混凝土成型后 40 多天内化学收缩增长较快,以后渐趋稳定。化学收缩是不能恢复的,可使混凝土内部产生微细裂缝。

2) 塑性收缩

混凝土成型后尚未凝结硬化时属塑性阶段,在此阶段由于表面失水而产生的收缩称为塑性收缩,一般发生在拌和后 3~12 h 以内。混凝土在新拌状态下,拌合物中颗粒间充满了水,如养护不足,表面失水速率超过内部水向表面迁移的速率时,则会造成毛细管中产生负压,使浆体产生收缩。如果应力不均匀作用于混凝土表面,则混凝土表面将产生裂纹。

塑性收缩开裂多见于道路、地坪、楼板等大面积工程,以夏季施工最为普遍,是由化学收缩、自收缩、表面水分的快速蒸发等共同作用的结果。影响塑性开裂的外部因素是高风速、低相对湿度、高气温等,内部因素则是水灰比、细掺料、浆集比(图 7-29 所示为骨料对新拌混凝土塑性收缩的影响)、混凝土的温度和凝结时间等。通常,预防塑性收缩开裂的方法是降低混凝土表面的失水速率。当水分蒸发速率大于 1 kg/(m²·h)时,应采取防止混凝土塑性收缩而开裂的技术措施。采取挡风、遮阳、喷雾、降低混凝土温度、延缓混凝土凝结速率、二次振捣和抹压等措施都能控制混凝土塑性收缩。最有效的方法是终凝前保持混凝土表面的湿润,如在表面覆盖塑料薄膜、湿抹布、喷洒养护剂等。

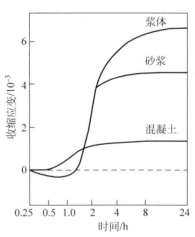

图 7-29 骨料对新拌混凝土塑性收缩的影响

3) 干燥收缩

混凝土处于干燥环境中,会引起体积收缩,称为干燥收缩(简称干缩)。混凝土干燥收缩产生的原因是:混凝土在干燥过程中毛细孔水分蒸发,使毛细孔中形成负压,产生收缩力,导致混凝土收缩;当毛细孔中的水蒸发完后,如继续干燥,则凝胶体颗粒间吸附水也发生部分蒸发,缩小凝胶体颗粒间距离,甚至产生新的化学结合而收缩。因此,干缩的混凝土再次吸水时,干缩变形一部分可恢复,也有一部分(30%~60%)不能恢复(图 7-30)。

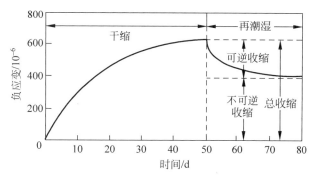

图 7-30 混凝土的干湿变形

干燥收缩与以下因素有关：

(1) 水泥品种及细度

水泥品种不同，混凝土的干缩率也不同。如混凝土使用火山灰水泥干缩最大，使用矿渣水泥比使用普通水泥的收缩大。采用高强度等级水泥，由于颗粒较细，混凝土收缩也较大。

(2) 用水量与水泥用量

用水量越多，硬化后形成的毛细孔越多，其干缩值也越大。一般用水量平均每增加 1%，干缩率增大 2%～3%。水泥用量越多，混凝土中凝胶体越多，收缩量也越大，而且水泥用量增多会使用水量增加，从而导致干缩偏大。

(3) 骨料的质量与数量

砂石在混凝土中形成骨架，对收缩有一定的抵抗作用。在一般条件下水泥浆的收缩值高达 285×10^{-5} mm/mm，而混凝土、砂浆、水泥石三者的收缩量之比约为 1∶2∶5。骨料的弹性模量越高，混凝土的收缩越小。轻骨料混凝土的收缩比普通混凝土大得多。另外，含泥量、吸水率大的骨料干缩较大。

(4) 养护条件

延长潮湿条件下的养护时间，可推迟干缩的发生与发展，但对最终干缩值影响不大。若采用蒸养可减少混凝土干缩，蒸压养护效果更显著。

混凝土干缩变形的大小采用 100 mm×100 mm×515 mm 的试件测得，用干缩率表示，它反映混凝土的相对干缩性，一般条件下混凝土的极限收缩值为 $(50\sim90) \times 10^{-5}$ mm/mm。由于实际构件尺寸比试件尺寸大得多，且构件内部的干燥过程较为缓慢，故实际混凝土构件的干缩率远较试验值小。在一般工程设计中，混凝土干缩值通常取 $(15\sim20) \times 10^{-5}$ mm/mm，即每米混凝土收缩 0.15～0.2 mm。

4) 温度变形

混凝土热胀冷缩的变形称为温度变形。混凝土温度变形系数约为 1×10^{-5}，即温度升高 1 ℃，每米膨胀 0.01 mm。温度变形对大体积混凝土及纵长结构混凝土工程等极为不利。

由于混凝土的导热能力很低，大体积混凝土中水泥水化放出的热量聚集在混凝土内部长期不易散失，混凝土表面散热快、温度较低，内部散热慢、温度较高，可达 50～70 ℃，远高于外部温度，从而造成表面和内部热变形不一致，使混凝土表面产生较大拉应力，严重时使混凝土产生裂缝。为此，对于大体积混凝土，必须尽量设法减少混凝土的发热量，如采用低水化热水泥、减少水泥用量、掺入缓凝剂、采取人工降温等措施。

对于纵长的混凝土结构和大面积混凝土工程,常采取每隔一段距离设置伸缩缝,以及在结构中设置温度钢筋等措施。

2. 荷载作用下的变形

1) 短期荷载作用下的变形

混凝土在受力时,既产生可以恢复的弹性变形,又产生不可恢复的塑性变形,其应力与应变之间的关系不是直线而是曲线,如图 7-31 所示。在应力-应变曲线上任一点的应力 δ 与其应变 ε 的比值叫作混凝土在该应力下的变形模量。它反映混凝土所受应力与所产生应变之间的关系。在计算钢筋混凝土的变形、裂缝开展及大体积混凝土的温度应力时均需知道此时混凝土的变形模量。在混凝土结构或钢筋混凝土结构设计中,常采用按标准方法测得的静力受压弹性模量 E_c。

混凝土的弹性模量与其强度、集料的弹性模量、水泥石的弹性模量、集料的含量等因素有关。强度与弹性模量之间存在一定的相关性,当混凝土的强度等级由 C10 增高到 C60 时,其弹性模量大致由 1.75×10^4 MPa 增至 3.60×10^4 MPa。混凝土的弹性模量取决于骨料和水泥石的弹性模量,由于水泥石的弹性模量一般低于集料的弹性模量,所以混凝土的弹性模量介于二者之间。另外,在材料质量不变的条件下,当混凝土中集料含量较多、水灰比较小、养护较好及龄期较长时,混凝土的弹性模量较大。

2) 长期荷载作用下的变形(徐变)

混凝土在长期荷载作用下,沿着作用力方向的变形会随时间的延长不断增长,一般要 2~3 年才趋于稳定。这种在长期荷载作用下产生的变形称为徐变。

图 7-32 所示为混凝土的徐变与徐变恢复。混凝土在长期荷载作用下,一方面在加荷时产生瞬时变形;另一方面产生缓慢增长的徐变。在荷载作用初期,徐变变形增长较快,以后逐渐变慢且稳定下来。混凝土的徐变应变可达 $(3 \sim 15) \times 10^{-4}$,即 $0.3 \sim 1.5$ mm/m。混凝土徐变产生的原因,一般认为是由于水泥石凝胶体在长期荷载作用下的黏性流动,并向毛细孔中移动,同时吸附在凝胶粒子上的吸附水因荷载应力而向毛细孔迁移渗透的结果。负荷初期,由于毛细孔多,凝胶体较易在荷载作用下移动,因而负荷初期徐变增大较快。徐变可使钢筋混凝土构件截面的应力重新分布,从而消除或减小其内部的应力集中现象,部分消除大体积混凝土的温度应力。而在预应力混凝土结构中,混凝土徐变使钢筋的预加应力受到损失。

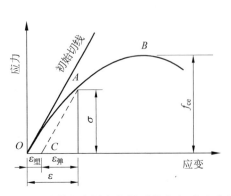

图 7-31 混凝土在压力作用下的应力-应变曲线

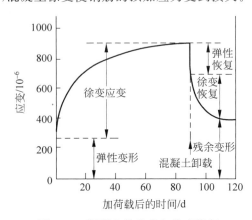

图 7-32 混凝土的徐变与徐变恢复

混凝土的徐变与很多因素有关,但可认为,混凝土徐变是其水泥石中毛细孔相对数量的函数,即毛细孔数量越多,混凝土的徐变越大,反之越小。因此,环境湿度减小和混凝土失水会使徐变增加;水灰比越大,混凝土强度越低,则混凝土徐变越大;水泥用量和品种对徐变也有影响,水泥用量越多,徐变越大,采用强度发展快的水泥则混凝土徐变减小;因骨料的徐变很小,故增大骨料含量会使徐变减小;延迟加荷时间,会使混凝土徐变减小。

7.3.4 混凝土的耐久性

混凝土除应具有设计要求的强度以保证其安全承受设计荷载外,还应具备良好的抵抗环境侵蚀作用的性能。混凝土结构抵抗环境介质作用并长期保持其良好的使用性能和外观完整性,从而维持其安全、正常使用的能力称为耐久性。混凝土的耐久性对延长结构使用寿命、减少维修保养费用等具有重要意义,因而混凝土耐久性及耐久性设计越来越引起普遍关注。国内外的一些混凝土结构设计规范也正在把耐久性设计作为一项重要内容。混凝土结构耐久性设计的目标,是使混凝土结构在规定的使用年限即设计使用寿命内,能够保证安全运行及使用,并且尽量减少维修和更换部分组件的费用,以达到低服务周期费用的目标。

混凝土结构耐久性的等级划分、设计、施工、检测、评定可参考《混凝土结构设计规范(2015年版)》(GB 50010—2010)、《混凝土结构耐久性设计标准》(GB/T 50476—2019)、《普通混凝土长期性能和耐久性能试验方法标准》(GB/T 50082—2009)、《混凝土耐久性检验评定标准》(JGJ/T 193—2009)、《混凝土结构耐久性设计与施工指南》(CCES 01—2004,2005年修订版)、《混凝土结构耐久性评定标准》(CECS 220—2007)、《预拌混凝土》(GB/T 14902—2012)和《混凝土质量控制标准》(GB 50164—2011)、《普通混凝土配合比设计规程》(JGJ 55—2011)等标准。混凝土结构的耐久性取决于混凝土结构的质量是否与其所处的环境条件相适应,应从环境因素、混凝土材料、混凝土构件和结构三个层次来研究。下面结合环境因素,从混凝土材料方面讨论一些常见的耐久性问题。

1. 混凝土的抗渗性

抗渗性是指混凝土抵抗压力水(或油)渗透的能力。它直接影响混凝土的抗冻性和抗侵蚀性。因为渗透性控制着水分渗入的速率,这些水可能含有侵蚀性的物质,同时也控制混凝土中受热或冰冻时水的移动。

混凝土的抗渗性主要与其密实度及内部孔隙的大小和构造有关。影响混凝土抗渗性的因素有以下几种。

1) 水灰比

水灰比的大小对混凝土的抗渗性起决定作用,水灰比越大,其抗渗性越差。

2) 骨料的最大粒径

在水灰比相同时,混凝土骨料的最大粒径越大,其抗渗性能越差。这是由于骨料和水泥石的界面处易产生裂隙和较大骨料下方易形成空穴。

3) 养护方法

蒸汽养护的混凝土,其抗渗性较自然养护的混凝土差。在干燥条件下,混凝土早期失水过多,容易形成收缩裂隙,因而减低混凝土的抗渗性。

4) 水泥品种

不同品种的水泥,硬化后水泥石孔隙不同,孔隙越小,强度越高,则抗渗性越好。

5）外加剂

在混凝土中掺入某些外加剂，如减水剂等，可减小水灰比，改善混凝土的和易性，因而可改善混凝土的密实性，从而提高混凝土的抗渗性能。

6）掺合料

在混凝土中加入掺合料，如掺入优质粉煤灰，可提高混凝土的密实度、细化孔隙，改善孔结构和骨料与水泥石界面的过渡区结构，使混凝土抗渗性提高。

7）龄期

混凝土龄期长时，由于水泥的水化，混凝土密实性增大，其抗渗性提高。

混凝土的抗渗性用抗渗等级表示。抗渗等级是以 28 d 龄期的混凝土标准试件按规定的方法进行试验，所能承受的最大静水压力来确定的。混凝土的抗渗等级分为 P4、P6、P8、P10、P12 五个等级，相应表示能抵抗 0.4、0.6、0.8、1.0 及 1.2 MPa 的静水压力而不渗水。抗渗等级≥P6 的混凝土为抗渗混凝土。

2. 抗冻性

混凝土的抗冻性是指混凝土在饱水状态下，能抵抗多次冻融循环作用而不破坏、强度也不显著降低的性能。在寒冷地区，特别是在接触水又受冻的环境条件下，要求混凝土具有较高的抗冻性能。

混凝土受到多次冻融循环作用而破坏的原因是混凝土中的水结冰后发生体积膨胀，当膨胀产生的拉应力超过其抗拉强度时，就会使混凝土产生微细裂缝，在反复冻融作用下，裂缝不断地形成和扩展，导致混凝土强度降低，严重时将导致混凝土破坏。随着混凝土龄期增加，混凝土抗冻性能提高。因水泥不断水化，可冻结水量减少；水中溶解盐浓度随水化深入而增加，冰点也随龄期而降低，抵抗冻融破坏的能力也随之增强，所以延长冻结前的养护时间可以提高混凝土的抗冻性。一般在混凝土抗压强度尚未达到 5.0 MPa 或抗折强度未达到 1.0 MPa 时，不得遭受冰冻。

抗冻试验的测试方法有两种：慢冻法和快冻法。

慢冻法适用于测定混凝土试件在气冻水融反复作用下所能经受的冻融循环次数为指标的混凝土抗冻性能，以标准养护至 28 d 龄期的试块，在吸水饱和后，承受反复冻融循环作用，当抗压强度损失率达到 25% 或者质量损失率达到 5% 时的最大冻融循环次数作为混凝土抗冻标号，以符号 D 表示。混凝土的抗冻标号有 D50、D100、D150、D200、大于 D200 五个等级，分别表示混凝土能够承受反复冻融循环次数为 50、100、150、200、大于 200 次。

快冻法是测定混凝土试件在水冻水融的条件下，经受的最大冻融循环次数，来划分混凝土的抗冻等级，用符号 F 表示。混凝土按照抗冻等级划分为 F50、F100、F150、F200、F250、F300、F350、F400 和大于 F400 九个等级。

混凝土的密实度、孔隙构造和数量、孔隙的饱水率等都是决定抗冻性的重要因素。因此，减小水灰比，提高混凝土的密实度，减少孔隙数量，或掺加引气剂等外加剂，使混凝土中形成封闭的细小孔隙，都可以提高混凝土的抗冻性。

3. 抗侵蚀性

环境介质对混凝土的侵蚀主要是对水泥石的侵蚀，通常有软水侵蚀，酸、碱、盐侵蚀等。海水对混凝土的侵蚀除了对水泥石的侵蚀外，还有反复干湿的物理作用、盐分在混凝土内的结晶与凝聚、海浪的冲击磨损、海水中氯离子对混凝土内钢筋的锈蚀等。

提高混凝土抗侵蚀性的措施,主要是合理选择水泥品种、掺入适当的掺合料、降低水灰比、提高混凝土的密实度和改善孔结构。

4. 混凝土的碳化

混凝土的碳化是指环境中的二氧化碳气体在适当的湿度条件下与混凝土内水泥石中的氢氧化钙发生反应,生成碳酸钙和水的现象。混凝土碳化程度常用碳化深度表示。碳化对混凝土的碱度、强度和收缩有明显的影响。

碳化对混凝土性能既有有利的影响,也有不利的影响。碳化可使混凝土的抗压强度提高,这是因为碳化反应生成的水分有利于水泥的水化作用,而且反应形成的碳酸钙可以减少水泥石内部的孔隙。同时,碳化会引起混凝土体积的收缩,并且由于碳化使混凝土碱度降低,从而减弱其对钢筋的防锈保护作用,使钢筋易出现锈蚀。

混凝土的碳化过程是二氧化碳由表及里向混凝土内部逐渐扩散的过程,因此,气体扩散规律决定了碳化速度的快慢。影响混凝土碳化的因素有混凝土自身因素、外部环境因素和施工质量。

1) 水泥品种和用量

一般水泥石中氢氧化钙含量低的水泥碳化速度快。使用掺加混合材料的水泥比硅酸盐水泥和普通水泥碳化要快。但当水灰比固定时,碳化深度随水泥用量的提高而减小。

2) 混凝土的水灰比和强度

混凝土的密实度和孔径分布是影响混凝土碳化的主要因素。混凝土水灰比小、密实度大、强度高,则碳化缓慢。水灰比 0.5~0.6 是一个转折点,水灰比大于 0.6 时,碳化加快。强度大于 50 MPa 的混凝土碳化非常缓慢,可不考虑由于碳化引起的钢筋锈蚀。

3) 外部环境因素

空气湿度和空气中 CO_2 浓度(指体积分数)也会影响混凝土的碳化速度。混凝土在水中或在相对湿度 100% 的条件下,CO_2 气体在孔隙中没有通道,碳化不易进行。同样,处于特别干燥条件下(如相对湿度在 25% 以下)的混凝土,由于缺乏碳化所需的水分,碳化也会停止。一般认为相对湿度为 50%~75% 时碳化速度最快。

CO_2 浓度大自然会加快碳化进程。实测数据表明,露天受雨淋的结构比非露天受雨淋的结构碳化慢得多。使用期间,前者的碳化深度比后者小一半甚至更多。一般农村室外大气中 CO_2 浓度为 0.03%,城市室外为 0.04%,而室内可达 0.1%,室内结构的碳化速率为室外的 2~3 倍。处于 CO_2 浓度较高环境的混凝土工程,如铸造车间、汽车库、停车场、公路路面以及大会堂等碳化加快。

4) 施工质量

在实际工程中,钢筋锈蚀往往由于施工质量低劣引起。施工中振捣不密实、养护不足,混凝土产生蜂窝、裂纹使碳化大大加快。

通过降低水灰比、采用减水剂等措施可以提高混凝土的密实度,从而提高其抗碳化能力。

5. 碱骨料反应

水泥中碱性氧化物水解后形成的氢氧化钠和氢氧化钾与骨料中的活性氧化硅起化学反应,结果在骨料表面生成复杂的碱-硅酸凝胶。生成的凝胶可不断吸水,体积不断膨胀,把水泥石胀裂。这种碱性氧化物和活性氧化硅之间的化学作用通常称为碱骨料反应。

发生碱骨料反应需同时具备下列三个条件：一是碱含量高；二是骨料中存在活性二氧化硅；三是环境潮湿，水分渗入混凝土。预防或抑制碱骨料反应的措施有：

(1) 使用含碱量小于0.6%的水泥，并且控制混凝土各原材料的含碱量，以降低混凝土总的含碱量；

(2) 混凝土所使用的碎石或卵石应进行碱活性检验；

(3) 使混凝土致密，防止水分进入混凝土内部；

(4) 采用能抑制碱骨料反应的掺合料，如粉煤灰、硅灰等，它们能吸收溶液中的钠离子和钾离子，促使反应产物早期均匀地分布于混凝土中，不致集中于集料颗粒周围，从而减轻膨胀作用。

6. 混凝土的开裂

一般情况下，开裂并不影响混凝土的承载能力，但如果混凝土本身提供了容易入侵的开口，则可以明显影响混凝土的耐久性。

表7-25和表7-26汇总了混凝土开裂的原因和种类。混凝土裂缝的控制需要根据混凝土的使用状况及环境条件，从设计、施工、原材料及配合比、保养与维修等多方面采取综合措施。设计和施工阶段是裂缝控制的最佳时机，预防性维修（定期检查和修补密封接缝、排水系统等）对防止和减少开裂、提高耐久性起着重要作用。对于已经出现的裂缝，尽早封闭和修复可以提高结构的耐久性和防止以后修复时的费用过大。修复材料可以采用环氧树脂、水泥砂浆、聚合物砂浆、沥青等。

表 7-25　混凝土开裂的原因

组成	类型	事故原因	环境原因	控制变量
水泥	不安定	体积膨胀	水分	游离氧化钙和氧化镁
	温度开裂	热应力	温度	水化热和冷却速率
骨料	碱-硅酸盐反应	体积膨胀	水分	水泥含碱量，骨料组分
	冻融破坏	水压力	冻融	骨料吸水性，混凝土含气量，骨料最大尺寸
水泥浆体	塑性收缩	失水	风与温度	混凝土温度，表面的防护
	干缩	失水	相对湿度	配合比设计，干燥速度
	硫酸盐侵蚀	体积膨胀	硫酸盐离子	配合比设计，水泥种类，外加剂
	热膨胀	体积膨胀	温度变化	温度升高和变化速率
混凝土	沉降	钢筋周围的塑性混凝土固化		混凝土坍落度、保护层、钢筋直径
钢筋	电化学腐蚀	体积膨胀	氧气和水	保护层、混凝土抗渗性

表 7-26　混凝土开裂的种类

开裂情况	开裂原因	附　注
大，不规则，随高差不同频繁出现	支撑不适当，超载	地面上的板，承重混凝土
大，规律性间隔	收缩开裂，热开裂	地面上的板，承重混凝土，大体积混凝土
粗，不规则"地图样开裂"	碱-集料反应	凝胶挤出
细，不规则"地图样开裂"	泌水过多，塑性收缩	修饰太早，涂抹过多

续表

开裂情况	开裂原因	附注
在板表面有大致平行的细裂纹	塑性收缩	垂直于风向
裂缝平行于邻近节点的板的侧边	含水过多,多孔骨料	由于骨料受冻导致混凝土板破坏
裂缝平行分布在钢筋上方	沉降开裂	承重楼板因靠近上部钢筋周围塑性混凝土被振捣密实
沿钢筋布置方向开裂,频繁出现锈迹	钢筋锈蚀	遭受氯化物的侵蚀

7. 提高混凝土耐久性的措施

混凝土遭受各种侵蚀作用的破坏虽各不相同,但提高混凝土的耐久性措施有很多共同之处,即:选择适当的原材料;提高混凝土密实度;改善混凝土内部的孔结构。一般提高混凝土耐久性的具体措施有以下几种。

(1) 合理选择水泥品种,使其与工程环境相适应。

(2) 提高混凝土的密实度,减少混凝土中连通孔隙的数量。这是影响混凝土耐久性的关键,为保证密实度必须严格限定混凝土的最低强度等级、最大水胶比、最小胶凝材料用量,并减少拌和水量。根据混凝土所处的环境类别(表 7-27),设计使用年限为 50 年的混凝土结构其混凝土最小强度等级、最大水胶比等应符合表 7-28 的规定,最小胶凝材料用量应符合表 7-29 的规定。

(3) 选择质量良好、级配合理的骨料和合理的砂率。

(4) 改善混凝土的孔隙特征以减少大的开口孔,为此,可采取降低水灰比,掺用适量的引气剂、减水剂和掺合料等措施。

(5) 加强混凝土质量的生产控制,保证搅拌均匀、振捣密实,同时加强养护,特别是早期养护。

(6) 加强使用过程中的例行检测、维护与维修。

表 7-27 混凝土结构的环境类别

环境类别	条件
一	室内干燥环境; 无侵蚀性静水浸没环境
二 a	室内潮湿环境; 非严寒和非寒冷地区的露天环境; 非严寒和非寒冷地区与无侵蚀性的水或土壤直接接触的环境; 严寒和寒冷地区的冰冻线以下与无侵蚀性的水或土壤直接接触的环境
二 b	干湿交替环境; 水位频繁变动环境; 严寒和寒冷地区的露天环境; 严寒和寒冷地区冰冻线以上与无侵蚀性的水或土壤直接接触的环境
三 a	严寒和寒冷地区冬季水位变动区环境; 受除冰盐影响环境; 海风环境
三 b	盐渍土环境; 受除冰盐作用环境; 海岸环境

续表

环境类别	条件
四	海水环境
五	受人为或自然的侵蚀性物质影响的环境

注：① 室内潮湿环境是指构件表面经常处于结露或湿润状态的环境；
② 严寒和寒冷地区的划分应符合现行国家标准《民用建筑热工设计规范》(GB 50176—2016)的有关规定；
③ 海岸环境和海风环境宜根据当地情况，考虑主导风向及结构所处迎风、背风部位等因素的影响，由调查研究和工程经验确定；
④ 受除冰盐影响环境是指受到除冰盐雾影响的环境，受除冰盐作用环境是指被除冰盐溶液溅射的环境及使用除冰盐地区的洗车房、停车楼等建筑；
⑤ 露天的环境是指混凝土结构表面所处的环境。

表 7-28　结构混凝土材料的耐久性基本要求

环境等级	最大水胶比	最低强度等级	最大氯离子含量/%	最大碱含量/(kg·m^{-3})
一	0.60	C20	0.30	不限制
二 a	0.55	C25	0.20	3.0
二 b	0.50(0.55)	C30(C25)	0.15	
三 a	0.45(0.50)	C35(C30)	0.15	
三 b	0.40	C40	0.10	

注：① 氯离子含量指其占胶凝材料总量的百分比；
② 预应力构件混凝土中的最大氯离子含量为0.06%，其最低混凝土强度等级宜按表中的规定提高两个等级；
③ 素混凝土构件的水胶比及最低强度等级的要求可适当放松；
④ 有可靠工程经验时，二类环境中的最低混凝土强度等级可降低一个等级；
⑤ 处于严寒和寒冷地区二 b、三 a 类环境中的混凝土应使用引气剂，并采用括号中的有关参数；
⑥ 当使用非碱活性骨料时，对混凝土中的碱含量可不作限制。

表 7-29　混凝土的最小胶凝材料用量

最大水胶比	最小胶凝材料用量/(kg·m^{-3})		
	素混凝土	钢筋混凝土	预应力混凝土
0.60	250	280	300
0.55	280	300	300
0.50	320		
≤0.45	330		

7.4　水泥混凝土的质量评定

混凝土的质量控制具有十分重要的意义，否则，即使有良好的原材料和正确的配合比，仍不一定能生产出优质的混凝土。

7.4.1　水泥混凝土质量的波动与控制

混凝土的生产质量由于受各种因素的作用或影响总是有所波动。引起混凝土质量波动的因素主要有原材料质量的波动，组成材料计量的误差，搅拌时间、振捣条件与时间、养护条件的波动与变化以及试验条件等的变化。对混凝土质量进行检验与控制的目的是：研究混凝土质量（强度等）波动的规律，从而采取措施，使混凝土强度的波动值控制在预期的范围内,以便制作出既满足设计要求,又经济合理的混凝土。

混凝土生产中的质量控制可以分为三个阶段。

(1) 初步控制。这是为混凝土的生产控制提供组成材料的有关参数,包括组成材料的质量检验与控制、混凝土配合比的确定等。

(2) 生产控制。这是使生产和施工全过程的工序能正常运行,以保证生产的混凝土稳定地符合设计要求的质量。它主要包括混凝土组成材料的计量,混凝土拌合物的搅拌、运输、浇筑和养护等工序的控制。

(3) 合格控制。它包括对混凝土产品的检验与验收、混凝土强度的合格评定等。

为提高混凝土结构的耐久性和安全性,今后还应加强对混凝土结构使用过程中混凝土质量的监测、评定与控制。

混凝土质量控制与评定的具体要求、方法与过程见相关标准,主要包括《建筑工程施工质量验收统一标准》(GB 50300—2013)、《预拌混凝土》(GB/T 14902—2012)、《混凝土质量控制标准》(GB 50164—2011)、《混凝土结构工程施工规范》(GB 50666—2011)、《混凝土结构工程施工质量验收规范》(GB 50204—2015)、《大体积混凝土施工标准》(GB 50496—2018)、《混凝土强度检验评定标准》(GB/T 50107—2010)、《建筑工程冬期施工规程》(JGJ/T 104—2011)等标准。

7.4.2 混凝土强度波动规律——正态分布

多年来的研究证明,用以反映工程质量的混凝土试块强度值,可以看作是遵循正态分布曲线的。混凝土强度正态分布曲线具有以下特点(图 7-33):

(1) 曲线呈钟形,在对称轴两侧曲线上各有一个拐点,拐点距对称轴距离相等。

(2) 曲线高峰为混凝土平均强度 $\overline{f}_{cu}$ 的概率,以平均强度为对称轴,左右两边曲线是对称的。

距对称轴越远,出现的概率越小,并逐渐趋近于零,亦即强度测定值比强度平均值越低或越高者,其出现的概率就越少,最后逐渐趋近于零。

(3) 曲线与横坐标之间围成的面积为概率的总和,等于100%。

可见,若概率分布曲线形状窄而高,说明强度测定值比较集中,混凝土均匀性较好、质量波动小,施工控制水平高,这时拐点至对称轴的距离小。若曲线宽而矮,则拐点距对称轴远,说明强度离散程度大,施工控制水平低,见图 7-34。

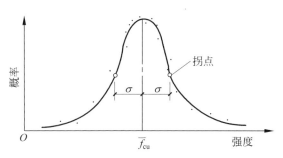

图 7-33 混凝土强度的正态分布曲线

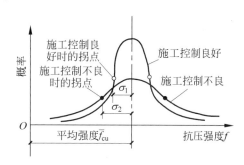

图 7-34 混凝土强度离散性不同的正态分布曲线

7.4.3 混凝土质量评定的数理统计方法

用数理统计方法进行混凝土强度质量评定,是通过求出正常生产控制条件下混凝土强度的平均值、标准差、变异系数和强度保证率等指标,然后进行综合评定。

(1) 混凝土强度平均值($\bar{f}_{cu}$)

$$\bar{f}_{cu} = \frac{1}{n}\sum_{i=1}^{n} f_{cu,i} \tag{7-7}$$

式中,n——试验组数;

$f_{cu,i}$——第 i 组试验值。

强度平均值仅代表混凝土强度总体的平均值,而不能反映其强度的波动情况。

(2) 混凝土强度标准差(σ)

$$\sigma = \sqrt{\frac{\sum_{i=1}^{n}(f_{cu,i} - \bar{f}_{cu})^2}{n-1}} \quad \text{或} \quad \sigma = \sqrt{\frac{\sum_{i=1}^{n} f_{cu,i}^2 - n\bar{f}_{cu}^2}{n-1}} \tag{7-8}$$

标准差又称均方差,它表明分布曲线拐点距强度平均值的距离。σ 值越大,说明其强度离散程度越大,混凝土质量也越不稳定。

(3) 变异系数(C_V)

$$C_V = \frac{\sigma}{\bar{f}_{cu}} \tag{7-9}$$

变异系数又称离散系数或标准差系数。C_V 值越小,说明混凝土质量越稳定,混凝土生产的质量水平越高。

(4) 混凝土的强度保证率(P)

混凝土的强度保证率 $P(\%)$ 是指混凝土强度总体中,大于设计强度等级($f_{cu,k}$)的概率,以混凝土强度正态分布曲线上的阴影部分来表示(图 7-35)。低于设计强度等级($f_{cu,k}$)的强度所出现的概率为不合格率。

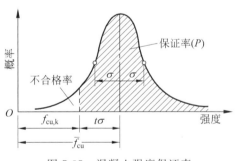

图 7-35 混凝土强度保证率

混凝土强度保证率 P 的计算方法为:首先根据混凝土设计等级($f_{cu,k}$)、混凝土强度平($\bar{f}_{cu}$)、标准差(σ)或变异系数(C_V),计算出概率度(t),即

$$t = \frac{\bar{f}_{cu} - f_{cu,k}}{\sigma} \quad \text{或} \quad t = \frac{\bar{f}_{cu} - f_{cu,k}}{C_V \bar{f}_{cu}} \tag{7-10}$$

则强度保证率 P 就可由正态分布曲线方程积分求得,或由数理统计书中的表查得,如表 7-30 所列。

表 7-30 不同 t 值的保证率 P

t	0	0.50	0.80	0.84	1.00	1.04	1.20	1.28	1.40	1.50	1.60
$P/\%$	50.0	69.2	78.8	80.0	84.1	85.1	88.5	90.0	91.9	93.3	94.5

续表

t	1.645	1.70	1.75	1.81	1.88	1.96	2.00	2.05	2.33	2.50	3.00
$P/\%$	95.0	95.5	96.0	96.5	97.0	97.5	97.7	98.0	99.0	99.4	99.87

工程中 P 值可根据统计周期内混凝土试件强度不低于要求强度等级的组数 N_0 与试件总数 $N(N\geqslant 25)$ 之比求得，即

$$P = \frac{N_0}{N} \times 100\% \tag{7-11}$$

实际工程中，混凝土生产控制水平可由标准差（σ）和实测强度达到强度标准值组数的百分率（P）表征，并应符合表 7-31 的规定。

表 7-31 混凝土生产控制水平

生产场所	强度标准差 σ/MPa			实测强度达到强度标准值组数的百分率 $P/\%$
	<C20	C20~C40	≥C45	
预拌混凝土搅拌站	≤3.0	≤3.5	≤4.0	≥95
预制混凝土构件厂				
施工现场搅拌站	≤3.5	≤4.0	≤4.5	

7.4.4 混凝土配制强度

在施工中配制混凝土时，如果所配制混凝土的强度平均值（$\bar{f}_{cu}$）等于设计强度（$f_{cu,k}$），则由图 7-35 可知，这时混凝土强度保证率只有 50%。因此，为了保证工程混凝土具有设计所要求的 95% 强度保证率，在进行混凝土配合比设计时，必须使混凝土的配制强度大于设计强度。混凝土的配制强度（$f_{cu,0}$）可按下列方法进行计算。

令混凝土配制强度等于混凝土平均强度，即 $f_{cu,0} = \bar{f}_{cu}$，再将此式代入概率度（t）计算式，即得

$$t = \frac{f_{cu,0} - f_{cu,k}}{\sigma} \tag{7-12}$$

由此得混凝土配制强度的关系式为

$$f_{cu,0} = f_{cu,k} + t\sigma = f_{cu,k} + 1.645\sigma \tag{7-13}$$

7.4.5 混凝土强度的合格性判定

混凝土强度的评定采用抽样检验，根据设计对混凝土强度的要求和抽样检验的原理划分验收批、确定验收规则。

混凝土强度应分批进行检验评定。一个验收批的混凝土由强度等级相同、龄期相同以及生产工艺条件和配合比基本相同的混凝土组成。混凝土强度评定分为统计法和非统计法两种。采用何种方法评定应根据实际生产情况确定，应符合国家标准《混凝土强度检验评定标准》（GB/T 50107—2010）的规定。

当评定结果满足标准规定时，该批混凝土强度判为合格；否则，判为不合格。

由不合格批混凝土制成的结构或构件应进行鉴定。对不合格的结构或构件必须及时处理。当对混凝土试件强度的代表性有怀疑时,可采用从结构或构件中钻取试件的方法或采用非破损检验方法,按有关标准的规定对结构或构件中混凝土的强度进行推定,并作为处理的依据。

结构或构件拆模、出池、出厂、吊装、预应力筋张拉或放张,以及施工期间需短暂负荷时的混凝土强度,应满足设计要求或现行国家标准的有关规定。

整个混凝土质量检验的过程可参照图 7-36 来进行。

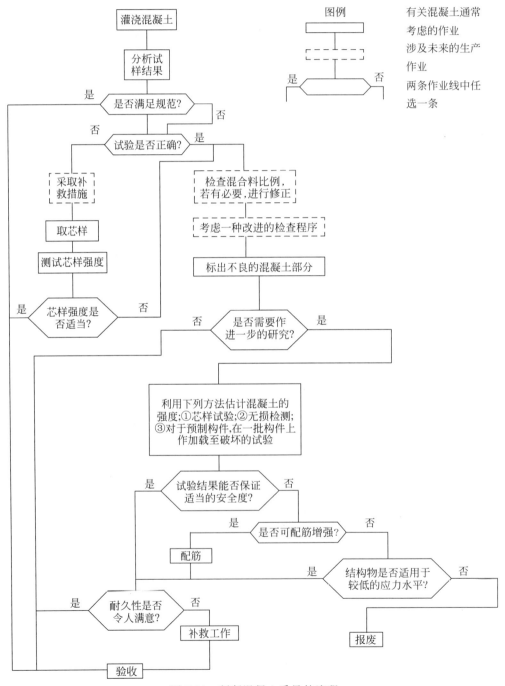

图 7-36　判断混凝土质量的流程

7.5 水泥混凝土的配合比设计

混凝土的配合比是指混凝土中各组成材料的用量比例(用量以质量表示)。确定配合比的工作称为配合比设计,混凝土配合比设计的任务包括两个方面:一是根据工程要求、结构形式和施工条件等,结合材料的技术性能合理选择原材料;二是根据工程所要求的技术经济指标,按照规定的设计方法确定各项组成材料的用量,即确定配合比。常用的混凝土配合比表示方法有两种:一种是以每 1 m^3 混凝土中各项材料的质量表示,如水泥 300 kg、水 180 kg、砂 720 kg、石子 1200 kg,其每 1 m^3 混凝土总质量为 2400 kg;另一种表示方法是以各项材料相互间的质量比来表示(以水泥质量为1),将上例换算成质量比为水泥:砂:石= 1:2.4:4,水灰比=0.60。当掺加外加剂或混凝土掺合料时,其用量以水泥(或胶凝材料)用量的质量百分比来表示。如外加剂掺量为 1%,表示其掺量为水泥(或胶凝材料)质量的 1%,上例中外加剂用量即为 3 kg。如粉煤灰掺量为 20%,若胶凝材料总量为 300 kg,则其中粉煤灰为 60 kg,水泥为 240 kg。

7.5.1 混凝土配合比设计的基本要求和主要参数

1. 混凝土配合比设计的基本要求

混凝土配合比设计必须达到以下四项基本要求:
(1) 满足结构设计的强度等级要求;
(2) 应使混凝土拌合物具有良好的和易性;
(3) 应满足工程所处环境对混凝土耐久性的要求,即满足抗冻、抗渗、抗腐蚀等方面的要求;
(4) 符合经济原则,在保证混凝土质量的前提下,应尽量做到节约水泥,合理地使用材料和降低成本。

2. 混凝土配合比的三个参数

在原材料、工艺条件、外界条件一定的情况下,普通混凝土配合比设计,实质上就是确定水泥、水、砂与石子这四项基本组成材料用量之间的三个比例关系:
(1) 水与水泥之间的比例关系,用水灰比表示;
(2) 砂与石之间的比例关系,用砂率表示;
(3) 水泥浆与骨料之间的比例关系,用单位用水量(1 m^3 混凝土的用水量)来反映。

3. 混凝土配合比设计的基本资料

在进行混凝土配合比设计时,首先要做好各项准备工作,不仅要准备各种试验条件,还应明确一些资料,如原材料的性质及技术指标、混凝土的各项技术要求、施工方法、施工管理质量水平、混凝土结构特征、混凝土所处的环境条件等,主要有:
(1) 原材料的技术性能,包括水泥品种和实际强度、密度;砂石的种类、表观密度、堆积密度和含水率;砂的级配和粗细程度;石子的级配和最大粒径;拌和水的水质及水源;外加剂(掺合料)的品种、特性和适宜掺量。

(2) 混凝土的技术要求，包括和易性要求、强度和耐久性要求（如抗冻、抗渗、耐磨等性能要求）。

(3) 施工条件和管理水平，包括搅拌、运输和振捣方式、构件类型、最小钢筋净距、施工组织和施工季节、施工管理水平等。

7.5.2 混凝土配合比设计的步骤

混凝土配合比设计通常分为以下四大步骤：

(1) 首先按原材料性能及对混凝土的技术要求进行初步计算，得出计算配合比。

(2) 采用计算配合比进行试拌，检验和易性和进行配合比调整，得出满足和易性要求的基准配合比。

(3) 通过强度和耐久性试验，确定出满足设计强度、施工要求、耐久性并且比较经济合理的试验室配合比。

(4) 根据施工现场砂、石的实际含水量对试验室配合比进行换算，得到施工配合比。现场材料的实际称量应按施工配合比进行。

进行普通混凝土的配合比设计时，依据的强度指标不同，设计方法也不同，主要有以抗压强度为指标的设计方法和以抗折强度为指标的设计方法两种。一般结构设计中混凝土的强度指标都是抗压强度（水泥混凝土路面需进行抗折强度设计），本节依据《普通混凝土配合比设计规程》(JGJ 55—2011)，介绍以抗压强度为指标的设计方法。

1. 计算配合比的确定

按选用的原材料性能及对混凝土的技术要求进行初步配合比的计算，得出供试配用的配合比。

1) 配制强度($f_{cu,0}$)的确定

当设计要求的混凝土强度等级已知时，混凝土的配制强度可按下式确定：

$$f_{cu,0} \geq f_{cu,k} + 1.645\sigma \tag{7-14}$$

其中混凝土强度标准差 σ 可由混凝土生产单位同类混凝土统计资料计算确定（强度试件组数 $n \geq 30$）。无统计资料计算混凝土强度标准差时，其 σ 值可按表7-32取用。

表7-32 σ 值

混凝土强度等级	≤C20	C25~C45	C50~C55
σ/MPa	4.0	5.0	6.0

2) 初步确定水胶比值(W/B)

当混凝土强度等级小于C60时，混凝土水胶比宜按下式计算：

$$W/B = \frac{\alpha_a f_b}{f_{cu,0} + \alpha_a \alpha_b f_b} \tag{7-15}$$

式中，W/B——混凝土水胶比（水与胶凝材料的质量比，不加入掺合料时为水灰比W/C）；

α_a, α_b——回归系数，按表7-24取值；

f_b——胶凝材料28 d胶砂抗压强度，MPa，可实测，也可按式(7-16)计算。

当胶凝材料28 d胶砂抗压强度(f_b)无实测值时，可按下式计算：

$$f_b = \gamma_f \gamma_s f_{ce} \tag{7-16}$$

式中，γ_f, γ_s——粉煤灰影响系数和粒化高炉矿渣粉影响系数，可按表7-33选用；

f_{ce}——水泥28 d胶砂抗压强度，MPa，可实测，也可按式(7-5)确定。

表7-33 粉煤灰影响系数(γ_f)和粒化高炉矿渣粉影响系数(γ_s)

掺 量	种类/%	
	粉煤灰影响系数 γ_f	粒化高炉矿渣粉影响系数 γ_s
0	1.00	1.00
10	0.85~0.95	1.00
20	0.75~0.85	0.95~1.00
30	0.65~0.75	0.90~1.00
40	0.55~0.65	0.80~0.90
50	—	0.70~0.85

注：① 采用Ⅰ级或Ⅱ级粉煤灰；采用Ⅰ级灰宜取上限值，采用Ⅱ级灰宜取下限值。
② 采用S75级粒化高炉矿渣粉宜取下限值，采用S95级粒化高炉矿渣粉宜取上限值，采用S105级粒化高炉矿渣粉可取上限值加0.05。
③ 当超出表中的掺量时，粉煤灰和粒化高炉矿渣粉影响系数应经试验确定。

为了保证混凝土的耐久性，水胶比还不得大于表7-28中规定的最大水胶比值，如计算所得的水胶比大于规定的最大胶灰比值时，应取规定的最大水胶比值。

3）每1 m³混凝土用水量(m_{w0})和外加剂用量的确定

用水量的多少，主要根据所要求的混凝土坍落度值及所用骨料的种类、最大粒径来选择。所以应先考虑工程种类与施工条件，按表7-20和表7-21确定适宜的坍落度值，再确定每1 m³混凝土的用水量。

(1) 干硬性和塑性混凝土用水量的确定

水灰比范围在0.4~0.8之间的干硬性和塑性混凝土，其用水量按表7-34和表7-35选取。水灰比小于0.4的混凝土以及采用特殊成型工艺的混凝土，其用水量应通过试验确定。

表7-34 干硬性混凝土的用水量　　　　　　　　　　　　单位：kg/m³

拌合物稠度		卵石最大粒径/mm			碎石最大粒径/mm		
项 目	指 标	10	20	40	16	20	40
维勃稠度/s	16~20	175	160	145	180	170	155
	11~15	180	165	150	185	175	160
	5~10	185	170	155	190	180	165

表7-35 塑性混凝土的用水量　　　　　　　　　　　　单位：kg/m³

拌合物稠度		卵石最大粒径/mm				碎石最大粒径/mm			
项 目	指 标	10	20	31.5	40	16	20	31.5	40
坍落度/mm	10~30	190	170	160	150	200	185	175	165
	35~50	200	180	170	160	210	195	185	175
	55~70	210	190	180	170	220	205	195	185
	75~90	215	195	185	175	230	215	205	195

注：① 此二表中用水量是采用中砂时的平均取值；采用细砂时，1 m³混凝土的用水量可增加5~10 kg；采用粗砂时，则可减少5~10 kg。
② 掺用各种外加剂或掺合料时，用水量应相应调整。

(2) 流动性或大流动性混凝土用水量的确定

① 用水量以表 7-35 中坍落度为 90 mm 的用水量为基础,按坍落度每增大 20 mm 用水量增加 5 kg,计算出未掺外加剂时的混凝土用水量。

② 掺外加剂时的混凝土用水量可按下式计算:

$$m_{wa} = m_{w0}(1-\beta) \tag{7-17}$$

式中,m_{wa}——掺外加剂混凝土每立方米混凝土的用水量,kg;

m_{w0}——未掺外加剂混凝土每立方米混凝土的用水量,kg;

β——外加剂的减水率,%,由试验确定。

(3) 外加剂用量的确定

每立方米混凝土中外加剂用量(m_{a0})应按下式计算:

$$m_{a0} = m_{b0}\beta_a \tag{7-18}$$

式中,m_{a0}——计算配合比每立方米混凝土中外加剂用量,kg/m³;

m_{b0}——计算配合比每立方米混凝土中胶凝材料用量,kg/m³,按式(7-19)计算确定;

β_a——外加剂掺量,%,应经混凝土试验确定。

4) 计算 1 m³ 混凝土中胶凝材料、矿物掺合料和水泥用量

(1) 每立方米混凝土的胶凝材料用量(m_{b0})应按式(7-19)计算,并应进行试拌调整,在拌合物性能满足的情况下,取经济合理的胶凝材料用量。

$$m_{b0} = \frac{m_{w0}}{W/B} \tag{7-19}$$

式中,m_{b0}——计算配合比每立方米混凝土中胶凝材料用量,kg/m³;

m_{w0}——计算配合比每立方米混凝土的用水量,kg/m³;

W/B——混凝土水胶比。

(2) 每立方米混凝土的矿物掺合料用量(m_{f0})应按下式计算:

$$m_{f0} = m_{b0}\beta_f \tag{7-20}$$

式中,m_{f0}——计算配合比每立方米混凝土中矿物掺合料用量,kg/m³;

β_f——矿物掺合料掺量,%,应通过试验确定,其最大掺量宜满足表 7-36 的规定。

表 7-36　钢筋混凝土中矿物掺合料最大掺量

矿物掺合料种类	水 胶 比	最大掺量/%	
		采用硅酸盐水泥时	采用普通硅酸盐水泥时
粉煤灰	≤0.4	45	35
	>0.4	40	30
粒化高炉矿渣粉	≤0.4	65	55
	>0.4	55	45
硅灰	—	10	10
复合掺合料	≤0.4	65	55
	>0.4	55	45

注:采用其他通用硅酸盐水泥时,需将水泥混合材掺量 20% 以上的混合材量计入矿物掺合料。

(3)每立方米混凝土的水泥用量(m_{c0})应按下式计算:
$$m_{c0} = m_{b0} - m_{f0} \tag{7-21}$$
式中,m_{c0}——计算配合比每立方米混凝土中水泥用量,kg/m³。

为保证混凝土的耐久性,由以上计算得出的胶凝材料用量还应满足表 7-29 中规定的最小胶凝材料用量的要求,如计算出胶凝材料用量小于规定的最小胶凝材料用量,则取规定的最小胶凝材料用量值。

5)选取合理的砂率值(β_s)

合理的砂率值主要应根据混凝土拌合物的坍落度、黏聚性及保水性等特征来确定。一般应通过试验找出合理砂率。如无使用经验和历史资料可参考时,混凝土砂率可按表 7-37 选取。

表 7-37 混凝土砂率选用

水灰比(W/C)	碎石最大粒径/mm			卵石最大粒径/mm		
	16	20	40	10	20	40
0.40	30%~35%	29%~34%	27%~32%	26%~32%	25%~31%	24%~30%
0.50	33%~38%	32%~37%	30%~35%	30%~35%	29%~34%	28%~33%
0.60	36%~41%	35%~40%	33%~38%	33%~38%	32%~37%	31%~36%
0.70	39%~44%	38%~43%	36%~41%	36%~41%	35%~40%	34%~39%

注:① 本表适用于坍落度为 10~60 mm 的混凝土。坍落度大于 60 mm 的混凝土砂率可经试验确定,也可在表 7-37 的基础上,按坍落度每增大 20 mm 砂率增大 1% 的幅度予以调整。坍落度小于 10 mm 的混凝土,其砂率应经试验确定。
② 表中数值是中砂的选用砂率。对细砂或粗砂,可相应地减少或增加砂率。
③ 只用一个单粒级粗骨料配制混凝土时,砂率值应适当增大。

另外,砂率也可根据以砂填充石子空隙,并稍有富余,以拨开石子的原则来确定。根据此原则可列出砂率计算公式如下:

$$V_{os} = V_{og} P' \tag{7-22}$$

$$\beta_s = \beta \frac{m_{s0}}{m_{s0} + m_{g0}} = \beta \frac{\rho'_{os} V_{os}}{\rho'_{os} V_{os} + \rho'_{og} V_{og}}$$
$$= \beta \frac{\rho'_{os} V_{og} P'}{\rho'_{os} V_{og} P' + \rho'_{og} V_{og}} = \beta \frac{\rho'_{os} P'}{\rho'_{os} P' + \rho'_{og}} \tag{7-23}$$

式中,β_s——砂率,%;

m_{s0}, m_{g0}——每 1 m³ 混凝土中砂及石子用量,kg;

V_{os}, V_{og}——每 1 m³ 混凝土中砂及石子松散体积,m³;

ρ'_{os}, ρ'_{og}——砂和石子堆积密度,kg/m³;

P'——石子空隙率,%;

β——砂浆剩余系数,又称拨开系数,一般取 1.1~1.4。

6)计算粗、细骨料的用量(m_{g0} 和 m_{s0})

粗、细骨料用量的计算方法有假定表观密度法和体积法两种。

(1)假定表观密度法(质量法)

根据经验可知,如果原材料质量比较稳定,所配制的混凝土拌合物的表观密度接近一个

固定值。根据工程经验估计每立方米混凝土拌合物的质量,按下列公式计算粗、细骨料用量:

$$m_{f0} + m_{c0} + m_{g0} + m_{s0} + m_{w0} = m_{cp} \tag{7-24}$$

$$\beta_s = \frac{m_{s0}}{m_{g0} + m_{s0}} \times 100\% \tag{7-25}$$

式中,m_{g0}——计算配合比每立方米混凝土的粗骨料用量,kg/m^3;

m_{s0}——计算配合比每立方米混凝土的细骨料用量,kg/m^3;

β_s——砂率,%;

m_{cp}——每立方米混凝土拌合物的假定质量,可取 $2350 \sim 2450 \ kg/m^3$。

(2)体积法

假定混凝土拌合物的体积等于各组成材料绝对体积和混凝土拌合物中所含空气体积的总和。因此对 $1 \ m^3$ 混凝土拌合物,粗、细骨料用量应按式(7-24)及式(7-25)计算,砂率应按式(7-26)计算。

$$\frac{m_{c0}}{\rho_c} + \frac{m_{f0}}{\rho_f} + \frac{m_{g0}}{\rho_g} + \frac{m_{s0}}{\rho_s} + \frac{m_{w0}}{\rho_w} + 0.01\alpha = 1 \tag{7-26}$$

式中,ρ_c——水泥密度,kg/m^3,可取 $2900 \sim 3100 \ kg/m^3$;

ρ_f——矿物掺合料密度,kg/m^3,可按现行国家标准《水泥密度测定方法》(GB/T 208—2014)测定;

ρ_g——粗骨料的表观密度,kg/m^3,应按现行行业标准《普通混凝土用砂、石质量及检验方法标准》(JGJ 52—2006)测定;

ρ_s——细骨料的表观密度,kg/m^3,应按现行行业标准《普通混凝土用砂、石质量及检验方法标准》(JGJ 52—2006)测定;

ρ_w——水的密度,kg/m^3,可取 $1000 \ kg/m^3$;

α——混凝土含气量百分数,在不使用引气剂或引气型外加剂时,可取为1。

根据以上公式可将水、水泥、砂、石子、掺合料和外加剂的用量全部求出,得到计算配合比,供试配用。

2. 检验和易性,提出基准配合比

以上求出的各材料的用量,是借助于一些经验公式和数据计算出来的,或是利用经验资料查得的,因而不一定能够符合实际情况,必须通过试拌调整,直到混凝土拌合物的和易性符合要求为止,然后提出供检验混凝土强度和耐久性用的基准配合比。以下介绍和易性的调整方法。

1)试拌

按初步配合比称取材料进行试拌。在试验室试拌混凝土时,所用的各种原材料和混凝土搅拌方法都应与施工使用的材料及混凝土搅拌方法相同。粗、细集料的称量均以干燥状态为基准(干燥状态是指细集料的含水率小于 0.5%,粗集料的含水率小于 0.2%)。如不使用干燥集料配制,在称料时用水量应相应减少,集料用量应相应增加。

混凝土的试拌数量应符合表 7-38 的规定。采用机械搅拌时，拌合量应不小于搅拌机额定搅拌量的 1/4。

表 7-38　混凝土试配的最小拌合量

集料最大粒径/mm	拌合物体积/L	集料最大粒径/mm	拌合物体积/L
≤31.5	20	40	25

2) 校核和易性，调整配合比，提出基准配合比

取试拌混凝土拌合物，按照标准的试验方法检验和易性。如和易性不满足设计要求，就应调整配合比。

调整配合比的方法（以坍落度为例）为：当坍落度低于设计要求时，可保持水胶比不变，适当增加浆体量或外加剂用量。应注意不能简单地通过增加水的用量来提高坍落度，否则将增大水胶比，降低混凝土的强度。如坍落度太大，可减少外加剂用量或在保持砂率不变条件下增加集料用量。如含砂不足，黏聚性和保水性不良时，可适当增大砂率；反之，应减小砂率。

调整后再按照新配合比进行试拌，并检验和易性，如还不满足要求，应再进行调整，直到和易性符合要求为止。此时，混凝土拌合物的配合比为混凝土强度和耐久性试验用的基准配合比。

3. 检验强度和耐久性，确定试验室配合比

在基准配合比的基础上，测试混凝土抗压强度和耐久性，进一步验证和调整配合比的水胶比，确定出试验室配合比。

1) 制作试件，测试强度，调整配合比

为校核混凝土的强度，应至少拟定三个不同的配合比，其中一个为上述的基准配合比，将基准配合比的水胶比值分别增加及减少 0.05，得到另外两个配合比的水胶比值，其用水量应该与基准配合比相同，但砂率值可增加及减少 1%。

每个配合比至少按标准方法制作一组试件，在标准养护室中养护 28 d，然后测试其抗压强度。通过将所测得的每组混凝土抗压强度与相应的胶水比作图或计算，求出与混凝土配制强度（$f_{cu,0}$）相对应的胶水比（其倒数为水胶比）。并根据此水胶比和砂率，重新计算混凝土的配合比。每立方米混凝土中水泥、掺合料、细骨料、粗骨料、水的用量（kg）分别用 m_c、m_f、m_s、m_g、m_w 表示。

注：有条件的单位可同时制作一组或几组试块，供快速检验或较早龄期时试压，以便提前定出混凝土配合比供施工使用，但试验室配合比的最终确定仍必须以标准养护 28 d 的检验结果为准。

在制作试件时，应检验混凝土拌合物的和易性、测定其表观密度（$\rho_{c,t}$）。

2) 试验室配合比的确定

计算混凝土拌合物的计算湿表观密度 $\rho_{c,c}$，公式为

$$\rho_{c,c} = m_c + m_f + m_s + m_g + m_w \tag{7-27}$$

如果实测值 $\rho_{c,t}$ 与计算值 $\rho_{c,c}$ 的差值绝对值不超过计算值 $\rho_{c,c}$ 的 2%，试验室配合比

就为 m_c、m_f、m_s、m_g、m_w；如果实测值 $\rho_{c,t}$ 与计算值 $\rho_{c,c}$ 的差值绝对值超过计算值 $\rho_{c,c}$ 的 2%，就必须对配合比进行修正。修正方法为：先计算修正系数 δ，$\delta = \rho_{c,t}/\rho_{c,c}$，再将 m_c、m_f、m_s、m_g、m_w 分别乘以 δ，由此得到的配合比即为试验室配合比。

按照试验室配合比配制的混凝土既满足新拌混凝土工作性要求，又满足混凝土强度和耐久性要求，是一个完整的配合比。但在实际使用时，还需根据现场的一些具体情况，再进一步加以调整。

若对混凝土还有其他技术性能要求，如抗渗等级、抗冻等级、高强、泵送、大体积等方面要求，混凝土的配合比设计应按《普通混凝土配合比设计规程》(JGJ 55—2011)的有关规定进行。

4. 换算施工配合比

设计配合比时是以干燥材料为基准的，而工地存放的砂、石料都含有一定的水分，所以现场材料的实际称量应按工地砂、石的含水情况进行修正，修正后的配合比叫作施工配合比（也称工地配合比或现场配合比）。施工配合比中胶凝材料、水泥、掺合料、外加剂用量保持不变，施工配合比按下列公式计算：

$$m'_c = m_c \tag{7-28}$$

$$m'_s = m_s(1 + W_s) \tag{7-29}$$

$$m'_g = m_g(1 + W_g) \tag{7-30}$$

$$m'_w = m_w - m_s W_s - m_g W_g \tag{7-31}$$

式中，W_s 和 W_g——砂的含水率和石子的含水率；

m'_c、m'_s、m'_g 和 m'_w——修正后每立方米混凝土拌合物中水泥、砂、石和水的用量。

7.5.3 混凝土配合比设计实例

【例题】 某工程的预制钢筋混凝土梁（室内干燥环境），混凝土设计强度等级为 C25，要求强度保证率为 95%。施工要求坍落度为 30~50 mm（混凝土由机械搅拌、机械振捣），该施工单位无历史统计资料。采用的材料为

矿渣水泥：强度等级 32.5（实测 28 d 强度 35.0 MPa），表观密度 $\rho_c = 3.1$ kg/m³。

中砂：表观密度 $\rho_s = 2.65$ g/cm³，堆积密度 $\rho'_s = 1500$ kg/m³。

碎石：表观密度 $\rho_g = 2.70$ g/cm³，堆积密度 $\rho'_g = 1550$ kg/m³，最大粒径为 20 mm。

自来水。

(1) 设计该混凝土的配合比（按干燥材料计算）。

(2) 已知施工现场砂含水率为 3%，碎石含水率为 1%，求施工配合比。

解：

1. 确定计算配合比

(1) 计算配制强度（$f_{cu,0}$）

$$f_{cu,0} = f_{cu,k} + 1.645\sigma$$

由表 7-32 可知，当混凝土强度等级为 C25 时，$\sigma = 5.0$ MPa，试配强度 $f_{cu,0}$ 为

$$f_{cu,0} = (25 + 1.645 \times 5.0) \text{ MPa} \approx 33.2 \text{ MPa}$$

（2）计算水灰比（W/C，由于没有掺合料，所以按照水灰比计算）

已知水泥实际强度 $f_{ce} = 35.0$ MPa；所用粗骨料为碎石，查表 7-24，可得回归系数 $\alpha_a = 0.53, \alpha_b = 0.20$。按下式计算水灰比 W/C：

$$\frac{W}{C} = \frac{\alpha_a f_{ce}}{f_{cu,0} + \alpha_a \alpha_b f_{ce}} = \frac{0.53 \times 35.0}{33.2 + 0.53 \times 0.20 \times 35.0} \approx 0.50$$

查表 7-28 可得最大水灰比为 0.60，所以取 $W/C = 0.50$。

（3）确定每立方米混凝土用水量（m_{w0}）

该混凝土所用碎石最大粒径为 20 mm，坍落度要求为 30~50 mm，查表 7-35，取 $m_{w0} = 195$ kg。

（4）计算水泥用量（m_{c0}）

$$m_{c0} = \frac{m_{w0}}{W/C} = \frac{195}{0.50} \text{ kg} = 390 \text{ kg}$$

查表 7-29 可知最小水泥用量为 320 kg，所以取 $m_{c0} = 390$ kg。

（5）确定砂率（β_s）

该混凝土用碎石最大粒径为 20 mm，计算出水灰比为 0.5，查表 7-37，取 $\beta_s = 35\%$。

（6）计算粗、细骨料用量（m_g）及（m_s）

质量法按下面方程组计算：

$$\begin{cases} m_{c0} + m_{g0} + m_{s0} + m_{w0} = m_{cp} \\ \beta_s = \dfrac{m_{s0}}{m_{g0} + m_{s0}} \times 100\% \end{cases}$$

假定每立方米混凝土质量为 $m_{cp} = 2400$ kg，则

$$\begin{cases} 390 + m_{g0} + m_{s0} + 195 = 2400 \\ 35\% = \dfrac{m_{s0}}{m_{g0} + m_{s0}} \times 100\% \end{cases}$$

解得砂、石用量分别为 $m_{s0} = 635$ kg，$m_{g0} = 1180$ kg。

按质量法算得该混凝土计算配合比：

$$m_{c0} : m_{s0} : m_{g0} : m_{w0} \approx 390 : 635 : 1180 : 195 \approx 1 : 1.63 : 3.03 : 0.50$$

体积法按下面方程组计算：

$$\begin{cases} \dfrac{m_{c0}}{\rho_c} + \dfrac{m_{g0}}{\rho_g} + \dfrac{m_{s0}}{\rho_s} + \dfrac{m_{w0}}{\rho_w} + 0.01\alpha = 1 \\ \beta_s = \dfrac{m_{s0}}{m_{g0} + m_{s0}} \times 100\% \end{cases}$$

代入砂、石、水泥、水的表观密度数据，取 $\alpha = 1$，则

$$\begin{cases} \dfrac{390}{3.1 \times 10^3} + \dfrac{m_{g0}}{2.70 \times 10^3} + \dfrac{m_{s0}}{2.65 \times 10^3} + \dfrac{195}{1 \times 10^3} + 0.01 \times 1 = 1 \\ 35\% = \dfrac{m_{s0}}{m_{g0} + m_{s0}} \times 100\% \end{cases}$$

解得：$m_s = 627$ kg，$m_g = 1165$ kg。

按体积法算得该混凝土计算配合比：

$$m_{c0} : m_{s0} : m_{g0} : m_{w0} = 390 : 627 : 1165 : 195 \approx 1 : 1.61 : 2.99 : 0.50$$

计算结果与质量法的计算结果相近。

2. 检验和易性，提出基准配合比

以质量法计算结果进行试配。按计算配合比试拌 20 L，其材料用量为

水泥	0.02×390 kg = 7.8 kg
水	0.02×195 kg = 3.9 kg
砂	0.02×635 kg = 12.7 kg
碎石	0.02×1180 kg = 23.6 kg

搅拌均匀后，做坍落度试验，测得的坍落度为 20 mm。增加水泥浆用量 5%，即水泥用量增加到 8.2 kg，水用量增加到 4.1 kg，坍落度测定为 40 mm，黏聚性、保水性均良好。经调整后各项材料用量为：水泥 8.2 kg、水 4.1 kg、砂 12.7 kg、碎石 23.6 kg，因此其总量为 m = 48.6 kg。实测混凝土的表观密度 $\rho_{c,t}$ 为 2420 kg/m³。

3. 检验强度，确定试验室配合比

采用水灰比为 0.45、0.50 和 0.55 三个不同的配合比（水灰比为 0.45 和 0.55 两个配合比也经坍落度试验调整，均满足坍落度要求），并测定出表观密度分别为 2415、2420、2425 kg/m³。28 d 强度实测结果见表 7-39。

表 7-39　试配混凝土 28 d 强度实测值

水灰比，W/C	灰水比，C/W	28 d 强度/MPa
0.45	2.22	36.9
0.50	2.00	33.2
0.55	1.82	30.2

由图 7-37 可以判断，配制强度 33.2 MPa 对应的灰水比为 $C/W = 2.00$，即水灰比 $W/C = 0.50$。至此，可初步定出混凝土配合比为

$$m_w = \frac{4.1}{48.6} \times 2420 \text{ kg} \approx 204 \text{ kg}$$

$$m_c = 204/0.50 \text{ kg} = 408 \text{ kg}$$

$$m_s = \frac{12.7}{48.6} \times 2420 \text{ kg} \approx 632 \text{ kg}$$

$$m_g = \frac{23.6}{48.6} \times 2420 \text{ kg} \approx 1175 \text{ kg}$$

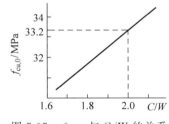

图 7-37　$f_{cu,0}$ 与 C/W 的关系

计算该混凝土的表观密度：

$$\rho_{c,c} = (204 + 408 + 632 + 1175) \text{ kg/m}^3 = 2419 \text{ kg/m}^3$$

重新按确定的配合比测得其表观密度 $\rho_{c,t} = 2412$ kg/m³。其校正系数 δ 为

$$\delta = \frac{\rho_{c,t}}{\rho_{c,c}} = \frac{2412}{2419} \approx 0.997$$

混凝土表观密度的实测值与计算值之差 ξ 为

$$\xi = \frac{\rho_{c,t} - \rho_{c,c}}{\rho_{c,c}} \times 100\% = \frac{2412 - 2419}{2419} \times 100\% \approx -0.3\%$$

由于混凝土表观密度的实测值与计算值之差的绝对值不超过计算值的 2%，所以前面的计算配合比即为确定的试验室配合比，即

$$m_c : m_s : m_g : m_w \approx 408 : 632 : 1175 : 204 \approx 1 : 1.55 : 2.88 : 0.50$$

4. 计算施工配合比

将试验室配合比换算为现场施工配合比，用水量应扣除砂、石所含水量，而砂石则应增加砂、石的含水量。施工配合比计算如下：

$$m'_c = m_c = 408 \text{ kg}$$
$$m'_s = m_s(1 + W_s) = 632 \times (1 + 3\%) \text{ kg} \approx 651 \text{ kg}$$
$$m'_g = m_g(1 + W_g) = 1175 \times (1 + 1\%) \text{ kg} \approx 1187 \text{ kg}$$
$$m'_w = m_w - m_s W_s - m_g W_g = (204 - 632 \times 3\% - 1175 \times 1\%) \text{ kg} \approx 173 \text{ kg}$$

7.6 其他类型的混凝土

7.6.1 高性能混凝土

1. 可持续发展与绿色材料

材料在人类社会发展中起着极为重要的作用，它是人类社会进步的物质基础。新材料是新技术发展的必要物质基础，也是技术革命的先导。在社会发展的进程中，材料的进步带来了社会的变革。但是，发展迄今，传统的材料已经不适应社会发展的进程，传统的材料从设计制造、使用到最后废弃的过程中，因为大量生产、大量废弃，造成资源枯竭、能源短缺、环境污染、生态破坏等一系列问题，与地球资源、地球环境容量的有限性以及地球生态系统的安全性之间产生了尖锐的矛盾，对社会经济的可持续发展和人类自身的生存构成严重的障碍和威胁。因此，认识资源、环境与材料的关系，开展绿色材料及其相关理论的研究，是历史发展的必然，也是材料科学的进步。

1987 年联合国环境与发展委员会发表《我们共同的未来》，1988 年第一届国际材料联合会提出了"绿色材料"的概念，即"在原料采取、产品制造、使用或者再循环以及废料处理等环节中，对地球环境负荷最小和有利于人类健康的材料"。1990 年日本东京大学的山本良一教授在材料研究中提出了"环境材料"的概念，1992 年在巴西的里约热内卢召开了联合国环境与发展大会，从此，人类社会进入了"保护自然，崇尚自然，促进持续发展"为核心的绿色时代。材料、环境及社会可持续发展的关系，在全球范围内得到空前的关注。

绿色材料的特点包括材料本身的先进性（优质的、生产能耗低的材料），生产过程的安全性（低噪声、无污染），材料使用的合理性（节省的、可以回收的）以及符合现代工程学的要求等。绿色材料是材料发展的必然。绿色浪潮在全球掀起后，人们的绿色意识得到增强——开发自然、造福人类是我们的责任，然而在利用自然的同时，保护自然、节约能源和原材料更

是我们的义务。

绿色材料的研究与应用对可持续发展战略的实施影响重大。虽然目前的工作还主要局限在材料的回收和重复利用技术、减少"三废"的材料技术与工艺、减少环境污染的代用材料、环境净化材料、可降解材料等方面，但随着人们环境意识的加强，在研究和应用材料时，考虑环境因素已是必然趋势，绿色材料制造的绿色产品时代也将随之到来。

2. 绿色混凝土

在以上大背景下，作为绿色建材的一个分支，具有环境协调性和自适应性的绿色混凝土应运而生。绿色混凝土的环境协调性是指对资源和能源消耗少、对环境污染小和循环再生利用率高。绿色混凝土的自适应性是指具有满意的使用性能，能够改善环境，具有感知、调节和修复等机敏特性。

自 20 世纪 90 年代以来，国内外科技工作者对绿色混凝土开展了广泛、深入的研究。其涉及的研究范围包括：绿色高性能混凝土、再生骨料混凝土、环保型混凝土和机敏混凝土等。下面对高性能混凝土进行简要介绍。

3. 高性能混凝土

各国学者对高性能混凝土有不同的定义和解释，但高性能混凝土的共性可归结为：在新拌阶段具有高工作性，易于施工，甚至无须振捣就能密实成型；在水化、硬化早期和使用过程中具有高体积稳定性，很少产生由于水化热和干缩等因素而形成的裂缝；在硬化后具有足够的强度和低渗透性，满足工程所需的力学性能和耐久性。

吴中伟院士则将高性能混凝土定义为：高性能混凝土是一种新型高技术混凝土，是在大幅提高普通混凝土性能的基础上采用现代混凝土技术制作的混凝土，它以耐久性作为设计的主要指标。针对不同用途要求，高性能混凝土对下列性能有重点地予以保证：耐久性、工作性、适用性、强度、体积稳定性、经济性。为此，高性能混凝土配制上的特点是低水胶比，选用优质原材料，并除水泥、水、集料外，必须掺加足够数量的矿物细掺料和高效外加剂。

高性能混凝土的绿色化特征主要体现为：①更多地节约熟料水泥，减少环境污染；②更多地掺加以工业废渣为主的活性细掺料；③更大地发挥高性能优势，减少水泥和混凝土的用量，因而可称之为绿色混凝土。

高性能混凝土在微观结构方面与普通混凝土相比有以下特点：①未水化水泥颗粒增多，这些未水化颗粒可视为硬化混凝土中的微骨料，混凝土的骨架作用得到加强；②孔隙率很低，而且基本上不存在孔径大于 100 nm 的大孔；③骨料与水泥石的界面与水泥石本体无明显区别，消除了普通混凝土中的薄弱环节——界面过渡区；④游离氧化钙含量低；⑤自身收缩造成混凝土内部产生自应力状态，导致骨料受到强有力的约束。

配制高性能混凝土时应遵循以下法则：

1）水灰比法则

与普通混凝土一样，水灰比的大小决定硬化后高性能混凝土的强度，并影响其耐久性。混凝土的强度与灰水比成正比（与水灰比成反比）。水灰比一经确定，绝不能随意变动。为保证高性能混凝土的耐久性，通常其水灰比较低，一般为 0.2～0.45。当然这里的"灰"包括所有胶凝材料，因此水灰比也称为水胶比。

2) 混凝土密实体积法则

混凝土的组成是以石子为骨架,以砂子填充石子空隙,又以浆体填充砂石空隙,并包裹砂石表面,以减少砂石之间的摩擦阻力,保证混凝土有足够的流动性。这样,可塑状态混凝土总体积为水、水泥(胶凝材料)、砂、石的密实体积之和。

3) 最小单位加水量或最小胶凝材料用量法则

在水灰比固定、原材料一定的情况下,使用满足工作性的最小加水量(即最小的浆体量),可以得到体积稳定的、经济的混凝土。通常情况下,干燥的、级配良好的砂、石混合体的空隙率约为 21%~22%,综合考虑强度、工作性和体积稳定性能达到最佳的均衡,水泥浆体体积以 25%~30% 为宜。胶凝材料的量宜在 300%~500 kg/m³ 之间,用水量应小于 175 kg/m³。

4) 最小水泥用量法则

为降低混凝土的温升、提高混凝土抗环境因素的侵蚀能力,在满足混凝土早期强度要求的前提下,应尽量减少胶凝材料中的水泥用量。

5) 最小砂率法则

在最小胶凝材料用量并且砂石颗粒实现最密实堆积的条件下,使用满足工作性要求的最小砂率,以提高混凝土的弹性模量,降低收缩和徐变。

高性能混凝土的配制和应用可参考《高性能混凝土应用技术规程》(CECS 207—2006)、《高性能混凝土评价标准》(JGJ/T 385—2015)和《高性能混凝土应用技术指南》。需要说明的是,高性能混凝土并不是完善的混凝土或理想的混凝土,其最为突出的弱点是自收缩和脆性较大。

7.6.2 高强混凝土

20 世纪 20 年代,超过 21 MPa 的混凝土可称为高强混凝土;20 世纪 70 年代,强度达到 40 MPa 的混凝土看作高强混凝土。现在的高强混凝土是指强度等级为 C60 及其以上的混凝土。

1. 高强混凝土的优点和不利条件

1) 高强混凝土的优点

(1) 高强混凝土可以减少结构断面,增加房屋使用面积和有效空间,减轻地基负荷。它在高层建筑柱结构、建筑物剪力墙和承重墙、桥梁箱梁(尤其是大跨度桥梁)中具有广阔的应用前景。但对于楼板和梁,高强度并不能改变构件的尺寸,高强混凝土并不具有经济优势。

(2) 对于预应力钢筋混凝土构件,高强混凝土由于刚度大、变形小,故可以施加更大的预应力和更早地施加预应力,以及减少因徐变导致的预应力损失。

(3) 高强混凝土致密坚硬,抗渗性、抗冻性、耐磨性及耐久性大大提高。应用在极端暴露条件下的混凝土结构中(例如公路、桥面和停车场),则可大大提高其耐久性。

2) 高强混凝土的不利条件

(1) 高强混凝土对原材料质量要求严格。

(2) 生产、施工各环节的质量管理水平要求高,高强混凝土的质量对生产、运输、浇注、养护、环境条件等因素非常敏感。

(3) 高强混凝土的延性差、脆性大、自收缩大。

高强混凝土的设计、配制、施工和检测应符合《高强混凝土结构技术规程》(CECS 104—1999)、《高强混凝土应用技术规程》(JGJ/T 281—2012)、《高强混凝土强度检测技术规程》(JGJ/T 294—2013)等的规定。

2. 高强混凝土的配制要求

(1) 选用质量稳定、强度等级不低于 42.5 级的硅酸盐水泥或普通硅酸盐水泥。水泥用量不宜大于 550 kg/m^3；水泥和矿物掺合料的总量不应大于 600 kg/m^3。

(2) 粗骨料的最大粒径不宜大于 25 mm，强度等级高于 C80 级的混凝土，其粗骨料的最大粒径不宜大于 20 mm，并严格控制其针片状颗粒含量、含泥量和泥块含量。细骨料的细度模数宜为 2.6～3.0，并严格控制其含泥量和泥块含量。混凝土的砂率宜为 28%～34%，泵送时可为 34%～44%。

(3) 配制高强混凝土时应掺用减水率不小于 25% 的高性能减水剂。

(4) 配制高强混凝土时应掺用活性较好的矿物掺合料，且宜复合使用矿物掺合料，品种、掺量应通过试验确定。掺量通常为 25%～40%。

(5) 高强混凝土的水胶比采用 0.24～0.34，强度等级越高，水胶比越低。

(6) 当采用三个不同配合比进行混凝土强度试验时，其中一个应为基准配合比，另两个配合比的水灰比宜较基准配合比分别增加和减少 0.02；高强混凝土设计配合比确定后，还应用该配合比进行不少于 3 次的重复试验验证，其平均值不应低于配制强度。

7.6.3 轻混凝土

表观密度小于 1950 kg/m^3 的混凝土称为轻混凝土，轻混凝土又可分为轻骨料混凝土、多孔混凝土及无砂大孔混凝土三类。

1. 轻骨料混凝土

凡是用轻粗骨料、轻细骨料（或普通砂）、水泥和水配制而成的轻混凝土均称为轻骨料混凝土。由于轻骨料种类繁多，故混凝土常以轻骨料的种类命名。例如：粉煤灰陶粒混凝土、浮石混凝土等。轻骨料按来源分为三类：①工业废渣轻骨料（如粉煤灰陶粒、煤渣等）；②天然轻骨料（如浮石、火山渣等）；③人工轻骨料（如页岩陶粒、黏土陶粒、膨胀珍珠岩等）。

轻骨料混凝土强度等级与普通混凝土相对应，按立方体抗压标准强度划分为：LC5.0、LC7.5、LC10、LC15、LC20、LC25、LC30、LC35、LC40、LC45、LC50、LC55 和 LC60。轻骨料混凝土的应变值比普通混凝土大，其弹性模量为同强度等级普通混凝土的 50%～70%。轻骨料混凝土的收缩和徐变比普通混凝土相应大 20%～50% 和 30%～60%。

许多轻骨料混凝土具有良好的保温性能，当其表观密度为 1000 kg/m^3 时，导热系数为 0.28 $W/(m \cdot K)$；表观密度为 1800 kg/m^3 时，导热系数为 0.87 $W/(m \cdot K)$。其可用作保温材料、结构保温材料或结构材料。

轻骨料混凝土适用于一般承重构件和预应力钢筋混凝土结构，特别适宜高层及大跨度建筑，其强度等级和密度的合理范围如表 7-40 所示。

表 7-40　轻集料混凝土的主要用途及强度等级和密度的合理范围

混凝土名称	用　　途	强度等级合理范围	密度合理范围/（kg·m⁻³）
保温轻集料混凝土	主要用于保温的围护结构或热工构筑物	LC5.0	≤800
结构保温轻集料混凝土	主要用于既承重又保温的围护结构	LC5.0～LC15	800～1400
结构轻集料混凝土	主要用于承重构件或构筑物	LC15～LC60	1400～1900

轻骨料混凝土的设计、配制、施工应符合《轻骨料混凝土应用技术标准》(JGJ/T 12—2019)的规定。

2. 多孔混凝土

多孔混凝土是一种不用骨料的轻混凝土,内部充满大量细小封闭的气孔,孔隙率极大,一般可达混凝土总体积的 85%。它的表观密度一般在 300～1200 kg/m³ 之间,导热系数为 0.08～0.29 W/(m·K)。因此多孔混凝土是一种轻质多孔材料,兼有保温及隔热等功能,同时容易切削、锯解、握钉性好。多孔混凝土可制作屋面板、内外墙板、砌块和保温制品,广泛地用于工业及民用建筑和管道保温。

根据气孔产生的方法不同,多孔混凝土可分为加气混凝土和泡沫混凝土。加气混凝土在生产上比泡沫混凝土具有更大的优越性,所以生产和应用发展较快。

1) 加气混凝土

加气混凝土是用含钙材料(水泥、石灰)、含硅材料(石英砂、粉煤灰、矿渣、页岩等)和加气剂为原料,经磨细、配料、浇注、切割和压蒸养护等工序加工而成。

加气剂一般采用铝粉,它与含钙材料中的氢氧化钙反应放出氢气,形成气泡,使料浆成为多孔结构。加气混凝土的抗压强度一般为 0.5～7.5 MPa。

2) 泡沫混凝土

泡沫混凝土是将水泥浆和泡沫剂拌和后形成的多孔混凝土。其表观密度多在 300～500 kg/m³ 之间,强度不高,仅为 0.5～7 MPa。

通常用氢氧化钠加水拌入松香粉(碱:水:松香=1:2:4),再与溶化的胶液(皮胶或骨胶)搅拌制成松香胶泡沫剂。将泡沫剂加温水稀释,用力搅拌即成稳定的泡沫。然后加入水泥浆(也可掺入磨细的石英砂、粉煤灰、矿渣等硅质材料)与泡沫拌匀,成型后蒸养或压蒸养护即成泡沫混凝土。

3. 无砂大孔混凝土

无砂大孔混凝土是以粗骨料、水泥、水配制而成的一种轻混凝土,其表观密度为 500～1000 kg/m³,抗压强度为 3.5～10 MPa。

无砂大孔混凝土中因无细骨料,水泥浆仅将粗骨料胶结在一起,所以是一种大孔材料。它具有导热性低、透水性好等特点,也可作绝热材料及滤水材料。水工建筑中常用作排水暗管、井壁滤管等。

7.6.4　纤维混凝土

纤维混凝土是以混凝土为基体,外掺各种纤维材料制成,掺入纤维的目的是提高混凝土的力学性能,如抗拉、抗裂、抗弯、冲击韧性,也可以有效地改善混凝土的脆性。

常用的纤维材料有钢纤维、玻璃纤维、石棉纤维、碳纤维和合成纤维等。所用的纤维必须具有耐碱、耐海水、耐气候变化的特性。

在纤维混凝土中,纤维的品种、纤维含量、纤维的几何形状以及纤维的分布情况对混凝土性能有重要影响。钢纤维混凝土比普通混凝土一般可提高抗拉强度2倍左右,提高抗冲击强度5倍以上。

纤维混凝土目前主要用于对抗裂、抗冲击性要求高的工程,如机场跑道、高速公路、桥面面层、管道、屋面板、墙板等,随着纤维混凝土技术的提高,各类纤维性能的改善,其在土木建筑工程中将会得到更广泛的应用。

纤维混凝土的设计、配制、施工应符合《纤维混凝土应用技术规程》(JGJ/T 221—2010)、《纤维混凝土结构技术规程》(CECS 38—2004)、《钢纤维混凝土》(JG/T 472—2015)等的规定。

7.6.5　聚合物混凝土

聚合物混凝土是在混凝土中引入有机聚合物的一种新型混凝土。按聚合物引入的方法不同,聚合物混凝土分为聚合物水泥混凝土(polymer-cement concrete,PCC)、聚合物浸渍混凝土(polymer impregnated concrete,PIC)和聚合物胶结混凝土(polymer-concrete,PC)。

1. 聚合物水泥混凝土

聚合物水泥混凝土是用聚合物乳液或水溶性聚合物与水泥作为胶结材料,掺入砂、石或其他集料的混凝土。聚合物的硬化和水泥的水化同时进行,并且两者结合在一起形成一种复合材料。

聚合物水泥混凝土所用的矿物胶凝材料可用普通水泥或高铝水泥,其中,高铝水泥所引起的乳液的凝聚比较小,具有快硬的特性,使用效果比普通水泥好;也可以用白水泥、石膏等。所用的聚合物可用天然聚合物(如天然橡胶)和各种合成聚合物(如聚醋酸乙烯、氯丁橡胶、聚苯乙烯等)。

聚合物水泥混凝土具有较好的耐久性、耐磨性、耐腐蚀性,主要用于地面、桥面和修补混凝土路面、机场道面等。

2. 聚合物浸渍混凝土

聚合物浸渍混凝土是以已经硬化的混凝土为基材,将有机单体渗入混凝土中,然后再用加热或放射线照射等方法使渗入到混凝土孔隙内的有机单体聚合,使混凝土与聚合物形成一个整体。

用于浸渍的单体有甲基丙烯酸甲酯、苯乙烯、醋酸乙烯、乙烯、丙烯脂等,最常用的是甲基丙烯酸甲酯。聚合物浸渍混凝土是在混凝土制品成型、养护完毕后,进行干燥、真空处理,并使单体浸入混凝土中,在 80 ℃的湿热条件下或用射线照射(γ射线、X射线等)使单体聚合而成。

在聚合物浸渍混凝土中,由于聚合物填充了混凝土的内部空隙和微裂缝,提高了混凝土的密实度,且聚合物在混凝土中形成连续的空间网络,与水泥凝胶体相互穿插,使聚合物和混凝土形成了完整的结构。因此,聚合物浸渍混凝土具有高强度(抗压强度可达 200 MPa,抗拉强度可达 24 MPa)和高抗渗性(几乎不吸水、不透水),抗冻性、抗冲击性、耐蚀性和耐磨性都有明显提高。

聚合物浸渍混凝土适用于要求高强度、高耐久性的特殊构件,特别适用于输运液体的管道、耐高压的容器、隧道衬砌、海洋构筑物、液化天然气储罐等。

3. 聚合物胶结混凝土

聚合物胶结混凝土是一种以合成树脂为胶结材料的混凝土,又称树脂混凝土。所用的集料与普通混凝土相同。这种混凝土具有高强、耐腐蚀、耐水等优点,但由于成本较高,只用于耐腐蚀、修补等特殊工程。另外,聚合物胶结混凝土的外表美观,可制成人造大理石,用于桌面、浴缸、台面等。

习题

一、名词解释

砂的粗细程度;砂的颗粒级配;粗骨料的最大粒径;砂率;碱骨料反应;压碎指标;混凝土和易性;混凝土立方体抗压强度;混凝土立方体抗压强度标准值;混凝土强度等级;混凝土徐变;混凝土碳化;混凝土外加剂;减水剂 ;引气剂

二、填空题

1. 建筑工程中使用的混凝土一般应满足_____、_____、_____、_____四项基本要求。

2. 粗骨料颗粒级配有_____和_____之分。

3. 混凝土拌合物的和易性包括_____、_____和_____三方面的含义,其中_____可采用坍落度和维勃稠度表示,_____和_____凭经验目测。

4. 测定砼拌合物的流动性的方法有_____和_____。

5. 确定混凝土配合比的三个基本参数是:_____、_____、_____。

6. 水泥混凝土的基本组成材料有_____、_____、_____和_____。

7. 在混凝中,砂子和石子起_____作用,水泥浆在凝结前起_____作用,在硬化后起_____作用。

8. 砂子的级配区表示砂子的_____,细度模数表示砂子的_____。

9. 在混凝土拌合物中加入减水剂,会产生下列各效果:当原配合比不变时,可提高拌合物的_____;在保持混凝土强度和坍落度不变的情况下,可减少_____及节约_____;在保持流动性和水泥用量不变的情况下,可以减少_____和提高_____。

10. 配制较低强度等级的混凝土时,在条件允许的情况下应尽量采用最大粒径较_____的粗骨料。

11. 选择坍落度的原则应当是在满足施工要求的条件下,尽可能采用较_____的坍落度。

三、选择题

1. 配制混凝土用砂要求采用(　　)的砂。
   A. 空隙率较小　　　B. 总表面积较小　　　C. 空隙率和总表面积都较小
2. 含水量为5%的砂子220 g,烘干至恒重时为(　　)g。
   A. 209.00　　　B. 209.52　　　C. 209.55
3. 两种砂子的细度模数 M_x 相同时,它们的级配(　　)。
   A. 一定相同　　　B. 一定不同　　　C. 不一定相同
4. 混凝土中细骨料最常用的是(　　)
   A. 山砂　　　B. 海砂　　　C. 河砂　　　D. 人工砂
5. 试拌混凝土时,当流动性偏低时,可采用提高(　　)的办法调整。
   A. 加水量　　　B. 水泥用量　　　C. 水泥浆量(W/C保持不变)
6. 抗渗混凝土是指其抗渗等级等于或大于(　　)级的混凝土。
   A. P4　　　B. P6　　　C. P8　　　D. P10
7. 抗冻混凝土是指其抗冻等级等于或大于(　　)级的混凝土。
   A. F25　　　B. F50　　　C. F100　　　D. F150
8. 高强度混凝土是指混凝土强度等级为(　　)及其以上的混凝土。
   A. C30　　　B. C40　　　C. C50　　　D. C60
9. 大体积混凝土常用的外加剂是(　　)。
   A. 早强剂　　　B. 缓凝剂　　　C. 引气剂
10. 混凝土冬季施工时,可加的外加剂是(　　)。
    A. 速凝剂　　　B. 早强剂　　　C. 引气剂
11. 混凝土夏季施工时,可加的外加剂是(　　)。
    A. 减水剂　　　B. 缓凝剂　　　C. 早强剂
12. 在混凝土拌合物中,如果水灰比过大,会造成(　　)。
    A. 拌合物的黏聚性和保水性不良　　　B. 产生流浆
    C. 有离析现象　　　D. 严重影响混凝土的强度
13. 以下哪些属于混凝土的耐久性?(　　)
    A. 抗冻性　　　B. 抗渗性　　　C. 和易性　　　D. 抗腐蚀性

四、判断题

1. 中砂不管级配如何都适合配制混凝土。　　　　　　　　　　　　　　　　(　　)
2. 砂子的细度模数越大,则该砂的级配越好。　　　　　　　　　　　　　　(　　)
3. 在混凝土拌合物施工过程中,禁止随意向混凝土拌合物中加水。　　　　　(　　)
4. 对混凝土拌合物流动性大小起决定性作用的是加水量的大小。　　　　　　(　　)
5. 卵石混凝土比同条件配合比的碎石混凝土的流动性大,但强度要低一些。　(　　)
6. 流动性大的混凝土比流动小的混凝土的强度低。　　　　　　　　　　　　(　　)
7. W/C很小的混凝土,其强度不一定很高。　　　　　　　　　　　　　　(　　)
8. 混凝土的试验室配合比和施工配合比二者的W/C不同。　　　　　　　(　　)

9. 混凝土的强度标准差 σ 值越大,表明混凝土质量越稳定,施工水平越高。   (   )
10. 因水资源短缺,所以应尽可能采用污水和废水养护混凝土。   (   )

五、简答题

1. 普通混凝土的组成材料有哪些？各在混凝土中起什么作用？
2. 对于普通水泥混凝土粗细骨料的技术要求如何？
3. 砂、石的粗细程度与颗粒级配如何评定？有何意义？
4. 碎石和卵石拌制混凝土有何不同？
5. 为什么要在技术条件许可的情况下尽可能选用粒径较大的粗骨料？
6. 影响混凝土拌合物和易性的因素有哪些？如何影响？改善拌合物和易性的措施有哪些？
7. 混凝土流动性如何测定？用什么单位表示？
8. 影响混凝土强度的因素有哪些？提高混凝土的强度可采取哪些措施？
9. 混凝土的轴心抗压强度为什么比立方体强度低？
10. 什么是混凝土的徐变？混凝土徐变和哪些因素有关？
11. 什么是混凝土的碳化？它对混凝土性能有何影响？如何提高混凝土的抗碳化能力？
12. 碱骨料反应对混凝土有何危害？如何抑制混凝土的碱骨料反应？
13. 如何提高混凝土的抗渗性能？
14. 减水剂的作用原理是什么？混凝土中掺减水剂的技术经济效果如何？
15. 混凝土中掺入引气剂,对混凝土的和易性、抗冻性、抗渗性、强度将产生什么影响？
16. 混凝土耐久性通常是指哪些性质？说明混凝土抗冻性和抗渗性的表示方法。

六、计算题

1. 某工程设计要求的混凝土强度等级为 C30。
(1) 当混凝土强度标准差 $\sigma=5.0$ MPa 时,混凝土的配制强度应为多少？
(2) 若提高施工管理水平,σ 降为 3.0 MPa,混凝土的配制强度为多少？
(3) 若采用 42.5 级普通水泥(实测水泥强度为 45.0 MPa)和碎石配制混凝土,用水量为 180 kg/m²,若 σ 从 5.0 MPa 降到 3.0 MPa,每立方米混凝土可节约水泥多少？($\alpha_a=0.53, \alpha_b=0.20$)

2. 已知混凝土的配合比为 1∶2∶4,水灰比为 0.50,拌合物的表观密度为 2400 kg/m³,若施工工地砂含水 3%,碎石含水 1%,求该混凝土的施工配合比。若施工时不进行配合比换算,直接将试验室配合比在现场使用,对混凝土的性能有何影响？

3. 某工地采用 42.5 级普通水泥和碎石配制混凝土,其试验室配合比为:水泥 400 kg,砂 600 kg,碎石 1200 kg,水 200 kg。试问该混凝土能否满足 C35 强度等级要求(假定 $\sigma=5.0, \gamma_c=1.16, \alpha_a=0.53, \alpha_b=0.20$)。

第8章 沥青及沥青混合料

学习要点：掌握沥青的基本组成和结构特点、工程性质及测定方法；掌握沥青混合料配比设计，了解沥青混合料在工程中的使用。

不忘初心：伟大出自平凡，平凡造就伟大。

牢记使命：幸福和美好未来不会自己出现，成功属于勇毅而笃行的人。

8.1 沥青的类型

沥青材料是由一些极其复杂的高分子的碳氢化合物和这些碳氢化合物的非金属（氧、硫、氮）的衍生物所组成的混合物。常温下沥青呈黑色至褐色的固体、半固体或黏稠液体，具有防潮、防水、防腐的性能。沥青是憎水性有机胶结材料，可广泛用作道路工程材料及水利、工业与民用建筑工程中的防潮、防腐、防水材料。

沥青的种类较多，按产源可分为地沥青和焦油沥青两大类（表8-1）。

表8-1 沥青的分类

种　　类		注　　释
地沥青	天然沥青	在自然条件下，长时间经受地球物理因素作用形成的产物
	石油沥青	石油经各种炼制工艺加工而得的产品
焦油沥青	煤沥青	煤经干馏所得的煤焦油再加工的产物
	页岩沥青	页岩炼油工业的副产品

8.1.1 石油沥青的组成和结构

1. 石油沥青的基本组成

石油沥青是由多种碳氢化合物及其非金属（氧、硫、氮）的衍生物组成的混合物，所以它的组成主要是碳（80%～87%）、氢（10%～15%），其次是非烃元素，如氧、硫、氮等（<3%）。此外，还含有一些微量的金属元素，如镍、钒、铁、锰、钙、镁、钠等，但含量都很少。由于沥青的化学组成和结构复杂，并且不能反映沥青物理性质的差异，因此从实际使用角度出发，将化学成分和性质接近的物质划分成组，称为组分。我国现行的《公路工程沥青及沥青混合料试验规程》(JTG E20—2011)中规定有三组分和四组分两种分析方法。

1) 三组分分析法

石油沥青的三组分分析法是将石油沥青分离为油分、树脂和沥青质三个组分(表8-2)。

表8-2 石油沥青三组分分析法的各组分性状

组 分	外观特征	平均分子量	碳氢比(原子比)	物化特征
油分	淡黄透明液体	200~700	0.5~0.7	几乎可溶于大部分有机溶剂,具有光学活性,常发现有荧光
树脂	红褐色黏稠半固体	800~3000	0.7~0.8	温度敏感性高,熔点低于100 ℃
沥青质	深褐色固体微粒	1000~5000	0.8~1.0	加热不熔化,分解为硬焦炭,使沥青呈黑色

油分赋予沥青流动性,其含量为40%~60%,油分含量的多少直接影响沥青的柔软性、抗裂性及施工难度。油分在一定条件下可以转化为树脂甚至沥青质。

树脂使石油沥青具有良好的塑性和黏结性,其含量为15%~30%,沥青质含量在5%~30%之间,是决定石油沥青温度敏感性、黏性的重要组成部分,其含量越多,则软化点越高,黏性越大,即越硬脆。

2) 四组分分析法

四组分分析法将沥青分为饱和分、芳香分、胶质、沥青质四种组分,各组分的特点及其对沥青性能的影响见表8-3。

表8-3 沥青四组分及其特性

组 分	物 态	分 子 量	含量/%	高温黏滞性	低温变形能力	化学稳定性
饱和分	白色稠状油类	300~600	5~20	低	低	高
芳香分	深棕色黏稠液体	300~600	40~65	低	低	高
胶质	棕色半固体	600~1000	15~30	高	高	低
沥青质	粒径5~30 nm的黑色或棕色固体	1000~10 000	5~25	高	低	无影响

沥青三组分分析法与四组分分析法在本质上具有相似性,均是将沥青分为液体软沥青质和固体沥青质两大部分。区别在于:三组分分析法中,软沥青质分为油分和树脂;四组分分析法中,软沥青质分为饱和分、芳香分和胶质。我国建工行业多用沥青三组分分析法,其最大优点是组分界限明确,但三组分分析法流程复杂、分析时间长;交通行业更多采用沥青四组分分析法。

石油沥青中还含有蜡,它会降低石油沥青的黏结性和塑性,同时对温度特别敏感(即温度稳定性差)。

2. 石油沥青的胶体结构

沥青的技术性质不仅取决于它的化学组分及其化学结构,而且取决于它的胶体结构。

沥青材料在微观上呈胶体结构。根据胶体理论,绝大多数沥青是以沥青质为核心,吸附树脂(胶质)形成的胶团作为分散相,分散在油分(饱和分与芳香分)的分散介质中。

根据沥青胶团大小、数量、分散状态的不同,沥青可分为溶胶型、凝胶型和溶-凝胶型三种胶体结构类型,见图 8-1。

1) 溶胶型沥青

当沥青质含量较少(<10%)、相对分子量较低或分子尺寸较小时,沥青分散度很高,胶团可在分散介质中自由移动,形成溶胶型沥青,其结构见图 8-1(a)。这类沥青具有较好的流动性和塑形,开裂后自愈性强,但温度敏感性较大,高温易流淌。直馏沥青、液体沥青多为溶胶型结构。

2) 凝胶型沥青

当沥青质含量很大(≥25%~30%)、分子量较大时,胶质数量不足以包裹在沥青质周围使之胶溶,胶团相互联结成三维网状结构,胶团在分散介质中移动较困难,形成凝胶型沥青,其结构见图 8-1(c)。凝胶型沥青变形能力差、脆性大、耐久性差,常温下具有较好的黏性、弹性和温度稳定性,高温时分散度加大而具有一定的流动性。氧化沥青、老化沥青多为凝胶型结构。凝胶型沥青在道路工程中很少采用,多为建筑沥青。

3) 溶-凝胶型沥青

溶-凝胶型沥青是介于溶胶型与凝胶型之间的一种沥青,其结构见图 8-1(b)。溶-凝胶型沥青在高温时具有较低的感温性,低温时又具有较好的形变能力。由于其兼具溶胶型沥青与凝胶型沥青的技术优点,因此工程中通常希望沥青处于此结构;修筑现代高等级公路路面的沥青,都应属于溶-凝胶型沥青,且针入度指数宜在−1~+1 范围内。

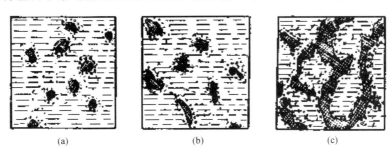

图 8-1 沥青的胶体结构示意图
(a) 溶胶型结构;(b) 溶-凝胶结构;(c) 凝胶型结构

8.1.2 沥青的掺配

在工程中,往往一种牌号的沥青不能满足要求,因此常常需要用不同牌号的沥青进行掺配。在进行掺配时,为了不使掺配后的沥青胶体结构破坏,应选用表面张力相近和化学性质相似的沥青。试验证明,同产源的沥青容易保证掺配后的沥青胶体结构的均匀性。所谓同源是指同属石油沥青或同属于煤沥青。当采用两种同源沥青掺配时,每种沥青的掺配量应按下列公式计算:

$$Q_1 = \frac{T_2 - T}{T_2 - T_1} \times 100\% \tag{8-1}$$

$$Q_2 = 100\% - Q_1 \tag{8-2}$$

式中,Q_1——较软沥青用量,%;
Q_2——较硬沥青用量,%;

T——掺配后的沥青软化点,℃;
T_1——较软沥青软化点,℃;
T_2——较硬沥青软化点,℃。

【例题】 某工程需要用软化点为 85 ℃ 的石油沥青,现有 10 号和 40 号石油沥青,其软化点分别为 95 ℃ 和 60 ℃。试估算如何掺配才能满足工程需要。

解:试估算掺配用量:

$$40 \text{ 号石油沥青用量} = \frac{95-85}{95-60} \times 100\% \approx 28.6\%$$

$$10 \text{ 号石油沥青用量} = 100\% - 28.6\% = 71.4\%$$

根据其比例和其邻近的比例(±5%)进行试配,测定掺配后沥青的软化点,然后绘制掺配比-软化点曲线,在曲线上确定所要求的比例。同样,可采用针入度指标按照上述方法进行估算和掺配。

若石油沥青过于黏稠,需要进行稀释,通常可以采用石油产品系统的轻质油类进行稀释,如汽油、煤油和柴油等。

如用三种沥青时,可先算出两种沥青的配比,再与第三种沥青进行配比计算,然后再试配。

8.1.3 其他沥青

1. 煤沥青

煤沥青是由煤干馏的产品煤焦油经再加工获得的。煤焦油分为高温焦油和低温焦油两类,其中高温焦油可加工质量较好的煤沥青。

与石油沥青相比,煤沥青元素组成的特点是碳氢比大,其主要技术特点是温度稳定性较低、与矿料黏附性较好、气候稳定性较差、耐腐蚀性强等。总体而言,煤沥青几乎所有的技术性质都不及石油沥青,因此在土木工程中应用较少;但其抗腐蚀性好,可用于地下防水层或木材等的表面防腐处理。新型环氧煤沥青改善了传统煤沥青的性能,目前在防腐工程中有一定应用。

工程中鉴别煤沥青与石油沥青的最简单方法是将其加热,石油沥青有松香味,而煤沥青则为刺鼻臭味。

2. 改性沥青

传统沥青材料往往具有高温易软化、低温易脆裂、耐久性差等不足,随着现代高速、重载交通的发展以及当代建筑对防水材料要求的提高,对沥青材料的性能亦提出了更高的要求。改性沥青是指掺加橡胶、树脂、天然沥青、矿物填料等外掺剂(改性剂),使沥青或沥青混合料的性能得以改善而制成的沥青结合料。

1) 橡胶改性沥青

橡胶是沥青的重要改性材料,它和沥青有较好的混溶性,并能使沥青具有橡胶的很多优点,如高温变形性小、低温柔性好等。由于橡胶的品种不同,掺入的方法也有所不同,因而各种橡胶沥青的性能也有差异。常用的有热塑性丁苯橡胶(SBS)、氯丁橡胶、丁基橡胶、再生橡胶等。

SBS 热塑性橡胶对沥青的改性效果见表 8-4。

表 8-4 SBS 对沥青改性效果

项 目	SBS 掺量（占改性沥青的质量分数）/%	
	0	8
针入度指数	−1.19	2.30
软化点/℃	46.5	99.0
5 ℃延度/cm	9.6	48.5
25 ℃弹性恢复/%	19	100
60 ℃动力黏度/(Pa·s)	143.7	12700.0

由表 8-4 可知，SBS 改性沥青的高温性能、低温变形均很好。具体表现为：SBS 改性沥青在高温、低温下整个体系均具有变形能力，高温下的变形能力由其中树脂提供，低温下的变形能力由其中橡胶提供；此外，由于橡胶的作用，SBS 改性沥青在高温下仍具有较高的强度。正因为 SBS 改性沥青兼具对高温性能、低温性能的改善效果，制成的卷材弹性和耐疲劳性也大大提高，所以 SBS 改性沥青是目前应用最成功和用量最大的一种改性沥青，其 SBS 的掺入量一般为 3%～10%，主要用于制作防水卷材和铺筑高等级路面等。

2）树脂改性沥青

用树脂改性石油沥青可以改进沥青的耐寒性、耐热性、黏结性和不透气性。由于石油沥青中含芳香性化合物很少，故树脂和石油沥青的相溶性较差，而且可用的树脂品种也较少，常用的树脂有古马隆树脂、聚乙烯、聚丙烯、酚醛树脂及天然松香等。

3）橡胶和树脂改性沥青

同时用橡胶和树脂来改善石油沥青的性质，可使沥青兼具橡胶和树脂的特性。由于树脂比橡胶便宜，橡胶和树脂又有较好的混溶性，故能获得满意的综合效果。

4）天然沥青改性沥青

天然沥青是石油在自然界长期受地壳挤压、变化，并与空气、水接触逐渐变化而形成的，以天然状态存在的石油沥青，其中常混有一定比例的矿物质。由于常年与自然环境共存，故其性质特别稳定。天然沥青按形成环境可分为湖沥青、岩沥青、海底沥青、油页岩等。

天然沥青改性沥青是将湖沥青等天然沥青作为改性剂，按一定比例（通常 30% 左右）回掺到基质沥青中去，进行调和，用以提高沥青的高温性能和耐久性。

5）矿物填充料改性沥青

矿物填充料改性沥青通过加入矿物填充料可提高沥青的黏结能力、耐热性，减少沥青的温度敏感性。常用的矿物填充料大多是粉状的和纤维状的矿物，主要有滑石粉、石灰石粉、白云石粉、磨细砂、粉煤灰、水泥、高岭土粉、白垩粉、石棉、硅藻土等。矿物填充料改性机理为：由于沥青对矿物填充料的润湿和吸附作用，沥青以单分子状态排列在矿物颗粒（或纤维）表面，形成结合力牢固的沥青薄膜，称之为"结构沥青"。结构沥青具有较高的黏性和耐热性。但是矿物填充料的掺入量要适当，一般掺量为 20%～40% 时，可以形成恰当的结构沥青膜层。

3. 乳化沥青

乳化沥青是黏稠沥青经热融和机械作用以微滴状态分散于含有乳化剂-稳定剂的水中，

形成水包油(O/W)型的沥青乳液。

1) 乳化沥青的特点

乳化沥青具有许多优越性,其主要优点如下:

(1) 可冷态施工、节约能源。

黏稠沥青通常要加热至160~180 ℃施工,而乳化沥青可以冷态施工,现场无须加热设备和能源消耗,扣除制备乳化沥青所消耗的能源后,仍然可以节约大量能源。

(2) 施工便利、节约沥青。

由于乳化沥青黏度低、和易性好,施工方便,可节约劳力。此外,由于乳化沥青在集料表面形成的沥青膜较薄,不仅可以提高沥青与集料的黏附性,而且可以节约沥青用量约10%。

(3) 保护环境、保障健康。

乳化沥青施工不需加热,故不污染环境;同时,避免了劳动操作人员受沥青挥发物的毒害。

乳化沥青的缺点如下:

(1) 稳定性差,储存期不超过半年(储存期长易产生分层)。

(2) 修筑路面成型期长。

2) 乳化沥青基本组成材料

乳化沥青由沥青、水和乳化剂组成,需要时可加入少量添加剂。

(1) 沥青。生产乳化沥青用的沥青应适宜乳化。一般采用针入度大于100的较软的沥青;各种石油沥青乳化的难易程度不同,应通过试验加以选择;根据工程需要也采用改性沥青进行乳化。乳化沥青中沥青用量范围一般在30%~70%之间。

(2) 水。水是沥青分散的介质,水的硬度和离子对乳化沥青具有一定的影响,水中存在的镁、钙或碳酸氢根离子分别对阴离子乳化剂或阳离子乳化剂有不同影响。应根据乳化剂类型的不同确定对水质的要求。

(3) 乳化剂。乳化剂是乳化沥青中最重要的成分,其在乳化沥青中用量很小,但对乳化沥青的形成、应用及储存稳定性都有重要的影响。乳化剂一般为表面活性剂。

(4) 稳定剂。主要采用无机盐类和高分子化合物,用以改善沥青乳液的稳定性。稳定效果最好的无机盐类是氯化铵和氯化钙,常与各类阳离子乳化剂配合使用。

3) 乳化沥青的分类与技术要求

依乳化剂离子类型的不同,乳化沥青分为阴离子型(A)、阳离子型(C)和非离子型(N)三类;依施工方法的不同,分为喷洒型(P)和拌合型(B)两类;按其破乳速度,可分为快裂、中裂和慢裂三种类型。

乳化沥青的技术要求详见行业标准《公路沥青路面施工技术规范》(JTG F40—2004)。

4) 乳化沥青的应用

乳化沥青适用于沥青表面处治路面、沥青贯入式路面、冷拌沥青混合料路面,修补裂缝,喷洒透层、黏层与封层等。

4. 再生沥青

按照沥青的设计寿命(15~20年),每年约有12%的沥青路面需要翻修,为数巨大的沥青混凝土层翻挖后被废弃掉,不仅浪费资源,也会对环境造成严重的污染。因此,沥青再生技术的研究、推广和相关专用设备的开发具有重要意义。

沥青的再生就是老化的逆过程,通常可掺入再生剂,如掺玉米油、润滑油等。掺再生剂后,使沥青质相对含量降低,且可以提高对沥青质的溶解能力,并可以提高沥青的针入度和延度,使其恢复或接近原来的性能。

8.2 石油沥青的性质

8.2.1 石油沥青的物理指标

石油沥青是憎水材料,几乎完全不溶于水,而且本身构造致密,加之与矿物材料有很好的黏结力,能紧密黏附于矿物材料表面。它还具有一定的塑性,能适应材料与构件的变形,所以具有良好的防水性,故广泛用作土木工程的防潮、防水材料。

1. 密度

沥青密度是在规定温度下单位体积沥青所具有的质量,单位为 t/m^3 或 g/cm^3,相关标准规定沥青密度测定的标准温度为 15 ℃,采用比重瓶测定,试验结果记为 d_{15}。沥青密度也可用相对密度表示,相对密度是在规定温度(通常取 25 ℃)下,沥青质量与同体积水质量的比值。

沥青密度是沥青质量与体积互相换算、沥青混合料配合比设计时必不可少的重要参数。在沥青使用、储存、运输、销售以及设计沥青容器时均需用到沥青密度数据。

黏稠沥青的密度多在 0.97~1.04 g/cm^3 范围内。沥青中各组分的密度不同:$d_{沥青质}>d_{胶质}>d_{芳香分}>d_{饱和分}$,故沥青相对密度与沥青化学组成密切相关;含蜡量高的沥青密度较小。此外,沥青密度还与温度有关,温度升高,沥青体积膨胀、密度降低。

2. 热胀系数

温度上升,沥青材料的体积发生膨胀。沥青在温度上升 1 ℃时的长度或体积的变化分别称为线胀系数或体胀系数,统称热胀系数。热胀系数与沥青路面的路用性能具有密切的关系,热胀系数越大,沥青路面在夏季越易泛油,冬季因收缩而易开裂。

3. 介电常数

沥青的介电常数定义为沥青做介质时平行板电容器的电容与真空做介质时平行板电容器的电容之比。

介电常数与沥青抵抗氧、雨、紫外线等的耐候性和抗滑性有关。

4. 溶解度

溶解度是指石油沥青在三氯乙烯、四氯化碳或苯中溶解的百分率,它表示石油沥青中有效物质的含量,即纯净程度,那些不溶解的物质会降低沥青的性能(如黏性等)。应把不溶解的物质视为有害物质(如沥青碳或似碳物)而加以限制。

8.2.2 黏滞性

沥青的黏滞性是反映沥青材料内部阻碍其相对流动的一种特性,通常用黏度表示。黏滞性反映了沥青的稠稀和软硬程度,是技术性质中与沥青路面力学行为联系最密切的一种性质。为防止路面出现车辙,沥青黏度的选择是首要考虑的参数。所以黏度是沥青等级(标号或牌号)划分的主要依据。

各种石油沥青的黏滞性变化范围很大,黏滞性的大小与组分及温度有关。沥青质含量较高,同时又有适量树脂,而油分含量较少时,则黏滞性较大。在一定温度范围内,当温度升高时,则黏滞性随之降低,反之则随之增大。

沥青黏度的测定方法,包括绝对黏度测定方法和相对黏度(条件黏度)测定方法。

由于绝对黏度测定较为复杂,因此在实际应用中多采用相对黏度测定方法,最常采用标准黏度计法、针入度法。

1. 标准黏度计法

我国现行试验法《公路工程沥青及沥青混合料试验规程》(JTG E20—2011)规定,测定液体石油沥青、煤沥青和乳化沥青等的黏度,采用道路标准黏度计法(图 8-2)。该试验方法是:液体状态的沥青材料在标准黏度计中于规定的温度条件下通过规定的流孔直径,流出 50 mL 体积所需的时间。试验温度和流孔直径根据液体状态沥青的黏度选择,常用的流孔有 3 mm、4 mm、5 mm 和 10 mm 四种。按上述方法,在相同温度和相同流孔条件下,流出时间越长,表示沥青黏度越大。

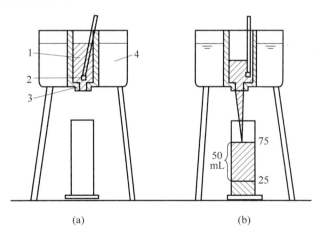

1—试样;2—球塞;3—流孔;4—水浴。

图 8-2 沥青黏度计

(a) 试样水浴;(b) 试样流水流孔

2. 针入度法

针入度试验(图 8-3)是国际上经常用来测定黏稠(固体、半固体)沥青稠度的一种方法。该法是测量沥青材料在规定温度(标准温度为 25 ℃)条件下,以规定质量的标准针 100 g,经过规定时间 5 s 垂直贯入沥青试样的深度(单位：0.1 mm)。按上述方法测定的针入度值越大，表示沥青越软(稠度越小)。实质上，针入度是测定沥青稠度的一种指标。通常稠度高的沥青，其黏度亦高。

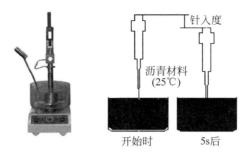

图 8-3　针入度试验示意图

8.2.3　塑性(延性)

塑性是指沥青材料在外力作用时产生变形而不破坏，除去外力后，仍保持变形后形状的性质。它反映了沥青受力时承受塑性变形能力的大小，是沥青的重要技术指标之一。

石油沥青的塑性与其组分有关，石油沥青中树脂含量较多，且其他组分含量又适当时，则塑性较大。影响沥青塑性的因素有温度和沥青膜层厚度。温度升高，则塑性增大。膜层越厚，则塑性越高；反之，膜层越薄，则塑性越差。当膜层薄至 1 μm 时，塑性近于消失，即接近于弹性。

沥青的低温抗裂性、耐久性与其塑性密切相关。在常温下，塑性较好的沥青在产生裂缝时，也可能由于其特有的黏塑性而自行愈合。故塑性还反映了沥青开裂后的自愈能力。沥青之所以能用来制造出性能良好的柔性防水材料，很大程度上取决于沥青的塑性。沥青的塑性对冲击荷载有一定的吸收能力，并能减少摩擦时的噪声，故沥青是一种优良的路面材料。

沥青的塑性用延度表示，延度越大，塑性越好。将沥青试样制成"8"字形标准试件(最小断面 1 cm²)，在规定拉伸速度和规定温度下拉断时的长度称为延度。沥青的延度采用延度仪来测度，其示意图见图 8-4。

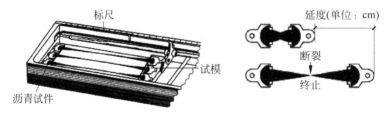

图 8-4　延度测定示意图

8.2.4　温度敏感性(温度稳定性)

温度敏感性是指石油沥青的黏滞性和塑性随温度升降而变化的性能。变化程度小，则沥青温度敏感性小,反之则温度敏感性大。

沥青是一种高分子非晶态热塑性物质,没有一定的熔点。当温度升高时,沥青由固态或半固态逐渐软化,使沥青分子之间发生相对滑动,此时沥青就像液体一样发生了黏性流动,称为黏流态。与此相反,当温度降低时,沥青又逐渐由黏流态凝固为固态(或称高弹态),甚至变硬变脆(像玻璃一样脆硬,称作玻璃态)。此过程反映了沥青随温度升降其黏滞性和塑性的变化。

在相同的温度变化间隔内,各种沥青黏滞性及塑性变化幅度不同,工程要求沥青随温度变化而产生的黏滞性及塑性变化幅度应较小,即温度敏感性应较小。对建筑沥青而言,感温性过大会使沥青材料高温软化、低温开裂,影响其防水效果。对路用沥青而言,温度和黏度间的关系是其重要性质,沥青混合料在施工过程中的拌和、摊铺、碾压以及使用阶段,都要求沥青的黏度在适当的范围之内,否则将影响沥青路面的质量。所以温度敏感性是沥青性质的重要指标之一。

通常石油沥青中沥青质含量多,在一定程度上能够减小其温度敏感性。在工程中使用时往往加入滑石粉、石灰石粉或其他矿物填料来减小其温度敏感性。沥青中含蜡量较多时,则会增大温度敏感性。多蜡沥青不能用于直接暴露于阳光和空气中的土木工程,就是因为该沥青温度敏感性大,当温度不太高(60 ℃左右)时就发生流淌,在温度较低时又易变硬开裂。

评价温度敏感性的指标很多,常用的是软化点、脆点和针入度指数等。

1. 软化点

沥青软化点是反映沥青温度敏感性的重要指标。由于沥青材料从固态至液态有一定的变态间隔,故规定其中某一状态作为从固态转到黏流态(或某一规定状态)的起点,相应的温度称为沥青软化点,软化点越高,沥青温度敏感性越小。

我国现行试验法《公路工程沥青及沥青混合料试验规程》(JTG E20—2011)采用环球法测定沥青软化点(图8-5)。该法是将沥青试样注于规定尺寸的铜环中,环上置一重3.5 g的钢球,在规定的加热速度(5 ℃/min)下进行加热,沥青试样逐渐软化,直至在钢球荷重作用下,使沥青产生25.4 mm下垂度时的温度,称为软化点。

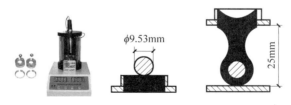

图8-5 软化点试验示意图

已有研究认为:沥青在软化点时的黏度约为1200 Pa·s,或相当于针入度值800(0.1 mm)。据此,可以认为软化点是一种人为的"等黏温度"。由此可见,针入度是在规定温度下测定沥青的条件黏度,而软化点则是沥青达到条件黏度时的温度,所以软化点既是反映沥青材料热稳定性的一个指标,也是沥青黏度的一种量度。

2. 脆点

沥青的脆点是反映温度敏感性的另一个指标,它是指沥青从高弹态转到玻璃态过程中的某一规定状态的相应温度,该指标主要反映沥青的低温变形能力。一般认为沥青脆点越低,抗裂性越好。寒冷地区应用的沥青应考虑沥青的脆点。沥青的软化点越高,脆点越低,则沥青的温度敏感性越小。

3. 针入度指数(PI)

针入度指数是利用针入度和软化点的试验结果来表征沥青感温性的一种指标。同时也可用它判别沥青的胶体结构状态。

根据大量试验结果,沥青针入度值的对数($\lg P$)与温度(T)具有线性关系(图 8-6):

$$\lg P = AT + K \tag{8-3}$$

式中,P——沥青的针入度,0.1 mm;

A——针入度-温度感应性系数;

K——截距,常数。

A 表征沥青针入度($\lg P$)随温度(T)的变化率。A 值越大,表明温度变化时,沥青的针入度变化越大,也即沥青的温度敏感性大。因此,可用斜率 $A = d(\lg P)/dT$ 来表征沥青的温度敏感性,故称 A 为针入度-温度感应性系数。

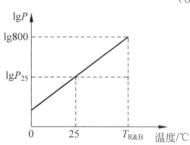

图 8-6 针入度指数与温度变化曲线

研究发现,沥青在软化点温度时,针入度在 600~1000(0.1 mm)之间,假定软化点时的针入度为 800(0.1 mm),则

$$A = \frac{\lg 800 - \lg P_{(25\ ℃,100\ g,5\ s)}}{T_{R\&B} - 25} \tag{8-4}$$

式中,$P_{(25\ ℃,100\ g,5\ s)}$——在 25 ℃、100 g、5 s 条件下测定的针入度值,单位 0.1 mm;

$T_{R\&B}$——环球法测定的软化点温度,℃。

由上式计算的 A 值均为小数,为使用方便起见,常常对上式进行如下处理,并改用针入度指数表示,记为 PI:

$$PI = \frac{20 - 500A}{1 + 50A} \tag{8-5}$$

由上式计算出的针入度指数变化范围为 −10~+15,针入度指数越大,表示沥青的温度敏感性越低。

针入度指数是根据一定温度变化范围内沥青性能的变化来计算的,因此,利用针入度指数来反映沥青性能随温度的变化规律更为准确;所以,针入度指数是评价沥青温度敏感性的最常用指标,我国《公路沥青路面施工技术规范》(JTG F40—2004)将其列入沥青技术要求中,规定对于 A 级沥青 PI 值应为 −1.5~+1.0,B 级沥青 PI 值应为 −1.8~+1.0。

针入度指数不仅可以用来评价沥青的温度敏感性,也可以用来判断沥青的胶体结构。当 PI<−2 时,沥青属于溶胶型结构,温度敏感性大;当 PI>+2 时,沥青属于凝胶型结构,温度敏感性低;PI=−2~+2 时,属于溶-凝胶型结构。

8.2.5 耐久性

沥青的耐久性主要指沥青的抗老化性。

1. 老化的现象

沥青的性质将随着时间的推移而发生变化,如针入度下降、黏度增加、软化点增加等,即流动性和塑性逐渐减小、硬脆性逐渐增大,直至脆裂,这种变化称为沥青的老化。沥青老化和路面达到使用寿命、荷载过大等因素均会导致沥青路面网裂,影响路面使用效果。

2. 老化的诱因

沥青老化的诱因主要包括热老化、光(紫外线)老化、氧老化三方面。沥青与空气接触会逐渐被氧化,影响沥青氧化的主要因素是温度,热会使得沥青的氧化老化反应加速;而日光特别是紫外线的激发作用会使沥青的氧化老化作用进一步加速。

3. 老化的阶段

沥青老化分为短期老化和长期老化两个阶段,见图 8-7。

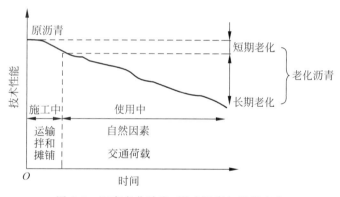

图 8-7 沥青老化阶段、影响因素与性能变化

(1) 沥青的短期老化。沥青在储存运输、加热拌和等过程中所发生的老化为短期老化。在施工阶段,沥青混合料加热拌和时上方会冒烟,表明沥青组分发生了变化,沥青在发生老化。有经验的工程人员根据加热拌和现场沥青混合料表面所冒烟的状态,即可大致判断拌和温度——若表面有青烟,则温度合适;若表面有浓烟,则温度偏高;若表面无烟,则温度偏低。实际上,由于裹覆在集料表面的沥青膜厚度仅有 $10\ \mu m$ 左右,因此虽然从沥青混合料开始搅拌到施工完毕仅有几小时,但老化明显。施工阶段沥青的短期老化程度相当于沥青正常使用若干年的老化。

(2) 沥青正常使用阶段的老化(长期老化)。相对于沥青的短期老化,沥青在正常使用阶段的老化较为缓慢,此阶段沥青的光老化很明显。如我国西藏地区的公路建成两年后路面变色明显,表明面层沥青老化,3~5 年后完全老化;但由于阳光只照射在路表面,故路表 1 cm 下的沥青光老化并不明显。

4. 老化的机理

在大气作用下，随时间的延长，沥青组分会逐渐改变，沥青中轻质组分油分(芳香分)的一部分挥发，另一部分氧化转化为树脂(胶质)，而部分树脂(胶质)则缩合成沥青质。总体看来，老化使得沥青中的小分子转化为大分子。

5. 老化的因素

沥青的老化除了与外界环境(温度、氧气、光照等)、沥青自身的性质密切相关外，对于路用沥青还取决于沥青混合料的密实度。沥青混合料越密实，其中沥青的老化越慢。

6. 老化的评价

沥青的老化性能以沥青试样在老化试验前后的质量损失、针入度比、老化后的延度等指标来评价。

蒸发损失试验是将沥青试样 50 g 盛于器皿中，在 163 ℃ 的烘箱中加热老化 5 h，然后测定其质量损失以及针入度的变化，计算公式分别如下：

$$蒸发损失百分率 = \frac{蒸发前沥青质量 - 蒸发后残留物质量}{蒸发前沥青质量} \times 100\% \quad (8-6)$$

$$针入度比 = \frac{蒸发后残留物针入度}{蒸发前沥青针入度} \times 100\% \quad (8-7)$$

蒸发损失百分率越小和针入度比越大，则表示沥青老化越慢。

8.2.6 黏附性

沥青的黏附性反映沥青与集料的黏结能力。若沥青的黏附性不强，则易从集料表面剥落，造成沥青路面的水损害性坑洞。所以沥青与集料的黏附性直接影响沥青路面的使用质量和耐久性，是评价沥青技术性能的一个重要指标。沥青裹覆集料后的抗水性(即抗剥性)不仅与沥青的性质有密切关系，而且与集料性质有关。

我国现行试验法《公路工程沥青及沥青混合料试验规程》(JTG E20—2011)规定，沥青与集料的黏附性试验，根据沥青混合料的最大粒径确定，大于 13.2 mm 者采用水煮法，小于(或等于)13.2 mm 者采用水浸法。水煮法是选取粒径为 13.2~19 mm、形状接近正立方体的规则集料 5 个，经沥青裹覆后，在蒸馏水中沸煮 3 min，按沥青膜剥落面积百分率分为五个等级来评价沥青与集料的黏附性。水浸法是选取 9.5~13.2 mm 的集料 100 g 与 5.5 g 的沥青在规定温度条件下拌和，配制成沥青-集料混合料，冷却后浸入 80 ℃ 的蒸馏水中保持 30 min，然后按剥落面积百分率来评定沥青与集料的黏附性。黏附性等级共分五个等级，最好为五级，最差为一级。

8.2.7 施工安全性

沥青的安全性主要指施工安全性。沥青使用时必须加热，沥青在加热过程中挥发出的油会与周围的空气组成混合气体，当遇到火焰时会发生闪火；若继续加热，挥发的油分饱和度增加，与空气组成的混合气体遇火极易燃烧。因此评价沥青施工安全性的指标主要有两项:其一,闪点,定义为加热沥青初次闪火温度;其二,燃点,定义为加热沥青能持续燃烧 5 s 以上的温度。

沥青的燃点通常比闪点高 10 ℃左右。闪点和燃点是保证沥青安全加热和施工的一项重要指标。控制沥青的闪点可确保沥青的施工安全,所有沥青的闪点都必须高于 230 ℃(沥青的熬制温度通常在 150~200 ℃),且沥青加热时应与火焰隔离。

8.2.8 石油沥青的技术标准和选用

石油沥青按用途分为建筑石油沥青、道路石油沥青和普通石油沥青三种。在土木工程中使用的主要是建筑石油沥青和道路石油沥青。目前我国对建筑石油沥青执行《建筑石油沥青》(GB/T 494—2010),而道路石油沥青则按其道路等级执行《公路沥青路面施工技术规范》(JTG F40—2004)。

1. 建筑石油沥青的技术标准及选用

对建筑石油沥青,按沥青针入度值划分为 40 号、30 号和 10 号三个标号。建筑石油沥青针入度较小、软化点较高,但延度较小。建筑石油沥青针入度较小、软化点较高,但延度较小。建筑石油沥青的技术性能应符号《建筑石油沥青》(GB/T 494—2010)的规定,见表 8-5。

表 8-5 建筑石油沥青技术标准

项 目	质 量 指 标		
	10 号	30 号	40 号
针入度(25 ℃,100 g,5 s)/0.1 mm	10~25	26~35	36~50
延度(25 ℃,5 cm/min)/cm,不小于	1.5	2.5	3.5
软化点(环球法)/℃,不低于	95	75	60
溶解度(三氯乙烯)/%,不小于	99.0		
蒸发损失(163 ℃,5h)/%,不大于	1		
蒸发后针入度比/%,不小于	65		
闪点(开口)/℃,不低于	260		

与道路石油沥青相比,建筑石油沥青针入度较小(黏性较大)、软化点较高(耐热性较好)、延度较小(塑性较小),主要用于制造油纸、油毡、防水涂料、沥青嵌缝膏等。它们绝大部分用于屋面及地下防水、沟槽防水防腐蚀、管道防腐等工程,使用时制成的沥青胶膜较厚,增大了对温度的敏感性;同时黑色的沥青表面又是吸热体,故通常某一地区沥青屋面的表面温度比其他材料的都高。根据高温季节的测试结果,沥青屋面达到的表面温度比当地的最高气温高 25~30 ℃。对于屋面防水工程所用的沥青材料,应注意防止过分软化。为避免夏季流淌,屋面用沥青材料的软化点一般应比当地气温下屋面可能达到的最高温度高 20 ℃以上;但沥青的软化点也不宜过高,否则冬季低温时易硬脆甚至开裂。例如:夏季武汉、长沙地区沥青屋面温度约 68 ℃,选用沥青的软化点应在 90 ℃左右。对一些不易受温度影响的部位(如地下防水工程),为了使沥青防水层有较长的使用年限,宜选用牌号较大的沥青。故选用建筑石油沥青时要根据所在地区、工程环境及具体要求而定。

对于屋面防水工程,应采用 10 号、30 号建筑石油沥青或其混合物;对于地下室防水工程,应选用 40 号沥青。

2. 道路石油沥青的技术标准及选用

我国交通行业标准《公路沥青路面施工技术规范》(JTG F40—2004)将黏稠沥青分为 160 号、130 号、110 号、90 号、70 号、50 号、30 号共七个标号,按照技术性能分为 A、B、C 三个等级。

同一品种的石油沥青材料,标号越高,则黏性越小,针入度越大,塑性越好,延度越大,温度敏感性越大,软化点越低。

按照沥青的针入度指数 PI、软化点、60 ℃黏度、延度(10 ℃、15 ℃)、蜡含量等技术性能将沥青分为 A、B、C 三个级别。级别越高(A 级最高),沥青在工程中的适用范围越广。各个沥青等级的适用范围见表 8-6。

表 8-6　道路石油沥青的适用范围

沥青等级	适用范围
A 级沥青	各个等级的公路及任何场合和层次
B 级沥青	(1) 高速公路、一级公路沥青下面层及以下的层次,二级及二级以下公路的各个层次; (2) 用作改性沥青、乳化沥青、改性乳化沥青、稀释沥青的基质沥青
C 级沥青	三级及三级以下公路的各个层次

道路沥青主要供道路路面和车间地面用,一般是制成沥青混凝土或沥青砂浆后使用。沥青的标号和等级宜按照气候条件、公路等级、交通条件、路面类型、在结构层中的层位、施工方法等,结合当地的使用经验进行选取。

气候条件是选用沥青和决定沥青使用性能的最关键因素。现行规范按照温度不同进行气候分区,如表 8-7 所示,分为高温分区(以最近 30 年最热月的平均日最高气温为指标)和低温分区(以最近 30 年极端最低气温为指标)。沥青路面使用性能气候分区由高、低温分区组合而成,第一个数字代表高温分区,是反映高温和重载条件下出现车辙等流动变形的气候因子;第二个数字代表低温分区,是反映路面温缩裂缝的气候因子。根据上述指标,我国共分为 9 个气候分区。气候分区的数字越小表示气候因素越严重。3-2 分区为气候最佳区;1-1 分区为气候最差区,处在该区的新疆等地最不宜修筑沥青路面;我国沿海地区气候严峻,如江苏省主要处在 1-3 分区,为夏炎热冬冷区;苏南部分地区处在 1-4 分区,气候稍好(表 8-8)。

表 8-7　沥青路面使用性能气候分区

气候分区指标		气候分区			
按照高温指标	高温气候区	1	2	3	
	气候区名称	夏炎热区	夏热区	夏凉区	
	最热月平均最高温度/℃	>30	20～30	<20	
按照低温指标	低温气候区	1	2	3	4
	气候区名称	冬严寒区	冬寒区	冬冷区	冬温区
	极端最低气温/℃	<−37	−37～−21.5	−21.5～−9	>−9

表 8-8 道路石油沥青技术要求

指 标	单位	等级	160号④	130号④	110号	90号	70号③	50号	30号④
针入度(25℃,5s)	0.1 mm	—	140~200	120~140	100~120	80~100	60~80	40~60	20~40
适用的气候分区	—	—	注④	注④	2-1, 2-2, 3-2	1-1, 1-2, 1-3, 2-2, 2-3	1-2, 1-3, 1-4, 2-2, 2-3	1-3, 1-4, 2-2, 2-3, 2-4	注④
针入度指数 PI[2]	—	A	\-1.5~+1.0						
		B	\-1.8~+1.0						
软化点 (R&B) ≥	℃	A	38	40	43	45	46	49	55
		B	36	39	42	43	44	46	53
		C	35	37	41	42	43	45	50
60 ℃动力黏度② ≥	Pa·s	A	—	60	120	160	180	200	260
10 ℃延度② ≥	cm	A	50	50	40	30	25	15	10
		B	30	30	30	20	20	10	8
15 ℃延度 ≥	cm	A,B	80	80	60	100	—	80	50
		C	—	—	—	50	—	30	20
蜡含量(蒸馏法) ≤	%	A	2.2						
		B	3.0						
		C	4.5						
闪点 ≥	℃		230	230	230	245	260	260	260
溶解度 ≥	%		99.5						
密度	g/cm³		实测记录						
TFOT(或 RTFOT)后⑤									
质量变化 ≤	%		±0.8						
残留针入度比 ≥	%	A	48	54	55	57	61	63	65
		B	45	50	52	54	58	60	62
		C	40	45	48	50	54	58	60

续表

指 标	单位	等级	沥青标号						
			160号[①]	130号[①]	110号	90号	70号[③]	50号	30号[①]
残留延度(10 ℃)≮	cm	A	12	12	10	8	6	4	—
		B	10	10	8	6	4	2	—
残留延度(15 ℃)≮	cm	C	40	35	30	20	15	10	—

注：① 试验方法按照现行《公路工程沥青及沥青混合料试验规程》(JTG E20—2011)规定的方法执行。用于仲裁试验求取 PI 时的 5 个温度关系的相关系数不得小于 0.997。

② 经建设单位同意，表中 PI 值、60 ℃动力黏度、10 ℃延度可作为选择性指标，也可不作为施工质量检验指标。

③ 70号沥青可根据需要要求供应商提供针入度范围为 60~70 或 70~80 的沥青，50号沥青提供针入度范围为 40~50 或 50~60 的沥青。

④ 30号沥青仅适用于沥青稳定基层。130号和160号沥青除寒冷地区可直接在中低级公路上直接应用外，通常用作乳化沥青、稀释沥青、改性沥青的基质沥青。

⑤ 老化试验以 TFOT 为准，也可以 RTFOT 代替。

8.3 沥青混合料的类型

沥青混合料是由沥青、矿物(包括碎石、石屑、砂)和填料经混合拌制而成的混合料总称。其中矿料起骨架作用,沥青与填料起胶结填充作用。沥青混合料经摊铺、压实成型后就成为沥青路面。

沥青混合料是一种弹塑性黏性材料,其特点为:具有优良的力学性能、良好的耐久性和抗滑性,具有高温稳定性和低温抗裂性,施工方便,速度快,养护期短,可分期改造和再生利用等。

8.3.1 沥青混合料的分类

沥青混合料的分类方法取决于矿质集料的级配、最大公称粒径、压实后混合料的密实度、所用沥青的类型等。根据不同的分类办法,沥青混合料可以分成五个不同的大类。

1. 按沥青类型分类

(1) 石油沥青混合料:以石油沥青为结合料的沥青混合料。

(2) 焦油沥青混合料:以煤焦油为结合料的沥青混合料。

2. 按施工温度分类

(1) 热拌热铺沥青混合料:沥青与矿料经加热后拌和,并在一定温度下完成铺摊和碾压施工过程的混合料。

(2) 常温沥青混合料:以乳化沥青或液态沥青在常温下与矿物拌和,并在常温下完成摊铺碾压的混合料。

3. 按矿物集料级配类型分类

(1) 连续级配沥青混合料:沥青混合料中的矿料是按级配原则,从大到小各级粒径都有,按比例互相搭配组成的连续级配混合料。

(2) 间断级配沥青混合料:连续级配沥青混合料矿料中缺少一个或两个档次粒径的沥青混合料。

4. 按压实后混合料的密实度(或空隙率)分类

(1) 密级配沥青混合料:按密实级配原理设计组成的各种粒径颗粒的矿料,与沥青结合料拌和而成的混合料。设计空隙率一般在3%~6%之间(对不同交通及气候情况、层位可作适当调整)。主要包括:密实式沥青混合料(以 AC 表示)、密实式沥青稳定碎石混合料(以 ATB 表示)。沥青玛蹄脂碎石混合料(SMA)也属于密级配沥青混合料。

(2) 半开级配沥青混合料:由适当比例的粗集料、细集料及少量填料(或不加填料)与沥青结合料拌和而成的混合料。此种混合料经压实后剩余空隙率在6%~12%之间。主要包括半开式沥青碎石混合料(以 AM 表示)。

（3）开级配沥青混合料：矿料主要由粗集料组成，细集料和填料较少，采用高黏度沥青结合料黏结形成，压实后空隙率在 18% 以上。主要包括开级配沥青磨耗层混合料（以 OGFC 表示）及排水式沥青稳定碎石基层（以 ATPB 表示）。

5. 按矿物的公称最大粒径分类

（1）特粗式沥青混合料：矿物公称最大粒径为 37.5 mm。
（2）粗粒式沥青混合料：矿物公称最大粒径分别为 26.5 mm 和 31.5 mm。
（3）中粒式沥青混合料：矿物公称最大粒径分别为 16 mm 和 19 mm。
（4）细粒式沥青混合料：矿物公称最大粒径分别为 9.5 mm 和 13.2 mm。
（5）砂粒石沥青混合料：矿物公称最大粒径等于或小于 4.75 mm。

8.3.2 沥青混合料的组成结构

沥青混合料主要是由沥青黏结矿料（包括粗集料、细集料和填料）形成的，材料与级配的不同使得沥青混合料具有不同的组成结构和性能特点，主要包括三种结构，即悬浮密实结构、骨架空隙结构、骨架密实结构，见图 8-8。

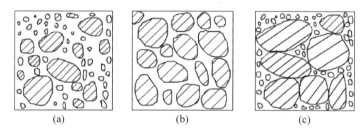

图 8-8　三种典型沥青混合料结构组成示意图
(a) 悬浮密实结构；(b) 骨架空隙结构；(c) 密实骨架结构

1. 悬浮密实结构

1) 级配特点

悬浮密实结构沥青混合料采用连续型密级配矿料，其中细集料较多、粗集料较少，粗集料被细集料"挤开"而悬浮于细集料中，不能形成嵌挤骨架；沥青用量较大，空隙率较小。工程中常用的 AC 型沥青混凝土就是这种结构的典型代表。

2) 使用特点

悬浮密实结构沥青混合料的密实度和强度高，水稳定性、低温抗裂性、耐久性等均较好；但高温稳定性较差。

悬浮密实结构的沥青混合料密实程度高，空隙率低，从而能够有效地阻止使用期间水的入侵，降低不利环境因素的直接影响。因此悬浮密实结构的沥青混合料具有水稳性、低温抗裂性和耐久性好的特点。但由于该结构沥青用量较高，易受温度影响，且粗集料处于悬浮状态，整个混合料缺少粗集料颗粒的骨架支撑作用，所以在高温使用条件下，因沥青结合料黏度的降低而导致混合料产生过多的变形，形成车辙，造成高温稳定性的下降。

2. 骨架空隙结构

1）级配特点

骨架空隙结构沥青混合料采用连续型开级配矿料,其中粗集料较多、细集料较少,粗集料彼此相接形成骨架,细集料不足以充分填充粗集料的骨架空隙,且沥青用量较少,故空隙率较大。开级配沥青碎石混合料(AM)和排水沥青混合料(OGFC)是典型的骨架空隙型结构。

2）使用特点

骨架空隙结构沥青混合料高温稳定性好；但其水稳定性、抗老化性等耐久性以及低温抗裂性较差。

骨架空隙结构的特点与悬浮密实结构的特点正好相反。在骨架空隙结构中,粗集料之间形成的骨架结构对沥青混合料的强度和稳定性(特别是高温稳定性)起着重要作用。依靠粗集料的骨架结构,能够有效地防止高温季节沥青混合料的变形,以减缓沥青路面车辙的形成,因而具有较好的高温稳定性。但由于整个混合料缺少细颗粒部分,压实后留有较多的空隙,在使用过程中,水易进入混合料中引起沥青和矿物黏附性变差,不利的环境因素也会直接作用于混合料,引起沥青老化或将沥青从集料表面剥离,使沥青混合料的耐久性降低。

3. 骨架密实结构

1）级配特点

骨架密实结构沥青混合料采用间断型密级配矿料,其粗集料形成骨架,细集料和填料充分填充骨架空隙,从而形成密实的骨架嵌挤结构。沥青碎石玛蹄脂混合料(SMA)是一种典型的骨架密实型结构。

2）使用特点

骨架密实结构沥青混合料兼具悬浮密实结构、骨架空隙结构两种沥青混合料的优点,因而具有较好的强度、温度稳定性、耐久性等。

当采用间断密级配矿料形成骨架密实结构时,在沥青混合料中既有足够数量的粗集料形成骨架,对夏季高温防止沥青混合料变形,减缓车辙的形成起到积极作用；同时又因具有数量最合适的细集料以及沥青胶浆填充骨架空隙,形成高度密实的内部结构,不仅很好地提高了沥青混合料的抗老化性,而且还在一定程度上能减缓沥青混合料在冬季低温时开裂现象。因此骨架密实结构是一种优良的路用结构类型,是沥青混合料三种组成结构中最理想的结构。

8.3.3 沥青混合料的强度理论

用沥青混合料铺筑的路面产生破坏的主要原因是夏季高温时的抗剪强度不足和冬季低温时抵抗变形能力过差。而抵抗变形能力的大小主要取决于沥青材料本身的性质,因此,研究沥青混合料的强度可以从抗剪强度入手。目前,一般通过三轴剪切试验来研究沥青混合料的抗剪强度。试验表明：沥青混合料的抗剪强度 τ 取决于沥青混合料的内摩擦角 φ 和黏聚力 c。

1. 影响沥青混合料内摩擦角的因素

1）矿质集料对内摩擦角的影响

矿质集料的尺寸、颗粒形状及表面粗糙程度对内摩擦角大小有很大的影响,一般来说,矿质集料的尺寸大,形状近似立方体,有一定的棱角,表面粗糙;而矿质集料的尺寸小,形状近似球形,缺少棱角,表面光滑,具有更大的内摩擦角。因此,在选择集料时,宜采用较大粒径且大小均匀的碎石,而不宜用小粒径的卵石。

另外,采用不同的矿料级配对内摩擦角的影响也是不一样的。连续型密级配的矿质混合料,由于其粗集料的数量太少,呈悬浮状态分布,因而它的内摩擦角较小;而连续型开级配的矿质混合料,粗集料的数量比较多,形成一定的骨架结构,内摩擦角也就大。

2) 沥青含量对内摩擦角的影响

沥青含量越少,矿料表面形成的沥青膜越薄,内摩擦角越大;反之亦然。

2. 影响沥青混合料黏聚力的因素

1) 沥青材料的黏结性对黏聚力的影响

在沥青混合料中,沥青作为胶凝材料,对矿质混合料起胶结作用,因此,沥青本身的黏度高低直接影响着沥青混合料黏聚力的大小。沥青的黏度越大,混合料的黏滞阻力也越大,抵抗剪力变形的能力越强,则混合料的黏聚力也越大。同时,沥青的黏度随温度的变化而变化,温度升高,黏度降低,混合料的黏聚力也显著降低。

2) 矿料颗粒间的联结形式对黏聚力的影响

对于沥青与矿料之间的相互作用,苏联学者认为:矿粉对其周围的沥青有吸附作用,因而贴近矿粉的沥青的化学组分会重新排列,沥青在矿粉表面形成一层厚度为 δ 的扩散结构膜,结构膜内的这层沥青成为结构沥青。扩散结构膜外的沥青因受矿粉吸附影响很小,化学组分并未改变,称为自由沥青。当矿粉颗粒之间以结构沥青的形式相联结时,混合料的黏聚力较大;反之,以自由沥青的形式相联结时混合料的黏聚力较小。

3) 矿粉的化学性质对黏聚力的影响

从矿粉的化学性质来看,不同性质的矿粉与沥青的吸附情况是不同的。H. M. 鲍尔雪曾采用紫外线分析法对两种最典型的矿粉进行研究,在石灰石和石英石的表面形成一层吸附溶化膜。研究认为,在不同性质矿粉表面形成不同组成结构和厚度的吸附溶化膜,在石灰石粉表面形成较为发育的吸附溶化膜。所以,在沥青混合料中,当采用石灰石矿粉时,矿粉之间更有可能通过结构沥青来联结,因而具有较高的黏聚力。

4) 沥青用量对黏聚力的影响

沥青用量的多少可以影响沥青结构膜的数量,从而影响沥青混合料黏聚力的大小。沥青用量过少,沥青不足以包裹矿粉表面,矿粉间不能完全地靠沥青薄膜联结,因而沥青混合料的黏聚力很差。随着沥青用量的增加,结构沥青的数量不断增多,混合料的黏聚力也不断提高,当沥青用量达到一定程度时,形成的结构沥青数量最多,混合料的黏聚力达到最大。随着沥青用量的继续增加,多余的沥青将矿粉颗粒推开,在颗粒间形成未与矿粉作用的自由沥青,混合料的黏聚力开始逐渐降低。当然,少量自由沥青的存在也是必要的,它可以增加沥青混合料的塑性,减少沥青路面的开裂。

8.4 沥青混合料的性质

沥青混合料作为沥青路面材料,在使用过程中要承受行驶车辆荷载的反复作用,以及环境因素的长期影响,所以沥青混合料在具备一定的承载能力的同时,还必须具有良好的抵抗自然因素作用的耐久性,也就是说,要能表现出足够的高温环境下的稳定性、低温状况下的抗裂性、良好的水稳性、持久的抗老化性和利于安全的抗滑性等诸多技术特点,以保证沥青路面良好的使用功能。

8.4.1 高温稳定性

沥青混合料是一种典型的黏-弹-塑性材料,它的承载能力随着时间的变化而变化,温度升高,承载力下降。特别是在高温条件下或者长时间承受荷载作用时会产生明显的变形,变形中的一些不可恢复的部分累计成车辙,或以波浪和拥包的形式出现在路面上。所以沥青混合料的高温稳定性是指在高温条件下,沥青混合料能够抵抗车辆反复作用,不会产生显著永久变形,保证沥青路面平整的特性。

对于沥青混合料的高温稳定性,实际工作中通过马歇尔稳定度、流值和车辙等试验进行测定和评估。

马歇尔稳定度试验:该试验用来测定沥青混合料试样在一定条件下承受破坏荷载能力的大小和承载时变形量的多少。马歇尔稳定度(MS)是指试件受压至破坏时能承受的最大荷载。而流值(FL)则是达到最大荷载时试件的垂直变形。

车辙试验:用来模拟车辆轮胎在路面上行驶时所形成的车辙深度的多少,是对沥青混合料高温稳定性进行评价的一种试验方法。试验采用标准方法成型沥青混合料的板型试件,在规定的试验温度和轮碾条件下,沿试件表面同一轨迹反复碾压行走,测定试件表面在试验过程中形成的车辙深度。以每产生 1 mm 车辙变形所需要的碾压次数(称之为动稳定度)作为评价沥青混合料抗车辙能力大小的指标。显然动稳定度值越大,相应的沥青混合料高温稳定性越好。

影响沥青混合料高温稳定性的主要因素有沥青的用量,沥青的黏度,矿料的级配,矿料的尺寸、形状等。过量沥青不仅会降低沥青混合料的内摩阻力,而且在夏季容易产生泛油现象,因此,适当减少沥青的用量,可以使矿料颗粒更多地以结构沥青的形式相联结,增加混合料黏聚力和内摩阻力,提高沥青的黏度,增加沥青混合料抗剪变形能力。由合理矿料级配组成的沥青混合料,可以形成骨架密实结构,这种混合料的黏聚力和内摩阻力都比较大。在矿料的选择上,应挑选粒径大的、有棱角的矿物颗粒,提高混合料内摩擦角。另外,还可以加入一些外加剂来改善沥青混合料的性能。所有这些措施都是为了提高沥青混合料的抗剪强度和减少塑性变形,从而增加沥青混合料的高温稳定性。

8.4.2 低温抗裂性

与高温变形相对应,冬季低温时沥青混合料将产生体积收缩,但在周围材料的约束下,沥青混合料不能自由收缩,从而在结构层内部产生温度应力。由于沥青材料具有一定的应力松弛能力,当降温速率较为缓慢时,所产生的温度应力会随时间延长逐渐松弛减小,不会对沥青路面产生明显的消极影响。但当气温骤降时,这时产生的温度应力就来不及松弛,当温度应力超过沥青混合料允许应力值时,沥青混合料被拉裂,导致沥青路面出现裂缝造成路面破坏。因此要求沥青混合料具备一定的低温抗裂性能,即要求沥青混合料具有较高的低温强度或较大的低温变形能力。

目前用于研究和评价沥青混合料低温性能的方法可以分为三类：预估沥青混合料的开裂温度、评价沥青混合料的低温变形能力或应力松弛能力，以及评价沥青混合料断裂能。

我国现行规范对密级配沥青混合料采用－10 ℃条件下测得破坏强度、破坏应变、破坏劲度模量及应力应变曲线的形状，综合评价沥青混合料的低温抗裂性能。

8.4.3 耐久性

耐久性是指沥青混合料在使用过程中抵抗环境不利因素的能力及承受行车荷载反复作用的能力，主要包括沥青混合料的抗老化性、水稳性、抗疲劳性等几个方面。

沥青混合料的老化主要是受到空气中氧气、水、紫外线等因素的作用，引发沥青材料多种复杂的物理变化与化学变化，逐渐使沥青变硬、发脆，最终导致沥青老化，产生裂纹或裂缝等与老化有关的病害。

水稳定性问题是因为水的影响，促使沥青从集料表面剥离而降低沥青混合料的黏结强度，最终造成混合料松散而被车轮带走，形成大小不等的坑槽等水损害现象。

沥青混合料的水稳定性不足而引发的水损坏是沥青路面早期损坏的主要类型，目前我沥青混合料抗水损害的试验方法主要有冻融劈裂试验方法、集料黏附性试验、残留马歇尔试验。

减小沥青路面水害的技术措施有路面结构隔水、加强路面排水设计、采用合格的集料、进行合理的配合比设计等。

影响沥青混合料耐久性的因素很多，一个很重要的因素是沥青混合料的空隙率。空隙率的大小取决于矿料的级配、沥青材料的用量以及压实程度等多个方面。沥青混合料中的空隙率小，环境中老化因素进入机会就少，所以从耐久性考虑，希望沥青混合料的空隙率尽可能小一些。但沥青混合料中还必须留有一定的空隙，以备夏季沥青材料膨胀变形之用。另外，沥青含量的多少也是影响沥青混合料耐久性的一个重要因素。当沥青用量较正常用量减少时，沥青膜变薄，则混合料的延性降低，脆性增加；同时因沥青用量偏少，混合料空隙率增大，沥青暴露于不利环境因素的可能性加大，加速老化，同时还增加了水侵入的机会，造成水损害。综上所述，我国现行规范《公路沥青路面施工技术规范》(JTG F40—2004)采用空隙率、饱和度和残留稳定度等指标来表征沥青混合料的耐久性。

8.4.4 抗滑性

抗滑性是保障公路交通安全的一个重要因素，特别是行驶速度很高的高速公路，确保沥青路面的抗滑性要求显得尤为重要。

沥青路面的抗滑性主要取决于矿料自身或级配形成的表面构造深度（粗糙度）、颗粒形状与尺寸、抗磨光性等方面。因此，用于沥青路面表层的粗集料应选用表面粗糙、坚硬、耐磨（磨光值大）、抗冲击性好的碎石或破碎的碎砾石集料。同时，沥青用量对抗滑性也有很大的影响，沥青用量超过最佳用量的 0.5%，就会使沥青路面的抗滑性指标有明显降低，所以对沥青路面表层的沥青用量要严格控制。

8.4.5 施工和易性

沥青混合料应具备良好的施工和易性，要求在整个施工的各个工序中，尽可能使沥青混合料的集料颗粒以设计级配要求状态分布，集料表面被沥青膜完全覆盖，并能被压实到规定的密度，这是保证沥青混合料实现上述路用性能的必要条件。

影响沥青混合料施工和易性的因素首先是材料组成。例如，当组成材料确定后，矿料级配和沥青用量都会对和易性产生一定影响。如采用间断级配的矿料，当粗细集料尺寸颗粒相差过大，缺乏中间尺寸颗粒时，沥青混合料容易离析。又比如当沥青用量过少时，则混合料疏松且不易压实；但当沥青用量过多时，则容易使混合料黏结成团，不易摊铺。另一个影响和易性的因素是施工条件，例如施工时的温度控制。如温度不够，沥青混合料就难以拌和充分，而且不易达到所需的压实度；但温度偏高，则会引起沥青老化，严重时将会明显影响沥青混合料的路用性能。

8.4.6 沥青混合料的技术标准

按沥青混合料的路用性能要求，《公路沥青路面施工技术规范》(JTG F40—2004)对热拌沥青混合料的主要技术要求见表 8-9～表 8-12。

表 8-9 密级配沥青混凝土混合料马歇尔试验技术标准

试验指标		单位	高速公路、一级公路				其他等级公路	行人道路
			夏炎热区(1-1、1-2、1-3、1-4区)		夏热区及夏凉区(2-1、2-2、2-3、2-4、3-2区)			
			中轻交通	重载交通	中轻交通	重载交通		
击实次数(双面)		次	75				50	50
试件尺寸		mm×mm	$\phi 101.6 \times 63.5$					
空隙率(VV)	深约 90 mm 以内	%	3～5	4～6	2～4	3～5	3～6	2～4
	深约 90 mm 以下	%	3～6		2～4	3～6	3～6	—
稳定度(MS)，不小于		kN	8				5	3
流值(FL)		mm	2～4	1.5～4	2～4.5	2～4	2～4.5	2～5
矿料间隙率(VMA)/%，不小于	设计空隙率/%	相应于以下公称最大粒径(mm)的最小 VMA 及 VFA 技术要求/%						
		26.5	19	16	13.2	9.5	4.75
	2	10	11	11.5	12	13	15
	3	11	12	12.5	13	14	16
	4	12	13	13.5	14	15	17
	5	13	14	14.5	15	16	18
	6	14	15	15.5	16	17	19
沥青饱和度(VFA)/%			55～70		65～75		70～85	

表 8-10 沥青混合料高温稳定性车辙试验动稳定度技术要求　　单位：次/mm

气候条件与技术指标	相应于下列气候分区所要求的动稳定度							
七月平均最高气温(单位：℃)与气候分区	＞30				20～30			＜20
	夏炎热区				夏热区			夏凉区
	1-1	1-2	1-3	1-4	2-1	2-2	2-3	2-4	3-2
普通沥青混合料，不小于	800		1000		600		800	600

续表

气候条件与技术指标		相应于下列气候分区所要求的动稳定度				
改性沥青混合料,不小于		2400	2800	2000	2400	1800
SMA 混合料	非改性,不小于	1500				
	改性,不小于	3000				
OGFC 混合料		1500(一般交通路段)、3000(重交通路段)				

表 8-11　沥青混合料水稳定性检验技术要求

气候条件与技术指标		相应于下列气候分区所要求的技术要求			
年降水量（单位：mm）及气候分区		>1000	500～1000	250～500	<250
		1. 潮湿区	2. 湿润区	3. 半干区	4. 干旱区
浸水马歇尔试验残留稳定度/%,不小于					
普通沥青混合料,不小于		80		75	
改性沥青混合料,不小于		85		80	
SMA 混合料	普通沥青	75			
	改性沥青	80			
冻融劈裂试验的残留强度比/%,不小于					
普通沥青混合料,不小于		75		70	
改性沥青混合料,不小于		80		75	
SMA 混合料	普通沥青	75			
	改性沥青	80			

表 8-12　沥青混合料低温弯曲试验破坏应变的技术要求

气候条件与技术指标	相应于下列气候分区所要求的破坏应变(μ_ε)							
年极端最低气温(单位：℃)及气候分区	<-37.0		-21.5～-37.0			-9.0～-21.5	>-9.0	
	1. 冬严寒区		2. 冬寒区			3. 冬冷区	4. 冬温区	
	1-1	2-1	1-2	2-2	3-2	1-3　　2-3	1-4	2-4
普通沥青混合料,不小于	2600		2300			2000		
改性沥青混合料,不小于	3000		2800			2500		

8.5　沥青混合料的配合比设计

8.5.1　沥青混合料组成材料的技术要求

　　沥青混合料的技术性质决定于组成材料的性质、配合的比例和混合料的制备工艺等因素。为保证沥青混合料的技术性质,首先应正确选择符合质量要求的组成材料。各种材料的质量技术要求应符合《公路沥青路面施工技术规范》(JTG F40—2004)的规定。

1. 道路石油沥青材料

　　道路石油沥青按针入度分级可以划分出很多标号的沥青。不同标号沥青材料的技术性质不同。在选择沥青材料的时候,应结合沥青路面使用性能气候分区的要求,确定沥青路面用沥青的标号范围。再按照公路等级、气候条件、交通条件、路面类型及在结构层中的层位及受力特点、施工方法等,结合当地的使用经验,并经技术论证后确定最终沥青标号。对高速公路、一级公路,夏季温度高、高温持续时间长、重载交通、山区及丘陵区上坡路段、服务区、停车场等行车速度慢的路段,尤其是汽车荷载剪应力大的层次,宜采用稠度大的沥青;对冬季寒冷的地区或交通量小的公路、旅游公路宜选用稠度小、低温延度大的沥青;对温度日温差、年温差大的地区宜注意选用针入度指数大的沥青。当高温要求与低温要求发生矛盾时应优先考虑满足高温性能的要求。

2. 粗集料

沥青混合料的粗集料一般是由各种岩石经过轧制而成的碎石组成。在石料紧缺的情况下,也可以利用卵石经轧制破碎而成,或利用某些冶金矿渣,如碱性高炉矿渣等,但应确认其对沥青混凝土无害才可用。

沥青混合料的粗集料要求洁净、干燥、表面粗糙、无风化、无杂质,并且具有足够的强度和耐磨性,其各项质量要求应符合表 8-13 的规定。

表 8-13 沥青混合料用粗集料质量技术要求

指 标		单 位	高速公路及一级公路		其他等级公路
			表面层	其他层次	
石料压碎值	不大于	%	26	28	30
洛杉矶磨耗损失	不大于	%	28	30	35
表观相对密度	不小于		2.60	2.50	2.45
吸水率	不大于	%	2.0	3.0	3.0
坚固性	不大于	%	12	12	—
针片状颗粒含量(混合料)	不大于	%	15	18	20
其中:粒径大于 9.5 mm	不大于	%	12	15	
粒径小于 9.5 mm	不大于	%	18	20	
水洗法<0.075 mm 颗粒含量	不大于	%	1	1	1
软石含量	不大于	%	3	5	5

高速公路、一级公路沥青路面的表面层(或磨耗层)的磨光值应符合表 8-14 的要求。粗集料与沥青的黏附性应符合要求,当使用不符要求的粗集料时,可采取在填料中加矿料总量 1%~2% 的干燥生石灰或消石灰粉、水泥,或在沥青中掺加抗剥离剂,或将粗集料用石灰浆处理等措施,达到要求后方可使用。粗集料的粒径规格应满足标准的要求,如不符合要求,但确认与其他材料配合后的级配符合各类沥青混合料矿料级配范围要求时也可以使用。

表 8-14 粗集料与沥青的黏附性、磨光值的技术要求

气 候 区	1(潮湿区)	2(湿润区)	3(半干区)	4(干旱区)
年降水量/mm	>1000	500~1000	250~500	<250
粗集料的磨光值(PSV),不小于 高速公路、一级公路表面层	42	40	38	36
粗集料与沥青的黏附性,不小于 高速公路、一级公路表面层	5	4	4	3

续表

气 候 区	1（潮湿区）	2（湿润区）	3（半干区）	4（干旱区）
高速公路、一级公路的其他层次及其他等级公路的各个层次	4	4	3	3

3. 细集料

沥青混合料的细集料一般采用天然砂或机制砂（人工砂），在缺少砂的地区，也可以用石屑代替。

细集料应洁净、干燥、无风化、无杂质，并且与沥青具有良好的黏结力。细集料技术要求详见表 8-15。

表 8-15 沥青混合料用细集料技术要求

项 目	单 位	高速公路、一级公路	其他等级公路
表观相对密度，不小于		2.50	2.45
坚固性（粒径>0.3 mm 部分），不小于	%	12	—
含泥量（粒径<0.075 mm 的含量）不大于	%	3	5
砂当量，不小于	%	60	50
亚甲蓝值，不大于	g/kg	25	—
棱角性（流动时间），不小于	s	30	—

4. 填料

填料是指在沥青混合料中起填充作用的粒径小于 0.075 mm 的矿质粉末。沥青混合料的填料宜采用石灰岩或岩浆岩中的强基性（憎水性）岩石磨制而成，也可以由石灰、水泥、粉煤灰代替，但用这些物质做填料时，其用量不宜超过矿料总量的 2%。其中粉煤灰的用量不宜超过填料总量的 50%。粉煤灰的烧失量应小于 12%，塑性指标应小于 4%，其余质量要求与矿粉相同。高速公路、一级公路的沥青面层不宜采用粉煤灰做填料。在工程中，还可以利用拌和机中的粉尘回收来做矿粉使用。

矿粉要求洁净、干燥，并且与沥青具有较好的黏结性。矿粉的质量要求见表 8-16。

表 8-16 沥青混合料用矿粉质量要求

指 标	单 位	高速公路、一级公路	其他等级公路
表观密度，不小于	t/m³	2.50	2.45
含水量，不大于	%	1	1
粒度范围			
<0.6 mm	%	100	100
<0.15 mm	%	90~100	90~100
<0.075 mm	%	75~100	70~100
外观		无团粒结块	
亲水系数		<1	
塑性指数	%	<4	
加热安定性		实测记录	

8.5.2 沥青混合料配合比设计要求

沥青混合料配合比设计的任务就是通过确定粗集料、细集料、填料和沥青之间的比例关系,使沥青混合料的各项指标达到工程要求。沥青混合料配合比设计包括三个阶段:目标配合比设计阶段、生产配合比设计阶段和试拌试铺配合比调整阶段。本节着重介绍目标配合比设计阶段的配合比设计过程。目标配合比设计分为矿质混合料组成设计和沥青最佳用量确定两部分。

1. 矿质混合料组成设计

矿质混合料组成设计的主要内容包括:沥青混合料类型的确定、矿质混合料级配范围确定、矿质混合料中各组成材料的比例确定。矿质混合料的设计目的是选配一种具有足够密实度并且有较高内摩阻力的矿质混合料。

1) 确定沥青混合料类型

沥青混合料的类型决定组成沥青混合料中矿质混合料的级配类型。因此,确定矿质混合料的级配首先要知道混合料的类型。通常沥青混合料的类型与混合料所使用的道路等级、所处的路面结构类型以及层位有关。沥青混合料的类型可以按设计规范中的相关规定选用。表 8-17 列出 AC 类型沥青混凝土混合料和 AM 类型沥青碎石混合料与公路等级和结构层位的关系。

表 8-17 沥青混合料类型

结构层次	高速公路、一级公路、城市快速路、主干路		其他等级公路		一般城市道路及其他道路工程	
	三层式沥青混凝土路面	两层式沥青混凝土路面	沥青混凝土路面	沥青碎石路面	沥青混凝土路面	沥青碎石路面
上面层	AC-13 AC-16 AC-20	AC-13 AC-16	AC-13 AC-16	AM-13	AC-5 AC-13	AM-5 AM-10
中面层	AC-20 AC-30	—	—	—	—	—
下面层	AC-25 AC-30	AC-20 AC-25 AC-30	AC-20 AC-25 AC-30 AM-25 AM-30	AM-25 AM-30	AC-20 AM-25 AM-30	AM-25 AM-30 AM-40

确定沥青混合料类型时,还需要确定矿质混合料的最大粒径。各国对沥青混合料的最大粒径(D)同路面结构层最小厚度(h)的关系均有明确规定。我国研究表明:随 h/D 增大,耐疲劳性提高,但车辙量增大;相反,h/D 减小,车辙量减小,但耐久性降低,特别是 $h/D<2$ 时,耐疲劳性、耐久性急剧下降。《公路沥青路面施工技术规范》(JFG F40—2004) 中提出,对热拌沥青混合料,沥青层每层的压实厚度不宜小于集料公称最大粒径的 2.5~3 倍,对 SMA 和 OGFC 等嵌挤型混合料不宜小于公称最大粒径的 2~2.5 倍。所以,实际设

计中应考虑矿料最大粒径和路面结构层厚度之间的匹配关系,针对道路等级、路面结构层位,根据设计要求的路面结构层厚度选择适宜的矿料类型。

2) 确定矿质混合料的级配范围

为了使设计的矿质混合料具有足够的密实度和较高的摩阻力,矿质混合料必须具有合理的级配。根据级配理论,工程中具有良好使用性能的混合料,其级配通常在一个范围内。目前,根据已有的研究成果和实践经验,采用行业规范中推荐的矿质混合料级配范围。表 8-18 列出《公路沥青路面施工技术规范》(JFG F40—2004)规范规定的级配范围。

表 8-18 密级配沥青混凝土混合料矿料级配范围

级配类型		通过下列筛孔(单位:mm)的质量百分率/%											
		31.5	26.5	19	16	13.2	9.5	4.75	2.36	1.18	0.6	0.3	0.15	0.075
粗粒式	AC-25	100	90~100	75~90	65~83	57~76	45~65	24~52	16~42	12~33	8~24	5~17	4~13	3~7
中粒式	AC-20		100	90~100	78~92	62~80	50~72	26~56	16~44	12~33	8~24	5~17	4~13	3~7
	AC-16			100	90~100	76~92	60~80	34~62	20~48	13~36	9~26	7~18	5~14	4~8
细粒式	AC-13				100	90~100	68~85	38~68	24~50	15~38	10~28	7~20	5~15	4~8
	AC-10					100	90~100	45~75	30~58	20~44	13~32	9~23	6~16	4~8
砂粒式	AC-5						100	90~100	55~75	35~55	20~40	12~28	7~18	5~10

3) 矿质混合料组成材料比例确定

为了满足规范中级配范围的要求,矿质混合料会由几种不同规格的粗、细集料和矿粉组成。各组成材料的比例确定步骤如下:

(1) 测定各组成矿料的表观密度、毛体积密度;对粗集料、细集料和矿粉进行筛析试验得出筛析结果。

(2) 根据各组成材料的筛析结果,采用电算法、试算法或图解法确定各材料的用量比例,计算矿质混合料的合成级配。由于计算机的普及,目前工程中多用电算法来计算并调整矿料的合成级配。最终使合成级配曲线在工程设计级配范围内。

2. 确定沥青混合料最佳沥青用量

目前,沥青混合料配合比设计方法仍以体积设计法为主。《公路沥青路面施工技术规范》(JFG F40—2004)规定,采用马歇尔试验方法确定沥青混合料的最佳沥青用量(OAC)。具体确定过程如下。

1) 制备马歇尔试件

(1) 计算矿料的合成毛体积相对密度 γ_{sb},按下式进行:

$$\gamma_{sb} = \frac{100}{\frac{P_1}{\gamma_1}+\frac{P_2}{\gamma_2}+\frac{P_3}{\gamma_3}+\cdots+\frac{P_n}{\gamma_n}} \tag{8-8}$$

式中，$P_1, P_2, P_3, \cdots, P_n$——各种矿料成分的配比，其和为 100；

$\gamma_1, \gamma_2, \gamma_3, \cdots, \gamma_n$——各种矿料相应的毛体积相对密度。

(2) 确定矿料的有效相对密度

矿质混合料的有效密度指矿料单位有效体积的质量。矿料的有效体积指的是矿料的毛体积减去吸收的沥青的体积，即固体矿料实体所占的体积加上矿料表面空隙中没有吸附沥青空隙的体积。矿料的有效相对密度指矿料的有效密度与同温度水密度的比值。

对非改性沥青混合料，可以按预估的最佳油石比拌和两组混合料，采用真空法实测最大相对密度，取平均值。然后由式(8-9)反算合成矿料的有效相对密度 γ_{se}。

$$\gamma_{se} = \frac{100 - P_b}{\dfrac{100}{\gamma_t} - \dfrac{P_b}{\gamma_b}} \tag{8-9}$$

式中，γ_{se}——合成矿料的有效相对密度；

P_b——试验采用的沥青用量(占混合料总量的百分数)，%；

γ_t——试验沥青用量条件下实测得到的最大相对密度，无量纲；

γ_b——沥青的相对密度(25 ℃/25 ℃)，无量纲。

(3) 预估沥青混合料的适宜油石比 P_a 或沥青用量 P_b

沥青混合料中沥青用量的表达形式有两种：沥青含量和油石比。沥青含量是指沥青混合料中沥青质量占沥青混合料总质量的比值，油石比指沥青含量占矿质混合料总质量的比值。可以按式(8-10)或式(8-11)预估初始最佳沥青用量或油石比。

$$P_a = \frac{P_{a1} \times \gamma_{sb1}}{\gamma_{sb}} \tag{8-10}$$

$$P_b = \frac{P_a}{100 + P_a} \times 100 \tag{8-11}$$

式中，P_a——预估的最佳油石比(与矿料总量的百分比)，%；

P_b——预估的最佳沥青用量(占混合料总量的百分数)，%；

P_{a1}——已建类似工程沥青混合料的标准油石比，%；

γ_{sb}——矿料的合成毛体积相对密度；

γ_{sb1}——已建类似工程集料的合成毛体积相对密度。

(4) 以预估的油石比为中值，按一定间隔(对密级配沥青混合料通常为 0.5%，对沥青碎石混合料可适当缩小间隔为 0.3%～0.4%)，取 5 个或 5 个以上不同的油石比分别成型马歇尔试件。

2) 测定马歇尔试件的体积指标

目前，在进行沥青混合料各项体积指标计算时考虑了有效沥青的概念。沥青混合料中的各种矿料表面都有开口孔隙存在。当加热的矿料与热沥青拌和时，会有一部分沥青进入到矿料表面的开口孔隙中。尽管计算沥青含量时以加入沥青的总质量作为沥青含量的计算标准，但实际裹覆在矿料表面的沥青胶料膜层中的沥青(有效沥青)不包括矿料表面开口孔隙中的沥青。

马歇尔试件体积指标主要包括试件密度(毛体积相对密度、最大理论相对密度)、空隙率、沥青饱和度、矿料间隙率。

(1) 马歇尔试件毛体积相对密度 γ_f

试件毛体积密度是指试件在饱和面干状态下测得的密度。在测试沥青混合料密度时，应根据沥青混合料类型及密实程度选择测试方法。通常采用表干法测定，对吸水率大于2%的沥青混合料应采用蜡封法测定。

(2) 马歇尔试件的最大理论密度

假定沥青混合料压实至绝对密实，而不考虑其内部空隙时试件的密度为最大理论密度。非改性沥青混合料的最大理论密度可通过真空法测得。对于改性沥青混合料可以通过式(8-12)或式(8-13)计算得到：

$$\gamma_{ti} = \frac{100 + P_{ai}}{\frac{100}{\gamma_{se}} + \frac{P_{ai}}{\gamma_b}} \tag{8-12}$$

$$\gamma_{ti} = \frac{100}{\frac{P_{si}}{\gamma_{se}} + \frac{P_{bi}}{\gamma_b}} \tag{8-13}$$

式中，γ_{ti}——相对于计算沥青用量 P_{bi} 时沥青混合料的最大理论相对密度，无量纲；

P_{ai}——所计算的沥青混合料中的油石比，%；

P_{bi}——所计算的沥青混合料的沥青用量，%，$P_{bi} = P_{ai}/(P_{ai}+1)$；

P_{si}——所计算的沥青混合料的矿料含量，%，$P_{si} = 100 - P_{bi}$；

γ_{se}——矿料的有效相对密度，按式(8-9)计算，无量纲；

γ_b——沥青的相对密度(25 ℃/25 ℃)，无量纲。

(3) 沥青混合料试件的空隙率

经过击实后存留在马歇尔试件中的空气体积占整个试件体积的百分率称为空隙率(VV)，可按式(8-14)计算。

$$VV = \left(1 - \frac{\gamma_f}{\gamma_t}\right) \times 100\% \tag{8-14}$$

式中，γ_f——沥青混合料试件的毛体积相对密度；

γ_t——沥青混合料试件的最大理论相对密度。

(4) 沥青混合料试件的矿料间隙率和有效沥青饱和度

沥青混合料试件中矿料部分以外的体积占整个试件体积的百分率为矿料间隙率(VMA)，可按式(8-15)计算。有效沥青的饱和度(VFA)是指有效沥青体积占试件中矿料以外体积的百分率，可按式(8-16)计算。

在一个合理的矿料间隙率的条件下，有效沥青饱和度过小，填充在矿料级配间隙中的有效沥青数量少，沥青难以充分裹覆在矿料表面，影响沥青混合料的黏聚性，降低沥青路面的耐久性；有效沥青饱和度过大，沥青混合料的空隙率减小，妨碍夏季沥青体积膨胀，容易引起沥青路面泛油，降低路面的高温稳定性。因此，沥青混合料设计时，要有适当的饱和度。

$$VMA = \left(1 - \frac{\gamma_f}{\gamma_{sb}} \times P_s\right) \times 100\% \tag{8-15}$$

$$VFA = \frac{VMA - VV}{VMA} \times 100\% \tag{8-16}$$

式中,VMA——试件的矿料间隙率,%;

VFA——试件的有效沥青饱和度(有效沥青含量占 VMA 的体积比例),%;

P_s——各种矿料占沥青混合料总质量的百分率之和,即 $P_s = 100\% - P_b$,其中 P_b 为沥青混合料中沥青含量,%;

γ_{sb}——矿物混合料的合成毛体积相对密度。

3) 测定马歇尔试件力学指标

沥青混合料设计时需要用到的力学指标为马歇尔稳定度和流值。稳定度反映了试件在温度为 60 ℃的环境中,受压产生剪切破坏时所承受的最大荷载;流值反映了试件产生剪切破坏时的最大变形值。可以利用马歇尔稳定度试验仪测得稳定度和流值。

4) 绘制沥青用量与马歇尔试件体积-力学指标关系图

(1) 以油石比或沥青用量为横坐标,分别以马歇尔试件各体积指标(毛体积密度、空隙率、矿料间隙率、有效沥青饱和度)和力学指标(稳定度、流值)为纵坐标,将试验结果以点表示,连成圆滑的曲线,绘制沥青用量与马歇尔试件体积-力学指标关系图,如图 8-9 所示。

(2) 根据规定的马歇尔试件各指标要求的范围,在沥青用量与各项指标关系图(图 8-9)中找出相应的沥青用量范围,获得各个指标对应的沥青用量范围。然后以油石比或沥青用量为横坐标,以马歇尔试件体积指标(毛体积密度、空隙率、有效沥青饱和度)和力学指标(稳定度、流值)为纵坐标,将不同指标对应的沥青用量(或油石比)范围绘制到一张图中,如图 8-9 所示。取图中满足各项指标要求的最大值对应的沥青用量(或油石比)为 OAC_{max} 和满足各项指标要求的最小值对应的沥青用量(或油石比)为 OAC_{min}。最终确定各项指标要求的沥青用量范围 $OAC_{min} \sim OAC_{max}$。

5) 确定沥青混合料的第一个最佳沥青用量 OAC_1

(1) 在沥青用量与马歇尔试件体积-力学指标关系图上分别找出对应于密度最大值、稳定度最大值、目标空隙率(或中值)、沥青饱和度范围中值的沥青用量 a_1、a_2、a_3、a_4。按下式取平均值作为 OAC_1。

$$OAC_1 = \frac{a_1 + a_2 + a_3 + a_4}{4} \tag{8-17}$$

(2) 如果所选择试验的沥青用量范围 $OAC_{min} \sim OAC_{max}$ 未能涵盖沥青饱和度的要求范围,可按式(8-18)求取三者的平均值作为 OAC_1。

$$OAC_1 = \frac{a_1 + a_2 + a_3}{3} \tag{8-18}$$

(3) 对所选择试验的沥青用量范围 $OAC_{min} \sim OAC_{max}$,密度或稳定度没有出现峰值(最大值常在曲线的两端)时,可直接以目标空隙率对应的沥青用量 a_3 作为 OAC_1,但 OAC_1 必须在 $OAC_{min} \sim OAC_{max}$ 范围内,否则应重新进行配合比设计。

6) 确定沥青混合料的第二个最佳沥青用量 OAC_2

以各项指标均符合技术标准(不含 VMA)的沥青用量范围 $OAC_{min} \sim OAC_{max}$ 的中值作为 OAC_2,按式(8-19)计算。

$$OAC_2 = (OAC_{min} + OAC_{max})/2 \tag{8-19}$$

通常情况下取 OAC_1 及 OAC_2 的中值作为计算的最佳沥青用量 OAC:

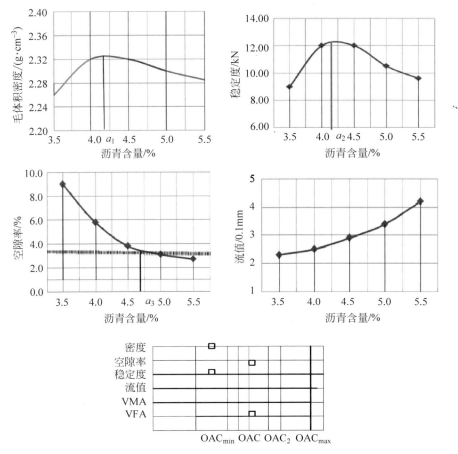

图 8-9 沥青用量与各项指标关系曲线图示例

$$OAC = (OAC_1 + OAC_2)/2 \tag{8-20}$$

按计算的最佳油石比 OAC，从图 8-9 中查出所对应的空隙率和 VWA 值，检验是否能够满足最小 VWA 值的要求。

7) 根据实践经验和公路等级、气候条件、交通情况，调整并确定最佳沥青用量 OAC

调查当地各项条件相接近的工程的沥青用量及使用效果，论证适宜的最佳沥青用量。检查计算得到的最佳沥青用量与其是否相近，如相差甚远，应查明原因，必要时重新调整级配，进行配合比设计。

对于炎热地区公路、高速公路、一级公路的重载交通路段、山区公路的长大坡度路段、城市快速路、主干路等，设计沥青用量可取 OAC−(0.1%～0.5%)OAC，且其空隙率必须符合设计要求范围。

对于寒区道路、旅游公路、交通量很少的公路，设计沥青用量可取 OAC+(0.1%～0.3%)OAC。

3. 沥青混合料的性能检验

通过马歇尔试验和结果分析，得到的最佳沥青用量 OAC 还需进行进一步的试验检验，以验证沥青混合料的关键性能是否满足路用技术要求。

（1）高温稳定性检验。对用于高速公路、一级公路的公称最大粒径≤19 mm 的密级配沥青混合料应进行车辙试验，以动稳定度为指标。

（2）水稳定性检验。应进行浸水马歇尔试验和冻融劈裂试验，分别以残留稳定度、残留强度比为指标。

（3）低温抗裂性检验。对公称最大粒径≤19 mm 的密级配沥青混合料宜进行低温弯曲试验，以破坏应变等为指标。

（4）渗水系数检验。密级配沥青混凝土的渗水系数应不大于 120 mL/min。

习题

一、名词解释

乳化沥青；油石比；胶体结构

二、判断题

1. 在沥青的老化过程中，沥青的化学组分中沥青质的含量基本保持不变。（　　）
2. 残留稳定度是沥青混合料耐久性的评定指标。（　　）
3. 夏季高温时的抗剪强度不足和冬季低温时的抗变形能力过差，是引起沥青混合料铺筑的路面产生破坏的重要原因。（　　）
4. 马歇尔稳定度试验主要测定的指标有：反映沥青混合料抗荷载能力的马歇尔稳定度（MS）和反映沥青混合料在外力作用下变形能力的流值（FL）。（　　）

三、选择题

1. (　　)是表征沥青黏滞性的技术指标。
   A. 针入度　　　　B. 延度　　　　C. 闪点　　　　D. 脆点
2. 黏稠沥青的黏性用针入度值表示，当针入度值越大时，(　　)。
   A. 黏性越小，塑性越好，牌号增大　　B. 黏性越大，塑性越差，牌号减小
   C. 黏性不变，塑性不变，牌号不变　　D. 黏性越小，塑性越差，牌号增大
3. 石油沥青的温度稳定性用软化点来表示，沥青的软化点越高，(　　)。
   A. 温度稳定性越好　　　　　　　　B. 温度稳定性越差
   C. 温度稳定性不变　　　　　　　　D. 不能确定

四、填空题

1. 评定石油沥青黏滞性的指标是针入度；评定石油沥青塑性的指标是＿＿＿＿；评定石油沥青温度敏感性的指标是＿＿＿＿。
2. 石油沥青的三组分为＿＿＿＿、＿＿＿＿和＿＿＿＿。
3. 根据沥青中各组分的化学组成和相对含量的不同，石油沥青的胶体结构可分成＿＿＿＿、＿＿＿＿和＿＿＿＿胶体结构。

五、简答题

1. 土木工程中选用石油沥青牌号的原则是什么？在地下防潮工程中，如何选择石油沥青的牌号？
2. 比较煤沥青与石油沥青的性能与应用的差别。
3. 某防水工程需石油沥青 30 t，要求软化点不低于 80 ℃，现有 60 号和 10 号石油沥青，

测得他们的软化点分别是 49 ℃ 和 98 ℃，问这两种牌号的石油沥青应如何掺配？

4．为什么石油沥青使用若干年后会逐渐变得脆硬，甚至开裂？

5．提高沥青高温稳定性的措施有哪些？

6．石油沥青的胶体结构有哪三种类型？各有什么特点？

7．我国现行规范采用三组分法将沥青材料划分为哪几个组分？各组分与沥青材料的技术性质关系如何？

8．沥青混合料的路用性能有哪些？

第9章 装饰材料

学习要点：根据合成高分子材料的组成理解它的性能，正确地根据工程实际选用合适的合成高分子材料，建议在学习中通过对比来理解不同种类的高分子材料的性能及应用。熟悉防水材料、保温隔热材料、吸声隔声材料的主要类型和性能特点，了解灌浆材料、防火材料、装饰材料的主要类型。

不忘初心：道阻且长，行则将至；行而不辍，未来可期。

牢记使命：虽然我们已经走过万水千山，但仍需要不断跋山涉水。

9.1 建筑塑料

9.1.1 合成高分子材料

合成高分子材料是继水泥、钢材之后的一种重要土木工程材料。

高分子化合物又称高分子聚合物，分子量在 1×10^4 以上。高分子化合物的化学组成比较简单，一个高分子化合物往往由许多相同的简单结构单元重复连接而成。例如，聚乙烯分子的结构为

$$\cdots CH_2-CH_2\cdots CH_2-CH_2\cdots \quad 或 \quad \ce{[CH_2-CH_2]_n}$$

可见聚乙烯是由低分子化合物乙烯（$CH_2=CH_2$）聚合而成的，这种可以聚合成高聚物的低分子化合物称为"单体"。组成高分子化合物的最小重复结构单元称为"链节"，如 $-CH_2-CH_2-$。高分子化合物中所含链节的数目 n 代表重复单元数，称为"聚合度"，它是衡量高分子化合物分子量大小的一个指标，分子量一般为 $1\times10^3 \sim 1\times10^7$。

高聚物的分类方法很多，经常采用的方法有下列几种：

（1）按高聚物材料的性能与用途可分为塑料、合成橡胶和合成纤维，胶黏剂、涂料等。

（2）按高聚物的分子结构分为线型、支链型和体型三种。

（3）按高聚物的合成反应类别分为加聚反应和缩聚反应，其反应产物分别为加聚物和缩聚物。

高聚物有多种命名方法，在土木工程材料工业领域常以习惯命名。对简单的一种单体的加聚反应产物，在单体名称前冠以"聚"字，如聚乙烯、聚丙烯等，大多数烯类单体聚合物都可按此命名；部分缩聚反应产物则在原料后附以"树脂"二字命名，如酚醛树脂等，树脂又泛指作为塑料基材的高聚物；对一些两种以上单体的共聚物，则从共聚物单体中各取一字，后

附"橡胶"二字来命名,如丁二烯与苯乙烯共聚物称为丁苯橡胶。

合成高分子材料作为钢、木等传统材料的代用品,具有很多优点:质量轻,耐腐蚀,具有装饰性,在节能、节材、保护生态、改善居住环境等方面的优越性尤为突出。其缺点为耐热性差,易燃烧,易老化等。

1. 合成高分子材料的优点

（1）加工性能优良。如塑料可以采用比较简便的方法加工成多种形状的产品。

（2）质轻。如大多塑料的密度在 $0.9 \sim 2.2$ g/cm³ 之间,平均为 1.45 g/cm³,约为钢的 1/5。

（3）导热系数小。如泡沫塑料的导热系数只有 $0.02 \sim 0.046$ W/(m·K),约为金属的 1/1500,混凝土的 1/40,砖的 1/20,是理想的绝热材料。

（4）化学稳定性较好。如一般塑料对酸、碱、盐及油脂均有较好的耐腐蚀能力。其中最为稳定的聚四氟乙烯,仅能与熔融的碱金属反应,与其他化学物品均不起反应。

（5）电绝缘性好。

（6）功能的可设计性强。可通过改变组成配方或生产工艺,在相当大的范围内制成具有各种特殊性能的工程材料。如强度超过钢材的碳纤维复合材料、防水材料等。

（7）装饰性能好。如各种塑料制品不仅可以着色,而且色彩鲜艳耐久,并可通过照相制版印刷,模仿天然材料的纹理(如木纹、花岗石纹、大理石纹等),达到以假乱真的程度。

2. 合成高分子材料的缺点

（1）易老化。老化是指合成高分子材料在阳光、空气、热以及环境介质中的酸、碱、盐等作用下,分子组成和结构发生变化,致使其性质变化(如失去弹性,出现裂纹,变硬、变脆或变软,发黏)失去原有使用功能的现象。塑料、有机涂料和有机胶黏剂都会出现老化。目前采用的防老化措施主要有:改变聚合物的结构,加入防老化剂和涂防护层。

（2）具有可燃性及毒性。合成高分子材料一般属于可燃材料,其可燃性受其组成和结构的影响差别很大。如聚苯乙烯遇火会很快燃烧;聚氯乙烯则有自熄性,离开火焰会自动熄灭。部分合成高分子材料燃烧时发烟,会产生有毒气体。一般可通过改进配方制成自熄和难燃甚至不燃的产品。不过其防火性仍比无机材料差,在工程应用中应予以注意。

（3）耐热性差。合成高分子材料的耐热性能普遍较差,如果使用温度偏高会促进其老化,甚至分解。塑料受热会发生变形,在使用中要注意其使用温度的限制。

9.1.2 建筑塑料及其制品

1. 建筑塑料的基本组成

塑料是以天然或人工合成高分子化合物为基体材料,加以适量的填料和添加剂,在高温、高压下塑化成型,且在常温、常压下保持制品形状不变的材料。

1）合成树脂

合成树脂是塑料的主要成分,通过合成树脂的胶结作用把填充料等添加剂胶结成坚实稳定的整体。一般塑料中合成树脂约占30%～60%。

用于塑料的热塑性树脂主要有聚乙烯、聚氯乙烯、聚甲基丙烯酸甲酯、聚苯乙烯、聚四氟乙烯等加聚高聚物；用于塑料的热固性树脂主要有酚醛树脂、脲醛树脂、不饱和树脂、不饱和聚酯树脂、环氧树脂、有机硅树脂等缩聚高聚物。

2）添加剂

为了改善塑料的某些性能而加入的物质统称为添加剂。不同塑料所用添加剂不同。根据建筑塑料使用及成型加工中的需要，有着色剂、固化剂、稳定剂、偶联剂、润滑剂、抗静电剂、发泡剂、阻燃剂、防霉剂等。常用的添加剂类型有以下几种。

（1）填料

填料又称填充剂，它是绝大多数建筑塑料制品中不可缺少的原料，占塑料组成材料的40%～70%。其作用有：提高塑料的强度和刚度；减少塑料在常温下的蠕变及改善热稳定性；降低塑料制品的成本，增加产量；在某些建筑塑料中，填料还可以提高塑料制品的耐磨性、导热性、导电性及阻燃性，并可改善加工性能。

常用的填料有木屑、滑石粉、石灰石粉、碳黑、铝粉和玻璃纤维等。

（2）增塑剂

增塑剂一般是高沸点的液体或低熔点的固体有机化合物，可提高聚合物在高温加工条件下的可塑性，增加塑料制品在使用条件下的弹性和韧性，改善塑料的低温脆性。增塑剂主要用于聚氯乙烯，如塑料地板和聚氯乙烯防水卷材。

常用的增塑剂有：用于改善加工性能及常温柔韧性的邻苯二甲酸二丁酯（DBP），邻苯二甲酸二辛酯（DOP）；属于耐寒增塑剂的脂肪族二元酸酯类增塑剂等。

（3）着色剂

着色剂分为无机颜料和有机颜料两种。无机颜料遮盖力强、耐热性和耐光性好，无迁移性，但颜色不够鲜艳，着色力低。常用的有钛白粉、氧化铁红、群青、铬酸铅等。有机颜料颜色鲜明，有良好的透明性和着色力，但耐热、耐光性和耐溶剂性较差。常用的有偶氮颜料和酞菁颜料。

（4）固化剂

固化剂也称硬化剂或熟化剂，主要作用是使线性高聚物交联成体型高聚物，使树脂具有热固性，形成稳定而坚硬的塑料制品。常用的固化剂有乌洛托品（六亚甲基四胺）、胺类（乙二胺、间苯二胺）、酸酐类（邻苯二甲酸酐、顺丁烯二酸酐）及高分子类（聚酰胺树脂）。

（5）稳定剂

加入稳定剂可起到稳定塑料制品质量、延长使用寿命的作用。常用的稳定剂有：防止塑料在加工和使用过程中氧化、老化的抗氧剂，提高合成高分子材料抵抗紫外光能力的光稳定剂，防止聚合物在加工和使用过程中热降解的热稳定剂等。

2. 建筑塑料的分类及主要性能

建筑塑料常用的分类和主要性能见表9-1和表9-2。

表 9-1 塑料的分类

分类的原则	类 型	特 征	举 例
按树脂受热时的特征分类	热塑性塑料	以热塑性树脂为基本成分,受热软化,可以反复塑制	聚乙烯、聚氯乙烯、聚苯乙烯等
	热固性塑料	以热固性树脂为基本成分,加工成型后变为不溶、不熔状态	酚醛、氨基塑料等
按应用范围及性能特点分类	通用塑料	通用性强、用途广泛、产量大、价格低	聚乙烯、聚氯乙烯、聚苯乙烯、聚丙烯等
	工程塑料	机械性能较好,强度高,可以代替金属用作工程结构材料	聚酯、聚酰胺、聚碳酸酯、氟塑料等

表 9-2 建筑上常用塑料的性能

性 能	热塑性塑料					热固性塑料	
	聚氯乙烯(硬)	聚氯乙烯(软)	聚乙烯	聚苯乙烯	聚丙烯	酚醛	有机硅
密度/(g·cm^{-3})	1.35~1.45	1.3~1.7	0.92	1.04~1.07	0.90~0.91	1.25~1.36	1.65~2.00
拉伸强度/MPa	35~65	7~25	11~13	35~63	30~63	49~56	—
伸长率/%	20~40	200~400	200~550	1~1.3	>200	1.0~1.5	—
抗压强度/MPa	55~90	7~12.5	—	80~110	39~56	70~210	110~170
抗弯强度/MPa	70~110	—	—	55~110	42~56	85~105	48~54
弹性模量/MPa	2500~4200	—	130~250	2800~4200	—	5300~7000	—
线膨胀系数/(10^{-5}/℃)	5~18.5	—	16~18	6~8	10.8~11.2	5~6.0	5~5.8
耐热性/℃	50~70	65~80	100	65~95	100~120	120	300
耐溶剂性	溶于环己酮	溶于环己酮	室温下无溶剂	溶于芳香族溶剂	室温下无溶剂	不溶于任何溶剂	溶于芳香族溶剂

3. 常用塑料制品

1) 塑料地板

塑料地板包括地面装饰的各类塑料块板和铺地卷材。塑料地板不仅起装饰、美化环境的作用,还赋予步行者以舒适的脚感,可以御寒保温,对减轻疲劳、调整心态有重要作用。塑料地板可应用于绝大多数的公用建筑,如办公楼、商店、学校等地面。另外,以乙炔黑作为导电填料的防静电 PVC 地板广泛用于邮电部门、试验室、计算机房、精密仪表控制车间等的地面铺设,以消除静电危害。《室内装饰装修材料 聚氯乙烯卷材地板中有害物质限量》(GB 18586—2001)中除规定禁止使用铅盐做稳定剂外,在标准限量指标上也着重控制氯乙烯单体、铅、镉含量和有机化合物挥发总量,其指标见表 9-3。

2) 塑料门窗

塑料门窗主要采用改性硬质聚氯乙烯(UPVC)挤出成型。塑料门窗与钢木门窗及铝合金门窗相比有以下特点。

表 9-3　聚乙烯卷材地板中有害物质限量值

	发泡类卷材地板		非发泡类卷材地板	
挥发物限量/(g·m^{-2})	玻璃纤维基材	其他基材	玻璃纤维基材	其他基材
	≤75	≤35	≤40	≤10
氯乙烯单体	不大于 5 mg/kg			
可溶性铅	不大于 20 mg/kg			
可溶性镉	不大于 20 mg/kg			

(1) 隔热性能优异。常用聚氯乙烯(PVC)的导热系数虽与木材相近,但由于塑料门窗框、扇均为中空异型材,密闭空气层导热系数极低,所以它的保温隔热性能远优于木门窗,与钢门窗相比可节约大量材料。

(2) 气密性、水密性好。塑料门窗所用的中空异型材采用挤压成形,尺寸准确,而且型材侧面带有嵌固弹性密封条的凹槽,使密封性大为改善,如当风速为 40 km/h,空气泄漏量仅为 0.03 m^3/min。密封性的改善不仅提高了水密性、气密性,也减少了进入室内的尘土,改善了生活环境、工作环境。

(3) 装饰性好。塑料制品可根据需要设计出各种颜色和样式,具有良好的装饰性。考虑到吸热及老化问题,外窗多为白色。

(4) 加工性能好。利用塑料易加工成型的优点,只要改变模具,即可挤压出适合不同风压强度要求及建筑功能要求的复杂断面中空异型材。

(5) 隔声性能好。塑料窗的隔声效果优于普通窗。塑料门窗隔声达 30 dB,而普通窗的隔声为 25 dB。

3) 塑料墙纸

塑料墙纸是以一定材料为基材,表面进行涂塑后,再经过印花、压花或发泡处理等多种工艺制成的一种墙面装饰材料。它是目前国内外广泛使用的一种室内墙面装饰材料,可用于天棚、梁柱以及车辆、船舶、飞机的表面装饰。塑料墙纸一般分为普通墙纸、发泡墙纸和特种墙纸。

普通壁纸也称塑料面纸底壁纸,即在纸面上涂刷塑料而成。为了增加质感和装饰效果,常在纸面上印上图案或压出花纹,再涂上塑料层。这种壁纸耐水,可擦洗,比较耐用,价格较便宜。

发泡壁纸是在纸面上涂上发泡的塑料面,立体感强,有较好的音响效果。为了增加黏结力、提高强度,可用面布、麻布、化纤布等代替纸底,这类壁纸称为塑料壁布,将它粘贴在墙上,不易脱落,受到冲击、碰撞也不会破裂,加工方便,价格不高。

特种壁纸也称功能壁纸,如耐水壁纸、防火壁纸、防霉壁纸、塑料颗粒壁纸、金属基壁纸等。近年来生产的静电植绒壁纸,带图案,仿锦缎,装饰性、手感较好,但价格较高。

4) 玻璃钢建筑制品

常见的玻璃钢建筑制品是以玻璃纤维及其织物为增强材料,以热固性不饱和聚酯树脂或环氧树脂等为胶黏材料制成的一种复合材料。它的质量轻、强度接近钢材,俗称玻璃钢。常见的玻璃钢建筑制品有玻璃钢波形瓦、玻璃钢采光罩、玻璃钢卫生洁具等。

5) 塑料管材

(1) 聚乙烯(PE)塑料管

聚乙烯塑料管的特点是密度小、比强度高、脆化温度低(−80 ℃)。由于聚乙烯管性能稳定，在低温下亦能承受搬运和使用中的冲击；不受输送介质中液态烃的化学腐蚀；管壁光滑，介质流动阻力小。聚乙烯塑料管可分为高密度聚乙烯(HDPE)塑料管、中密度聚乙烯(MDPE)塑料管和低密度聚乙烯(LDPE)塑料管。高密度聚乙烯塑料管的耐热性能和机械性能均高于中密度和低密度聚乙烯管，是一种难透气、难透湿、渗透性最低的管材；中密度聚乙烯管既有高密度聚乙烯管的刚性和强度，又有低密度聚乙烯管良好的柔性和耐蠕变性，比高密度聚乙烯管有更高的热熔连接性能，对管道安装十分有利，其综合性能高于高密度聚乙烯管；低密度聚乙烯管的特点是化学稳定性和高频绝缘性能十分优良，柔软性、伸长率、耐冲击性和透明性比高、中密度聚乙烯管好，但管材许用应力仅为高密度聚乙烯管的一半（高密度聚乙烯管为 5 MPa，低密度聚乙烯管为 2.5～3 MPa）。聚乙烯管材中，中密度和高密度管材适宜作城市燃气和天然气管道；低密度聚乙烯管宜作饮用水管、电缆导管、农业喷洒管道、泵站管道，特别是用于需要移动的管道。

(2) 硬质聚氯乙烯(UPVC)塑料管

UPVC 管的特点是硬度和刚度较高，许用应力一般在 10 MPa 以上。硬聚氯乙烯管分为Ⅰ型、Ⅱ型和Ⅲ型。Ⅰ型是高强度聚氯乙烯管。在加工过程中，树脂添加剂中增塑剂用量低，通常称作未增塑聚氯乙烯管，具有较好的物理和化学性能，其热变形温度为 70 ℃；缺点是低温下较脆，抗冲击强度低。Ⅱ型管又称耐冲击聚氯乙烯管，在制造过程中，加入了ABS、CPE 或丙烯酸树脂等改性剂，其抗冲击性能比Ⅰ型高，热变形温度为 60 ℃。Ⅲ型管为氯化聚氯乙烯管，具有较高的耐热和耐化学性能，热变形温度为 100 ℃，故称为高温聚氯乙烯管，可作沸水管道用材。硬聚氯乙烯管的使用范围很广，可用作给水、排水、灌溉、供气、排气等管道，住宅生活用管道，工矿业工艺管道以及电线、电缆套管等。

(3) 聚丙烯(PP)塑料管和无规共聚聚丙烯(PP-R)塑料管

① 聚丙烯(PP)塑料管。聚丙烯塑料管与其他塑料管相比，具有较高的表面硬度、表面光洁度，流体阻力小，使用温度范围为 100 ℃ 以下，许用应力为 5 MPa，弹性模量为 130 MPa。聚丙烯管多用作化学废料排放管、化验室废水管、盐水处理管及盐水管道。

② 无规共聚聚丙烯(PP-R)塑料管。丙烯聚合时掺入少量的其他单体(如乙烯、1-丁烯等)进行共聚的 PP 称为共聚 PP，共聚 PP 可以减小聚丙烯高分子链的规整性，从而减小 PP 的结晶度，达到提高 PP 韧性的目的。共聚聚丙烯又分为嵌段共聚聚丙烯和无规共聚聚丙烯(PP-R)。PP-R 具有优良的韧性和抗温度变形性能，能耐 95 ℃ 以上的沸水，低温脆化温度可降至 -15 ℃，是制作热水管的优良材料，在建筑工程中广泛应用。

(4) 其他塑料管

① ABS 塑料管。ABS 塑料管使用温度为 90 ℃ 以下，许用压力在 7.6 MPa 以上。ABS 管具有比硬聚氯乙烯管、聚乙烯管更高的冲击韧性和热稳定性，可用作工作温度较高的管道。ABS 管常用作卫生洁具下水管、输气管、污水管、地下电气导管、高腐蚀工业管道等。

② 聚丁烯(PB)塑料管。聚丁烯管的柔性与中密度聚乙烯相似，强度特性介于聚乙烯和聚丙烯之间。聚丁烯管具有独特的抗蠕变(冷变形)性能，能反复绞缠而不折断。其许用应力为 8 MPa，弹性模量为 50 MPa，使用温度范围为 95 ℃ 以下。聚丁烯管抗细菌、藻类或霉菌，可用作地下埋设管道，主要用作给水管、热水管、楼板采暖供热管、冷水管及燃气管道。

③ 玻璃钢(FRP)管。玻璃钢管具有强度高、质量轻、耐腐蚀、不结垢、阻力小、耗能低、运输方便、拆装简便、检修容易等优点，主要用作石油化工管道和大口径给排水管。

④ 复合塑料管。复合塑料管主要有：热固性树脂玻璃钢复合热塑性塑料管材、热固性树脂玻璃钢复合热固性塑料管材、不同品种热塑性塑料的双层或多层复合管材以及与金属复合的管材等。

9.2 建筑涂料

所谓建筑涂料，是指涂装于建筑物表面，如内外墙面、顶棚、地面和门窗等，并能与基体材料很好黏结，形成完整而坚韧保护膜的一类物料。涂料与油漆是同一概念。

建筑涂料的作用主要是装饰建筑物、保护主体材料和改善居住条件或提供某些特殊使用功能。建筑涂料质轻、品种多、色彩变化灵活、施工和维修更新方便，且生产投资较小，因而成为一类重要的建筑饰面材料，并得到十分广泛的应用。

1. 涂料的组成

各种建筑涂料都包含多种组成物质，每种涂料的具体组成也差异很大。建筑涂料大致可分成挥发部分和不挥发部分两个组分。挥发部分包括分散介质和其他材料带入的可挥发成分，不挥发部分则会留在基层表面，干结后形成一层膜盖住基层。涂料中的不挥发部分称作成膜物质。进一步，组成涂料的物质按其在涂料中的作用可划分为主要成膜物质（基料）、次要成膜物质（颜料和填料）和辅助成膜物质（分解介质和助剂）。

1) 主要成膜物质

主要成膜物质也称为基料或黏结剂，是决定涂料性质的最主要组分。主要成膜物质具有单独成膜的能力，亦可黏结其他组分共同成膜。涂料的品种与名称通常是根据主要成膜物质来命名的。可以成膜的物质很多，如干性油、半干性油、天然树脂、合成树脂、无机胶结材料等。

2) 次要成膜物质

次要成膜物质主要是颜料。颜料按其在涂料中所起的作用可分为着色颜料和体质颜料。颜料自身没有成膜的能力，必须依靠主要成膜物质的黏结成为膜的一个组成部分。

着色颜料是一种不溶于水、溶剂或涂料的微细粉末状的有色物质，能均匀地分散在涂料介质中。着色颜料在建筑涂料中不仅能使涂层具有一定的遮盖能力，增加涂层色彩，而且还能提高膜的强度。体质颜料按其颗粒大小分为粉料和粒料。粉料是一些几乎不具有遮盖力和着色力的白色粉末。粉料开始用于涂料时仅是为了弥补着色颜料的不足，降低涂料成本，故称填充料。现在发现，粉料与着色颜料配合使用，粉料质轻、悬浮力大，可以防止重质颜料沉淀，使颜料在涂料中均匀分散，粉料还能增加涂膜厚度和体质感，提高涂层的耐磨性和耐久性，因而也称为体质颜料。粒料是用天然石材加工或人工烧结而成的一类粒径在 3mm 以下的彩色固体颗粒，也称作彩砂。相对涂料中其他基料而言，它粒度较粗，因此在建筑涂料中可以起到增加色感和质感的作用。加有粒料的涂料被称作彩砂涂料，这是一种较新颖的建筑涂料。

3) 分散介质

为了便于涂装施工，建筑涂料大都是液体状的，具有一定的流动性，所以建筑涂料中总是含有较大数量的分散介质。分散介质可以是有机溶剂，也可以是水，前者组成溶剂型涂料,后者则是水性的。

分散介质在涂料中属于辅助成膜物质,当涂料涂于基层上后,分散介质被基层物质吸收一部分,而大部分则挥发到空气中。分散介质虽然不构成涂膜,但它对涂膜形成的质量和涂料的成本都有很大影响。

4) 助剂

由主要成膜物质和次要成膜物质构成的建筑涂料性能常不够完善,需要加入一些具有特殊作用的助剂,以改善涂料质量,使之能适用于各种应用场合。助剂通常用量很少,但作用显著。常见的助剂品种有引发剂、固化剂、催化剂、增塑剂、抗氧剂、乳化剂、防污剂、防腐剂、防冻剂、阻燃剂等。

2. 涂料的分类及特点

建筑涂料的种类繁多,分类方法也很多。按主要成膜物质的性质可分为有机、无机和有机无机复合三大类;按分散介质种类分为溶剂型和水性两大类,水性涂料又可分为水溶性和乳液型两类;按使用部位分为外墙、内墙、顶棚、地面和屋面五类;按涂料的功能分为防水涂料、防火涂料、防霉涂料等。

常用建筑涂料的主要组成、性质和应用如表 9-4 所示。

表 9-4 常用建筑涂料的组成、性质和应用

品 种	主要成分	主要性质	主要应用
聚乙烯醇水玻璃内墙涂料	聚乙烯醇、水玻璃等	无毒、无味、耐燃、价格低廉,但耐水擦洗性差	广泛应用于住宅及一般公用建筑的内墙面、顶棚等
聚醋酸乙烯乳液涂料	醋酸乙烯、丙烯酸酯乳液等	无毒、涂膜细腻、色彩艳丽、装饰效果良好、价格适中,但耐水性、耐候性差	住宅、一般建筑的内墙与顶棚等
醋酸乙烯-丙烯酸酯有光乳液涂料	醋酸乙烯、丙烯酸酯乳液等	耐水性、耐候性及耐碱性较好,且有光泽,属中高档内墙涂料	住宅、办公室、会议室等的内墙、顶棚
多彩涂料	两种以上的合成树脂	色彩丰富、图案多样、生动活泼,且有良好的耐水性、耐油性、耐刷洗性,对基层适应性强,属高等内墙涂料	住宅、宾馆、饭店、商店、办公室、会议室等的内墙、顶棚
苯乙烯-丙烯酸酯乳液涂料	苯乙烯-丙烯酸酯乳液	具有良好的耐水性、耐候性,且外观细腻、色彩艳丽,属中高档涂料	办公楼、宾馆、商店等的外墙面
丙烯酸酯系外墙涂料	丙烯酸酯等	具有良好的耐水性、耐候性和耐高低温性,色彩多样,属中高档涂料	办公楼、宾馆、商店等的外墙面
聚氨酯系外墙涂料	聚氨酯树脂	具有优良的耐水性、耐候性和耐高低温性及一定的弹性和抗伸缩疲劳性,涂膜呈瓷质感,耐污性好,属高档涂料	办公楼、宾馆、商店等的外墙面
合成树脂乳液砂壁状涂料	合成树脂乳液、彩色细骨料	属粗面厚质涂料,涂层具有丰富的色彩和质感,保色性和耐久性高,属于中高档涂料	办公楼、宾馆、商店等的外墙面

9.3 建筑胶黏剂

能直接将两种材料牢固地黏结在一起的物质通称胶黏剂。随着合成化学工业的发展，胶黏剂的品种和性能得到了很大的发展。胶黏剂越来越广泛地应用于建筑构件、材料等的连接，这种连接方法具有工艺简单、省工省料、接缝处应力分布均匀、密封和耐腐蚀等优点。

1. 胶黏剂的基本要求

为了将材料牢固地黏结在一起，胶黏剂必须满足以下基本要求：适宜的黏度；适宜的流动性；具有良好的浸润性，能很好地浸润被黏结材料的表面；在一定的温度、压力、时间等条件下，可通过物理和化学作用固化，并可调节其固化速度；具有足够的黏结强度和较好的其他物理性能，如耐温性、耐久性、耐水性、耐化学性、耐候性等。除此之外，胶黏剂还必须对人体无害。胶黏剂中有害物质限量应符合相关标准的规定。

2. 胶黏剂的基本组成材料

胶黏剂一般都由多组分物质组成，常用胶黏剂的主要组成成分如下：

1) 黏结料

黏结料简称黏料，它是胶黏剂中最主要的组分，它的性质决定了胶黏剂的性能、用途和使用工艺。胶料既可采用合成树脂、合成橡胶，也可采用两者的共聚体和机械混合物。用于胶接结构受力部位的胶黏剂以热固性树脂为主，用于非受力部位和变形较大部位的胶黏剂以热塑性树脂和橡胶为主。

2) 固化剂

有的胶黏剂（如环氧树脂）若不加固化剂，其本身不能变成坚硬的固体。固化剂也是胶黏剂的主要成分，其性质和用量对胶黏剂的性能起着重要作用。常用的固化剂有胺类、酸酐类、高分子类和硫黄类等。

3) 填料

填料一般在胶黏剂中不发生化学反应，但加入填料可以改善胶黏剂的机械性能。同时，填料价格便宜，可显著降低胶黏剂的成本。常用的填料有金属及氧化物粉末、水泥及木棉、玻璃等。

4) 稀释剂

稀释剂主要是为了降低胶黏剂的黏度，便于操作，提高胶黏剂的湿润性和流动性。稀释剂分活性稀释剂和非活性稀释剂两种。前者参与固化反应；后者不参与固化反应，只起稀释作用。常用的稀释剂有环氧丙烷、丙酮等。

5) 改性剂

为了改善胶黏剂某一性能，满足特殊要求，常加入一些改性剂。如为提高胶结强度，可加入偶联剂。另外还有防老化剂、稳定剂、防腐剂、阻燃剂、增韧剂等。

几种环氧树脂胶黏剂的材料用量见表9-5。

表 9-5　几种环氧树脂胶黏剂的材料用量

	环氧树脂/g	稀释剂/cm³	增塑剂/cm³	硬化剂/cm³	填充料/g	用途
1	E-44 环氧树脂 100		苯二甲酸二丁酯 10~20	乙二胺(95%) 6~8	硅酸盐水泥 200	黏结
2	E-44 环氧树脂 100		苯二甲酸二丁酯 40~50	乙二胺(95%) 6~8	硅酸盐水泥 200	修补
3	E-44 环氧树脂 100	二甲苯 5~10		乙二胺(95%) 7		修补裂缝 0.1~1.0 mm
4	E-44 环氧树脂 100	二甲苯 5~10		乙二胺(95%) 7	硅酸盐水泥 30~60	修补裂缝 0.1~1.0 mm
5	E-44 环氧树脂 100	二甲苯 15		乙二胺(95%) 6~8	滑石粉 150	混凝土构件黏结补强
6	E-44 环氧树脂 100	二甲苯 40			硅酸盐水泥 300	修补屋面裂缝

3．土木工程常用的胶黏剂性能特点

1) 热固性树脂胶黏剂

(1) 环氧树脂(EP)胶黏剂

环氧树脂胶黏剂的组成材料有合成树脂、固化剂、填料、稀释剂、增韧剂等。随着配方的改进，可以得到不同品种和用途的胶黏剂。环氧树脂在未固化前是线型热塑性树脂，由于分子结构中含有极活泼的环氧基(—(HCO)CH—)和多种极性基(特别是 OH 基)，可与多种类型的固化剂反应生成网状体型结构高聚物，对金属、木材、玻璃、硬塑料和混凝土都有很高的黏附力，有"万能胶"之称。

(2) 不饱和聚酯树脂(UP)胶黏剂

不饱和聚酯树脂一般是由不饱和二元酸与二元醇或者饱和二元酸与不饱和二元醇缩聚而成的具有酯键和不饱和双键的线型高分子化合物，经过交联单体或活性溶剂稀释形成的具有一定黏度的树脂溶液，主要用于制造玻璃钢，也可黏结陶瓷、金属、木材、人造大理石和混凝土。不饱和聚酯树脂胶黏剂的接缝耐久性和环境适应性较好。

2) 热塑性树脂胶黏剂

(1) 聚醋酸乙烯(PVAC)胶黏剂

聚醋酸乙烯(PVAC)胶黏剂是常用的热塑性树脂胶黏剂，俗称白乳胶，由醋酸乙烯单体、水、分散剂、引发剂以及其他辅助材料经乳液聚合而得，是一种使用方便、价格便宜、应用普遍的非结构胶黏剂。它对各种极性材料有较高的黏附力，以黏结各种非金属材料为主，如玻璃、陶瓷、混凝土、纤维织物和木材等。它的耐热性差，只能在 40 ℃以下使用，对溶剂作用的稳定性及耐水性较差，且有较大徐变，只能作为室温下使用的非结构胶，如粘贴塑料墙纸、聚苯乙烯或软质聚氯乙烯塑料板以及塑料地板等。

(2) 聚乙烯醇(PVA)胶黏剂

聚乙烯醇由醋酸乙烯酯水解而得，是一种水溶液聚合物。这种胶黏剂适合胶接木材、纸张、织物等，其耐热性、耐水性和耐老化性很差，因此一般与热固性胶黏剂一同使用。

需指出的是，原来广泛使用的聚乙烯醇缩醛胶黏剂已被淘汰。它易吸潮、发霉，并且会

释放甲醛,污染环境。

3) 合成橡胶胶黏剂

(1) 氯丁橡胶(CR)胶黏剂

它是目前应用最广的一种橡胶胶黏剂,主要由氯丁橡胶、氧化锌、氧化镁、填料、抗老化剂和抗氧化剂等组成。氯丁橡胶胶黏剂对水、油、弱碱、弱酸、脂肪烃和醇类都具有良好的抵抗力,可在-50~+80℃的温度条件下工作,具有较高的内聚强度,但具有徐变性,且易老化。建筑上常用在水泥混凝土或水泥砂浆的表面上粘贴塑料或橡胶制品等。为改善性能,可在氯丁橡胶胶黏剂中掺入油溶性酚醛树脂,配成氯丁酚醛树脂,可在室温下固化,适用于黏结钢、铝、铜、陶瓷、水泥制品、塑料和硬质纤维板等多种金属和非金属材料。工程上常用在水泥砂浆墙面或地面上粘贴塑料或橡胶制品。

(2) 丁腈橡胶胶黏剂

丁腈橡胶是丁二烯和丙烯腈的共聚产物。丁腈橡胶胶黏剂主要用于橡胶制品,以及橡胶与金属、织物、木材的黏结。其优点是耐油性好,剥离强度高,对脂肪烃和非氧化性酸具有良好的抵抗力。根据配方的不同,它可以冷硫化,也可以在加热和加压过程中硫化。为获得良好的强度和弹性,可将丁腈橡胶与其他树脂混合使用。

9.4 土工合成材料

土工合成材料是以人工合成的聚合物(如塑料、化纤、合成橡胶等)为原料,制成各种类型的产品,可置于岩土或其他工程结构内部、表面或各结构层之间,具有加筋、过滤、排水、防渗、隔离和防护等多种功能。土工合成材料是一种新型的建筑材料,由于其自身的独特优点,发展与应用非常迅速,取得了良好的经济、社会和环境效益。

9.4.1 土工合成材料的类型

《土工合成材料应用技术规范》(GB/T 50290—2014)和《公路土工合成材料应用技术规范》(JTG/T D32—2012)将土工合成材料分为土工织物、土工膜、特种土工材料和土工复合材料等类型。

1. 土工织物

土工织物主要包括有纺布和无纺布,此类材料具有良好的透水性。土工织物的质量比较轻,而且连续性较好,施工简单方便,耐腐蚀和抗微生物侵蚀能力强。有纺布也称编织布,在它的生产过程中,把冷却的塑料薄膜切成细条,通过拉伸使大分子定向排列,制成扁丝,因此具有较高强度和较低的延伸率。无纺布大部分是指针刺型的,强度没有显著的方向性,具有较大的延伸率,能适应较大的变形。

2. 土工膜

土工膜是指在土建工程中经常使用的塑料薄膜。土工膜不透水,而且弹性和适应变形的能力很强,能适用于不同环境的施工条件,具有良好的抗老化作用,耐久性特别显著。土工膜材料具有不透水性,可用作防渗材料,以代替黏土、灰土、混凝土等传统的防渗材料。

3. 特种土工材料

土工合成材料中的特种材料主要包括以下几种:土工垫及土工格室、土工格栅和土工模袋等。

土工垫以及土工格室都是合成材料特制的结构。土工垫多为长丝结合而成的透水聚合物网垫;土工格室是由土工膜和条带等构成的网格状结构,常用于环保工程。

土工格栅是指经过拉伸形成的矩形格栅的板材。由于在制造过程中经过特殊处理,使聚合物分子沿拉伸方向定向排列,加强了分子链间的联结力,大大提高了抗拉强度,而延伸率却比不上原板材。常用于土工复合材料的筋材等。

土工模袋是一种双层聚合化纤织物制成的连续袋状材料,可代替模板。施工时用高压泵把混凝土或砂浆灌入模袋中,最后混凝土或砂浆固结后形成具有一定强度的板状结构或其他结构形状的板材。可用于保护环境工程。

4. 土工复合型材料

土工复合型材料是指由土工织物、土工膜和某些特殊土工合成材料,并将其中两种或两种以上的材料互相组合起来的材料。复合材料可以将不同类型的材料性质结合起来,更好地满足具体工程的需要,能起到多功能的作用。例如复合土工膜,就是将土工膜和土工织物按一定比例制成的一种土工复合型材料。

9.4.2 土工合成材料的作用

土工合成材料的作用是多方面的,可以概括如下。

1. 防渗作用

土工膜和复合型土工合成材料可以作为各种工程的防渗材料。以前许多已建成的混凝土坝存在严重的缺陷,除了剥落和裸露钢筋外,工程上最为关心的缺陷是结构渗漏的增加。土工膜则有很好的防渗作用。

2. 防护作用

当比较集中的应力或应变从一种物体传到另一种物体时,土工织物可以在中间起到减轻或分散应力或应变的作用。如厚的无纺织物和复合土工膜可起保温作用,防冻害;可减轻车辆的集中荷载对基土的影响,防止路面产生裂缝。

3. 过滤作用

过滤作用是指把土工织物置于土的表面,土中水分可以通过织物排出。同时织物可阻止土颗粒流失,以免造成土体失稳,它可代替砂、砾石等反滤层。

4. 排水作用

厚厚的针刺型无纺布和复合型材料可以在土体中形成排水通道,把土壤中的水分汇集起来,使其沿着材料平面缓慢地排出土体外。

5. 加筋作用

土工合成材料有较好的抗拉强度,将其埋于土中可以承受一部分拉应力,限制土体侧向位移,增加其稳定性,还可以提高土体的强度。

6. 隔离作用

将土工织物置于土、砂石料与地基之间,可把不同粒径的土粒分隔开,以免相互混杂,或发生土粒流失,继而失去各种材料和结构的完整性。

9.5 建筑功能材料

建筑功能材料是指可以满足建筑物某一特殊功能要求的一类建筑材料,包括防水密封材料、保温隔热材料、吸声隔声材料、防火材料和装饰材料等几大系列。随着人们对建筑物质量要求的不断提高,建筑功能材料应运而生。它对扩展建筑物的功能、延长其使用寿命以及节能具有重要意义。

9.5.1 防水材料

防水材料具有防止雨水、地下水与其他水分等侵入建筑物的功能,它是建筑工程中重要的建筑功能材料之一。建筑物防水处理的部位主要有屋面、墙面、地面和地下室等。防水材料品种繁多,主要分为刚性防水材料和柔性防水材料两大类(图 9-1)。

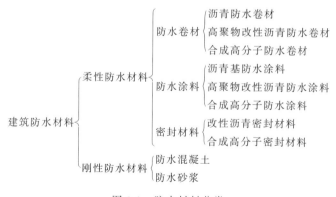

图 9-1 防水材料分类

刚性防水材料是以水泥混凝土自防水为主,外掺防水剂、膨胀剂等组成的混凝土(砂浆)自防水结构。柔性防水材料是使用最广、用量最大的一类防水材料,其防水性能可靠,可用于各种不同的防水工程。目前建筑工程中广泛应用的柔性防水材料有沥青类、合成树脂卷材、高分子卷材等。柔性防水材料具有品种多、发展快的特点,材料由传统的沥青防水材料向改性沥青防水材料和合成高分子防水材料发展,由单一材料向复合型多功能材料发展,防水设计由多层向单层防水发展,施工方法也由热熔法向冷粘贴法或自粘贴法发展。

实际工程中，防水材料的质量要求和选用可参考有关规范进行，如《屋面工程技术规范》（GB 50345—2012）、《屋面工程质量验收规范》（GB 50207—2012）、《地下工程防水技术规范》（GB 50108—2008）、《地下防水工程质量验收规范》（GB 50208—2011）等。

防水卷材是具有一定宽度和厚度并可卷曲的片状定型防水材料。目前防水卷材有沥青防水卷材、高聚物改性沥青防水卷材和合成高分子防水卷材三大系列。沥青防水卷材是我国传统的防水卷材，生产历史久，成本较低，低温柔性差、温度敏感性大，在大气作用下易老化，防水耐用年限较短，属于低档防水材料。后两个系列卷材的性能较沥青防水卷材优异，是防水卷材的发展方向。

防水卷材要满足建筑防水工程的要求，必须具备以下功能。

(1) 耐水性：指在水的作用下和被水浸润后其性能基本不变，在压力水作用下具有不透水性。常用不透水性、吸水性等指标表示。

(2) 温度稳定性：指在高温下不流淌、不起泡、不滑动，低温下不脆裂的性能，也即在一定温度变化下保持原有性能的能力。常用耐热度、耐热性等指标表示。

(3) 机械强度、延伸性和抗断裂性：指防水卷材受一定荷载、应力或在一定变形的条件下，不断裂的性能。常用拉力、拉伸强度和断裂伸长率等指标表示。

(4) 柔韧性：指在低温条件下保持柔韧性的能力。它对于确保易于施工和不易开裂十分重要。常用柔度、低温弯折性等指标表示。

(5) 大气稳定性：指在阳光、热、臭氧及其他化学侵蚀介质等因素的长期综合作用下抵抗侵蚀的能力。常用耐老化性、热老化保持率等指标表示。

各类防水卷材的选用应充分考虑建(构)筑物的特点、地区环境条件、使用部位和条件、工程造价等多种因素，结合材料的特性和性能指标来选择。

1) 沥青防水卷材

沥青防水卷材是用原纸、纤维织物、纤维毡等胎体浸涂沥青，表面撒布粉状、粒状或片状材料制成。常用品种有石油沥青纸胎油毡、石油沥青玻璃布油毡、石油沥青玻纤胎油毡、石油沥青麻布胎油毡等。该类防水材料耐用年限较短，属于低档防水材料，适用于简易防水、临时性建筑防水、建筑防潮及包装等。

2) 高聚物改性沥青防水卷材

高聚物改性沥青防水卷材是以合成高分子聚合物改性沥青为涂盖层，纤维织物或纤维毡为胎体，粉状、粒状、片状或薄膜材料为覆面材料制成的可卷曲片状防水材料。

在沥青中添加适量的高聚物可以改善沥青防水卷材温度稳定性差和延伸率小的不足，具有高温不流淌、低温不裂脆、拉伸强度高、延伸率较大等优异性能，且价格适中，在我国属中低档防水卷材。按改性高聚物的种类，有弹性 SBS 改性沥青防水卷材、塑性 APP 改性沥青防水卷材、聚氯乙烯改性焦油沥青防水卷材、三元乙丙改性沥青防水卷材、再生胶改性沥青防水卷材等。按使用的胎体品种又可分为玻纤胎、聚乙烯膜胎、聚酯胎、黄麻布胎、复合胎等品种。此类防水卷材按厚度可分为 2 mm、3 mm、4 mm、5 mm 等规格，一般单层铺设，也可复合使用，根据不同卷材可采用热熔法、冷粘法、自粘法施工。

常用的几种高聚物改性沥青防水卷材的特点和适用范围见表 9-6。在防水设计中可参照选用。

表 9-6 常用高聚物改性沥青防水卷材的特点和适用范围

卷材名称	特 点	适 用 范 围	施工工艺
SBS 改性沥青防水卷材	耐高、低温性能明显提高,卷材的弹性和耐疲劳性明显改善	单层铺设的屋面防水工程或复合使用,适用于寒冷地区和结构变形频繁的建筑	冷施工铺贴或热熔铺贴
APP 改性沥青防水卷材	具有良好的强度、延伸性、耐热性、耐紫外线照射及耐老化性能	单层铺设,适用于紫外线辐射强烈及炎热地区屋面使用	热熔法或冷粘法铺设
聚氯乙烯改性焦油沥青防水卷材	有良好的耐热及耐低温性能,最低开卷温度为-18 ℃	适于冬季负温度下施工	可热作业,亦可冷施工
再生胶改性沥青防水卷材	有一定的延伸性,且低温柔性较好,价格低廉。属低档防水卷材	变形较大或档次较低的防水工程	热沥青粘贴
废橡胶粉改性沥青防水卷材	与普通石油沥青纸胎油毡相比,抗拉强度、低温柔性均有明显改善	叠层使用于一般屋面防水工程,宜在寒冷地区使用	热沥青粘贴

高聚物改性沥青防水卷材除外观质量和规格应符合要求外,还应检验其拉伸性能、耐热度、柔性和不透水性等物理性能,并应符合表 9-7 的要求。

表 9-7 高聚物改性沥青防水卷材的物理性能

项 目		性 能 要 求				
		聚酯毡胎体	玻纤毡胎体	聚乙烯膜胎体	自黏聚酯毡胎体	自黏无胎体
可溶物含量/$(g \cdot m^{-2})$		3 mm 厚≥2100 4 mm 厚≥2900	—	—	2 mm 厚≥1300 3 mm 厚≥2100	—
拉力/$(N \cdot 50\ mm^{-1})$		≥500	纵向≥350	≥200	2 mm 厚≥350 3 mm 厚≥450	≥150
延伸率/%		最大拉力时 SBS 卷材≥30	—	断裂时≥120	最大拉力时≥30	最大拉力时≥200
耐热度/℃(保持时间 2 h 以上)		SBS 卷材 90,APP 卷材 110,无滑动、流淌、滴落		PEE 卷材 90,无流淌、起泡	70,无滑动、流淌、滴落	70,滑动不超过 2 mm
低温柔度/℃		SBS 卷材-20,APP 卷材-7,PEE 卷材-10			-20	
不透水性	压力/MPa	≥0.3	≥0.2	≥0.3	≥0.3	≥0.2
	保持时间/min	≥30				≥120

注:SBS 卷材——弹性体改性沥青防水卷材;APP 卷材——塑性体改性沥青防水卷材;PEE 卷材——改性沥青聚乙烯胎防水卷材。

3) 合成高分子防水卷材

合成高分子防水卷材是以合成橡胶、合成树脂或二者的共混体为基料,加入适量的化学助剂和填充料等,经混炼、压延或挤出等工序加工制成的可卷曲的片状防水材料。它又可分为加筋增强型与非加筋增强型两种。

合成高分子防水卷材具有拉伸强度和抗撕裂强度高,断裂伸长率大,耐热性和低温柔性好,耐腐蚀、耐老化等一系列优异的性能,是新型高档防水卷材。常用的有再生胶防水卷材、三元乙丙橡胶防水卷材、三元丁橡胶防水卷材、聚氯乙烯防水卷材、氯化聚乙烯防水卷材、氯化聚乙烯-橡胶共混防水卷材等。此类卷材按厚度分为 1 mm、1.2 mm、1.5 mm、2.0 mm 等规格,一般单层铺设,可采用冷粘法或自粘法施工。

常见的高分子防水卷材的特点和适用范围见表 9-8。

表 9-8 常见合成高分子防水卷材的特点和适用范围

卷材名称	特　点	适　用　范　围	施工工艺
再生胶防水卷材	有良好的延伸性、耐热性、耐寒性和耐腐蚀性,价格低廉	单层非外露部位及地下防水工程,加盖保护层的外露防水工程	冷粘法施工
氯化聚乙烯防水卷材	具有良好的耐候性、耐臭氧性、耐热老化性、耐油、耐化学腐蚀及抗撕裂性能	单层或复合使用,宜用于紫外线强的炎热地区	冷粘法施工
聚氯乙烯防水卷材	具有较高的拉伸和撕裂程度,延伸率较大,耐老化性能好,原材料丰富,价格便宜,容易黏结	单层或复合使用于外露或有保护层的防水工程	冷粘或热风焊接法施工
三元乙丙橡胶防水卷材	防水性能优异,耐候性好,耐臭氧性、耐化学腐蚀性、弹性和抗拉强度大,对基层变形开裂的适用性强,质量轻,使用温度范围宽,寿命长,但价格高	防水要求较高、防水层耐用年限长的工业与民用建筑,单层或复合使用	冷粘法或自粘法
三元丁橡胶防水卷材	有较好的耐候性、耐油性、抗拉强度和延伸率,耐低温性能稍低于三元乙丙防水卷材	单层或复合使用于要求较高的防水工程	冷粘法施工
氯化聚乙烯-橡胶共混防水卷材	不但具有氯化聚乙烯特有的高强度和优异的耐臭氧、耐老化性能,而且具有橡胶所特有的高弹性、高延伸性以及良好的低温柔性	单层或复合使用,尤宜用于寒冷地区或变形较大的防水工程	冷粘法施工

9.5.2　防水涂料

防水涂料是一种流态或半流态物质,可用刷、喷等工艺涂布在基层表面,经溶剂或水分挥发或各组分间的化学反应,形成具有一定弹性和一定厚度的连续薄膜,使基层表面与水隔绝,起到防水、防潮作用。

防水涂料固化成膜后的防水涂膜具有良好的防水性能,特别适合于各种复杂不规则部位的防水。能形成无接缝的完整防水膜。它大多采用冷施工,不必加热熬制,涂布的防水涂料既是防水层的主体,又是黏结剂,因而施工质量容易保证,维修也简单。但是,防水涂料须采用刷子或刮板等逐层涂刷(刮),故防水膜的厚度较难保持均匀一致。因此,防水涂料广泛适用于工业与民用建筑的屋面防水工程、地下室防水工程和地面防潮、防渗等。

防水涂料按液态类型可分为溶剂型、水乳型和反应型三种。溶剂型的黏结性较好,但会污染环境;水乳型价格低,但黏结性差些;反应型的涂膜致密,但价格较贵。从涂料发展趋势来看,随着水乳型的性能提高,它的应用范围会更广。按成膜物质的主要成分可分为沥青类、高聚物改性沥青类和合成高分子类。

1. 沥青基防水涂料

沥青基防水涂料指以沥青为基料配制而成的水乳型或溶剂型防水涂料。这类涂料对沥青基本没有改性作用或改性作用不大，主要有石灰膏乳化沥青、膨润土乳化沥青和水性石棉沥青防水涂料等。主要适用于防水等级较低的工业与民用建筑屋面、混凝土地下室和卫生间防水等。

2. 高聚物改性沥青防水涂料

高聚物改性沥青防水涂料指以沥青为基料，用合成高分子聚合物进行改性，制成的水乳型或溶剂型防水涂料。这类涂料在柔韧性、抗裂性、拉伸强度、耐高低温性能、使用寿命等方面比沥青基涂料有很大改善。品种有再生橡胶改性防水涂料、氯丁橡胶改性沥青防水涂料、SBS橡胶改性沥青防水涂料、聚氯乙烯改性沥青防水涂料等。适用于较高防水等级的屋面、地面、混凝土地下室和卫生间等的防水工程。

3. 合成高分子防水涂料

合成高分子防水涂料指以合成橡胶或合成树脂为主要成膜物质制成的单组分或多组分的防水涂料。这类涂料具有高弹性、高耐久性及优良的耐高低温性能，品种有聚氨酯防水涂料、丙烯酸酯防水涂料、环氧树脂防水涂料和有机硅防水涂料等。适用于防水等级高的屋面、地下室、水池及卫生间等的防水工程。

9.5.3 建筑密封材料

建筑密封材料是能承受位移并具有高气密性及水密性而嵌入建筑接缝中的定形和不定形的材料。定形密封材料是具有一定形状和尺寸的密封材料，如密封条带、止水带等。不定形密封材料通常是黏稠状的材料，分为弹性密封材料和非弹性密封材料。按构成类型分为溶剂型、乳液型和反应型；按使用时的组分分为单组分密封材料和多组分密封材料；按组成材料分为改性沥青密封材料和合成高分子密封材料。

为保证防水密封的效果，建筑密封材料应具有高水密性和气密性，良好的黏结性，良好的耐高低温性和耐老化性能，一定的弹塑性和拉伸-压缩循环性能。密封材料的选用，应首先考虑它的黏结性能和使用部位。密封材料与被粘基层的良好黏结，是保证密封的必要条件，因此，应根据被粘基层的材质、表面状态和性质来选择黏结性良好的密封材料；建筑物中不同部位的接缝，对密封材料的要求不同，如室外的接缝要求较高的耐候性，而伸缩缝则要求较好的弹塑性和拉伸-压缩循环性能。

目前，常见的密封材料有沥青嵌缝油膏、塑料油膏、丙烯酸类密封膏、聚氨酯密封膏、聚硫密封膏和硅酮密封膏等。

9.5.4 建筑灌浆材料

灌浆材料是在压力作用下注入构筑物的缝隙孔洞之中，具有增加承载能力、防止渗漏以及提高结构的整体性能等效果的一种工程材料。灌浆材料在孔缝中扩散，然后发生胶凝或固化，堵塞通道或充填缝隙。由于灌浆材料在防水堵漏方面有较好作用，因此也称堵漏材料。灌浆材料可分为固粒灌浆材料和化学灌浆材料两大类，化学灌浆材料因具有流动性好、能灌入较细的缝隙、凝结时间易于调节等特点而被广泛应用。按组成材料化学成分可分为无机灌浆材料和有机灌浆材料。灌浆材料的分类见图 9-2。

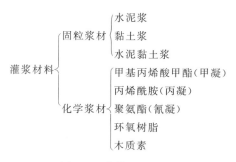

图 9-2 灌浆材料分类

为保证灌浆材料的作用效果,灌浆材料应具有良好的可灌性、胶凝时间可调性、与被灌体有良好黏结性、良好的强度、抗渗性和耐久性。应根据工程性质、被灌体的状态和灌浆效果等情况,选择灌浆材料并配以相应的灌浆工艺。如为提高被灌体的力学强度和抗变形能力应选择高强度灌浆材料;而为防渗堵漏可选用抗渗性能良好的灌浆材料。

目前,常用的灌浆材料有水泥、水玻璃、环氧树脂、甲基丙烯酸甲酯、丙烯酰胺、聚氨酯等。

9.5.5 建筑绝热材料

建筑节能具体指在建筑物的规划、设计、新建(改建、扩建)、改造和使用过程中,执行节能标准,采用节能型的技术、工艺、设备、材料和产品,提高保温隔热性能和采暖供热、空调制冷制热系统效率,加强建筑物用能系统的运行管理,利用可再生能源,在保证室内热环境质量的前提下,以减少供热、空调制冷制热、照明、热水供应等系统的能耗。建筑节能在发达国家最初是为减少建筑中能量的散失,现在则普遍称为"提高建筑中的能源利用率",在保证提高建筑舒适性的条件下,合理使用能源,不断提高能源利用效率。

热传递是材料使用过程中的自然现象,不同材料阻止热传递的能力不同。在建筑工程中,将能够阻止热量传递或绝热能力较强的材料称为保温隔热材料(或绝热材料)。采用绝热材料对建筑节能具有重要意义。按照建筑节能工程部位的不同,保温隔热材料(或建筑节能材料)的类别见表 9-9。

表 9-9 保温隔热材料类别

建筑节能材料	产品类型示例
节能墙体材料	加气混凝土砌块、泡沫混凝土砌块
外墙保温材料	岩棉、玻璃棉、聚苯乙烯泡沫塑料、硬质聚氨酯泡沫塑料、泡沫玻璃、真空保温材料
门窗材料	中空玻璃、真空玻璃、镀膜玻璃
屋面材料	水泥膨胀珍珠岩及制品、加气混凝土屋面板、泡沫混凝土

1. 绝热材料的绝热原理

热量的传递方式有三种:导热、对流和热辐射。

导热是指由于物体各部分直接接触的物质质点(分子、原子、自由电子)作热运动而引起的热能传递过程。对流是指较热的液体或气体因遇热膨胀而密度减小从而上升,冷的液体或气体就补充过来,形成分子的循环流动,这样热量就从高温的地方通过分子的相对位移传向低温的地方。热辐射是一种靠电磁波来传递热量的过程。

在每一实际的传热过程中往往同时存在两种或三种传热方式。例如,通过实体结构本身的透热过程,主要是靠导热,而在一般建筑材料内部或多或少地存在孔隙,在孔隙内除存在气体的导热外,同时还有对流和热辐射存在。

实践证明,在热量通过围护结构的传热过程中,在稳定导热的情况下通过壁体的传热量 Q 与壁体材料的导热能力、壁面之间的温差、传热面积和传热时间成正比,与壁体的厚度成反比。导热系数的物理意义即在稳定传热条件下,当单位厚度的材料层内的温差为 1 K 时,在单位时间内通过单位面积的热量。绝大多数建筑材料的导热系数在 0.029~3.49 W/(m·K) 之间,值越小,说明该材料越不易导热。建筑中,一般把导热系数小于 0.23 W/(m·K) 的材料叫作绝热材料。应当指出,即使同一种材料,其导热系数也并不是常数,它与材料的湿度和温度等因素有关。

在了解了上述传热过程的基本知识后,下面探讨绝热材料能起绝热作用的机理。

1) 多孔型

多孔型绝热材料的绝热机理主要与材料内部的气孔有关。当热量从高温面向低温面传递时,在未碰到气孔之前,传递过程为固相中的导热。在碰到气孔后,一条路线仍然是通过固相传递,但其传热方向发生变化,总的传热路线大大增加,从而使传递速度减缓;另一条路线是通过气孔内气体的传热,其中包括高温固体表面对气体的辐射与对流换热、气体自身的对流传热、气体的导热、热气体对低温固体表面的辐射及对流换热,以及热固体表面和冷固体表面之间的辐射传热。由于在常温下对流和辐射传热在总的传热中所占比例很小,故以气孔中气体的导热为主,但由于空气的导热系数仅为 0.029 W/(m·K),大大小于固体的导热系数,故热量通过气孔传递的阻力较大,从而传热速度大大减缓。这就是含有大量气孔的材料能起绝热作用的原因。

2) 纤维型

纤维型绝热材料的绝热机理基本上和多孔型绝热材料的情况相似。同时,传热方向和纤维方向垂直时的绝热性能比传热方向和纤维方向平行时要好一些。

3) 反射型

反射型绝热材料的绝热机理在于材料能够将外来的热辐射能量反射走一部分,故利用某些材料对热辐射的反射作用来绝热。如铝箔的反射率为 0.95,在需要绝热的部位表面贴上这种材料,就可以将绝大部分外来热辐射(如太阳光)反射掉,从而起到绝热作用。

2. 绝热材料的性能

1) 导热系数

当材料的两个相对侧面间出现温度差时,热量会从温度高的一面向温度低的一面传导。在冬天,由于室内气温高于室外,热量会从室内经围护结构材料向外传出,造成热损失;夏天,室外气温高于室内,热量经围护材料传至室内,使室温提高。为了保持室内温度,房屋的围护结构材料必须具有一定的绝热性能。

由材料的导热性得知,材料导热能力的大小用导热系数 λ 表示。导热系数的定义就是在规定的传热条件下,材料两表面的温度差为 1 K,在 1 h 内通过垂直于传热方向的面积 1 m²、厚度 1 m 的材料所传导的热量。而材料的绝热性能是由材料的导热系数决定的。材料的导热系数越小,说明材料的传热能力越小,材料的绝热性能越好。一般建筑材料的导热系数在 0.035~0.35 W/(m·K) 之间。导热系数低于 0.23 W/(m·K) 的材料称为绝热材料。

材料的导热系数除与材料本身的分子结构、温度、热流方向有关外,主要影响因素是材料的表观密度和湿度。

(1) 材料的化学结构、组成和聚集状态

材料的分子结构不同,其导热系数有很大差别,通常结晶构造的材料导热系数最大,微晶体构造的材料次之,玻璃体构造的材料导热系数最小。材料中有机物组分增加,其导热系数降低,通常金属材料的导热系数最大,无机非金属材料次之,有机材料的导热系数最小。一般情况下,多孔保温隔热材料的孔隙率很高,颗粒或纤维之间充满着空气,此时气体的导热系数起主要作用,固体部分的影响较小,因此导热系数较小。

(2) 材料的表观密度

由于材料中固体物质的导热能力比空气的大得多,因此孔隙率较大、表观密度较小的材料,其导热系数也较小。在孔隙率相同的条件下,孔隙尺寸越大,孔隙间连通越多,导热系数越大。此外,对于表观密度很小的材料,特别是纤维状材料(如超细玻璃纤维),当表观密度低于某一极限时,导热系数反而增大,这是由于孔隙率过大,相互连通的孔隙增多,对流传热增强,从而导致导热系数增大。

(3) 湿度

由于水的导热系数 0.5815 W/(m·K) 比静态空气的导热系数 0.029 W/(m·K) 大 20 多倍,当材料受潮时,其导热系数必然会增大,若水结冰导热系数会进一步增大。因此,为了保证保温效果,保温材料应尽可能选用吸水性小的原材料;同时,绝热材料在使用过程中,应注意防潮、防水。

(4) 温度

材料的导热系数随着温度的升高而增大。但这种影响在 0~50 ℃ 范围内不太明显,只有在高温或低温下比较明显,应用时才需考虑。

(5) 热流方向

对于各向异性材料,如木材等纤维质材料,热流方向与纤维排列方向垂直时的导热系数要小于二者平行时的导热系数。

2) 温度稳定性

材料的物理性质往往会随温度的变化而发生变化。绝热材料在温度变化时保持其绝热性能的能力称为绝热材料的热稳定性,一般用保持其绝热性能的极限温度值表示。在选用材料时要结合所处环境的温度综合考虑。

3) 吸湿性

绝热材料从潮湿环境中吸收水分的能力称为其吸湿性。一般其吸湿性越大,绝热效果越不好。

4) 强度

绝热材料的机械强度和其他建筑材料一样是用强度极限来表示的,通常采用抗压强度和抗折强度。由于绝热材料有大量孔隙,故其强度一般都不大,因此不宜将绝热材料用于承受外界荷载部位。对于某些纤维材料等，有时常用材料达到某一变形时的承载能力作为其强度代表值。

3. 常用的绝热材料

一般建筑保温隔热材料按材质可分为两大类，一类是无机保温隔热材料，一般用矿物质原料制成，呈散粒状、纤维状或多孔状构造，可制成板、片、卷材或套管等形式的制品，包括石棉、岩棉、矿渣棉、玻璃棉、膨胀珍珠岩、膨胀蛭石、多孔混凝土等；另一类是有机保温隔热材料，是由有机原料制成的保温隔热材料，包括软木、纤维板、刨花板、聚苯乙烯泡沫塑料、脲醛泡沫塑料、聚氨酯泡沫塑料、聚氯乙烯泡沫塑料等。其他绝热材料如加气混凝土、中空玻璃等详见第3章墙体材料和第9章建筑功能材料一节。

1) 常用的无机绝热材料

(1) 散粒状保温隔热材料

散粒状保温隔热材料主要有膨胀蛭石和膨胀珍珠岩及其制品。

① 膨胀蛭石

蛭石是一种复杂的镁、铁含水铝硅酸盐矿物，由云母类矿物经风化而成，具有层状结构，层间有结晶水。将天然蛭石进行晾干、破碎、预热后快速通过煅烧带（850～1000 ℃）、速冷而得到膨胀蛭石。

蛭石的品位和质量等级是根据其膨胀倍数、薄片平面尺寸和杂质含量的多少划分的。但是由于蛭石的外观和成分变化很大，很难进行确切的分级，因此主要以其体积膨胀倍数为划分等级的依据，一般划分为一级品、二级品和三级品三个等级。

膨胀后的蛭石薄片间可形成空气夹层，其中充满无数细小孔隙，表观密度降至80～200 kg/m³，导热系数为0.047～0.07 W/(m·K)。膨胀蛭石是一种良好的无机保温隔热材料，既可直接作为松散填料，用于填充和装置在建筑维护结构中，又可与水泥、水玻璃、沥青、树脂等胶结材料配制混凝土，现浇或预制成各种规格的构件或不同形状和性能的蛭石制品。

常见的有水泥蛭石制品、水玻璃蛭石制品、热（冷）压沥青蛭石板、蛭石棉制品、蛭石矿渣棉制品等。

② 膨胀珍珠岩

珍珠岩是一种白色（或灰白色）多孔粒状材料，是由地下喷出的酸性火山玻璃质熔岩（珍珠岩、松脂岩、黑曜岩等）在地表水中急冷而成的玻璃质熔岩，其二氧化硅含量较高，含有结晶水。显微镜下观察基质部分，有明显的圆弧裂开，形成珍珠结构，并具有波纹构造、珍珠和油脂光泽，故称珍珠岩。将珍珠岩原矿破碎、筛分、预热后快速通过煅烧带，可使其体积膨胀约20倍。膨胀珍珠岩的堆积密度为40～500 kg/m³，导热系数为0.047～0.074 W/(m·K)，最高使用温度可达800 ℃，最低使用温度为－200 ℃，是一种表观密度很小的白色颗粒物质，具有轻质、绝热、吸音、无毒、无味、不燃及熔点高于1050 ℃等特点，而且其原料来源丰富、加工工艺简单、价格低廉，除了可用作填充材料外，还是建筑行业乐于采用的一种物美价廉的保温隔热材料。

(2) 纤维质保温隔热材料

纤维质保温隔热材料常用的有天然纤维质材，如石棉，以及人造纤维材料，如矿渣棉、火山棉及玻璃棉等。

① 石棉

石棉是天然石棉矿经过加工而成的纤维状硅酸盐矿物的总称，是常见的耐热度较高的保温隔热材料，具有优良的防火、绝热、耐酸、耐碱、保温、隔音、防腐、电绝缘性和较高的抗拉强度等特点。由于各种石棉的化学成分不同，它们的特性也有显著的差别。

石棉按其成分和内部结构，可分为纤维状蛇纹石石棉和角闪石石棉两大类。平常所说的石棉即指蛇纹石石棉。该种石棉的密度为 $2.2 \sim 2.4$ g/cm^3，导热系数约为 0.069 W/(m·K)。通常松散的石棉很少单独使用，常制成石棉粉、石棉涂料、石棉板、石棉毡、石棉桶和白云石石棉制品等。

② 岩矿棉

岩矿棉是一种优良的保温隔热材料，根据生产所用的原料不同，可分为岩棉和矿渣棉。由熔融的岩石经喷吹制成的纤维材料称为岩棉，由熔融矿渣经喷吹制成的纤维材料称为矿渣棉。将岩矿棉与有机胶结剂结合制成矿棉板、毡、管壳等制品，堆积密度为 $45 \sim 150$ kg/m^3，导热系数为 $0.039 \sim 0.044$ W/(m·K)。岩矿棉也可制成粒状棉用作填充材料，其缺点是吸水性大、弹性小。由于低堆积密度的岩矿棉内空气可发生对流而导热，因而，堆积密度低的岩矿棉导热系数反而略高。最高使用温度约为 600 ℃。

③ 玻璃纤维

玻璃纤维一般分为长纤维和短纤维。连续的长纤维一般是将玻璃原料熔化后滚筒拉制，短纤维一般由喷吹法和离心法制得。短纤维(长度 150 μm 以下)由于相互纵横交错在一起，构成了多孔结构的玻璃棉，其表观密度为 $100 \sim 150$ kg/m^3，导热系数低于 0.035 W/(m·K)。玻璃纤维制品的导热系数主要取决于表观密度、温度和纤维的直径。导热系数随纤维直径增大而增加，并且表观密度低的玻璃纤维制品其导热系数反而略高。以玻璃纤维为主要原料的保温隔热制品主要有沥青玻璃棉毡和酚醛玻璃棉板，以及各种玻璃毡、玻璃毯等，通常用于房屋建筑的墙体保温层。

（3）多孔保温隔热材料

① 轻质混凝土

轻质混凝土包括轻骨料混凝土和多孔混凝土。

轻骨料混凝土是以发泡多孔颗粒为骨料的混凝土。由于其采用的轻骨料有多种，如膨胀珍珠岩、膨胀蛭石、黏土陶粒等，采用的胶结材料也有多种，如各种水泥或水玻璃等，从而使其性能和应用范围变化很大。当其表观密度为 1000 kg/m^3 时，导热系数为 0.2 W/(m·K)；当其表观密度为 1400 kg/m^3 和 1800 kg/m^3 时，导热系数相应为 0.42 W/(m·K) 和 0.75 W/(m·K)。通常用来拌制轻骨料混凝土的水泥有硅酸盐水泥、矾土水泥和纯铝酸盐水泥等。为了保证轻骨料混凝土的耐久性和防止体积质量过大及其他不利影响，1 m^3 混凝土的水泥用量最少不得低于 200 kg，最多不得超过 550 kg。

轻质混凝土具有质量轻、保温性能好等特点，主要应用于承重的配筋构件、预应力构件和热工构筑物等。

多孔混凝土是指具有大量均匀分布、直径小于 2 mm 的封闭气孔的轻质混凝土。这种混凝土既无粗骨料也无细骨料，全由磨细的胶结材料和其他粉料加水拌成的料浆，用机械方法、化学方法使之形成许多微小的气泡后，再经硬化制成。其中气孔体积可达 85%，表观密度为 $300 \sim 500$ kg/m^3。随着表观密度减小，多孔混凝土的绝热效果增强，但强度下降。其品种主要有泡沫混凝土和加气混凝土。

② 微孔硅酸钙

微孔硅酸钙是一种新颖的保温隔热材料,用65%的硅藻土、35%的石灰,加入两者总重5.5~6.5倍的水,为调节性能,还可以加入占总质量5%左右的石棉和水玻璃,经拌和、成型、蒸压处理和烘干等工艺而制成。其主要水化产物为托贝莫来石或硬硅钙石。微孔硅酸钙材料具有表观密度($100 \sim 1000 \text{ kg/m}^3$)小,强度(抗折强度 $0.2 \sim 15$ MPa)高,导热系数[$0.036 \sim 0.224$ W/(m·K)]小和使用温度($100 \sim 1000$ ℃)高以及质量稳定等特点,并具有耐水性好、防火性强、无腐蚀、经久耐用、制品可锯可刨、安装方便等优点,被广泛用作冶金、电力、化工等工业的热力管道、设备、窑炉的保温隔热材料,房屋建筑的内墙、外墙、屋顶的防火覆盖材料,各类舰船舱室墙壁以及走道的防火隔热材料。

③ 泡沫玻璃

泡沫玻璃是一种以磨细玻璃粉为主要原料,通过添加发泡剂,经熔融发泡和退火冷却加工处理后,制得的具有均匀孔隙结构的多孔轻质玻璃制品。其内部充满无数开口或闭口的小气孔,气孔占总体积的80%~95%,孔径大小一般为0.1~5 mm,也有的小到几微米。泡沫玻璃是一种理想的绝热材料,具有不燃、耐火、隔热、耐虫蛀及耐细菌侵蚀等性能,并能抵抗大多数有机酸、无机酸及碱的侵蚀。作为隔热材料,它不仅具有良好的机械强度,而且加工方便,用一般的木工工具即可将其锯成所需规格。

泡沫玻璃有优异的物理、化学性能,主要基于两点:第一,它是玻璃基质,因此具有通常公认的玻璃性质;第二,它是泡沫状的,并且整体充满均匀分布的微小封闭气孔。这两点使它在多种物理、化学性能上优于其他无机、有机绝缘材料,而且在保温隔热方面更是有其独特的优点。

泡沫玻璃作为绝热材料在建筑上主要用于墙体、地板、天花板及屋顶保温,也可用于寒冷地区建造低层的建筑物。

2) 常用有机绝热材料

(1) 泡沫塑料

泡沫塑料是以各种树脂为基料,加入少量的发泡剂、催化剂、稳定剂以及其他辅助材料,经加热发泡而成的一种轻质、保温、隔热、吸声、防震材料。它保持了原有树脂的性能,并且与同种塑料相比,具有表观密度小(一般为$20 \sim 80 \text{ kg/m}^3$)、导热系数低、隔热性能好、加工使用方便等优点,因此广泛用作建筑上的绝热隔音材料。常用的泡沫塑料有聚苯乙烯泡沫塑料、聚氨酯泡沫塑料、聚氯乙烯泡沫塑料、脲醛泡沫塑料和酚醛泡沫塑料等。

(2) 硬质泡沫橡胶

硬质泡沫橡胶用化学发泡法制成,特点是导热系数小,强度大。硬质泡沫橡胶的表观密度在$0.064 \sim 0.12 \text{ kg/m}^3$之间。表观密度越小,保温性能越好,但强度越低。硬质泡沫橡胶抗碱和盐的侵蚀能力较强,但强的无机酸及有机酸对它有侵蚀作用。它不溶于醇等弱溶剂,但易被某些强有机溶剂软化溶解。硬质泡沫橡胶为热塑性材料,耐热性不好,在65 ℃左右开始软化。硬质泡沫橡胶有良好的低温性能,低温下强度较高且具有较好的体积稳定性,可用于冷冻库。

(3) 纤维板

凡是用植物纤维、无机纤维制成的或用水泥、石膏将植物纤维凝固成的人造板统称为纤维板,其表观密度为210~1150 kg/m³,导热系数为0.058~0.307 W/(m·K)。纤维板的热传导性能与表观密度及湿度有关:表观密度增大,板的热传导性也增大,当其表观密度超过1000 kg/m³时,其热传导性能几乎与木材相同。纤维板经防火处理后具有良好的防火性能,但会影响它的物理力学性能。该板材在建筑上用途广泛,可用于墙壁、地板、屋顶等,也可用于包装箱、冷藏库等。

9.5.6 建筑防火材料

现在人们将燃烧科学地定义为:通常伴有火焰或生烟现象的物质的放热氧化反应,即任何可以产生无焰或有焰燃烧的生热或发光的化学过程被称为燃烧。而把火定义为:以放热为特点并伴随烟和火焰的燃烧过程。

建筑材料及制品按照燃烧性能分为不燃材料、难燃材料、可燃材料和易燃材料四级,只有不燃材料和难燃材料才可用于防火目的。建筑防火材料有刚性防火板材、柔性防火材料、防火涂料和防火封堵材料等类型。其中矿棉毡、岩棉毡和玻璃棉毡等柔性防火材料见9.5.5节建筑绝热材料一节。

1. 建筑防火板材

1)纤维增强硅酸钙板

纤维增强硅酸钙板(简称硅钙板)是以粉煤灰、电石泥等工业废料为主,采用天然矿物纤维和其他少量纤维材料增强,以圆网抄取法生产工艺制坯,经高压釜蒸养而制成的轻质、防火建筑板材。

该板纤维分布均匀、排列有序,密实性好,具有较好的防火、隔热、防潮性能,不霉烂变质,不被虫蛀,不变形,耐老化等。主要用途为一般工业和民用建筑的吊顶、隔墙及墙裙装饰,也可用于列车厢、船舶隔仓、隧道、地铁和其他地下工程的吊顶、隔墙、护壁等。

2)耐火纸面石膏板

石膏板材在我国轻质墙板使用中占据很大比例,品种包括纸面石膏板、无纸面纤维石膏板、装饰石膏板、空心石膏板条等。其中纸面石膏板具有轻质、表面平整、易于加工与装配、施工简便、调湿、隔声、隔热、防火等特点。其产品主要有普通纸面石膏板、耐水纸面石膏板和耐火纸面石膏板三种。

耐火纸面石膏板主要用于耐火性能要求较高的室内隔墙和吊顶及其他装饰装修部位。常用防火板的主要技术性能参数见表9-10。

表9-10 常用防火板主要技术性能参数

防火板类型	外形尺寸/(mm×mm×mm)	密度/(kg·m⁻³)	最高使用温度/℃	导热系数/[W·(m·K)⁻¹]
纸面石膏板	3600×1200×(9~18)	800	600	0.19
纤维增强硅酸钙板	3000×1200×(5~20)	600~1500	600	≤0.28
硬硅钙石防火板	2440×1220×(12~50)	400~600	1100	≤0.08
蛭石防火板	1000×610×(20~65)	400~800	1000	0.11
玻镁平板	3000×1300×(2~20)	1200~1500	600	≤0.29

2. 建筑防火涂料

建筑防火涂料是施用于可燃性基材表面，能降低被涂表面的可燃性、阻滞火灾的迅速蔓延，或是施用于建筑构件上，用以提高构件的耐火极限的一种特殊涂料。

防火涂料的防火原理是涂层能使底材与火（热）隔离，从而延长了热侵入底材和到达底材另一侧所需的时间，即延迟和抑制火焰的蔓延作用。热侵入底材所需的时间越长，涂层的防火性越好，因此，防火涂料的主要作用应是阻燃，在起火的情况下，防火涂料就能起防火作用。

为实现其功能，防火剂中主要添加催化剂、碳化剂、发泡剂、阻燃剂、无机隔热材料等特殊的阻燃、隔热材料。

1）非膨胀型防火涂料

非膨胀型防火涂料是一种由难燃性和不燃性的树脂及难燃剂、防火填料等组成的，涂层具有较好的难燃性，能阻止火焰蔓延的特种建筑涂料。可分为两类，即难燃性防火涂料和不燃性防火涂料。难燃性防火涂料的特点是涂料自身难燃，自身具有灭火性。难燃性防火涂料又可分为难燃性乳液涂料和含阻燃剂的防火涂料。

2）膨胀型防火涂料

膨胀型防火涂料是由难燃树脂、难燃剂及成碳剂、脱水成碳催化剂、发泡剂等组成的能阻止燃烧发生的一种建筑防火特种涂料，涂层在火焰或高温作用下会发生膨胀，形成比原来涂层厚几十倍的泡沫碳质层，能有效地阻挡外部热源对底材的作用。其阻止燃烧的效果大于非膨胀型防火涂料。

膨胀型防火涂料的特点是当涂层受热达到一定温度后即发泡膨胀，形成一个厚度为原涂层厚度数十至数百倍的均匀而致密的蜂窝状或海绵状的碳质隔热层。该隔热层能封闭被保护的基材，阻止热量向底材传导，同时产生不燃性气体，使可燃性底材的燃烧速度和燃烧温度明显降低。膨胀型防火涂料按分散介质的不同可分为溶剂型防火涂料、乳液型防火涂料、水溶液型防火涂料。

3）钢结构防火涂料

钢结构虽然是非燃烧体，但未加保护的钢柱、钢梁、钢楼板和屋顶承重构件的耐火极限仅为 0.25 h，要满足规范规定的 1~3 h 的耐火极限要求，必须实施防火保护。

钢结构防火涂料主要是以改性无机高温黏结剂与有机复合乳液黏结剂为基料，加入膨胀蛭石、膨胀珍珠岩等吸热、隔热、增强的材料以及化学助剂制成的一种建筑防火特种涂料。

此类涂料黏结强度高，耐水性能好，热导率低，适用于高层、冶金、库房、石油化工、电力、国防、轻纺工业等各类建筑物中的承重钢结构防火保护，也可用于防火墙、涂层形成防火隔热层，使钢结构不会在火灾的高温下立即导致建筑物的垮塌。

9.5.7 建筑吸声材料与隔声材料

吸声、隔声材料是一类具有实现和改善室内音质和声环境、降低噪声污染等功能的建筑功能材料。吸声材料主要应用于剧场、电影院、音乐厅、录音室及监视厅等对音质效果有一定要求的建筑物内，创造良好的音质，满足建筑的功能要求。隔声材料主要用于建筑物的围护结构,如围墙、门、窗、楼梯及屋顶的隔声,并越来越多地应用于道路两旁以及一些需要重点隔声保护的建筑周围,使之成为专门的声学建筑,从而为隔声材料的研究与发展提出了更高的要求,也提供了更为广阔的发展空间。

1. 吸声材料

1) 吸声系数

声音起源于物体的振动,它迫使邻近的空气跟着振动而成为声波,并在空气介质中向四周传播。声音沿发射的方向最响,称为声音的方向性。

声音在传播过程中,一部分声能随着距离的增大而扩散,另一部分则因空气分子的吸收而减弱。声能的这种减弱现象在室外空旷处颇为明显,但在室内,如果房间的体积不太大,上述的这种声能减弱就不起主要作用,而重要的是室内墙壁、天花板、地板等材料表面对声能的吸收。

当声波遇到材料表面时,一部分被反射,另一部分穿透材料,其余的部分则传递给材料,在材料的孔隙中引起空气分子与孔壁的摩擦和黏滞阻力,其间相当一部分声能转化为热能而被吸收掉。这些被吸收的能量(E)(包括部分穿透材料的声能)与传递给材料的全部声能(E_0)之比,是评定材料吸声性能好坏的主要指标,称为吸声系数(α),用公式表示为

$$\alpha = E / E_0$$

吸声系数与声音的频率及入射方向有关,因此吸声系数用声音从各方向入射的吸收平均值表示,并应指出是对哪一频率的吸收。通常采用六个频率:125、250、500、1000、2000 Hz 和 4000 Hz。任何材料对声音都能吸收,只是吸收程度有很大的不同。通常将对上述六个频率的平均吸声系数大于 0.2 的材料称为吸声材料。

2) 吸声材料的类型

吸声材料按吸声机理的不同可分为两类,一类是疏松多孔的材料;另一类是柔性材料、膜状材料、板状材料、穿孔板。多孔性吸声材料如矿渣棉、毯子等,其吸声机理是声波深入材料的孔隙,且孔隙多为内部互相贯通的开口孔,受到空气分子的摩擦和黏滞阻力,以及使细小纤维作机械振动,从而使声能转变为热能。这类多孔性吸声材料的吸声系数一般从低频到高频逐渐增大,故对高频和中频的声音吸收效果较好。而柔性材料、膜状材料、板状材料和穿孔板在声波作用下发生共振作用,使声能转变为机械能被吸收。它们对于不同频率有择优倾向,柔性材料和穿孔板以吸收中频声波为主,膜状材料以吸收低中频声波为主,而板状材料以吸收低频声波为主。

(1) 多孔性吸声材料

多孔性吸声材料是比较常用的一种吸声材料。其吸声性能与下列因素有关:

① 材料的表观密度。对同一种多孔材料(例如超细玻璃纤维)而言,当其表观密度增大时(即孔隙率减小时),对低频的吸声效果有所提高,而对高频的吸声效果则有所降低。

② 材料的孔隙特征。孔隙越多越细小,吸声效果越好。如果孔隙太大,则效果就差。如果材料中的孔隙大部分为单独的封闭的气泡(如聚氯乙烯泡沫塑料),则因声波不能进入,从吸声机理上来讲,该材料就不属于多孔性吸声材料。当多孔材料表面涂刷油漆或材料吸湿时,则因材料的孔隙被水分或涂料所堵塞,其吸声效果亦将大大降低。

③ 材料的厚度。增加多孔材料的厚度,可提高对低频的吸声效果,而对高频则没有多

大的影响。材料的厚度增加到一定程度后,吸收效果的变化则不再明显。

④ 背后空气层的影响。大部分吸声材料都是固定在龙骨上,安装在离墙面 5～15 mm 处。材料背后空气层的作用相当于增加了材料的厚度,吸声效能一般随空气层厚度增加而提高。当材料离墙的安装距离(即空气层厚度)等于 1/4 波长的奇数倍时,可获得最大的吸声系数。根据这个原理,通过调整材料背后空气层厚度的办法,可达到提高吸声效果的目的。

许多多孔性吸声材料与多孔绝热材料材质相同,但对气孔特征的要求不同。绝热材料要求气孔封闭,不相连通,可以有效地阻止热对流的进行,这种气孔越多,绝热性能越好。而吸声材料则要求气孔开放,互相连通,且气孔越多,吸声性能越好。这种材质相同而气孔结构不同的多孔材料的制得,主要通过原料组分的某些差别以及生产工艺中的热工制度和压力不同等来实现。

(2) 共振吸声结构

除了采用多孔性吸声材料吸声外,还可将材料组成不同的吸声结构,达到更好的吸声效果。常用的吸声结构形式有薄板共振吸声结构和穿孔板吸声结构。

① 将胶合板、木纤维板、塑料板、金属板等薄板固定在框架上,薄板与板后的空气层构成薄板共振吸声结构。其原理是利用薄板在声波交变压力作用下振动,使板弯曲变形,将机械能转变为热能而消耗声能。

② 以穿孔的胶合板、纤维板、金属板或石膏板等作为结构主体,与板后的墙面之间的空气层(空气层中有时可填充多孔材料)构成穿孔板吸声结构。当入射声波的频率和系统的共振频率一致时,孔板颈处(即孔颈)的空气因共振而剧烈振动产生摩擦,使声能减弱。该结构吸声的频带较宽,对中频的吸声能力最强。

建筑吸声材料的品种很多,目前我国生产及使用比较多的主要有石膏装饰吸声板、软质纤维装饰吸声板、硬质纤维装饰吸声板、钙塑及铝塑装饰吸声板、聚苯乙烯泡沫塑料装饰吸声板、硅钙装饰吸声板、珍珠岩装饰吸声板、岩(矿)棉装饰吸声板、玻璃棉装饰吸声板、金属装饰吸声板、水泥木丝板、水泥刨花板等。

常用吸声材料的吸声系数及设置情况见表 9-11。

表 9-11 常用吸声材料的吸声系数及其设置情况

	材料名称	厚度/cm	各种频率下的吸声系数						设置情况
			125 Hz	250 Hz	500 Hz	1000 Hz	2000 Hz	4000 Hz	
无机材料	吸声砖	6.5	0.05	0.07	0.10	0.12	0.16	—	贴实
	石膏板(有花纹)	—	0.03	0.05	0.06	0.09	0.04	0.06	贴实
	水泥蛭石板	4.0	—	0.14	0.46	0.78	0.50	0.60	贴实
	石膏砂浆(掺水泥、玻璃纤维)	2.2	0.24	0.12	0.09	0.30	0.32	0.83	墙面粉刷
	水泥膨胀珍珠岩板	5	0.16	0.46	0.64	0.48	0.56	0.56	贴实
	水泥砂浆	1.7	0.21	0.16	0.25	0.40	0.48	0.48	墙面粉刷
	砖(清水墙面)	—	0.02	0.03	0.04	0.04	0.05	0.05	贴实

续表

材料名称		厚度/cm	各种频率下的吸声系数						设置情况
			125 Hz	250 Hz	500 Hz	1000 Hz	2000 Hz	4000 Hz	
木质	软木板	2.5	0.05	0.11	0.25	0.63	0.70	0.70	贴实
	木丝板	3.0	0.10	0.36	0.62	0.53	0.71	0.90	钉在木龙骨上,后面留10 cm空气层和留5 cm空气层两种
	三夹板	0.3	0.21	0.73	0.21	0.19	0.08	0.12	
	穿孔五夹板	0.5	0.01	0.25	0.55	0.30	0.16	0.19	
	木花板	0.8	0.03	0.02	0.03	0.03	0.04	—	
	木质纤维板	1.1	0.06	0.15	0.28	0.30	0.33	0.31	
泡沫材料	泡沫玻璃	4.4	0.11	0.32	0.52	0.44	0.52	0.33	贴实
	脲醛泡沫塑料	5.0	0.2	0.29	0.40	0.68	0.95	0.94	贴实
	泡沫水泥(外面粉刷)	2.0	0.18	0.05	0.22	0.48	0.22	0.32	紧贴墙面粉刷
	吸声蜂窝板	—	0.27	0.12	0.42	0.86	0.48	0.30	贴实
	泡沫塑料	1.0	0.03	0.06	0.12	0.41	0.85	0.67	贴实
纤维材料	矿棉板	3.13	0.10	0.21	0.60	0.95	0.85	0.72	贴实
	玻璃棉	5.0	0.06	0.08	0.18	0.44	0.72	0.82	贴实
	酚醛玻璃纤维板	8.0	0.25	0.55	0.80	0.92	0.98	0.95	贴实
	工业毛毡	3.0	0.10	0.28	0.55	0.60	0.60	0.56	紧贴墙面

3) 吸声材料的选用与安装

在建筑物内采用吸声材料可以抑止噪声,保持良好的音质(声音清晰而不失真)。因此,在礼堂、影剧院和教室等场所必须采用吸声材料。在选用和安装吸声材料时,必须注意以下几点:

(1) 为保证吸声材料的吸声效果,应将其安装在最易接触声波和反射次数最多的表面上,但不应把吸声材料都集中在墙壁或天花板上,应均匀地分布在室内各表面上。

(2) 大多数吸声材料的强度较低,应设置在较高处,以免碰撞而被破坏。

(3) 多数吸声材料易吸湿,安装时要注意材料的胀缩问题。

(4) 选用的吸声材料应不易虫蛀、腐朽且不易燃烧。

(5) 应尽可能选用吸声系数较高的材料,以节省材料用量,达到经济的目的。

(6) 安装吸声材料时,应注意勿使材料的细孔被油漆的漆膜堵塞而降低吸声效果。

2. 隔声材料

隔声材料与吸声材料不同,吸声材料一般为轻质、疏松、多孔性材料,对入射其上的声波具有较强的吸收和透射,使反射的声波大大减少;而隔声材料则多为沉重、密实性材料,对入射其上的声波具有较强的反射,使透射的声波大大减少,从而起到隔声作用。通常隔声性能好的材料其吸声性能差,同样,吸声性能好的材料其隔声能力也较弱。但是,在实际工程中也可以采取一定的措施将两者结合起来应用,使其吸声性能与隔声性能都得到提高。

隔声是声波传播途径中的一种降低噪声的方法,它的效果要比吸声降噪明显,所以隔声是获得安静建筑声环境的有效措施。根据声波传播方式的不同,通常把隔声分为两类:一类是空气声隔绝;另一类是撞击声隔绝,又称固体声隔绝。

1) 空气声隔绝

一般把通过空气传播的噪声称为空气声,如飞机噪声、汽车喇叭声以及人们的唱歌声等。利用墙、门、窗或屏障等隔离空气中传播的声音就叫作空气声隔绝。空气声隔绝可分为四类,即单层均匀密实墙的空气声隔绝、双层墙的空气声隔绝、轻质墙的空气声隔绝和门窗隔声。

(1) 单层均匀密实墙的空气声隔绝

其隔声性能与入射声波的频率有关,而频率特性取决于墙体本身的单位面积质量、刚度、材料的内阻尼以及墙的边界条件等因素。严格地从理论上研究单层均匀密实墙的隔声是相当复杂和困难的。

(2) 双层墙的空气声隔绝

双层墙可以提高隔声能力的主要原因是空气间层的作用。由于空气间层的弹性变形具有减振作用,使传递给第二层墙体的振动大为减弱,从而提高了墙体的总隔声量。

(3) 轻质墙的空气声隔绝

其主要应用于高层建筑和框架式建筑。轻质墙的隔声性能较差,需通过一定的构造措施来提高其隔声效果,主要措施有:多层复合、双墙分立、薄板叠合、弹性连接、加填吸声材料、增加结构阻尼等。

(4) 门窗隔声

一般门窗结构轻薄,而且存在较多缝隙,因此门窗的隔声能力往往比墙体低得多,成为隔声的"薄弱环节"。要提高门窗的隔声能力,一方面可以采用比较厚重的材料或采用多层结构制作门窗,另一方面要密封缝隙,减少缝隙透声。

2) 撞击声隔绝

撞击声是建筑空间围蔽结构(通常是楼板)在外侧被直接撞击而激发的,楼板因受撞击而振动,并通过房屋结构的刚性连接而传播,最后振动结构向接收空间辐射声能,并形成空气声传给接收者。撞击声的隔绝措施主要有三条:一是使振动源撞击楼板引起的振动减弱,这可以通过振动源治理和采取隔振措施实现,也可以在楼板上铺设弹性面层实现;二是阻隔振动在楼层结构中的传播,这通常可在楼板面层和承重结构之间设置弹性垫层来实现;三是阻隔振动结构向接收空间辐射的空气声,这通常在楼板下做隔声吊顶来实现。

9.6 建筑装饰材料

建筑装饰材料是指用于建筑物表面(如墙面、柱面、地面及顶棚等)起装饰作用的材料,也称装饰材料或饰面材料。一般是在建筑主体工程(结构工程和管线安装等)完成后,铺设、粘贴或涂刷在建筑物表面。

装饰材料除了起装饰作用,满足人们的美感需求外,通常还起保护建筑物主体结构和改善建筑物使用功能的作用,是房屋建筑中不可缺少的一类材料。

9.6.1 建筑装饰材料的基本要求及选用

1. 建筑装饰材料的基本要求

1)颜色

材料的颜色实质上是材料对光谱的反射,并非是材料本身固有的。它主要与光线的光谱组成有关,还与观看者的眼睛对光谱的敏感性有关。颜色选择合适、组合协调能创造出非常好的工作、居住环境,因此,颜色对于建筑物的装饰效果就显得极为重要。

2)光泽

光泽是材料表面的一种特性,是光在物体表面有方向性的反射所发生的现象,它对物体形象的清晰度起着决定性的作用。在评价材料的外观时,其重要性仅次于颜色。镜面反射则是产生光泽的主要因素。

材料表面的光泽按《建筑饰面材料镜向光泽度测定方法》(GB/T 13891—2008)来评定。

3)透明性

材料的透明性也是与光线有关的一种性质。既能透光又能透视的物体称为透明体,只能透光而不能透视的物体称为半透明体,既不能透光又不能透视的物体称为不透明体。如普通门窗玻璃大多是透明的,磨砂玻璃和压花玻璃是半透明的,釉面砖则是不透明的。

4)质感

质感是材料质地的感觉,主要通过线条的粗细、凹凸不平程度等对光线吸收、反射强弱不同产生感观上的区别。质感不仅取决于饰面材料的性质,而且取决于施工方法,同种材料采用不同的施工方法,也会产生不同的质地感觉。

5)形状与尺寸

对于块材、板材和卷材等装饰材料的形状和尺寸,以及表面的天然花纹(如天然石材)、纹理(如木材)及人造花纹或图案(如壁纸)等都有特定的要求,除卷材的尺寸和形状可在使用时按需要裁剪外,大多数装饰板材和块材都有一定的形状和规格(如长方、正方、多角等几何形状),以便拼装成各种图案或花纹。

2. 建筑装饰材料的选用

不同环境、不同部位,对装饰材料的要求也不同,选用装饰材料时,主要考虑的是装饰效果,颜色、光泽、透明性等应与环境相协调。除此之外,材料还应具有某些物理、化学和力学方面的基本性能,如一定的强度、耐水性和耐腐蚀性等,以提高建筑物的耐久性,降低维修费用。

对于室外装饰材料,也即外墙装饰材料,应兼顾建筑物的美观和对建筑物的保护作用。外墙除需要时承担荷载外,主要是根据生产、生活需要作为围护结构,达到遮挡风雨、保温隔热、隔声防水等目的。因室外装饰材料所处环境较复杂,直接受到风吹、日晒、雨淋、冻害的袭击,以及空气中腐蚀气体和微生物的作用,因此应选能耐大气侵蚀、不易褪色、不易沾污、不泛霜的材料。

对于室内装饰材料,要妥善处理装饰效果和使用安全的矛盾。优先选用环保型材料和不燃烧或难燃烧等消防安全型材料,尽量避免选用在使用过程中会挥发有毒成分和在燃烧时会产生大量浓烟或有毒气体的材料,努力创造一个美观、整洁、安全、适用的生活和工作环境。

9.6.2　建筑装饰材料分类

建筑上应用的装饰材料品种齐全、种类繁多,而且新品种不断出现,质量也不断提高。现将常用装饰材料的分类列于表 9-12 中。

表 9-12　建筑装饰材料的分类及说明

分　类	名　称	举　例　说　明
按材质分类	木质装饰材料	各种人造板、装饰纤维板、软质吸声板、硬质装饰天花板等
	石质装饰材料	花岗岩饰面板、大理石饰面板、水磨石饰面板、石膏饰面板、水泥饰面板、人造石装饰板等
	陶瓷装饰材料	陶瓷锦砖、面砖、瓷砖、铺地砖、陶瓷壁画等
	塑料装饰材料	塑料饰面板、钙塑装饰板、玻璃钢饰面板、塑料壁纸、化纤地毯等
	金属装饰材料	铝合金饰面板、铝合金外墙板、塑钢板等
	玻璃装饰材料	彩色玻璃、压花玻璃、饰面玻璃、玻璃马赛克等
	粉刷涂料装饰材料	彩色水泥、乳胶漆、内墙涂料、外墙涂料、地面涂料、金粉、银粉等
按装饰部位分类	顶棚装饰材料	石膏装饰吸声板、珍珠岩装饰吸声板、软质纤维装饰吸声板、钙塑装饰吸声板、人造板等
	墙面装饰材料	花岗岩饰面板、大理石饰面板、陶瓷锦砖、面砖、人造板、塑料贴面板、微薄木贴面板、粉刷涂料等
	地面装饰材料	地面涂料、铺地花砖、陶瓷锦砖、化纤地毯、水磨石板、橡胶地板等

9.6.3　常用建筑装饰材料

1. 石材

1) 天然石材

天然石材是指从天然岩体中开采出来的毛料经加工而成的板状或块状的饰面材料,用于建筑装饰的主要有大理石板和花岗岩板两大类。通常以其磨光加工后所显示的花色、特征及石材产地来命名。饰面板材一般有正方形及矩形两种,常用规格为厚 20 mm,宽 150~915 mm,长 300~1220 mm,也可加工成 8~12 mm 厚的薄板及异型板材。

(1) 大理石板

大理石板材是将大理石原料进行锯切、研磨、抛光等加工后形成的板材。

大理石一般均含有多种矿物,如氧化铁、二氧化硅、云母等杂质,使大理石呈现出红、黄、黑、绿、灰、褐等多种色彩组成的花纹,色彩斑斓,磨光后极为美丽典雅。纯净的大理石为白色,洁白如玉,晶莹生辉,故称汉白玉。纯白和纯黑的大理石属名贵品种,是重要建筑物的高级装饰材料。

天然大理石板材为高级饰面材料,主要用于装饰等级要求高的建筑物,用作室内高级饰面材料,也可用作室内地面或踏步(耐磨性次于花岗岩),但因其主要化学成分为碳酸钙,易被酸性介质侵蚀,生成易溶于水的石膏,使表面很快失去光泽,变得粗糙多孔,从而降低装饰效果。因此,除少数质地纯正、杂质少、比较稳定耐久的品种如汉白玉、艾叶青等大理石可用于外墙装饰面外,一般不宜用于室外装饰。大理石板材的质量应符合《天然大理石建筑板材》(GB/T 19766—2016)的规定。

(2) 花岗岩板

花岗岩板材是将火成岩中的花岗岩进行加工而成的板材。常根据其在建筑物中使用部位的不同,加工成剁斧板、机刨板、粗磨板、磨光板等。

花岗岩板材的颜色取决于所含长石、云母及暗色矿物的种类和数量,常呈灰色、黄色、淡红色及黑色等,其质感丰富,磨光后色彩斑斓,华丽庄重,且材质坚硬,化学稳定性好、抗压强度高和耐久性很好,使用年限可达 500~1000 年之久。但因花岗岩中含大量石英,石英在高温下均会发生晶态转变,产生体积膨胀,故发生火灾时花岗岩会产生严重开裂破坏。

花岗岩是公认的高级建筑装饰材料,但由于其开采及运输困难、修琢加工及铺贴施工耗工费时,因此造价较高,一般只用在重要的大型建筑中。花岗岩剁斧板多用于室外地面、台阶、基座等处;机刨板材一般用于地面、台阶、踏步、檐口等处;粗磨板材常用于墙面、柱面、纪念碑等处;磨光板材因具有色彩绚丽的花纹和光泽,故多用于室内外墙面、地面、柱面等的装饰。花岗岩板材的质量应符合《天然花岗石建筑板材》(GB/T 18601—2009)的规定。

2) 人造石材

由于天然石材加工较困难,花色品种较少,因此,20 世纪 70 年代以后人造石材发展较快。人造石材是以天然石材碎料、石英砂、石渣等为骨料,树脂或水泥等为胶结料,经拌和、成型、聚合和养护后,打磨抛光切割而成。

人造石材具有天然石材的质感,但质量轻、强度高、耐腐蚀、耐污染,可锯切、钻孔,施工方便,适用于墙面、门套或柱面装饰,也可用作工厂、学校等的工作台面及各种卫生洁具,还可以加工成浮雕、工艺品等。与天然石材相比,人造石材是一种比较经济的饰面材料。

根据人造石材使用的胶结材料可将其分为以下四类。

(1) 树脂型人造石材

这种人造石材一般以不饱和聚酯为胶结材料,石英砂、大理石碎粒或粉等无机材料为骨料,经搅拌混合、浇注、固化、脱模、烘干、抛光等工序制成。不饱和聚酯黏度低,易于成型,且可以在常温下固化。产品光泽好、颜色浅,可调制成各种鲜明颜色。

(2) 水泥型人造石材

这种人造石材以各种水泥(硅酸盐水泥、白色或彩色硅酸盐水泥、铝酸盐水泥)为胶结材料,与砂和大理石或花岗岩碎粒等骨料经配料、搅拌、成型、养护、磨光、抛光等工序制成。

(3) 复合型人造石材

这类人造石材所用的胶结料中既有有机材料,又有无机水泥,其制作方法可以采用浸渍法,即将无机材料(如水泥砂浆)成型的坯体浸渍在有机单体中,然后使单体聚合。对于板材,基层一般用性能稳定的水泥砂浆,面层用聚酯和大理石碎粒或粉末调制的浆体制成。

(4) 烧结型人造石材

烧结型人造石材的生产工艺类似于陶瓷,是把高岭土、石英、斜长石等混合配料制成泥浆,成型后经 1000 ℃左右的高温焙烧而成。

2. 建筑陶瓷

陶瓷是用黏土及其他天然矿物原料,经配料、制坯、干燥、焙烧制成的。用于建筑工程中的陶瓷制品则称为建筑陶瓷。陶瓷制品按其致密程度分为陶制、瓷质和炻制三大类。

陶的原料所含杂质较多,烧结程度相对较低,吸水率较高(吸水率>10%),断面粗糙无光,不透明,敲击时声音粗哑。根据其原料土杂质含量的不同,又可分为粗陶和精陶两种。粗陶不施釉,建筑上常用的烧结黏土砖、瓦就是最普通的粗陶制品;精陶一般施有釉,建筑饰面用的釉面砖、卫生陶瓷和彩陶等均属此类。

瓷是由较纯的瓷土烧成,坯体致密,烧结程度很高,基本不吸水(吸水率<1%),断面有一定的半透明性,敲击时声音清脆,表面通常均施有釉。瓷质制品多为日用餐具、陈设瓷及美术用品等。

炻是介于陶和瓷之间的制品,也称半瓷。其孔隙率比陶小(吸水率<10%),但烧结程度和密实度不及瓷,坯体大多带有灰、黄或红等颜色,断面不透明,但其热稳定性好,成本较瓷低。按其坯体的细密程度不同,又分为粗炻器和细炻器两种。粗炻器的吸水率一般为4%~8%,建筑饰面用的外墙面砖、地砖和陶瓷锦砖等均属粗炻器。

陶、瓷通常又各分为精(细)和粗两类。建筑装饰陶瓷一般属于精陶、炻和粗瓷类的制品。建筑装饰陶瓷通常是指用于建筑物内外墙面、地面及卫生洁具的陶瓷材料和制品,另外还有在园林或仿古建筑中使用的琉璃制品。建筑装饰陶瓷具有强度高、耐久性好、耐腐蚀、耐磨、防水、防火、易清洗以及花色品种多、装饰性好等优点,所以在建筑装饰工程中得到广泛的应用。

1) 建筑陶瓷制品的技术性质

(1) 外观质量。外观质量是建筑陶瓷制品最主要的质量标准,人们往往根据外观质量对产品进行分类。

(2) 吸水率。吸水率是控制产品质量的重要指标,吸水率大的建筑陶瓷制品不宜用于室外。

(3) 耐急冷、急热性。陶瓷制品的内部和表面釉层热膨胀系数不同,温度急剧变化可能会使釉层开裂。

(4) 弯曲强度。陶瓷材料质脆易碎,因此对弯曲强度有一定的要求。

(5) 耐磨性。用于铺地的彩釉砖应有较好的耐磨性。

(6) 抗冻性。用于室外的陶瓷制品应有较好的抗冻性。

(7) 抗化学腐蚀性。用于室外的陶瓷制品和化工陶瓷应有较好的抗化学腐蚀性。

2) 常用建筑陶瓷制品

(1) 釉面内墙砖

釉面内墙砖又称内墙砖、釉面砖、瓷砖或瓷片,用一次烧成工艺制成,是适用于建筑物室内装饰的薄型精陶瓷品。它由多孔坯体和表面釉层两部分组成。表面釉层花色很多,除白色釉面砖外,还有彩色、图案、浮雕、斑点釉面砖等。

釉面内墙砖的色彩和花纹图案丰富、光洁典雅,具有良好的耐急冷急热性、防火性、耐腐蚀性、防水性和耐污染及易洁性,主要用于厨房、浴室、卫生间、试验室、手术室、精密仪器车间等室内墙面、台面等处。近年来釉面内墙砖正朝着大而薄、花色图案更加多彩亮丽的方向发展。其性能应符合《陶瓷砖》(GB/T 4100—2015)的规定。

釉面内墙砖因坯体孔隙率较大,经不起冻融破坏,所以不得用于室外。在使用前应将瓷砖先浸水 2 h 以上,待拿出阴干至表面无明水时再铺贴,以保证粘贴施工质量。

(2) 墙地砖

墙地砖是墙砖和地砖的总称,包括外墙砖和地砖。其表面有上釉和不上釉之分,且具有表面光平或粗糙等不同的质感与色彩。其背面为了与基材有良好的黏结,常有凹凸不平的沟槽。

墙地砖具有强度高、耐磨、抗冻性好、化学性质稳定、不燃、吸水率低、易清洁、经久不裂等优点。其性能应符合《陶瓷砖》(GB/T 4100—2015)的规定。

(3) 陶瓷锦砖

陶瓷锦砖俗称马赛克,是由各种颜色、多种几何形状的小块瓷片(长边一般不大于50 mm)铺贴在牛皮纸上形成色彩丰富、图案繁多的装饰砖,故又称纸皮砖。陶瓷锦砖的厚度一般为 5 mm,可配成各种颜色,其基本形状有正方形、长方形、六角形等。

陶瓷锦砖质地坚硬,色泽图案多样,吸水率小,耐酸、耐碱、耐磨、耐水、耐压、耐冲击,易清洗,防滑。陶瓷锦砖色泽美观稳定,可拼出风景、动物、花草及各种图案。陶瓷锦砖在室内装饰中可用于浴厕、厨房、阳台、客厅、起居室等处的地面,也可用于墙面。在工业及公共建筑装饰工程中,主要用于外墙面。

(4) 琉璃制品

琉璃制品是用难熔黏土为主要原料制成坯泥,制坯成型后经干燥、素烧,施琉璃彩釉、烧制而成。属精陶质制品,颜色有金、黄、绿、蓝、青等。

琉璃制品的特点是质细致密、表面光滑、不易沾污、坚实耐久、色彩绚丽、造型古朴,富有我国传统的民族特色,主要用于具有民族风格的房屋以及建筑园林中的亭、台、楼、阁。

3. 建筑玻璃

玻璃是用石英砂、纯碱、长石和石灰石等原料于高温下烧至熔融,成型后急冷而制成的固体材料。

玻璃是典型的脆性材料,在急冷、急热或在冲击荷载作用下极易破碎。普通玻璃导热系数较大,绝热效果不好。但玻璃具有透明、坚硬、耐热、耐腐蚀等优点以及电学和光学方面的优良性能,能够用多种成型和加工方法制成各种形状和大小的制品,可以通过调整化学组成改变其性质,以适应不同的使用要求。

建筑中使用的玻璃制品种类很多,主要有平板玻璃、饰面玻璃、安全玻璃、节能玻璃和玻璃砖等。

1) 平板玻璃

平板玻璃是建筑玻璃中用量最大的一类,主要利用其透光透视特性。其厚度为 2～12 mm,其中以 3 mm 厚的使用量最大。平板玻璃的产量以标准箱计,厚度为 2 mm 的平板玻璃,每 10 m^2 为一标准箱。

平板玻璃主要用于普通建筑工程的门窗等,也可作为钢化玻璃、夹丝玻璃、中空玻璃、磨光玻璃、防火玻璃、光栅玻璃等的原片玻璃。

2) 饰面玻璃

用作建筑装饰的玻璃统称为饰面玻璃,主要品种有彩色玻璃、花纹玻璃、磨光玻璃、釉面玻璃、镜面玻璃和水晶玻璃等。

(1) 彩色玻璃

彩色玻璃又称颜色玻璃,是通过化学热分解法,真空溅射法,溶胶、凝胶法及涂塑法等工艺在表面形成彩色膜层的玻璃,分透明、不透明和半透明(乳浊)三种。

透明和半透明彩色玻璃常用于建筑内外墙、隔断、门窗及对光线有特殊要求的部位等。不透明彩色玻璃主要用于建筑内外墙面的装饰,可拼成不同的图案,表面光洁、明亮或漫射无光,具有独特的装饰效果。

(2) 花纹玻璃

花纹玻璃按加工方法可分为压花玻璃、喷花玻璃和刻花玻璃三种。

压花玻璃又称滚花玻璃,用压延法生产的平板玻璃,在玻璃硬化前经过刻有花纹的滚筒,使玻璃单面或两面压上花纹图案。由于花纹凸凹不平,使光线散射失去透视性,降低光透射比(光透射比为60%~70%),同时,其花纹图案多样,具有良好的装饰效果。

喷花玻璃则是在平板玻璃表面贴上花纹图案,抹以护面层,并经喷砂处理而成。

刻花玻璃是由平板玻璃经涂漆、雕刻、围蜡、酸蚀、研磨等工序制作而成的,其色彩更丰富,可实现不同风格的装饰效果。花纹玻璃常用于办公室、会议室、浴室以及公共场所的门窗和各种室内隔断。

(3) 磨光玻璃

磨光玻璃又称镜面玻璃,是用普通平板玻璃经过机械磨光、抛光而成的透明玻璃。对玻璃表面进行磨光是为了消除玻璃表面不平而引起的筋缕或波纹缺陷,从而使透过玻璃的物像不变形。一般情况下,玻璃表面要磨掉0.5~1.0 mm才能消除表面的不平整,因此磨光玻璃只能用厚玻璃加工,厚度一般为5~6 mm。小规模生产,多采用单面研磨与抛光;大规模生产可进行单面或双面连续研磨与抛光。

磨光玻璃具有表面平整光滑且有光泽、物像透过不变形、透光率大($\geqslant 84\%$)等特点,因此,主要用于大型高级建筑的门窗采光、橱窗或制镜。该种玻璃的缺点是加工费时且不经济,自出现浮法生产工艺后,它的用量已大大减少。

(4) 磨砂玻璃

磨砂玻璃又称毛玻璃,是用普通平板玻璃、磨光玻璃、浮法玻璃经机械喷砂、手工研磨(磨砂)或氢氟酸溶蚀(化学腐蚀)等方法将表面处理成均匀毛面制成的。由于毛玻璃表面粗糙,使透过光线产生漫射,造成透光不透视,使室内光线不炫目、不刺眼。一般用于建筑物的卫生间、浴室、办公室等的门窗及隔断,也可用作黑板及灯罩等。

3) 安全玻璃

安全玻璃是指具有良好安全性能的玻璃。其主要特性是力学强度高,抗冲击能力好。被击碎时,碎块不会飞溅伤人,并兼有防火的功能。主要包括钢化玻璃、夹层玻璃和夹丝玻璃。

(1) 钢化玻璃

钢化玻璃是安全玻璃的一种,其生产工艺有两种,一种是将玻璃加热到接近玻璃软化温度(600~650 ℃)后迅速冷却的物理方法,又称淬火法;另一种是将待处理的玻璃浸入钾盐溶液中,使玻璃表面的钠离子扩散到溶液中,而溶液中的钾离子则填充进玻璃表面钠离子的位置,这种方法即化学法,又称离子交换法。

钢化玻璃具有弹性好、抗冲击强度高(是普通平板玻璃的4~5倍)、抗弯强度高(是普通平板玻璃的3倍左右)、热稳定性好以及光洁、透明等特点。在遇超强冲击破坏时,碎片呈分散细小颗粒状,无尖锐棱角,因此不致伤人。

钢化玻璃能以薄代厚,减轻建筑物的质量,延长玻璃的使用寿命,满足现代建筑结构轻质、高强的要求,适用于建筑门窗、幕墙、船舶车辆、仪器仪表、家具、装饰等。

(2) 夹层玻璃

夹层玻璃是以两片或两片以上的普通平板、磨光、浮法、钢化、吸热或其他玻璃作为原片,中间夹以透明塑料衬片,经热压黏合而成的。夹层玻璃的衬片多用聚乙烯醇缩丁醛等塑料胶片。当玻璃受剧烈震动或撞击时,由于衬片的黏合作用,玻璃仅呈现裂纹,而不落碎片。

夹层玻璃具有防弹、防震、防爆性能,适用于有特殊安全要求的门窗、隔墙、工业厂房的天窗和某些水下工程。

4) 节能玻璃

节能玻璃是指具有吸热或反射热、吸收或反射紫外线、光控或电控变色等特性,兼备采光、调制光线,防止噪声,增加装饰效果,改善居住环境,调节热量进入或散失,节约空调能源及降低建筑物自重等多种功能的玻璃制品。多应用于高级建筑物的门窗、橱窗等的装饰,在玻璃幕墙中也多采用节能玻璃。主要品种有吸热玻璃、热反射玻璃、防紫外线玻璃、光致变色玻璃、中空玻璃等。

(1) 吸热玻璃

吸热玻璃是既能吸收大量红外辐射能,又能保持良好透光率的平板玻璃。其生产方法分为本体着色法和表面喷涂法两种。吸热玻璃除常用的茶色、灰色、蓝色外,还有绿色、古铜色、青铜色、金色、粉红色等,因而除具有良好的吸热功能外还具有良好的装饰性。它广泛应用于现代建筑物的门窗和外墙,以及用作车、船的挡风玻璃等,起到采光、隔热、防眩等作用。

(2) 热反射玻璃

热反射玻璃又叫镀膜玻璃,分复合和普通透明两种,具有良好的遮光性和隔热性能。由于这种玻璃表面涂敷金属或金属氧化物薄膜,有的透光率为 $45\%\sim65\%$(对于可见光),有的甚至在 $20\%\sim80\%$ 之间变动,透光率低,可以达到遮光及降低室内温度的目的。但这种玻璃和普通玻璃一样,是透明的。

(3) 中空玻璃

中空玻璃由两片或多片平板玻璃构成,用边框隔开,四周边缘部分用密封胶密封,玻璃层间充有干燥气体。中空玻璃的质量应符合《中空玻璃》(GB/T 11944—2012)的规定。

中空玻璃的特点是保温、绝热,节能性好,隔声性能优良,并能有效地防止结露,非常适合在住宅建筑中使用。

5) 玻璃砖

玻璃砖是块状玻璃的统称,主要包括玻璃空心砖、玻璃马赛克和泡沫玻璃砖。其中,玻璃空心砖一般是由两块压铸成凹形的玻璃经熔接或胶接成整块的空心砖。砖面可为光滑平面,也可在内、外压制多种花纹。砖内腔可为空气,也可填充玻璃棉等。玻璃空心砖绝热、隔声、光线柔和优美,可用来砌筑透光墙壁、隔断、门厅、通道等。

4. 铝合金

1) 铝与铝合金的特点

铝外观呈银白色,密度为 $2.7\ g/cm^3$,熔点为 660 ℃,具有良好的导电性和导热性。另外由于其表面常常被氧化铝薄膜覆盖,因此具有一定的耐蚀性。

铝的可塑性良好（伸长率为50%），可加工成管材、板材和各种型材，还可压制成极薄的铝箔，并具有极高的光、热反射比。但铝的硬度和强度较低，在工程中常常加入合金元素提高铝的实用价值。

铝合金不仅具有铝质量轻的特点，同时机械力学性能大幅提高，例如屈服强度可达210~500 MPa，抗拉强度可达380~550 MPa等，因此铝合金不仅可用于建筑装饰领域，而且可用于结构领域。铝合金的主要缺点是弹性模量小，热膨胀系数大，耐热性差等。

2）常用铝合金制品

建筑装饰工程中常用的铝合金制品包括铝合金门窗、铝合金幕墙、铝合金装饰板、铝合金龙骨和各种室内装饰配件等。

铝合金门窗在建筑上已有30余年的使用历史，由于其维修费用低、色彩造型丰富、耐久性较好，因此得到了广泛的应用。虽然近年来铝合金门窗受到了塑钢门窗、不锈钢门窗的挑战，然而铝合金门窗在造价、色泽、可加工性等方面仍有优势，因此仍在各种装饰领域广泛使用。

铝合金装饰板主要有铝合金花纹板、浅花纹板、波纹板、压型板和穿孔板等。它们具有质量轻、易加工、强度较高、刚度较好、耐久性好等优点，而且具有色彩造型丰富的特点，不仅可以与玻璃幕墙配合使用，而且可以单独对墙、柱、招牌等进行修饰，同样具有独特的装饰效果。

5. 建筑塑料装饰制品

建筑塑料装饰制品包括塑料壁纸、塑料地板、塑料装饰板及塑料地毯等。塑料装饰制品具有质轻、耐腐蚀、隔声、色彩丰富、外形美观等特点，广泛用于建筑物的内墙、顶棚、地面等部位的装饰。其中塑料壁纸、塑料地板见9.1.1节高分子材料一节。

1）塑料地毯

地毯作为地面装饰材料，给人以温暖、舒适及华丽的感觉。它具有绝热保温作用，可降低空调费用；具有吸声性能，可使住所更加宁静；还具有缓冲作用，可防止人滑倒。塑料地毯是传统羊毛地毯的替代品。由于羊毛地毯资源有限，价格高，而且易被虫蛀，易霉变，使其应用受到限制。而塑料地毯原料来源丰富，成本较低，各项使用性能与羊毛地毯相近，因此成为普遍采用的地面装饰材料。

2）塑料装饰板

塑料装饰板主要用作护墙板和屋面板。其质量轻，能降低建筑物的自重，产品具有图案和色调丰富多彩，耐湿、耐磨、耐烫、耐燃烧，耐一般酸、碱、油脂及乙醇等溶剂的侵蚀，表面平整，极易清洗的特点。适用于装饰室内和家具。

习题

1. 与传统建筑材料相比较，塑料有哪些优缺点？
2. 热塑性树脂与热固性树脂中哪类宜作结构材料，哪类宜作防水卷材、密封材料？
3. 某住宅使用Ⅰ型硬质聚氯乙烯（UPVC）塑料管作热水管。使用一段时间后，管道变形漏水，试分析原因。

4. 什么是涂料？建筑装饰涂料由哪些组分组成？各起什么作用？
5. 热塑性塑料与热固性塑料在性质上有何不同？
6. 装饰材料在外观上有哪些基本要求？
7. 选用装饰材料应注意哪些问题？
8. 常用装饰材料有哪几类？
9. 在本章所列的装饰材料中，你认为哪些适宜用于外墙装饰？哪些适宜用于内墙装饰？
10. 影响材料导热系数的因素有哪些？
11. 选用绝热材料时应注意哪些问题？
12. 影响多孔性吸声材料吸声效果的因素有哪些？
13. 在选用和安装吸声材料时应注意哪些问题？
14. 为什么不能简单地将一些吸声材料用作隔声材料？

第10章 土木工程材料技能训练

10.1 砂、石材料的检验

1. 检验目的

对普通水泥混凝土用砂、石进行检验,评定其质量,为水泥混凝土配合比设计提供原材料参数。

2. 检验依据

砂、石的检验依据为《普通混凝土用砂、石质量以及检验方法标准》(JGJ 52—2006),该标准适用于一般工业与民用建筑和构筑物中普通水泥混凝土用砂和石的质量要求和检验。

一般将砂、石称为骨料。砂称为细骨料,通常分为粗砂、中砂、细砂等;石子称为粗骨料,通常有粗碎石、中碎石、细碎石、砾(卵)石、破碎砾(卵)石等。

10.1.1 取样方法及数量

1. 砂的取样方法和数量

砂的取样应按批进行,每批总量不宜超过 400 m³ 或 600 t。

在料堆取样时,取样部位应均匀分布。取样前应将取样部位表层铲除,然后由各部位抽取大致相等的试样共 8 份,组成一组试样。进行各项试验的每组试样应不小于表 10-1 规定的最少取样量。

将所取样品放在平整洁净的平板上,拌和均匀,并摊成厚度约 20 mm 的圆饼,然后沿相互垂直的两条直径把圆饼分成大致相等的 4 份,取其对角的两份重新搅匀,再堆成圆饼。重复上述过程,直至把样品缩分到试验所需量为止。

2. 石子的取样方法和数量

石子的取样也按批进行,每批总量不宜超过 400 m² 或 600 t。

在料堆取样时,应在料堆的顶部、中部和底部各均匀分布 5 个(共计 15 个)取样部位,取样前先将取样部位的表层铲除,然后由各部位抽取大致相等的试样共 15 份组成一组试样。

进行各项试验的每组样品数量应不小于表 10-1 规定的最少取样量。

表 10-1 每项试验所需试样的最少取样量

试验项目	骨料种类							
	细骨料/g	粗骨料/kg						
		骨料最大粒径/mm						
		10.0	16.0	20.0	25.0	31.5	40.0	63.0	80.0
筛分析	4400	8	15	16	20	25	32	50	64
表观密度	2600	8	8	8	8	12	16	24	24
堆积密度	5000	40	40	40	40	80	80	120	120
含水率	1000	2	2	2	2	3	3	4	6

试验时需将每组试样分别缩分至各项试验所需的数量,其步骤为:将每组试样在自然状态下于平板上拌匀,并堆成锥体,然后按四分法缩取,直至缩分后试样量略多于该项试验所需的量为止。试样的缩分也可用分料器进行。

10.1.2　砂、石的筛分析试验

1. 砂的筛分析试验

1) 主要仪器设备

(1) 试验筛:筛孔直径为 9.5、4.75、2.36、1.18、0.60、0.30、0.15 mm 的方孔筛以及筛的底盘和盖各一个。

(2) 托盘天平:称量 1 kg,感量 1 g。

(3) 摇筛机:带拍。

(4) 烘箱:能控制温度在 (105 ± 5) ℃。

(5) 浅盘和硬软毛刷等。

2) 试样制备

试样应先筛除大于 9.5 mm 的颗粒,然后将试样充分搅拌,用四分法缩分至每份不少于 550 g 的试样两份,在 (105 ± 5) ℃ 下烘干至恒重,冷却至室温后备用。

3) 试验步骤

(1) 称取试样 500 g,精确到 1 g。将试样倒入按孔径大小从上到下组合的套筛(附筛底)上。

(2) 将套筛置于摇筛机上,摇 10 min;取下套筛,按筛孔大小顺序再逐个用手筛,筛至每分钟通过量小于试样总量的 0.1% 为止。通过的试样并入下一号筛中,并和下一号筛中的试样一起过筛,这样顺序进行,直至各号筛全部筛完为止。

(3) 称量各号筛筛余试样的质量,精确至 1 g。所有各筛上的筛余量和底盘中的剩余量之和与筛分前试样的总量相比,相差不得超过 1%,否则须重新试验。

4) 试验结果计算

筛分析试验结果按下列步骤计算:

(1) 计算分计筛余百分率。分计筛余百分率为各号筛上的筛余量与试样总质量之比的百分率,计算精确至 0.1%。

(2) 计算累计筛余百分率。累计筛余百分率为该号筛的筛余百分率与筛孔大于该号筛以上各筛余百分率之和,计算精确至 0.1%。

(3) 砂的细度模数 M_x 可按下式计算,精确至 0.01:

$$M_x = \frac{(A_2 + A_3 + A_4 + A_5 + A_6) - 5A_1}{100 - A_1}$$

式中,$A_1 \sim A_6$ 依次为筛孔直径 4.75～0.15 mm 筛上的累计筛余百分率。

(4) 累计筛余百分率取两次试验结果的算术平均值,精确至 1%。细度模数取两次试验结果的算术平均值,精确至 0.1;如两次试验的细度模数之差大于 0.20 时,须重新试验。

根据细度模数确定该砂的粗细程度,细度模数越大,表示砂越粗。根据细度模数 M_x 大小将砂进行下列分类:

$M_x = 3.1 \sim 3.7$ 粗砂
$M_x = 3.0 \sim 2.3$ 中砂
$M_x = 2.2 \sim 1.6$ 细砂
$M_x = 1.5 \sim 0.7$ 特细砂

2. 石子的筛分析试验

1) 主要仪器设备

(1) 试验筛　方孔筛一套,筛孔公称直径为 2.5、5.0、10.0、16.0、20.0、25.0、31.5、40.0、50.0、63.0、80.0 mm 及 100.0 mm 的筛各一只,并附有筛底和筛盖(筛框内径为 300 mm)。

(2) 托盘天平或台秤　称量 10 kg,感量 1 g。

(3) 烘箱　浅盘等。

2) 试样制备

从取回试样中用四分法缩取不少于表 10-2 规定的试样数量,经烘干或风干后备用。

表 10-2　筛分析所需的最小试样质量

公称粒径/mm	10.0	16.0	20.0	25.0	31.5	40.0	63.0	80.0
试样最小质量/g	2.0	3.2	4.0	5.0	6.3	8.0	12.6	16.0

3) 试验步骤

(1) 按表 10-2 的规定称取试样。

(2) 将套筛置于摇筛机上,摇 10 min;取下套筛,按筛孔大小顺序再逐个用手筛,通过的试样并入下一号筛中,并和下一号筛中的试样一起过筛。这样顺序进行,直至各号筛全部筛完为止。当每号筛上筛余层的厚度大于试样的最大粒径时,应将该号筛上的筛余分成两份,再次进行筛分,直至各筛每分钟通过量不超过试样总量的 0.1%。

注:当试样的颗粒粒径比公称粒径大 20 mm 以上时,在筛分过程中允许用手拨动颗粒。

(3) 称取各筛筛余的质量,精确至试样总质量的 0.1%。在筛上的所有分计筛余量和筛底剩余的总和与筛分前测定的试样总量相比,差值不得超过 1%,否则须重新试验。

4) 试验结果计算

(1) 计算分计筛余百分率,即各号筛的筛余量与试样总质量之比的百分率,计算精确至

0.1%。

(2) 计算累计筛余百分率,即该号筛的筛余百分率加上该号筛以上各分计筛余百分率之和,精确至 1.0%。

(3) 根据各号筛的累计筛余百分率,评定该试样的颗粒级配。

10.1.3 砂、石的表观密度试验

砂、石的表观密度试验可采用标准试验方法或简易试验方法进行。

1. 砂的表观密度试验(标准法)

1) 仪器设备

(1) 鼓风烘箱:能使温度控制在(105±5)℃。

(2) 天平:称量 1 kg,感量 1 g。

(3) 容量瓶:500 mL。

(4) 干燥器、搪瓷盘、铝制料勺、滴管、毛刷等。

2) 试样制备

试样制备可参照前述的取样与处理方法,并将试样缩分后不少于 650 g,放在烘箱中于(105±5)℃下烘干至恒量,在干燥器中冷却至室温后,分为大致相等的两份备用。

3) 试验步骤

(1) 称取试样 300 g(m_0),精确至 1 g,将试样装入盛有半瓶冷开水的容量瓶中,用手旋转摇动容量瓶,使砂样充分摇动,排除气泡,塞紧瓶盖,静置 24 h。注入冷开水至接近 500 mL 的刻度处,然后用滴管小心加水至容量瓶 500 mL 的刻度处,塞紧瓶塞,擦干瓶外水分,称出其质量(m_1),精确至 1 g。

(2) 倒出瓶内水和试样,洗净容量瓶,再向容量瓶内注水至 500 mL 的刻度处,塞紧瓶塞,擦干瓶外水分,称出其质量(m_2),精确至 1 g。

4) 结果计算与评定

砂的表观密度按下式计算,精确至 10 kg/m³:

$$\rho = \left(\frac{m_0}{m_0 + m_2 - m_1} - \alpha_t\right) \times 1000$$

式中,ρ——表观密度,kg/m³;

m_0——烘干后试样的质量,g;

m_1——试样、水及容量瓶的总质量,g;

m_2——水及容量瓶的总质量,g;

α_t——水温影响修正系数,见表 10-3。

表 10-3　不同水温对砂、石的表观密度影响的修正系数

水温/℃	15	16	17	18	19	20	21	22	23	24	25
α_t	0.002	0.003	0.003	0.004	0.004	0.005	0.005	0.006	0.006	0.007	0.008

表观密度取两次试验结果的算术平均值,精确至 10 kg/m³;如两次试验结果之差大于

20 kg/m³,须重新试验。

2. 石子的表观密度试验(简易法)

本方法适用于测定碎石或卵石的表观密度,不宜用于最大粒级超过 40 mm 的碎石或卵石。

1) 仪器设备
(1) 鼓风烘箱:能使温度控制在(105±5)℃。
(2) 天平:称量 20 kg,感量 20 g。
(3) 广口瓶:1000 mL,磨口,带玻璃片。
(4) 方孔筛:孔径为 4.75 mm 的筛一只。
(5) 温度计、搪瓷盘、毛巾等。

2) 试样制备
试样制备可参照前述的取样与处理方法。

3) 试验步骤
(1) 按规定取样,并缩分至略大于表 10-4 规定的数量,风干后筛除小于 5.0 mm 的颗粒,然后洗刷干净,分为大致相等的两份备用。

表 10-4 表观密度试验所需试样数量

最大公称粒径/mm	10.0	16.0	20.0	25.0	31.5	40.0	63.0	80.0
最少试样质量/kg	2.0	2.0	2.0	2.0	3.0	4.0	6.0	6.0

(2) 将试样浸水饱和,然后装入广口瓶中。装试样时,广口瓶应倾斜放置,注入饮用水,用玻璃片覆盖瓶口。采用上下左右摇晃的方法排除气泡。

(3) 气泡排尽后,向瓶中添加饮用水直至水面凸出瓶口边缘。然后用玻璃片沿瓶口迅速滑行,使其紧贴瓶口水面。擦干瓶外水分后,称出试样、水、瓶和玻璃片的总质量,精确至 1 g。

(4) 将瓶中试样倒入浅盘,放在烘箱中(105±5)℃下烘干至恒量,待冷却至室温后称出其质量,精确至 1 g。

(5) 将瓶洗净并重新注入饮用水,用玻璃片紧贴瓶口水面,擦干瓶外水分后,称出水、瓶和玻璃片的总质量,精确至 1 g。

注:试验时各项称量可以在 15~25℃范围内进行,但从试样加水静置的 2 h 起至试验结束,其温度变化不应超过 2℃。

4) 结果计算与评定
(1) 石子的表观密度按下式计算,精确至 10 kg/m³:

$$\rho = \left(\frac{m_0}{m_0 + m_2 - m_1} - \alpha_t\right) \times 1000$$

式中,ρ——表观密度,kg/m³;
m_0——烘干后试样的质量,g;
m_1——试样、水、瓶和玻璃片的总质量,g;

m_2——水、瓶和玻璃片的总质量,g;

α_t——水温影响修正系数(表 10-3)。

(2) 表观密度取两次试验结果的算术平均值,若两次试验结果之差大于 20 kg/m³,须重新试验。对颗粒材质不均匀的试样,如两次试验结果之差超过 20 kg/m³,可取 4 次试验结果的算术平均值。

10.1.4 砂、石的堆积密度试验

1. 砂的堆积密度和紧密密度试验

1) 仪器设备

(1) 鼓风烘箱:能使温度控制在(105±5)℃。

(2) 天平:称量 5 kg,感量 5 g。

(3) 容量筒:圆柱形金属筒,内径 108 mm,净高 109 mm,壁厚 2 mm,筒底厚约 5 mm,容积为 1 L。

(4) 方孔筛:孔径为 5.0 mm 的筛一只。

(5) 垫棒:直径 10 mm,长 500 mm 的圆钢。

(6) 直尺、漏斗或料勺、搪瓷盘、毛刷等。

2) 试样制备

试样制备可参照前述的取样与处理方法。

3) 试验步骤

(1) 先用公称直径 5.0 mm 的筛子过筛,用搪瓷盘装取缩分后不少于 3 L 的试样,放在烘箱中于(105±5)℃下烘干至恒量,待冷却至室温后,分为大致相等的两份备用。试样烘干后如有结块,应在试验前先予捏碎。

(2) 测定堆积密度。取试样一份,用漏斗或料勺从容量筒中心上方 50 mm 处徐徐倒入,让试样以自由落体落下,直至试样装满并超出容量筒口。然后用直尺沿筒口中心线向两个相反方向刮平(试验过程中应防止触动容量筒),称出试样和容量筒的总质量(m_2),精确至 1 g。

(3) 测定紧密密度。取试样一份分两层装入容量筒。装完第一层后,在筒底垫放一根直径为 10 mm 的圆钢,将筒按住,左右交替颠击地面各 25 次。然后装入第二层,第二层装满后用同样的方法颠实(但筒底所垫钢筋的方向与第一层中的方向垂直)。两层装完并颠实后,去除钢筋。再加试样直至超过筒口,然后用直尺沿筒口中心向两个相反方向刮平,称出试样和容量筒的总质量(m_2),精确至 1 g。

4) 结果计算与评定

(1) 堆积密度 ρ_L 或紧密密度 ρ_c 按下式计算,精确至 10 kg/m³:

$$\rho_L(\rho_c) = \frac{m_2 - m_1}{V} \times 1000$$

式中,ρ_L,ρ_c——堆积密度及紧密密度,kg/m³;

m_1——容量筒质量,g;

m_2——容量筒和试样的总质量,g;

V——容量筒的容积,L。

取两次试验结果的算术平均值,精确至 10 kg/m³。

(2) 空隙率按下式计算,精确至 1%：

$$V_L = \left(1 - \frac{\rho_L}{\rho}\right) \times 100\%$$

$$V_c = \left(1 - \frac{\rho_c}{\rho}\right) \times 100\%$$

式中,V_L——砂的堆积密度的空隙率,%；

V_c——砂的紧密密度的空隙率,%；

ρ_L——试样的堆积密度,kg/m³；

ρ_c——试样的紧密密度,kg/m³；

ρ——试样表观密度,kg/m³。

空隙率取两次试验结果的算术平均值,精确至 1%。

2. 石子的堆积密度和紧密密度试验

本方法适用于测定碎石或卵石的堆积密度和紧密密度及空隙率。

1) 仪器设备

(1) 秤：称量 100 kg,感量 100 g。

(2) 容量筒：规格见表 10-5。

表 10-5 容量筒的规格要求

最大粒径/mm	容量筒容积/L	容量筒尺寸		
		内径/mm	净高/mm	壁厚/mm
10.0,16.0,20.0,25.0	10	208	294	2
31.5,40.0	20	294	294	3
63.0,80.0	30	360	294	4

(3) 垫棒：直径 25 mm,长 600 mm 的圆钢。

(4) 直尺、小铲等。

2) 试样制备

试样制备可参照表 10-1 规定的取样与处理方法。

3) 试验步骤

(1) 测定堆积密度

取试样一份,用小铲从容量筒中心上方 50 mm 处徐徐倒入,让试样以自由落体方式落下,当容量筒上部试样呈锥体,且容量筒四周溢满时,即停止加料。除去凸出容量口表面的颗粒,并以合适的颗粒填入凹陷部分,使表面稍凸起部分和凹陷部分的体积大致相等(试验过程中应防止触动容量筒),称出试样和容量筒的总质量。

(2) 测定紧密密度

取试样一份分三次装入容量筒。装完第一层后,在筒底垫放一根直径为 25 mm 的钢筋,将筒按住,左右交替颠击地面各 25 次。再装入第二层,第二层装满后用同样的方法颠实

(但筒底所垫钢筋的方向与第一层中的方向垂直),然后装入第三层如法颠实。试样装填完毕,再加试样直至超过筒口,用钢尺沿筒口边缘刮去高出的试样,并以合适的颗粒填入凹陷部分,使表面稍凸起部分和凹陷部分的体积大致相等(试验过程中应防止触动容量筒),称出试样和容量筒的总质量,精确至 10 g。

4)结果计算与评定

(1)堆积密度或紧密密度按下式计算,精确至 10 kg/m³:

$$\rho_L(\rho_c) = \frac{m_2 - m_1}{V} \times 1000$$

式中,ρ_L——堆积密度,kg/m³;

ρ_c——紧密密度,kg/m³;

m_2——容量筒和试样的总质量,g;

m_1——容量筒质量,g;

V——容量筒的容积,L。

(2)空隙率按下式计算,精确至 1%:

$$V_L = \left(1 - \frac{\rho_L}{\rho}\right) \times 100\%$$

$$V_c = \left(1 - \frac{\rho_c}{\rho}\right) \times 100\%$$

式中,V_L——堆积密度空隙率,%;

V_c——紧密密度空隙率,%;

ρ_L——卵石或碎石的堆积密度,kg/m³;

ρ_c——卵石或碎石的紧密密度,kg/m³;

ρ——表观密度,kg/m³。

(3)堆积密度取两次试验结果的算术平均值,精确至 10 kg/m³。空隙率取两次试验结果的算术平均值,精确至 1%。

10.1.5　砂、石的含水率试验

1. 含水率试验(标准法)

1)仪器设备

(1)鼓风烘箱:能使温度控制在(105±5)℃。

(2)天平:称量 1 kg,感量 1 g。

(3)台秤:称量 20 kg,感量 20 g。

(4)容器、搪瓷盘、毛刷等。

2)试验步骤

(1)取各重 500 g 的砂样两份(石子则按照表 10-1 取样),分别放入已知质量(m_1)的干燥容器中称重,记下每盘试样和容器的总质量(m_2)。将容器连同试样放入温度为(105±5)℃的烘箱中烘干至恒重,称量烘干后的试样与容器的总质量(m_3)。

(2)含水率按下式计算,精确至 0.1%:

$$\omega_{wc} = \frac{m_2 - m_3}{m_3 - m_1} \times 100\%$$

式中，ω_{wc}——含水率，%；

m_1——容器质量，g；

m_2——未烘干试样和容器的总质量，g；

m_3——烘干后试样和容器的总质量，g。

以两次试验结果的平均值作为测定值。

2．含水率试验（快速法）

砂、石含水率的快速测定，可采用炒干法或酒精燃烧法。（略）

10.2 钢筋试验

1．试验目的

测定钢材的屈服强度、抗拉强度、伸长率与冷弯性能，判断其质量是否合格。

2．试验依据

按《金属材料 弯曲试验方法》(GB/T 232—2010)、《金属材料 拉伸试验 第1部分：室温试验方法》实施指南(GB/T 228.1—2010)中规定的方法进行试验。

10.2.1 取样方法

从每批钢筋中任意抽取两根，于每根距端部 50 cm 处各取一套试样（两根试件）。在每套试样中取一根做拉力试验，另一根做冷弯试验。

10.2.2 拉伸试验

1．原理

该试验是用拉力拉伸试样，一般拉至断裂，测定一项或几项力学性能。

除非另有规定，试验一般在室温 10～35 ℃ 范围内进行。对温度要求严格的试验，试验温度应为 (23 ± 5)℃。

2．主要仪器设备

主要仪器设备有：试验机，应具有 1 级或优于 1 级准确度；钢筋切割机；游标卡尺；钢筋打印机或画线笔。

3．试件制作

根据钢筋的直径 a 确定试件的标距长度：$L_0 = 5a$。

试验前在试件标距处用钢筋划线机每隔 5 mm、10 mm 或者 a 做一分格标志(图 10-1),用以计算试样的伸长率。如钢筋长度比原始标距长许多,可以多标几格。

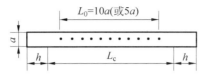

a—试样原始直径;L_0—标距长度;h—夹头长度;L_c—试样夹持长度(不小于 L_0+a)。

图 10-1 钢筋拉伸试件

试件在试验机夹具中被夹持部分 h 一般为 100 mm,故试件总长度 $L \geqslant 5a+2 \times 100$ mm。

4. 屈服强度的测定

试验时,从力-延伸曲线上读取不计初始瞬时效应时屈服阶段中指示的最小力。将其除以试样原始横截面面积得到(下)屈服强度。按下式计算试件的屈服强度:

$$\sigma_s = \frac{P_s}{F_0}$$

式中,σ_s——屈服强度,MPa;

P_s——屈服点荷载,N;

F_0——试件的原横截面面积,mm^2。

5. 抗拉强度的测定

对试件连续加载直至拉断,由测力度盘读出最大荷载 P_b,按下式计算试件的抗拉强度:

$$\sigma_b = \frac{P_b}{F_0}$$

式中,σ_b——抗拉强度,MPa;

P_b——最大荷载,N;

F_0——试件的原横截面面积,mm^2。

6. 断后伸长率(A)的测定

为了测定断后伸长度,应将试样断裂的部分仔细地配接在一起,使其轴线处于同一直线上,并采取特别措施确保试样断裂部分适当接触后测量试样断后标距。这对小横截面试样和低伸长度试样尤为重要。

应使用分辨力优于 0.1 mm 的量具或测量装置测定断后标距(L_0),准确到 ±0.25 mm。

断裂处与最接近的标距标记的距离大于原始标距的 1/3 时,可用卡尺直接量出已被拉长的标距长度 L_1(精确至 0.1 mm)。

如拉断处到邻近的标距端点的距离不大于原始标距长度的 1/3,可按下述位移法确定 L_1:在长段上,从拉断处 O 点取等于短段格数,得 B 点;接着取长段所余格数[偶数,见图 10-2(a)]之半,得 C_1 点;或者取所余格数[奇数,见图 10-2(b)]减 1 与加 1 之半,得 C 与

C_1 点。位移后的 L_1 分别为 $AO+OB+2BC_1$ 或者 $AO+OB+BC+BC_1$。

如试件在标距端点上或标距外断裂，则试验结果无效，应重做试验。

断后伸长率可按下式计算：

$$A=\frac{L_1-L_0}{L_0}\times 100\%$$

式中，L_1——断后标距，mm；
L_0——原始标距，mm。

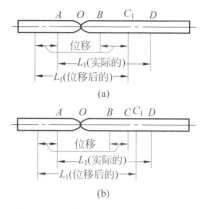

图 10-2 用位移法测量断后标距 L_1

10.2.3 冷弯试验

1. 原理

冷弯试验是以圆形、方形、矩形或多边形横截面试样在弯曲装置上经受弯曲塑性变形，不改变加力方向，直至达到规定的弯曲角度。

2. 主要仪器设备

主要仪器设备有试验机或压力机、弯曲装置、游标卡尺等。

3. 试验步骤

(1) 试件不经车削，长度 $L\approx 5a+150$ mm，其中 a 为试件的计算直径。

(2) 选择弯心直径和弯曲角度。

(3) 调节两支持辊间的距离使之等于 $(d+3a)\pm 0.5a$，其中 d 为冷弯冲头直径。

(4) 按照图 10-3 所示装置平稳地施加压力，钢筋绕着弯心弯曲到规定的弯曲角度，如图 10-4 及图 10-5 所示。

(5) 试件弯曲后，检验弯曲处的外面和侧面，如无裂缝、起层，即认为冷弯合格。

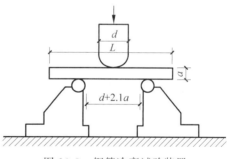

图 10-3 钢筋冷弯试验装置

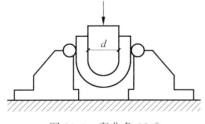

图 10-4 弯曲角 180°

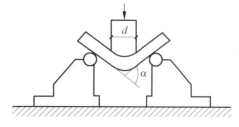

图 10-5 弯曲角 90°

10.3 水泥试验

1. 试验目的

测定水泥技术指标,评定其质量是否合格。

2. 试验依据

水泥细度依据《水泥细度检验方法 筛析法》(GB/T 1345—2005)进行试验;

水泥标准稠度用水量、凝结时间、安定性,依据《水泥标准稠度用水量、凝结时间、安定性检验方法》(GB/T 1346—2011)进行试验;

水泥胶砂强度依据《水泥胶砂强度检验方法(ISO 法)》(GB/T 17671—2021)进行试验。

10.3.1 一般规定

(1) 同一试验用的水泥应在同一水泥厂出产的同品种、同强度等级、同编号的水泥中取样。

(2) 样品取得后应把它储存在密封的金属容器中。容器应洁净、干燥、防潮、密闭,不易破损,不与水泥发生反应。

(3) 水泥试样应充分拌匀,且用 0.9 mm 方孔筛过筛。

(4) 试验时温度应保持在(20±2) ℃,相对湿度应不低于 50%。养护箱温度为(20±1) ℃,相对湿度不低于 90%。试体养护池水温度应在(20±1) ℃范围内。

(5) 试验用水必须是洁净的淡水。水泥试样、标准砂、拌和用水及试模等的温度应与试验室温度相同。

10.3.2 水泥的细度试验

细度检验有负压筛析法、水筛法和手工筛析法三种。在检验中,如三种试验测定结果出现差异时,以负压筛析法为准。试验时,80 μm 筛析试验取样 25 g,45 μm 筛析试验取样 10 g。

1. 负压筛析法

采用 45 μm 方孔筛和 80 μm 方孔筛,用筛上筛余物的质量百分数来表示水泥样品的细度。

1) 主要仪器设备

(1) 负压筛:由圆形筛框和筛网组成,筛框有效直径为 142 mm,高度为 25 mm,方孔边长为 0.080 mm 和 0.045 mm。

(2) 负压筛析仪:由筛座、负压筛、负压源及收尘器组成,其中筛座由转速为(30±2) r/min 的喷气嘴、负压表、控制板、微电机及壳体构成。筛析仪负压可调范围为 4000~6000 Pa。

(3) 天平:最大称量为 100 g,最小分度值不大于 0.01 g。

2) 试验步骤

试验前所用试验筛应保持清洁,负压筛应保持干燥。负压筛析法如下:

(1) 筛析试验前应把负压筛放在筛座上,盖上筛盖,接通电源,检查控制系统,调节负压至 4000~6000 Pa 范围内。

(2) 称取试样,精确至 0.01 g,置于洁净的负压筛中,放在筛座上,盖上筛盖,接通电源,开动筛析仪连续筛析 2 min,在此期间如有试样附着在筛盖上,可轻轻地敲击筛盖使试样落下。筛毕,用天平称量全部筛余物,精确至 0.01 g。

(3) 当工作负压小于 4000 Pa 时,应清理吸尘器内水泥,使负压恢复正常。

2. 水筛法

1) 主要仪器设备

主要仪器设备有水筛、筛支座、喷头、天平等。

2) 试验方法

(1) 筛析试验前,应检查水中无泥巴、砂,调整好水压及水筛架的位置,使其能正常运转。喷头底面和筛网之间的距离为 35~75 mm。

(2) 称取试样,置于洁净的水筛中,立即用淡水冲洗至大部分细粉通过后,放在水筛架上,用水压为(0.05±0.02) MPa 的喷头连续冲洗 3 min。筛毕,用少量水把筛余物冲洗至蒸发皿中,等水泥颗粒全部沉淀后,小心倒出清水,烘干,并用天平称量筛余物质量。

3. 干筛法

在没有负压筛析仪和水筛的情况下,用手工干筛法测定。

1) 主要仪器设备

主要仪器设备有干筛、天平等。

2) 试验方法

(1) 称取试样倒入干筛中。

(2) 一只手轻轻拍打,拍打速度为每分钟约 120 次,每 40 次向同一方向转动 60°,使试样均匀分布在筛网上,直至每分钟通过的试样量不超过 0.03 g 为止。

(3) 用天平称筛余物质量。

4. 试验结果

水泥试样筛余百分数按下式计算(结果精确至 0.1%):

$$F = \frac{R_s}{W} \times 100\%$$

式中,F——水泥试样的筛余百分数,%;

R_s——水泥筛余物的质量,g;

W——水泥试样的质量,g。

10.3.3 水泥的标准稠度用水量试验

1. 标准法

1) 主要仪器设备

主要仪器设备有水泥净浆搅拌机、维卡仪、量水器和天平等。

2) 试验步骤

(1) 试验前必须做到：确保维卡仪的金属棒能自由滑动；调整维卡仪的金属棒至试杆接触玻璃板时指针对准零点；确保搅拌机运转正常等。

(2) 水泥浆的拌制

用水泥净浆搅拌机搅拌，先用湿布擦拭搅拌锅和搅拌叶片。将拌和水倒入搅拌锅内，然后在 5～10 s 内小心地将称好的 500 g 水泥加入水中，防止水和水泥溅出。拌和时，先将锅放在搅拌机锅座上，升至搅拌位置，启动搅拌机，低速搅拌 120 s，停拌 15 s，同时将叶片和锅壁上的水泥浆刮入锅中间，接着高速搅拌 120 s，停机。

(3) 标准稠度用水量的测定

拌和结束后，立即将拌好的净浆装入圆模内，用小刀插捣、轻轻振动数次，刮去多余的净浆。抹平后迅速将试模和底板移到维卡仪上，并将其中心定在试杆下，降低试杆直至与水泥净浆表面接触。拧紧螺丝 1～2 s 后突然放松，使试杆垂直自由地沉入净浆中。在试杆停止沉入或释放试杆 30 s 时记录试杆距底板的距离。升起试杆后，立即擦净。整个操作应在搅拌后 1.5 min 内完成。

(4) 试验结果判定

以试杆沉入净浆并距底板 (6 ± 1) mm 的水泥净浆为标准稠度净浆。其拌和水量为该水泥的标准稠度用水量(P)，按水泥质量的百分比计。

2. 代用法

1) 主要仪器设备

主要仪器设备有水泥净浆搅拌机、代用法维卡仪（别称：水泥稠度仪）、量水器和天平等。

2) 试验步骤

(1) 试验前必须做到：确保维卡仪的金属棒能自由滑动；调整维卡仪的试锥接触锥模顶面时指针对准零点；确保搅拌机运转正常等。

(2) 水泥浆的拌制（同标准法）。

(3) 标准稠度用水量的测定

① 采用代用法测定标准稠度用水量法可用不变水量法和调整水量法两种方法中的任一种测定。

② 采用不变水量法测定时拌和水量为 142.5 mL。采用调整水量法测定时拌和水量按经验确定。

③ 拌和结束后，立即将拌好的净浆装入锥模内，用小刀插捣 5 次、轻轻振动 5 次，刮去多余的净浆。抹平后迅速将试模移到维卡仪上，并将其中心定在试锥下，将试锥降至接触净浆表面。拧紧螺丝 1～2 s 后突然放松，使试锥垂直自由地沉入净浆中。在试锥停止下沉或释放试锥 30 s 时记录试锥下沉深度。整个操作应在搅拌后 1.5 min 内完成。

(4) 试验结果判定

①用调整水量法测定时，以试锥下沉深度 (30 ± 1) mm 时的净浆为标准稠度净浆。其拌和水量为该水泥的标准稠度用水量(P)，按水泥质量的百分比计。如下沉深度超出范围须另称试样，调整水量，重新试验，直至试锥下沉深度为 (30 ± 1) mm 时为止。

② 用不变水量法测定时,根据试锥下沉的深度 S(单位:mm)按下式计算(或仪器上对应标尺)标准稠度用水量:

$$P = 33.4 - 0.185S$$

当试锥下沉深度小于 13 mm 时,改用调整水量法测定。

10.3.4 水泥的凝结时间试验

1. 主要仪器设备

主要仪器设备有水泥净浆搅拌机、标准法凝结时间测定维卡仪、试针和圆模、量水器、天平、湿气养护箱等。

2. 试验步骤

(1) 测定前准备工作:调整凝结时间测定维卡仪的试针接触玻璃板时,刻度指针对准零点。

(2) 试件的制备:按与标准稠度用水量试验相同的方法制成标准稠度净浆,并立即一次装满试模,振动数次后刮平,然后立即放入湿气养护箱内,记录水泥全部加入水中的时间为凝结时间的起始时间。

(3) 初凝时间的测定

试件在湿气养护箱中养护至加水后 30 min 时进行第一次测定。测定时,从湿气养护箱中取出试模放到试针下,降低试针使其与水泥净浆面接触。拧紧螺丝 1~2 s 后突然放松,试针垂直自由沉入净浆,观察试针停止下沉或释放试杆 30 s 时指针的读数。当试针沉至距底板(4±1) mm 时为水泥达到初凝状态。自水泥全部加入水中至初凝状态的时间为水泥的初凝时间,单位用 min 表示。

(4) 终凝时间的测定

为了准确观测试针沉入的状况,在终凝针上安装了一个环形附件。在完成初凝时间测定后,立即将试模连同浆体以平移的方式从玻璃板上取下,翻转 180°,直径大端向上、小端向下放在玻璃板上,再放入湿气养护箱中继续养护。临近终凝时间时每隔 15 min 测定一次,当试针沉入试体 0.5 mm 时,即环形附件开始不能在试件上留下痕迹时为水泥达到终凝状态。由水泥全部加入水中至终凝状态的时间为水泥的终凝时间,单位用 min 表示。

(5) 测定时应注意以下几点:

① 在进行最初测定操作时应轻轻扶持金属棒,使其徐徐下降,以防试针撞弯,但测定结果以自由下落为准。

② 在整个测试过程中试针沉入的位置至少要距试模内壁 10 mm。

③ 临近初凝时,每隔 5 min 测定一次,到达初凝或终凝状态时应立即重复一次,当两次结论相同时,才能定为到达初凝或终凝状态。

④ 每次测定不得让试针落入原针孔,每次测试完毕须将试针擦净,并将试模放回湿气养护箱内。整个测定过程中要防止圆模受振。

10.3.5 水泥的安定性试验

安定性试验可以采用标准法(雷氏法)和代用法(饼法),有争议时以标准法为准。雷氏法是测定水泥净浆在雷氏夹中沸煮后的膨胀值。试饼法是通过观察水泥净浆试饼沸煮后的外形变化来检验水泥的体积安定性。

1. 标准法(雷氏法)

1) 主要仪器设备

主要仪器设备有水泥净浆搅拌机、沸煮箱、雷氏夹、雷氏夹膨胀值测定仪、量水器、天平等。

2) 雷氏法试验步骤

(1) 测定前的准备工作

每个试样需成型两个试件,每个雷氏夹需配备质量约 75～85 g 的玻璃板两块,与水泥净浆接触的玻璃板和雷氏夹内表面都要稍稍涂上一层油。

(2) 水泥标准稠度净浆的制备

与凝结时间试验相同。

(3) 雷氏夹试件的成型

将预先准备好的雷氏夹放在已稍擦油的玻璃板上,并立刻将已制好的标准稠度净浆装满雷氏夹;装浆时一只手轻轻扶持雷氏夹,另一只手用宽约 10 mm 的小刀插捣数次,然后抹平,盖上稍涂油的玻璃板,立即将试模移至养护箱内养护 (24 ± 2) h。

(4) 沸煮

调整好沸煮箱内的水位,以保证在整个沸煮过程中水面都超过试件,不需中途添补试验用水,同时保证在 (30 ± 5) min 内加热至恒沸。脱去玻璃板取下试件,先测量雷氏夹指针尖端间的距离 (A),精确到 0.5 mm。接着将试件放入沸煮箱水中的试件架上,指针朝上,然后在 (30 ± 5) min 内加热至沸腾,并恒温保持 (180 ± 5) min。

(5) 结果判别

沸煮结束后,放掉沸煮箱中热水,打开箱盖,待箱体冷却至室温,取出试件进行判别。测量雷氏夹指针尖端间的距离 (C),准确至 0.5 mm,当两个试件沸煮后增加距离 $(C-A)$ 的平均值不大于 5.0 mm 时,即认为该水泥安定性合格。

2. 代用法(饼法)

1) 主要仪器设备

主要仪器设备有水泥净浆搅拌机、沸煮箱、量水器、天平等。

2) 试验步骤

(1) 测定前的准备工作

对于每个样品需准备两块约 100 mm×100 mm 的玻璃板,凡与水泥净浆接触的玻璃板都要稍稍涂上一层油。

(2) 试饼的成型方法

① 将制好的标准稠度净浆取出一部分分成两等份,使之成球形,放在预先准备好的玻璃板上;

② 轻轻振动玻璃板,并用湿布擦过的小刀由边缘向中央抹,做成直径 70～80 mm、中心厚约 10 mm、边缘渐薄、表面光滑的试饼;

③ 将试饼放入湿气养护箱内养护 24 h。

(3) 沸煮

① 调整好沸煮箱内的水位,以保证在整个沸煮过程中水面都超过试件,不需中途添补试验用水,同时保证在(30±5) min 时间内加热至恒沸。

② 脱去玻璃板取下试饼,在试饼无缺陷的情况下,将试饼放在沸煮箱内水中的箅板上,然后在(30±5) min 内加热至沸腾,并恒沸(180±5) min。

(4) 结果判别

沸煮结束后,放掉沸煮箱中热水,打开箱盖,待箱体冷却至室温后取出试件进行判别。目测试饼未发现裂缝,用钢直尺检查也没有弯曲(使钢直尺和试饼底部紧靠,以两者间不透光为不弯曲)的试饼为安定性合格,反之为不合格。当两个试饼判别结果有矛盾时,该水泥的安定性也为不合格。

10.3.6　水泥胶砂强度试验

1. 主要仪器设备

(1) 试验筛:金属丝网试验筛应符合《试验筛　技术要求和检验　第 1 部分:金属丝编织网试验筛》(GB/T 6003.1—2022)的要求。

(2) 水泥胶砂搅拌机:行星式水泥胶砂搅拌机应符合《行星式水泥胶砂搅拌机》(JC/T 681—2005)的要求。

(3) 水泥胶砂振实台:应符合《水泥胶砂振动台》(JC/T 723—2005)的要求。

(4) 试模:由三个水平的槽模组成。模槽内腔尺寸为 40 mm×40 mm×160 mm,可同时成型三条棱形试件。成型操作时应在试模上面加一个壁高 20 mm 的金属套模;为控制料层厚度和刮平胶砂表面,应备有两个播料器和一个金属刮平尺。

(5) 抗折强度试验机:采用性能符合要求的试验机。抗折夹具的加荷与支撑圆柱直径应为(10±0.1)mm,两个支撑圆柱中心间距为(100±0.2)mm。

(6) 抗压试验机:试验机精度要求为±1%,并具有按(2400±200)N/s 速率加荷的能力。

2. 水泥胶砂的制备

(1) 配料。水泥胶砂试验用材料的质量配合比应为

$$水泥:标准砂:水 = 1:3:0.5$$

一锅胶砂成型三条胶砂强度试条,每锅用料量为:水泥(450±2) g,标准砂(1350±5) g,拌和用水量(225±1) g。按每锅用料量称好各材料。

(2) 搅拌。使搅拌机处于待工作状态,然后按以下程序进行操作:

① 将水加入搅拌锅中,再加入水泥,把锅放在固定架上,上升至固定位置。

② 立即开动搅拌机,低速搅拌 30 s 后,在第二个 30 s 开始的同时均匀地将砂子加入。当各级砂为分装时,从最粗粒级开始,依次将所需的每级砂加完。把机器转至高速挡再搅拌 30 s。

③ 停拌 90 s,在停拌的第一个 15 s 内用一胶皮刮具将叶片和锅壁上的胶砂刮入锅中,在高速下继续搅拌 60 s。各个搅拌阶段的时间误差应在 1 s 以内。

3. 试件的制备

试件尺寸应是 40 mm×40 mm×160 mm 的棱柱体。试件可用振实台或振动台成型。

1) 用振实台成型

(1) 胶砂制备后立即进行成型。

(2) 将空试模和模套固定在振实台上,用一个合适的勺子直接从搅拌锅里将胶砂分两层装入试模。

(3) 装第一层时,每个槽里约放 300 g 胶砂,用大播料器垂直架在模套顶部沿每个模槽来回一次将料层播平,接着振实 60 次。

(4) 装第二层胶砂,用小播料器播平,再振实 60 次。

(5) 移走模套,从振实台上取下试模,用一金属刮平尺以近似 90°的角度架在试模模顶的一端,然后沿试模长度方向以横向锯割动作慢慢向另一端移动,一次将超过试模部分的胶砂刮去。

(6) 用同一直尺在近乎水平的情况下将试体表面抹平。

(7) 在试模上做标记或加字条标明试件编号。

2) 用振动台成型

使用代用振动台成型的操作如下:

(1) 在搅拌胶砂的同时将试模和下料漏斗卡紧在振动台的中心。

(2) 将搅拌好的全部胶砂均匀地装入下料漏斗中,开动振动台,胶砂通过漏斗流入试模。

(3) 振动 120 s 停止。振动完毕,取下试模,采用与振实台成型相同的方法将试体表面刮平。

(4) 在试模上做标记或用字条表明试件编号。

4. 试件养护

1) 脱模前的处理和养护

去掉留在模子四周的胶砂。立即将做好标记的试模放入雾室或湿箱的水平架子上养护,湿空气应能与试模各边接触。养护时不应将试模放在其他试模上。一直养护到规定的脱模时间,取出脱模。脱模前用防水墨汁或颜料笔对试体进行编号和做其他标记,两个龄期以上的试体,在编号时应将同一试模中的三块胶砂强度试条分在两个以上龄期内。

2) 脱模

脱模时可用塑料锤或橡皮榔头或专门的脱模器。对于 24 h 龄期的试体,应在破型试验前 20 min 内脱模,对于 24 h 以上龄期的试体应在成型后 20~24 h 内脱模。如经 24 h 养护,会因脱模对强度造成损害时,可以延迟至 24 h 以后脱模,但需注明。已确定作为 24h 龄期试验(或其他不下水直接做试验)的已脱模试件,应用湿布覆盖至做试验时为止。

3) 水中养护

将做好标记的试件立即水平或竖立放在(20±1)℃的水中养护,水平放置时刮平面应朝上。试件放在不易腐烂的箅子上,并彼此间保持一定间距,以让水与试件的六个面接触。养护期间试件之间间隔以及试体上表面的水深不得小于 5 mm。除 24 h 龄期或延迟至 48 h

脱模的试体外，任何到龄期的试体应在试验(破型)前 15 min 从水中取出。擦去试体表面沉积物，并用湿布覆盖至试验为止。

4) 强度试验试体的龄期

试体龄期从水泥加水搅拌开始时算起。不同龄期水泥胶砂强度试验时间应符合表 10-6 的规定。

表 10-6 不同期龄水泥胶砂强度试验时间

龄期	24 h	48 h	3 d	7 d	>28 d
试验时间	24 h±15 min	48 h±30 min	72 h±45 min	7 d±2 h	>28 d±8 h

5. 水泥的强度试验

1) 一般规定

用规定的设备以中心加荷法测定抗折强度。

在折断后的棱柱体上进行抗压试验，受压面是试体成型的两个侧面，尺寸为 40 mm×40 mm。

当不需要抗折强度数值时，抗折强度试验可以省去。但抗压强度试验应在不使试件受有害应力情况下折断的两截棱柱体上进行。

2) 抗折强度试验

每龄期取出三条试件先做抗折强度测定。测定前须擦去试件表面的水分和砂粒，清除夹具上圆柱表面黏附的杂物。试件放入抗折夹具内，应使试件侧面与圆柱接触。

采用杠杆式抗折试验机时，试件放入前应使杠杆成平衡状态。将试体一个侧面放在试验机支撑圆柱上，试体长轴垂直于支撑圆柱，调整夹具，使杠杆在试件折断前尽可能接近平衡位置。通过加荷圆柱以(50±10)N/s 的速率均匀地将荷载垂直地加在棱柱体相对侧面上，直至折断。

保持两个半截棱柱体处于潮湿状态直至进行抗压试验。

抗折强度(R_f)以兆帕(MPa)表示，按下式进行计算(精确至 0.1 MPa)：

$$R_f = \frac{1.5 F_f L}{b^3}$$

式中，F_f——折断时施加于棱柱体中部的荷载，N；

L——支撑圆柱之间的距离，mm；

b——棱柱体正方形截面的边长，mm。

本试验以一组三个棱柱体抗折结果的算术平均值作为试验结果(精确至 0.1 MPa)。当三个强度值中有超出平均值±10%的时，应剔除后再取平均值作为抗折强度试验结果。

3) 抗压强度测定

抗压强度试验用规定的仪器在半截棱柱体的侧面进行。抗折强度测定后的两个断块应立即进行抗压强度测定。抗压强度测定须用抗压夹具进行，使试件受压面尺寸为 40 mm×40 mm。测定前应清除试件受压面与加压板间的砂粒或杂物。

半截棱柱体中心与压力机压板受压中心差应在 0.5 mm 内，棱柱体露在压板外的部分约有 10 mm。

在整个加荷过程中以(2400±200) N/s 的速率均匀地加荷直至试件破坏。

抗压强度 R_c 以 MPa 为单位,按下式计算(精确至 0.1 MPa):

$$R_c = \frac{F_c}{A}$$

式中,R_c——单个试件的抗压强度,MPa;

F_c——破坏荷载,N;

A——受压部分面积,为 1600 mm²。

以一组三个棱柱体上得到的 6 个抗压强度测定值的算术平均值为试验结果(精确至 0.1 MPa)。如 6 个测定值中有一个超出 6 个平均值的±10%时,应剔除这个结果,而以剩下 5 个的平均数为试验结果。如果 5 个测定值中再有超过它们平均数±10%的,则此组结果作废。

10.4 水泥混凝土试验

1. 试验目的

通过测定混凝土和易性、表观密度、抗压强度和劈裂抗拉强度,熟悉并掌握相关测定方法、混凝土的标准养护和强度评定、配合比的确定等内容。

2. 试验依据

本试验依据《普通混凝土拌合物性能试验方法标准》(GB/T 50080—2016)、《普通混凝土力学性能试验方法标准》(GB/T 50081—2019)相关规定进行。

10.4.1 混凝土拌合物试样制备

1. 主要仪器设备

主要仪器设备有搅拌机、磅秤(称量 50 kg,精度 50 g)、天平(称量 5 kg,精度 1 g)、量筒(200 cm³、1000 cm³)、拌板、拌铲、盛器等。

2. 拌制混凝土的一般规定

(1) 拌制混凝土的原材料应符合技术要求,并与施工实际用料相同。在拌和前,材料的温度应与试验室温度[应保持在(20±5)℃]相同。水泥如有结块现象,应用 0.9 m 方孔筛过筛,筛余团块不得使用。

(2) 在确定用水量时应扣除原材料的含水量,并相应增加其他各种材料的用量。

(3) 拌制混凝土的材料用量以质量计,称量的精确度:骨料为±1%,水、水泥及混凝土掺合材料为±0.5%。

(4) 拌制混凝土所用的各种用具(如搅拌机、拌和铁板和铁铲、抹刀等)应预先用水湿润,使用完毕后必须清洗干净,上面不得有混凝土残渣。

3. 拌和方法

1) 人工拌和

将称好的砂料、水泥放在铁板上,用铁铲将水泥和砂料翻拌均匀,然后加入称好的粗骨料(石子),再将其全部拌和均匀。将拌和均匀的拌合物堆成圆锥形,在中心作一凹坑,将称量好的水(约一半)倒入凹坑中,勿使水溢出,小心拌和均匀。再将材料堆成圆锥形作一凹坑,倒入剩余的水,继续拌和。每翻一次,用铁铲在全部拌合物面上压切一次,翻拌一般不少于6次。拌和时间(从加水算起)随拌合物体积不同,宜遵循以下规定:

拌合物体积在 30 L 以下时,拌和 4~5 min;

拌合物体积为 30~50 L 时,拌和 5~9 min;

拌合物体积超过 50 L 时,拌和 9~12 min。

2) 机械拌和法

其搅拌量不应小于搅拌机额定搅拌量的 1/4,且不应小于 20 L。

按照所需数量,称取各种材料,分别将石、水泥、砂依次装入料斗,开动机器徐徐将定量的水加入,继续搅拌 2~3 min,将混凝土拌和物倾倒在铁板上,再经人工翻拌两次,使拌合物均匀一致后进行试验。

混凝土拌合物取样后应立即进行坍落度测定试验或试件成型。从开始加水时算起,全部操作须在 30 min 内完成。试验前混凝土拌合物应经人工略加翻拌,以保证其质量均匀。

10.4.2　拌合物稠度试验

混凝土拌合物的和易性是一项综合技术性质,很难用一种指标全面反映。通常以测定拌合物稠度(即流动性)为主,并辅以直观经验评定黏聚性和保水性,来确定其和易性。混凝土拌合物的流动性用"坍落度或坍落扩展度"和"维勃稠度"指标表示。

本试验采用坍落度法,适用于骨料最大粒径不大于 40 mm、坍落度值不小于 10 mm 的混凝土拌合物稠度测定。

1. 主要仪器设备

主要仪器设备有坍落度筒、捣棒、拌板、铁锹、小铲、钢尺等。

2. 试验步骤

(1) 润湿坍落度筒及底板,在坍落度筒内壁和底板上应无明水。底板应放置在坚实的水平面上,并把筒放在底板中心,然后用脚踩住两边的脚踏板,坍落度筒在装料时保持固定的位置。

(2) 把按要求取得的混凝土试样用小铲分三层均匀地装放筒内,使捣实后每层高度为筒高的 1/3 左右。每层用捣棒插捣 25 次。插捣应沿螺旋方向由外向中心进行,各次插捣应在截面上均匀分布。插捣筒边混凝土时,捣棒可以稍稍倾斜。插捣底层时,捣棒应贯穿整个深度;插捣第二层和顶层时,捣棒应插透本层至下一层的表面。浇灌顶层时,混凝土应灌到高出筒口。插捣过程中,如混凝土沉落到低于筒口,则应随时添加。顶层插捣完后,刮去多余的混凝土,并用抹刀抹平。

(3) 清除筒边底板上的混凝土后,垂直平稳地提起坍落度筒。坍落度筒的提离过程应在 5~10 s 内完成;从开始装料到提起坍落度筒的整个进程应不间断地进行,并应在 150 s 内完成。

(4) 提起坍落度筒后,量测筒高与坍落后混凝土试体最高点之间的高度差,即为该混凝土拌合物的坍落度值;坍落度筒提离后,如试件发生崩坍或一边剪坏现象,则应重新取样进行测定。如第二次仍出现这种现象,则表明该拌合物和易性不好,应予记录备查。

(5) 观察坍落后的混凝土试体的黏聚性及保水性。黏聚性的检查方法是用捣棒在已坍落的拌合物锥体侧面轻轻敲打,此时如果锥体逐渐下沉,则表明黏聚性良好;如果锥体倒坍、部分崩裂或出现离析,则表明黏聚性不好。保水性用混凝土拌合物稀浆析出的程度来评定,坍落度筒提起后如有较多的稀浆从底部析出,锥体部分的拌合物也因失浆而骨料外露,则表明此混凝土拌合物的保水性不好;如坍落度筒提起后无稀浆或仅有少量稀浆自底部析出,则表明此混凝土拌合物保水性良好。

(6) 当混凝土拌合物的坍落度大于 220 mm 时,用钢尺测量混凝土扩展后最终的最大直径和最小直径,在这两个直径之差小于 50 mm 的条件下,用其算术平均值作为坍落扩展度值;否则,此次试验无效。

如果发现粗骨料在中央集堆或边缘有水泥浆析出,则表明此混凝土拌合物抗离析性不好,应予记录。

(7) 混凝土拌合物的坍落度和坍落扩散度值以毫米为单位,测量精确至 1 mm,结果表达修约至 5 mm。

10.4.3 拌合物表观密度试验

1. 主要仪器设备

主要仪器设备有容量筒、台秤、振动台、捣棒等。

2. 试验步骤

(1) 用湿布把容量筒内外擦干净,称出筒质量(m_1),精确至 50 g。

(2) 混凝土的装料及捣实方法应根据拌合物的稠度而定。坍落度不大于 70 mm 的混凝土,用振动台振实为宜,大于 70 mm 的用捣棒捣实为宜。

① 采用捣棒捣实时,应根据容量筒的大小确定分层与插捣次数。用 5 L 容量筒时,混凝土拌合物应分两层装入,每层的插捣次数应大于 25 次。用大于 5 L 的容量筒时,每层混凝土的高度应不大于 100 mm,每层插捣次数应按每 100 cm^2 截面不小于 12 次计算。各次插捣应均匀地分布在每层截面上,插捣底层时捣棒应贯穿整个深度;插捣第二层时,捣棒应插透本层至下一层的表面。每一层捣完后用橡皮锤沿容器外壁轻轻敲打 5~10 次,进行振实,直至拌合物表面插捣孔消失并不见大气泡为止。

② 采用振动台振实时,应一次将混凝土拌合物灌到高出容量筒口,装料时可用捣棒稍加插捣,振动过程中如混凝土沉落到低于筒口,则应随时添加混凝土,振动直至表面出浆为止。

(3) 用刮尺将筒口多余的混凝土拌合物刮去,表面如有凹陷应予填平。将容量筒外壁擦净，称出混凝土与容量筒总质量（m_2），精确至 50 g。

3．试验结果计算

混凝土拌合物表观密度 ρ_0（单位：kg/m³）应按下式计算（精确至 10 kg/m³）：

$$\rho_0 = \frac{m_2 - m_1}{V}$$

式中，V——容量筒的容积，L；

m_1——空筒的质量，kg；

m_2——混凝土与容量筒的总质量，kg。

10.4.4 水泥混凝土的立方体抗压强度试验

本试验采用立方体试件，以同一龄期者为一组，每组至少有三个同时制作并同样养护的混凝土试件。试件尺寸根据骨料的最大粒径按表 10-7 选取。

表 10-7 试件尺寸及强度换算系数

试件尺寸/(mm×mm×mm)	骨料最大粒径/mm	抗压强度换算系数
100×100×100	31.5	0.95
150×150×150	40	1
200×200×200	63	1.05

1．主要仪器设备

主要仪器设备有压力试验机、振动台、试模、捣棒、小铁铲、金属直尺、抹刀等。

2．试件制作

（1）试件制作应符合下列规定：

① 每一组试件所用的混凝土拌合物应由同一次拌和成的拌合物中取出。

② 制作前，应将试模洗干净并将试模的内表面涂上一薄层矿物油脂或其他不与混凝土发生反应的脱模剂。

③ 在试验室拌制混凝土时，其材料用量应以质量计，称量的精度：水泥、掺合料、水和外加剂为±0.5%；骨料为±1%。

④ 取样或试验室拌制混凝土应在拌制后尽量短的时间内成型，一般不宜超过 15 min。

⑤ 根据混凝土拌合物的稠度确定混凝土成型方法，坍落度不大于 70 mm 的混凝土宜用振动振实；大于 70 mm 的宜用捣棒人工捣实。检验现浇混凝土或预制构件的混凝土，试件成型方法宜与实际采用的方法相同。

（2）试件制作步骤

① 取样或拌制好的混凝土拌合物应至少用铁锹再来回拌和三次。

② 用振动台拌实制作试件应按下述方法进行：将混凝土拌合物一次装入试模，装料时应用抹刀沿各试模壁插捣，并使混凝土拌合物高出试模口；试模应附着或固定在振动台上，振动时试模不得有任何跳动，振动应持续到表面出浆为止，不得过振。

③ 用人工插捣制作试件应按下述方法进行：混凝土拌合物应分两层装入试模，每层的装料厚度大致相等；插捣应按螺旋方向从边缘向中心均匀进行。在插捣底层混凝土时，捣棒应达到试模底面；插捣上层时，捣棒应贯穿上层后插入下层 20～30 mm。插捣时捣棒应保持垂直，不得倾斜。然后应用抹刀沿试模内壁插拔数次；每层插捣次数保证在 1 万 mm^2 面积内不少于 12 次；插捣后应用橡皮锤轻轻敲击试模四周，直至插捣棒留下的空洞消失为止。

④ 用插入式捣棒振实制作试件应按下述方法进行：将混凝土拌合物一次装入试模，装料时应用抹刀沿各试模壁插捣，并使混凝土拌合物高出试模口；宜用直径为 $\phi 25$ mm 的插入式振捣棒，插入试模振捣时，振捣棒距试模底板 10～20 mm 且不得触及试模底板，振动应持续到表面出浆为止，且应避免过振，以防止混凝土离析；一般振捣时间为 20 s。振捣棒拔出时要缓慢，拔出后不得留有孔洞。

⑤ 刮除试模上口多余的混凝土，待混凝土临近初凝时，用抹刀抹平。

3. 试件的养护

（1）试件成型后应立即用不透水的薄膜覆盖表面。

（2）采用标准养护的试件，应在温度为 (20 ± 5) ℃的环境下静置一昼夜至二昼夜，然后编号、拆模。拆模后应立即放入温度为 (20 ± 2) ℃、相对湿度为 95% 以上的标准养护室中养护，或在温度为 (20 ± 2) ℃的不流动的 $Ca(OH)_2$ 饱和溶液中养护。标准养护室内的试件应放在支架上，彼此间隔为 10～20 mm，试件表面应保持潮湿，并不得被水直接冲淋。

（3）同条件养护试件的拆模时间可与实际构件的拆模时间相同，拆模后，试件仍需保持同条件养护。

（4）标准养护龄期为 28 d（从搅拌加水开始计时）。

4. 抗压强度试验

（1）试件自养护室取出后，随即擦干并量出其尺寸（精确至 1 mm），据以计算试件的受压面积 A（单位：mm^2）。

（2）将试件安放在下承压板上，试件的承压面应与成型时的顶面垂直。试件的中心应与试验机下压板中心对准。开动试验机，当上压板与试件接近时，调整球座，使其接触均衡。

（3）加压时，应连续而均匀地加荷，加荷速度应为：混凝土强度等级 <C30，取每秒钟 0.3～0.5 MPa；强度等级 ≥C30 且 <C60，取每秒钟 0.5～0.8 MPa；强度等级 ≥C60，取每秒钟 0.8～1.0 MPa。

当试件接近破坏而迅速变形时，停止调整试验机油门，直至试件破坏。记录破坏荷载 F（单位：N）。

5. 试验结果计算

（1）混凝土立方体试件抗压强度按下式计算（结果精确至 0.1 MPa）：

$$f_{cu} = \frac{F}{A}$$

式中，f_{cu}——混凝土立方体试件的抗压强度，MPa；

F——抗压破坏荷载,kN;

A——受压面积,mm²。

(2) 强度值的确定应符合下列规定:

① 将三个试件测定值的算术平均值作为该组试件的强度值(精确至 0.1 MPa);

② 若三个测定值中的最小值或最大值中有一个与中间值的差值超过中间值的 15%,则把最大值及最小值一并舍除,取中间值作为该组试件的抗压强度值;

③ 如最大值和最小值与中间值的差均超过中间值的 15%,则此组试件的试验结果无效。

(3) 混凝土强度等级<C60 时,用非标准试件测得的强度值均应乘以尺寸换算系数,其值对 200 mm×200 mm×200 mm 试件为 1.05;对 100 mm×100 mm×100 mm 试件为 0.95。当混凝土强度等级≥C60 时,宜采用标准试件;使用非标准试件时,尺寸换算系数应由试验确定。

10.4.5 水泥混凝土劈裂强度试验

本方法适用于测定混凝土立方体试件的劈裂抗拉强度。劈裂抗拉强度应采用 150 mm×150 mm×150 mm 的立方体作为标准试件,制作标准试件所用混凝土中骨料的最大粒径不应大于 40 mm。必要时,可采用 100 mm×100 mm×100 mm 的非标准尺寸的立方体试件,非标准试件混凝土所用骨料的最大粒径不应大于 20 mm。

1. 仪器设备

(1) 压力试验机:应符合《水泥胶砂强度自动压力试验机》(JC/T 960—2005)[①]所提出的各项要求。

(2) 垫条:采用直径为 150 mm 的钢制弧形垫条,垫条的长度不应短于试件的边长。

(3) 垫层:为木质三合板,垫层宽应为 15~20 mm,厚 3~4 mm,长度不应短于试件边长。垫层不得重复使用。

2. 试验步骤

(1) 试件从养护室中取出后应及时进行试验,在试验前试件应保持与原养护地点相似的干湿状态。

(2) 先将试件擦洗干净,测量尺寸,检查外观,并在试件中部画线定出劈裂面的位置。劈裂承压面和劈裂面应与试件成型时的顶面垂直。量出劈裂面的边长(精确至 1 mm),计算出劈裂面的面积。

(3) 将试件放在试验机压板的中心位置,在上、下压板与试件之间垫以圆弧形垫条及垫层各一条,垫条应与成型时的顶面垂直(宜把垫条和试件放在支架上使用)。为了保证上、下垫条对准及提高试验效率,可以把垫条安装在定位架上使用。

(4) 开动试验机,当上压板与试件接近时,调整球座,使其接触均衡。

(5) 试件的试验应连续而均匀地加荷,加荷速度应为:混凝土强度等级<C30,取每秒钟 0.02~0.05 MPa;强度等级≥C30 且<C60,取每秒钟 0.05~0.08 MPa;强度等级≥

---

① JC/T 960—2022 即将实施。

C60,取每秒钟 0.08～0.10 MPa。

(6) 当试件临近破坏开始急速变形时,停止调整试验机油门,继续加荷直至试件破坏,记录破坏荷载(P)。

3. 试验结果计算

(1) 混凝土劈裂抗拉强度按下式计算(结果精确至 0.01 MPa):

$$f_{ts}=\frac{2P}{\pi A}=0.637\times\frac{P}{A}$$

式中,f_{ts}——混凝土劈裂抗拉强度,MPa;
  P——破坏荷载,N;
  A——试件劈裂面积,mm^2。

(2) 以三个试件测定值的算术平均值作为该组试件的劈裂抗拉强度值(精确至 0.01 MPa)。如果三个测定值的最小值或最大值中有一个与中间值的差值超过中间值的 15%,则把最大值及最小值一并舍除,取中间值作为该组试件的抗压强度值。如最大值和最小值与中间值相差均超过 15%,则该组试件的试验结果无效。

(3) 采用边长 150 mm 的立方体作为标准试件,如果采用边长为 100 mm 的立方体非标准试件,则测得的强度应乘以尺寸换算系数 0.85。

10.5 沥青试验

1. 试验目的

测定石油沥青的针入度、延度、软化点等主要技术性质,作为评定石油沥青牌号的主要依据。

2. 试验依据

本试验按《公路工程沥青及沥青混合料试验规程》(JTG E20—2011)的规定进行。

10.5.1 针入度试验

本方法适用于测定针入度小于 350(单位: 0.1 mm)的石油沥青的针入度。

方法概要:石油沥青的针入度以标准针在一定的荷重、时间及温度条件下,垂直穿入沥青试样的深度来表示,单位为 0.1 mm。如未另行规定,标准针、针连杆与附加砝码的总质量为(100±0.05) g,温度为 25 ℃,贯入时间为 5 s。

1. 主要仪器设备

主要仪器设备有:针入度计(图 10-6);标准针(应由硬化回火的不锈钢制成,其尺寸应符合规定);试样皿;恒温水槽(容量不小于 10 L,能保持温度在试验温度的±0.1 ℃范围内);温度计(液体玻璃温度计,刻度范围 0～50 ℃,分度为 0.1 ℃);平底玻璃皿;秒表;砂浴容器或可控温度的密闭电炉。

2. 试验准备

（1）将预先除去水分的沥青试样在砂浴或密闭电炉上小心加热，不断搅拌，加热温度不得超过估计软化点 100 ℃。加热时间不得超过 30 min，用 0.6 mm 筛过滤除去杂质。加热、搅拌过程中避免试样中混入空气泡。

（2）将试样倒入预先选好的试样皿中，试样深度应大于预计穿入深度 10 mm。

（3）将试样皿在 15～30 ℃ 的空气中冷却不少于 1.5 h（小试样皿）或 2 h（大试样皿），防止灰尘落入试样皿。然后将试样皿移入保持规定试验温度的恒温水浴中。小试样皿恒温不少于 1.5 h，大试样皿恒温不少于 2 h。

（4）调节针入度计使之水平。检查针连杆和导轨，以确认无水和其他外来物，无明显摩擦。用三氯乙烯或其他溶剂清洗标准针，并拭干。把标准针插入针连杆，用螺丝固紧。按试验条件加上附加砝码。

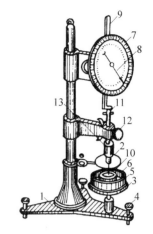

1—底座；2—小镜；3—圆形平台；4—调平螺丝；5—保温皿；6—试样；7—刻度盘；8—指针；9—活杆；10—标准针；11—针连杆；12—按钮；13—砝码。

图 10-6　针入度计

3. 试验步骤

（1）取出达到恒温的盛样皿，并移入水温控制在试验温度±0.1 ℃（可用恒温水槽中的水）的平底玻璃皿中的三腿支架上，试样表面以上的水层高度不小于 10 mm。

（2）将盛有试样的平底玻璃皿置于针入度计的平台上。慢慢放下针连杆，用放在适当位置的反光镜或灯光反射观察，使针尖刚好与试样表面接触。拉下活杆，使其与针连杆顶端轻轻接触，调节刻度盘或深度指示器的指针指示为零。

（3）用手紧压按钮，同时开动秒表，使标准针自由下落贯入试样，达规定时间（5 s）后，立即停压按钮使针停止移动。

（4）拉下刻度盘拉杆与针连杆顶端接触，读取刻度盘指针或位移指示器的读数，准确至 0.1 mm。

（5）同一试样做平行试验至少 3 次，各测定点之间及与盛样皿边缘的距离不应少于 10 mm。每次试验后应将盛有盛样皿的平底玻璃皿放入恒温水槽，使平底玻璃皿中水温保持试验温度。每次试验应换一根干净标准针或将标准针用蘸有三氯乙烯溶剂的棉花或布擦干净，再用干棉花或布擦干。

（6）测定针入度大于 200（单位：0.1 mm）的沥青试样时，至少用 3 支标准针，每次试验后将针留在试样中，直至 3 次平行试验完成后，才能把标准针取出。

4. 试验结果

同一试样 3 次平行试验结果的最大值和最小值之差在表 10-8 所示允许偏差范围内时，计算 3 次试验结果的平均值，取整数作为针入度试验结果，以 0.1 mm 为单位。当试验值不符合要求时，应重新进行试验。

表 10-8　针入度测定允许差值

针入度/0.1 mm	0~49	50~149	150~249	250~500
允许差值/0.1mm	2	4	12	20

10.5.2　延度试验

方法概要：本方法适用于测定石油沥青的延度。石油沥青的延度是指用规定的试件在一定温度下以一定速度拉伸到断裂时的长度，单位用 cm 表示。非经特殊说明，试验温度为 (25 ± 0.5) ℃，延伸速度为 (5 ± 0.25) cm/min。

1. 主要仪器设备与材料

主要仪器设备与材料有：延度仪（配模具）；水浴（容量至少为 10 L，能保持试验温度变化不大于 0.1 ℃）；温度计（0~50 ℃，分度 0.1 ℃）；瓷皿或金属皿（熔沥青用）；筛（筛孔为 0.6 mm 的金属网）；砂浴或可控制温度的密闭电炉。甘油-滑石粉隔离剂（甘油 2 份、滑石粉 1 份，按质量计）。

2. 试验准备

（1）将隔离剂拌和均匀，涂于磨光的金属板上和模具侧模的内表面，将模具组装在金属板上。

（2）将除去水分的试样在砂浴上小心加热并防止局部过热，加热温度不得高于估计软化点 100 ℃，用筛过滤，充分搅拌，勿混入气泡。然后将试样以细流状自模的一端至另一端往返倒入，使试样略高出模具。

（3）试件先在室温中冷却不少于 1.5 h，用热刀将高出模具的沥青刮去，使沥青面与模面齐平。沥青的刮法应自模的中间刮向两面，表面应刮得十分光滑。将试件连同金属板再浸入 (25 ± 0.1) ℃ 的水浴中保温 1.5 h。

（4）检查延度仪拉伸速度是否符合要求。移动滑板使指针对准标尺的零点。保持水槽中水温为 (25 ± 0.1) ℃。

3. 试验步骤

（1）将试件移至延度仪水槽中，将模具两端的孔分别套在滑板及槽端的金属柱上，水面距试件表面应不小于 25 mm，然后去掉侧模。

（2）确认延度仪水槽中水温为 (25 ± 0.5) ℃ 时开动延度仪，观察沥青的拉伸情况。在测定时，如发现沥青细丝浮于水面或沉入槽底时，则在水中加入乙醇或食盐水调节水的密度，至与试件的密度相近后，再进行测定。

（3）试件拉断时指针所指标尺上的读数即为试样的延度，单位用 cm 表示。在正常情况下，试件应拉伸成锥尖状，在断裂时实际横断面为零。如不能得到上述结果，则应报告在此条件下无测定结果。

4. 试验结果处理

同一试样每次平行试验不少于 3 个，如 3 个测定结果均大于 100 cm，则试验结果记作

">100 cm"；如有特殊需要,也可以分别记录实测值。如 3 个测定结果中有一个以上的测定值小于 100 cm,若最大值或最小值与平均值之差不大于平均值的 20%,则取 3 个测定结果的平均值的整数作为延度试验结果,若平均值大于 100 cm,记作">100 cm"；若最大值或最小值与平均值之差大于平均值的 20%,应重新进行试验。

10.5.3 软化点测定

方法概要：沥青试样在规定尺寸的金属环内,上置规定尺寸和质量的钢球,放于水或甘油中,以规定的速度加热,至钢球下落达规定距离(25.4 mm)时的温度作为石油沥青的软化点,单位用℃表示。

1. 主要仪器设备与材料

主要仪器设备与材料有：沥青软化点测定仪(图 10-7)；电炉及其他加热器；试验底板(金属板或玻璃板)；筛(筛孔为 0.6 mm 的金属网)；平直刮刀(切沥青用)。甘油-滑石粉隔离剂(以质量计,甘油 2 份、滑石粉 1 份)；新煮沸过的蒸馏水；甘油。

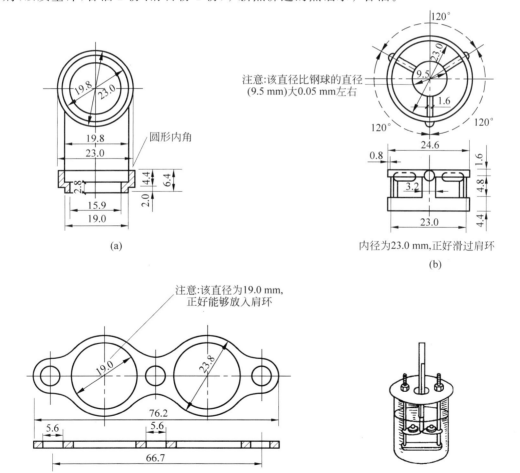

图 10-7 沥青软化点测定仪
(a) 环；(b) 钢球定位器；(c) 支架；(d) 组合装置

2. 试验准备

(1) 将试样环置于涂有甘油-滑石粉隔离剂的试样底板上。将预先脱水的试样加热熔化,不断搅拌,以防止局部过热,加热温度不得高于试样估计软化点 100 ℃,加热时间不超过 30 min。用筛过滤。将准备好的沥青试样徐徐注入试样环内至略高出环面为止。

如估计软化点在 120 ℃ 以上时,则试样环和试样底板(不用玻璃板)均应预热至 80～100 ℃。

(2) 试样在室温冷却 30 min 后,用热刮刀刮除环面上的试样,务使试样与环面齐平。

3. 试验步骤

(1) 试样软化点在 80 ℃ 以下者:

① 将装有试样的试样环连同试样底板置于装有 (5±0.5) ℃ 水的恒温水槽中至少 15 min,同时将金属支架、钢球、钢球定位环等亦置于相同水槽中。

② 烧杯内注入新煮沸并冷却至 5 ℃ 的蒸馏水,水面略低于立杆上的深度标记。

③ 从恒温水槽中取出盛有试样的试样环放置在支架中层板的圆孔中,套上定位环;然后把整个环架放入烧杯中,调整水面至深度标记,并保持水温为 (5±0.5) ℃。环架上任何部分不得附有气泡。将测温范围为 0～100 ℃ 的温度计由上层板中心孔垂直插入,使端部测温头与试样环下面平齐。

④ 将盛有水和环架的烧杯移至放有石棉网的加热炉具上,然后将钢球放在定位环中间的试样中央,立即开动振荡搅拌器,使水微微振荡,并开始加热,使杯中水温在 3 min 内调节至维持每分钟上升 (5±0.5) ℃。在加热过程中,应记录每分钟上升的温度值,如温度上升速度超出此范围时,则应重做试验。

⑤ 试样受热软化逐渐下坠,至与下层底板表面接触时,立即读取温度值,准确至 0.5 ℃。

(2) 试样软化点在 80 ℃ 以上者:

① 将装有试样的试样环连同试样底板置于装有 (32±1) ℃ 甘油的恒温槽中至少 15 min,同时将金属支架、钢球、钢球定位环等亦置于甘油中。

② 在烧杯内注入预先加热至 32 ℃ 的甘油,使其液面略低于立杆上的深度标记。

③ 从恒温槽中取出装有试样的试样环,按(1)的方法进行测定,准确至 1 ℃。

4. 试验结果

同一试样做平行试验两次,当两次测定值的差值符合重复性试验精密度要求时,取其平均值作为软化点试验结果,准确至 0.5 ℃。

当试样软化点小于 80 ℃ 时,重复性试验的允差为 1 ℃;当试样软化点等于或大于 80 ℃ 时,重复性试验的允差为 2 ℃。

10.6 沥青混合料试验

1. 试验目的

我国现行国家标准《沥青路面施工及验收规范》(GB 50092—96)规定,热拌沥青混合料配合比设计应采用马歇尔试验设计方法。该法首先按配比设计拌制沥青混合料，然后制成规定尺寸的试件。试件放置 12 h 后，测定其物理指标（包括表观密度、空隙率、沥青饱和度、矿料间隙率等），最后测定其稳定度、流值和残留稳定度。必要时，还要进行动稳定度校核。

2. 试验依据

本试验按《公路工程沥青及沥青混合料试验规程》(JTG E20—2011)规定进行。

10.6.1 沥青混合料试件制作方法（击实法）

沥青混合料试件的制作可采用击实法、轮碾法、静压法。在此介绍的标准击实法适用于马歇尔试验，是按照设计的配合比，应用现场实际材料，在试验室内用小型拌机按规定的拌制温度制备成沥青混合料；然后将这种混合料在规定的成型温度下，用击实法制成直径为 101.6 mm、高为 63.5 mm 的圆柱试件，供测定其物理常数和力学性质用。

1. 主要仪器设备

（1）标准击实仪：由击实锤、98.5 mm 平圆形压实头及带手柄的导向棒组成。用人工或机械将压实锤举起，从 (457.2 ± 1.5) mm 高度沿导向棒自由落下击实，标准击实锤质量为 (4536 ± 9) g。

（2）标准击实台：用以固定试模，在 200 mm×200 mm×457 mm 的硬木墩上面有一块 305 mm×305 mm×25 mm 的钢板，木墩用 4 根型钢固定在下面的水泥混凝土板上。木墩采用青冈栎、松木或其他干密度为 $0.67\sim0.77$ g/cm^3 的硬木制成。人工击实或机械击实必须有此标准击实台。

自动击实仪是将标准击实锤及标准击实台安装在一起，并用电力驱动使击实锤连续击实试件且可自动记数的设备，击实速度为 (60 ± 5) 次/min。

（3）试验室用沥青混合料拌和机：能保证拌和温度并充分拌和均匀，可控制拌和时间，容量不少于 10 L，其结构如图 10-8 所示。搅拌叶自转速度为 $70\sim80$ r/min，公转速度为 $40\sim50$ r/min。

（4）脱模器：电动或手动，可无破损地推出圆柱体试件，备有要求尺寸的推环。

（5）试模：每种至少三组，由高碳钢或工具钢制成，每组包括内径 (101.6 ± 0.2) mm、高 87 mm 的圆柱形金属筒、底座（直径约 120.6 mm）和套筒（内径 101.6 mm，高 70 mm）各一个。

（6）烘箱：大、中型各一台，装有温度调节器。

（7）天平或电子秤：用于称量矿料的分度值不大于 0.5 g，用于称量沥青的分度值不大于 0.1 g。

（8）沥青运动黏度测定设备：采用毛细管黏度计或赛波特重质油黏度计。

（9）插刀或大螺丝刀。

（10）温度计：分度值为 1 ℃。

（11）其他设备及材料包括电炉或煤气炉、沥青熔化锅、拌和铲、试验筛、滤纸（或普通纸）、胶布、卡尺、秒表、粉笔、棉纱等。

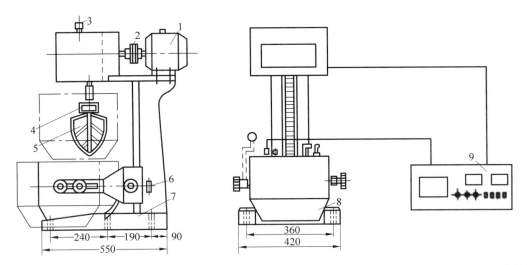

1—电机；2—联轴器；3—变速箱；4—弹簧；5—搅拌叶片；6—升降手柄；7—底座；8—加热拌和锅；9—温度时间控制箱。

图 10-8 小型沥青混合料拌和机结构

2. 准备工作

(1) 确定制作沥青混合料试件的拌和与压实温度。

用毛细管黏度计测定沥青的运动黏度，绘制黏温曲线。当使用石油沥青时，以运动黏度为 (170 ± 20) mm^2/s 时的温度为拌和温度，以 (280 ± 30) mm^2/s 时的温度为压实温度；亦可用赛波特黏度计测定赛波特黏度，以 (85 ± 10) s 时的温度为拌和温度，以 (140 ± 15) s 时的温度为压实温度。

当缺乏运动黏度测定条件时，试件的拌和与压实温度可按表 10-9 选用，并根据沥青品种和标号作适当调整。针入度小、稠度大的沥青取高限，针入度大、稠度小的沥青取低限，一般取中值。

常温沥青混合料的拌和及压实在常温下进行。

(2) 将各种规格的矿料置于温度为 (105 ± 5) ℃ 的烘箱中烘干至恒重（一般不少于 4~6 h）。根据需要，可将粗细骨料过筛后，用水冲洗再烘干备用。

(3) 分别测定不同粒径粗、细集料及填料（矿粉）的表观密度，并测定沥青的密度。

(4) 将烘干分级的粗细集料按每个试件设计级配成分要求称其质量，在一金属盘中混合均匀，矿粉单独加热，置于烘箱中预热至沥青拌和温度以上约 15 ℃（石油沥青通常为 163 ℃）备用。一般按一组试件（每组 4~6 个）备料，但进行配合比设计时宜对每个试件分别备料。

表 10-9 沥青混合料拌和及压实温度参考   单位：℃

沥青种类	拌和温度	压实温度	沥青种类	拌和温度	压实温度
石油沥青	140~160	120~150	煤沥青	90~120	80~110

(5) 将沥青试样用电热套或恒温烘箱熔化加热至规定的沥青混合料拌和温度备用。

(6) 用沾有少许黄油的棉纱擦净试模、套筒及击实座等，将其置于 100 ℃ 左右的烘箱中加热 1 h 备用。

3. 混合料拌制

(1) 将沥青混合料拌和机预热至拌和温度以上 10 ℃左右备用,但不得超过 175 ℃。

(2) 将每个试件预热的粗细集料置于拌和机中,用小铲适当混合,然后再加入需要数量的已加热至拌和温度的沥青,开动拌和机一边搅拌,一边将拌和叶片插入混合料中拌和 1～1.5 min;然后暂停拌和,加入单独加热的矿粉,继续拌和至均匀为止,并使沥青混合料保持在要求的拌和温度范围内。标准的总拌和时间为 3 min。

4. 试件成型

(1) 将拌好的沥青混合料均匀称取一个试件所需的用量(约 1200 g)。当一次拌和几个试件时,宜将其倒入经预热的金属盘中,用小铲拌和,均匀分成几份,分别取用。在试件制作过程中,为防止混合料温度下降,应连盘放在烘箱中保温。

(2) 从烘箱取出预热的试模及套筒,用沾有少许黄油的棉纱擦拭套筒、底座及击实锤底面,将试模装在底座上(也可垫一张圆形的吸油性小的纸),利用四分法从四个方向用小铲将混合料铲入试模中,用插刀沿周边插捣 15 次,中间 10 次。插捣后将沥青混合料表面整平成凸圆弧面。

(3) 插入温度计至混合料中心附近,测量混合料温度。

(4) 待混合料温度符合要求的压实温度后,将试模连同底座一起放在击实台上固定(也可在装好的混合料上垫一张吸油性小的圆纸),再将装有击实锤及导向棒的压实头插入试模中,然后开启马达(或人工)将击实锤从 457 mm 的高度自由落下击实规定的次数(75、50 次或 35 次)。

(5) 试件击实一面后,取下套筒,将试模掉头,装上套筒,然后以同样的方式和次数击实另一面。

(6) 试件击实结束后,如上下面垫有圆纸,应立即用镊子将其取掉,用卡尺量取试件离试模上口的高度并由此计算试件高度,如高度不符合要求,试件应作废,并按下式调整试件的混合料数量,使高度符合(63.5±1.3) mm 的要求。

$$q = q_0 \frac{63.5}{h_0}$$

式中,q——调整后沥青混合料用量,g;

q_0——原用沥青混合料用量,g;

h_0——制备试件的实际高度,mm。

(7) 卸去套筒和底座,将装有试件的试模横向放置冷却至室温后(不少于 12 h),置脱模机上脱出试件。将试件仔细置于干燥洁净的平面上。

10.6.2 沥青混合料物理指标测定

对于按击实法制成的沥青混合料圆柱体,经 12 h 以后,用水中重法测定其表观密度。并按组成材料原始数据计算其空隙率、沥青体积百分率、矿料间隙率和沥青饱和度等物理指标。水中重法仅适用于几乎不吸水的密实的 I 型沥青混凝土混合料。

1. 主要仪器设备

(1) 浸水天平或电子秤：当最大称量在 3 kg 以下时，分度值不大于 0.1 g；最大称量 3 kg 以上 10 kg 以下时，分度值不大于 0.5 g；最大称量 10 kg 以上时，分度值不大于 5 g。应有测量水中重的挂钩。

(2) 网篮。

(3) 溢流水箱：如图 10-9 所示，使用洁净水，其中有水位溢流装置，以保持试件和网篮浸入水中后的水位恒定。

(4) 试件悬吊装置：天平下方悬吊网篮及试件的装置，吊线应采用不吸水的细尼龙线绳，并有足够的长度。对轮碾成型机成型的板块状试件可用钢丝悬挂。

(5) 秒表、电扇和烘箱。

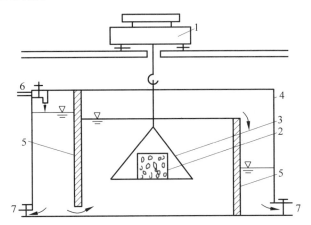

1—浸水天平或电子秤；2—试件；3—网篮；4—溢流水箱；5—水位搁板；6—注入口；7—放水阀门。

图 10-9　溢流水箱及下挂法水中重称量方法示意图

2. 试验方法

(1) 选择适宜的浸水天平(或电子秤)，最大称量应不小于试件质量的 1.25 倍，且不大于试件质量的 5 倍。

(2) 除去试件表面的浮粒，称取干燥试件在空气中的质量(m_a)(准确度由选择的天平的感量决定)。

(3) 挂上网篮浸入溢流水箱的水中，调节水位，将天平调平或复零，把试件置于网篮中(注意不要使水晃动)，浸水约 1 min，称取水中质量(m_w)。

注：若天平读数持续变化，不能在数秒钟内达到稳定，说明试件吸水较严重，不适用于此法测定，应改用表干法或蜡封法测定。

3. 计算物理常数

1) 表观密度

密实的沥青混合料试件的表观密度按下式计算，取 3 位小数：

$$\rho_s = \frac{m_a}{m_a - m_w} \cdot \rho_w$$

式中，ρ_s——试件的表观密度，g/cm^3；

m_a——干燥试件的空气中质量，g；

m_w——试件的水中质量，g；

ρ_w——常温下水的密度，$\rho_w \approx 1\ g/cm^3$。

2）理论密度

（1）当试件沥青按油石比（P_a）计时，试件的理论密度（ρ_t）按下式计算（取3位小数）：

$$\rho_t = \frac{100 + P_a}{\dfrac{P_1}{\gamma_1} + \dfrac{P_2}{\gamma_2} + \cdots + \dfrac{P_n}{\gamma_n} + \dfrac{P_a}{\gamma_a}} \cdot \rho_w$$

（2）当沥青按沥青含量（P_b）计时，试件的理论密度（ρ_t）按下式计算（取3位小数）：

$$\rho_t = \frac{100 + P_b}{\dfrac{P'_1}{\gamma_1} + \dfrac{P'_2}{\gamma_2} + \cdots + \dfrac{P'_n}{\gamma_n} + \dfrac{P_b}{\gamma_a}} \cdot \rho_w$$

式中，ρ_t——理论密度，g/cm^3；

$P_1, P_2, \cdots, P_n$——各种矿料的配合比（矿料总和为 $\sum_{1}^{n} P_i = 100$）；

$P'_1, P'_2, \cdots, P'_n$——各种矿料的配合比（矿料与沥青之和为 $\sum_{1}^{n} P'_i + P_b = 100$）；

$\gamma_1, \gamma_2, \cdots, \gamma_n$——各种矿料与水的相对密度；

注：矿料与水的相对密度通常采用表观相对密度，对吸水率>1.5%的粗骨料可采用相对密度与表干相对密度的平均值。

P_a——油石比（沥青与矿料的质量比），%；

P_b——沥青含量（沥青质量占沥青混合料总质量的百分率），%；

γ_a——沥青的相对密度（25 ℃/25 ℃）。

3）空隙率

试件的空隙率按下式计算，取1位小数：

$$V_v = (1 - \rho_s / \rho_t) \times 100$$

式中，V_v——试件的空隙率，%；

ρ_t——按实测的沥青混合料最大密度或按计算所得的理论密度，g/cm^3；

ρ_s——试件的表观密度，g/cm^3。

4）沥青体积百分率

试件中沥青的体积百分率按下式计算，取1位小数：

$$V_A = \frac{P_a \rho_s}{\gamma_b \rho_w}$$

或

$$V_A = \frac{100 P_a \rho_s}{(100 + P_a) \gamma_b \rho_w}$$

式中，V_A——沥青混合料试件的沥青体积百分率，%。

5）矿料间隙率

试件的矿料间隙率按下式计算，取 1 位小数：

$$V_{MA} = V_A + V_v$$

式中，V_{MA}——沥青混合料试件的矿料间隙率，%。

6）沥青饱和度

试件的沥青饱和度按下式计算，取 1 位小数：

$$V_{FA} = \frac{V_A}{V_A + V_v} \times 100$$

式中，V_{FA}——沥青混合料试件的沥青饱和度，%。

10.6.3 沥青混合料马歇尔稳定度试验

沥青混合料马歇尔稳定度试验是将沥青混合料制成直径 101.6 mm、高 63.5 mm 的圆柱形试体，在稳定度仪上测定其稳定度和流值，以这两项指标来表征其高温时的稳定性和抗变形能力。

根据沥青混合料的力学指标（稳定度和流值）和物理常数（密度、空隙率和沥青饱和度等），以及水稳性（残留稳定度）和抗车辙（动稳定度）检验，即可确定沥青混合料的配合比组成。

1. 主要仪器设备

（1）沥青混合料马歇尔试验仪：可采用符合国家行业标准《公路工程沥青及沥青混合料试验规程》(JTG E20—2019)技术要求的产品，也可采用带计算机或 X-Y 记录仪记录荷载-位移曲线的自动马歇尔试验仪，并具有自动测定荷载与垂直变形的传感器、位移计，能自动显示或打印试验结果。试验仪最大荷载不小于 25 kN，测定精度 100 N，加载速率能保持为(50±5) mm/min，并附有测定荷载与试件变形的压力环（或传感器）、流值计（或位移计）。钢球直径 16 mm，上下压头曲率半径 50.8 mm。

（2）恒温水槽：控温准确度为 1 ℃，深度不少于 150 mm。

（3）真空饱水容器：由真空泵和真空干燥器组成。

（4）烘箱。

（5）天平：分度值不大于 0.1 g。

（6）温度计：分度值为 1 ℃。

（7）卡尺或试件高度测定器。

（8）棉纱、黄油等。

2. 试验方法

1）标准马歇尔试验方法

（1）用卡尺（或试件高度测定器）测量试件直径和高度［如试件高度不符合(63.5±1.3) mm 要求或两侧高度差大于 2 mm 时，此试件应作废］，并按前述方法测定试件的物理指标。

（2）将恒温水槽的温度调节至要求的试验温度，对黏稠石油沥青混合料为(60±1) ℃，将试件置于已达规定温度的恒温水槽中保温 30~40 min。试件应垫起，离容器底部不小于 5 cm。

(3) 将马歇尔试验仪的上下压头放入水槽(或烘箱)中达到同样温度。将上下压头从水槽(或烘箱)中取出擦拭干净内面。为使上下压头滑动自如，可在下压头的导棒上涂少量黄油，再将试件取出置于下压头上，盖上上压头，然后装在加载设备上。在上压头的球座上放妥钢球，并对准荷载测试装置的压头。

(4) 当采用自动马歇尔试验仪时，将自动马歇尔试验仪的压力传感器、位移传感器与计算机或 X-Y 记录仪正确连接，调至适宜的放大比例。调整好计算机程序或将 X-Y 记录仪的记录笔对准原点。

当采用压力环和流值计时，将流值测定装置安装在导棒上，使导向套管轻轻地压住上压头，同时将流值计读数调零。调整压力环百分表，对零。

(5) 启动加载设备，使试件承受荷载，加载速度为 (50±5) mm/min。计算机或 X-Y 记录仪自动记录传感器压力和试件变形曲线并将数据自动存入计算机。当试验荷载达到最大值的瞬间，取下流值计，同时读取应力环中百分表读数和流值计的流值读数(从恒温水槽中取出试件至测出最大荷载值的时间不应超过 30 s)。

(6) 计算

由荷载测定装置读取的最大值即试样的稳定度。当用应力环百分表测定时，根据应力环表测定曲线，将应力环中百分表的读数换算为荷载值，即试件的稳定度(MS)，以 kN 计，精确至 0.01 kN。

由流值计或位移传感器测定装置读取的试件垂直变形即为试件的流值(FL)，以 mm 计，精确至 0.1 mm。

马歇尔模数试件的马歇尔模数按下式计算：

$$T = \frac{MS}{FL}$$

式中，T——试件的马歇尔模数，kN/mm；
   MS——试件的稳定度，kN；
   FL——试件的流值，mm。

(7) 试验结果

当一组测定值中某个数据与平均值大于标准差的 k 倍时，该测定值应予舍弃，并以其余测定值的平均值作为试验结果。当试验数目 n 为 3、4、5、6 个时，k 值分别为 1.15、1.46、1.67、1.82。

试验应报告马歇尔稳定度、流值、马歇尔模数，以及试件尺寸、试件的密度、空隙率、沥青用量、沥青体积百分率、沥青饱和度、矿料间隙率等各项物理指标。

2) 浸水马歇尔试验方法

(1) 浸水马歇尔试验方法是将沥青混合料试件在规定温度[黏稠沥青混合料为(60±1) ℃]的恒温水槽中保温 48 h，然后测定其稳定度。其余与标准马歇尔试验方法相同。

(2) 根据试件的浸水马歇尔稳定度和标准稳定度，可按下式求得试件浸水残留稳定度：

$$MS_0 = \frac{MS_1}{MS} \times 100$$

式中，MS_0——试件的浸水残留稳定度，%；
　　　MS_1——试件浸水 48 h 后的稳定度，kN；
　　　MS——试件按标准试验方法的稳定度，kN。

3）真空饱水马歇尔试验方法

（1）真空饱水马歇尔试验方法是将沥青混合料试件放入真空干燥器中，关闭进水胶管，开动真空泵，使干燥器的真空度达到 98.3 kPa（730 mmHg）以上，维持 15 min；然后打开进水胶管，靠负压进入冷水流使试件全部浸入水中，浸水 15 min 后恢复常压，取出试件再放入规定温度[黏稠沥青混合料为（60±1）℃]的恒温水槽中保温 48 h。其余与标准马歇尔试验方法相同。

（2）根据试件的真空饱水稳定度和标准稳定度，按下式求得试件真空饱水残留稳定度：

$$MS'_0 = \frac{MS_2}{MS} \times 100$$

式中，MS'_0——试件真空饱水残留稳定度，%；
　　　MS_2——试件真空饱水并浸水 48 h 后的稳定度，kN；
　　　MS——试件按标准试验方法的稳定度，kN。

习 题 答 案

第1章　土木工程材料概述

二、填空题

1. 潮湿空气中吸收水分
2. 渗透系数；抗渗等级
3. 亲水性

三、选择题

1. B　2. A

四、判断题

1. ×　2. ×　3. ×　4. √

六、计算题

1. 解：$K_R = \dfrac{f_b}{f_g} = \dfrac{173}{183} \approx 0.95$

由于 K_R 大于 0.85，所以材料为耐水性材料，可用于水下工程。

2. 解：孔隙率为

$$P = \left(1 - \dfrac{\rho_0}{\rho}\right) \times 100\% = \left(1 - \dfrac{1910}{2530}\right) \times 100\% \approx 24.5\%$$

体积吸水率为

$$W_v = W_m \rho_0 \cdot \dfrac{1}{\rho_w} = 9 \times 1.91\% \approx 17\%$$

3. 解：干砂质量为

$$m_g = \dfrac{110}{(1+3.2\%)}\text{g} = 106.6\text{ g}$$

水的质量为

$$(110 - 106.6)\text{g} = 3.4\text{ g}$$

第2章　木　材

一、填空题

1. 持久强度
2. 降低

二、选择题（多项选择）

1. AC　2. ABC

三、判断题

1. ×　2. √

四、简答题

1. 木地板接缝不严的成因是木地板干燥收缩。若铺设时木板的含水率过大，高于平衡含水率，则日后特别是干燥的季节，水分减少、干缩明显，就会出现接缝不严。但若原来木材含水率过低，木材吸水后膨胀，或温度升高后膨胀，就会出现起拱。接缝不严与起拱是问题的两个方面，即木地板的制作需考虑使用环境的湿度，含水率过高或过低都是不利的，应控制在适当范围，此外应注意其防潮。对较常见的木地板接缝不严，选企口地板较平口地板更为有利。

第3章　墙体材料

一、填空题

1. 砖；砌块；石材
2. 自重大；体积小；生产能耗高；施工效率低

二、选择题（多项选择）

1. D　2. ABC

三、判断题

1. √　2. ×

四、问答题

1. 加气混凝土砌块的气孔大部分是"墨水瓶"结构，只有小部分是水分蒸发形成的毛细孔，肚大口小，毛细管作用较差，故吸水导湿缓慢。烧结普通砖淋水后易吸足水，而加气混凝土表面浇水不少，实则吸水不多。用一般的砂浆抹灰易被加气混凝土吸去水分，而易产生干裂或空鼓。故可分多次浇水，且采用保水性好、黏结强度高的砂浆。

2. 未烧透的欠火砖颜色浅，其特点是强度低，且孔隙大，吸水率高。当用于地下后，吸较多的水后强度进一步下降。故不宜用于地下。

3. ①多孔砖的孔洞率要求等于或大于25%，空心砖的孔洞率要求等于或大于40%；②多孔砖孔的尺寸小而数量多，空心砖孔的尺寸大而数量少；③多孔砖常用于承重部位，空心砖常用于非承重部位。

第4章　钢　　材

一、填空题

1. 弹性阶段；屈服阶段；强化阶段；颈缩阶段
2. 镇静钢；沸腾钢
3. 屈服点；A；沸腾钢

二、选择题

1. B　2. A

三、判断题

1. √　2. √

五、简答题

1. 屈服强度是结构设计时取值的依据,表示钢材在正常工作时承受的应力不应超过屈服点。抗拉强度与屈服强度的比值称为强屈比,它反映钢材的利用率和使用中的安全可靠程度。伸长率表示钢材的塑性变形能力,钢材塑性大,不仅便于进行各种加工,而且可以保证在建筑上的安全使用。

第 5 章 石膏与石灰

二、填空题

1. 热；膨胀；氧化钙；干燥结晶；碳化
2. 氟硅酸钠；酸；热
3. 大；微膨胀；好；强；好；差；缓凝
4. 消除过火石灰的危害

三、判断题

1. × 2. × 3. ×

第 6 章 水泥与砂浆

二、填空题

1. 通用水泥；专用水泥；特性水泥
2. 化学成分；凝结时间；体积安定性；强度
3. 起缓凝作用；水泥体积安定性不良
4. 低；高；小；好；差

三、判断题

1. × 2. √

四、选择题

1. A 2. B 3. C 4. B 5. CDE 6. A 7. A 8. A

六、计算题

解：(1) 确定砂浆的试配强度 $f_{m,0}$：
$$f_{m,0} = kf_2 = 1.20 \times 10 \text{ MPa} = 12 \text{ MPa}$$

(2) 计算水泥用量 Q_c：
$$Q_c = \frac{1000(f_{m,0} - \beta)}{\alpha f_{ce}} = \frac{1000 \times (12 + 15.09)}{3.03 \times 35.4} \approx 253 \text{ kg/m}^3$$

(3) 计算石灰膏用量 Q_D：

水泥和石灰膏的总量为 350 kg/m³，则
$$Q_D = Q_A - Q_C = (350 - 253) \text{ kg/m}^3 = 97 \text{ kg/m}^3$$

(4) 确定砂子用量 Q_S
$$Q_S = 1440 \times (1 + 3\%) \text{ kg/m}^3 \approx 1483 \text{ kg/m}^3$$

水泥混合砂浆试配时的配合比为

水泥：石灰膏：砂 = 253 : 97 : 1483 ≈ 1 : 0.38 : 5.86

第7章　水泥混凝土

二、填空题

1. 强度；和易性；耐久性；经济性
2. 连续级配；间断级配
3. 流动性；黏聚性；保水性；流动性；黏聚性；保水性
4. 坍落度法；维勃稠度法
5. 水灰比；砂率；单位用水量
6. 水泥；水；砂；石子
7. 骨架；润滑；胶结
8. 级配；粗细程度
9. 流动性；用水量；水泥；用水量；强度
10. 大
11. 小

三、选择题

1. C 2. B 3. C 4. CD 5. C 6. B 7. B 8. D 9. B 10. B 11. B
12. ABCD 13. ABD

四、判断题

1. × 2. × 3. √ 4. √ 5. √ 6. × 7. √ 8. × 9. × 10. ×

六、计算题

1. 解：(1) $f_{cu,0} = f_{cu,k} + 1.645\sigma = (30 + 1.645 \times 5)$ MPa ≈ 38.2 MPa

(2) $f_{cu,0} = f_{cu,k} + 1.645\sigma = (30 + 1.645 \times 3)$ MPa ≈ 34.9 MPa

(3) 按照式(7-4)计算如下：

$$38.2 = 0.53 \times 45.0 \times \left(\frac{C_1}{180} - 0.2\right)$$

$$34.9 = 0.53 \times 45.0 \times \left(\frac{C_2}{180} - 0.2\right)$$

节约水泥 $C_1 - C_2 = (324 - 299)$ kg = 25 kg

2. 解：试验室配合比

$$m_w = \frac{0.5}{1 + 2 + 4 + 0.5} \times 2400 \text{ kg} = 160 \text{ kg}$$

同理得

$$m_c = 1/7.5 \times 2400 \text{ kg} = 320 \text{ kg}; \quad m_s = 2 \times 320 \text{ kg} = 640 \text{ kg};$$

$$m_g = 4 \times 320 \text{ kg} = 1280 \text{ kg}$$

施工配合比：

$m'_c = m_c = 320$ kg

$m'_s = m_s(1 + W_s) = 640 \times (1 + 3\%)$ kg ≈ 659 kg

$m'_g = m_g(1 + W_g) = 1280 \times (1 + 1\%)$ kg ≈ 1293 kg

$m'_w = m_w - m_s W_s - m_g W_g = (160 - 640 \times 3\% - 1280 \times 1\%)$ kg = 128 kg

试验室配合比直接在现场使用,水灰比将由 0.5 加大到 0.6,混凝土强度将下降。

3. 解:配制强度:
$$f_{cu,0} = f_{cu,k} + 1.645\sigma = (35 + 1.645 \times 5) \text{ MPa} \approx 43.2 \text{ MPa}$$

预测强度:按照式(7-4)计算得
$$f_{cu} = \alpha_a f_{ce}\left(\frac{C}{W} - \alpha_b\right) = 0.53 \times 1.16 \times 42.5(400/200 - 0.2) \text{ MPa}$$
$$\approx 47.0 \text{ MPa} > 43.2 \text{ MPa}$$

所以该混凝土能满足 C35 强度等级要求。

第 8 章　沥青及沥青混合料

二、判断题

1. ×　2. √　3. √　4. √

三、选择题

1. A　2. A　3. A

四、填空题

1. 延度;软化点

2. 油分;树脂;沥青质

3. 溶胶型;凝胶型;溶-凝胶型

参 考 文 献

[1] 倪修全,殷和平,陈德鹏.土木工程材料[M].武汉:武汉大学出版社,2013.
[2] 杨静.建筑材料[M].北京:中国水利水电出版社,2004.
[3] 贾福根,宋高嵩.土木工程材料[M].北京:清华大学出版社,2016.
[4] 马眷荣.建筑材料词典[M].北京:化学工业出版社,2003.
[5] 刘斌,许汉明.土木工程材料[M],武汉:武汉理工大学出版社,2009.
[6] 李立寒,张南鹭,孙大权,等.道路工程材料[M].北京:人民交通出版社,2010.
[7] 刘娟红,梁文泉.土木工程材料[M].北京:机械工业出版社,2013.
[8] 柯昌君,马可栓.土木工程材料[M].北京:科学出版社,2010.
[9] 文梓芸,钱春香,杨长辉.混凝土工程与技术[M].武汉:武汉理工大学出版社,2004.
[10] 张爱勤,朱霞.土木工程材料[M].北京:人民交通出版社,2009.
[11] 余丽武.土木工程材料[M].南京:东南大学出版社,2011.
[12] 苏达根.土木工程材料[M].2版.北京:高等教育出版社,2008.
[13] 杜兴亮.建筑材料[M].北京:中国水利水电出版社,2009.
[14] 宋少民.土木工程材料[M].武汉:武汉理工大学出版社,2006.
[15] 赵俊梅.土木工程材料学习指导[M].北京:机械工业出版社,2010.
[16] 孙凌.土木工程材料[M].北京:人民交通出版社,2015.
[17] 董梦臣.土木工程材料[M].北京:中国电力出版社,2008.
[18] 王贵荣.岩土工程勘察[M].西安:西北工业大学出版社,2007.
[19] 中华人民共和国建设部.岩土工程勘查规范(2009年版):GB 50021—2001[S].北京:中国建筑工业出版社,2002.
[20] 交通部公路科学研究所.公路沥青路面施工技术规范:JTG F40—2004[S].北京:人民交通出版社,2004.
[21] 中华人民共和国交通运输部.公路工程沥青及沥青混合料试验规程:JTG E20—2011[S].北京:人民交通出版社,2011.
[22] 中华人民共和国建设部.建筑地基基础设计规范:GB 50007—2011[S].北京:中国计划出版社,2012.
[23] 中华人民共和国交通运输部.公路工程水泥及水泥混凝土试验规程:JTG 3420—2020[S].北京:人民交通出版社,2021.
[24] 交通部公路科学研究所.公路工程集料试验规程:JTG E42—2005[S].北京:人民交通出版社,2005.
[25] 中交公路规划设计院有限公司等.公路桥涵地基与基础设计规范:JTG 3363—2019[S].北京:人民交通出版社,2020.
[26] 中央文献研究室.习近平谈治国理政[M].北京:外文出版社,2014.
[27] 交通部公路科学研究院.公路土工合成材料试验规程:JTG E50—2006[S].北京:人民交通出版社,2006.
[28] 中交第二公路勘察设计研究院.公路工程岩石试验规程:JTG E41—2005[S].北京:人民交通出版社,2005.
[29] 中华人民共和国交通运输部.公路土工试验规程:JTG 3430—2020[S].北京:人民交通出版社,2021.
[30] 中国建筑材料科学研究总院.道路硅酸盐水泥:GB/T 13693—2017[S].北京:中国标准出版社,2017.